JN184131

農林バイオマス資源と地域利活用

―バイオマス研究の 10 年を振り返る―

中川　仁　編著

養賢堂

序　文

このたび，元農業・食品産業技術総合研究機構（農研機構）バイオマス研究統括監の中川　仁氏が編集に当たられた「農林バイオマス資源と地域利活用―バイオマス研究の10年を振り返る」が発刊の運びとなり，誠に悦ばしく，まずは関係者のご努力に敬意を表したい．

我が国におけるバイオマス利活用に関する研究開発は，原油価格が高騰するとその必要性が叫ばれ，落ち着くとその予算配分のプライオリティが下がるというサイクルを繰り返してきた．

平成10年代の後半から20年代の初めにかけても，バイオマス利活用の関心が高まり，「バイオマス活用推進基本法」や「農林漁業有機物資源のバイオ燃料の原材料としての利用の促進に関する法律」などが相次いで制定され，これらに基づく計画や予算措置など，国がバイオマス利活用推進のための施策を次々に講じていた．

この頃，我が国のバイオマス関係技術開発状況の視察のため来日したドイツ農業省の担当局長が，日本ほどバイオマス利活用の基礎技術が多様に発展している国はないが，その一方で，日本ほど実際のバイオマス利活用が進んでいない国もないと感想を述べられ，忸怩たる思いをしたことを記憶している．

こうした中で，農研機構も種々のバイオマス利活用のための研究プロジェクトを主導したが，中川氏はその中心として活躍されていた．本書は，農研機構をはじめとしたバイオマス研究のとりまとめとしても重要な位置を占めているが，当時の研究陣がいかに創意と工夫を凝らしてバイオマス利活用技術の確立に挑んだかを窺い知るための絶好の資料といえよう．

本書が多くの方々の目に触れ，我が国におけるバイオマス研究のさらなる発展につながることを祈りたい．

平成29年4月
農林水産省農林水産技術会議事務局長
西郷正道

はじめに

筆者が，かつて「農業および園芸」誌に「新しい農業を起こす」[1) を投稿し，バイオマス生産量の高い熱帯牧草を原料としてバイオメタノールを作る農業の意義を初めて世に問うてから 15 年が経過した．その後，バイオ燃料変換やマテリアル生産の分野で多くの革新的技術が構築され，実用化されたものもある．しかし，現在でも，世界を牽引するのはブラジルのサトウキビや米国のトウモロコシ子実からのエタノール生産であり，世界中で食料や飼料との競合が議論されている．

この間，2002 年にバイオマス・ニッポン総合戦略が閣議決定された．この目標は，①石油等の海外依存度を低下させる新エネルギーによるエネルギーセキュリティー，②短期的に京都議定書にある 2012 年度の CO_2 排出割り当て遵守，長期的に地球温暖化防止のための温室効果ガス削減，③国内バイオマスを利用した資源循環型の持続可能社会の形成，④バイオマス利用の技術力や海外競争力を強化した新産業の育成とビジネスモデル創出および，⑤農山漁村の活性化や都市との共生・対流の促進を目指した地域振興であり，2006 年に見直しがされたが，現在でもこれらは非常に重要な視点である．

この中で，バイオ燃料生産原料の展開方向として，①現状（2002 年）では原料費の低い廃棄系バイオマス利用，②2010 年頃には，未利用の農作物非食用部などの効率的収集システム確立による利用，③2020 年頃までには資源作物からの化石燃料に対抗できるバイオ燃料生産，そして，さらに④2050 年頃には飛躍的に生産量が増大した海洋植物や遺伝子組換え作物による効率的バイオマス生産がうたわれている．これを受けて 2007-2011 年，農林水産省委託プロジェクト研究「地域活性化のためのバイオマス利用技術の開発（地域バイオマスプロ）」が農業・食品産業技術総合研究機構（農研機構）を中心に行われた．この課題は，①作物育種を含むバイオマス原料生産・栽培技術の開発，②バイオエタノール変換等の変換技術の開発，③バイオマテリアル生産技術の開発および，④バイオマスタウン構築に資する地域におけるバイオマス利用モデルの構築，実証と評価に分けることができる．

筆者が考えるバイオマス研究およびバイオマスを利用する産業の重要な点は，このプロジェクトの骨子でもある，バイオマス生産は農林漁業の生業に根ざした持続的なものであり，農民に受け入れなければならないことである．また，上記にも関係するが，地産地消を目指しながらも，低コスト化を図り，ある程度大規模でなければならないことである．

本書は 2013 年 2 月号から 2015 年 10 月号まで農業および園芸誌に連載した「バイオマス研究の 10 年を振り返る」シリーズに修正を加えて 1 冊の本にまとめたものである．具体的には，地域バイオマスプロの枠組みのとおり，第 1 部の原料生産ではバイオマス作物の特性や育種と栽培・収穫技術，第 2 部のエネルギー変換ではバイオエタノール，バイオディーゼル，ガス化技術とバイオメタノール製造技術および熱利用，第 3 部の畜産バイオマスとマテリアル生産では，メタン発酵や堆肥生産など畜産バイオマスの利用や生分解性バイオプラスチックや炭素繊維の製造，第 4 章の地域利活用モデルでは，地域利活用モデルと全国 6 カ所で行われた地域実証試験に関して，過去 10 年程度の研究を俯瞰しながら，成果と現状，さらに今後の発展方向について執筆した．

いくつかの章でも記載されたようにバイオマス研究は，東日本大震災とその後の原発事故の影響を大きく受け，バイオマス利用は主に自動車向けの液体燃料生産から電気や熱利用に大きく舵を切った．喫緊の課題として，上記プロジェクトで開発された技術を被災地の再生，復興に利活用することが重要である．

一方，バイオマス利用の根底に流れている本質は，人類の究極的エネルギー源と言える太陽エネルギーを植物等によって効率的かつ持続的に利用することにあるが，バイオマス・ニッポン総合戦略にうたわれている日本全体の地域振興や地球規模の温暖化対策が経済的理由で見過ごされがちであることは残念であり，今後も長期的視野に立ってバイオマス研究を進めなければならない．

京都議定書以来，COP21 で 2015 年 12 月に締結された，米国も中国も参加する 2020 年以降の地球温暖化対策の国際枠組み「パリ協定」が 2016 年 11 月 4 日午前 0 時（ニューヨーク時間）に発効した．今後，この協定に対する我が国の温室効果ガス排出削減目標達成の中で，バイオマス利活用はますます重要性を増すと思われる．

本書が今後新たにバイオマス研究を始める研究者への道標となり，我が国のバイオマス利活用の促進に寄与できれば幸いである．

本書で紹介した成果の多くは，農林水産省プロジェクト研究「農林水産バイオリサイクル研究」（2002～2006 年）および「地域活性化のためのバイオマス利用技術の開発」（2007～2011）等，一連の農林水産省委託プロジェクトや新エネルギー・産業技術総合開発機構（NEDO）のプロジェクトの中で得られたものであり，委託元，外部専門家のご指導に厚くお礼を申し上げる．また，研究に係わった研究機関，大学，関係自治体や企業のご協力に感謝の意を表する．

引用文献

1）中川　仁 2001．新しい農業を起こすー地球を守るクリーンなバイオ燃料用作物の育成と栽培ー．農業および園芸 76（1）：3-10，76（2）：257-260.

平成 29 年 4 月
編集委員長
中川　仁

著者一覧

西郷正道（農林水産技術会議事務局事務局長（農林水産省技術総括審議官））：序文
中川　仁（元農研機構バイオマス研究統括監，現浜松ホトニクス株式会社中央研究所）：はじめに，第 7 章，第 10 章
勝田真澄（農研機構作物研究所，現北海道農業研究センター）：第 1 章
寺内方克（農研機構九州沖縄農業研究センター，現中央農業研究センター）：第 2 章
松崎守夫（農研機構中央農業総合研究センター，現中央農業研究センター）：第 3 章
本田　裕（農研機構東北農業研究センター，現農研機構本部）：第 3 章
薬師堂謙一（農研機構バイオマス研究統括コーディネーター，現九州沖縄農業研究センター）：第 3 章，第 11 章，第 22 章
近藤始彦（農研機構作物研究所，現名古屋大学）：第 4 章
荒井（三王）裕見子（農研機構作物研究所，現次世代作物開発研究センター）：第 4 章
趙　鋭（農研機構食品総合研究所，現トラストテック株式会社）：第 4 章
西谷和彦（東北大学）：第 4 章
大谷隆二（農研機構東北農業研究センター）：第 5 章
陣川雅樹（森林総合研究所）：第 6 章，第 30 章
大原誠資（森林総合研究所）：第 6 章
吉田貴紘（森林総合研究所）：第 6 章，第 30 章
我有　満（農研機構九州沖縄農業研究センター，現中央農業研究センター）：第 7 章，第 10 章
奥泉久人（農業生物資源研究所，現農研機構遺伝資源センター）：第 7 章
山田敏彦（北海道大学）：第 8 章
松波寿弥（農研機構東北農業研究センター）：第 9 章
小林　真（農研機構畜産草地研究所，現畜産研究部門）：第 9 章
霍田真一（農研機構畜産草地研究所，現国際農林水産業研究センター）：第 9 章
佐藤広子（農研機構畜産草地研究所，現北海道農業研究センター）：第 9 章

安藤象太郎（国際農林水産業研究センター）：第 9 章
上床修弘（農研機構九州沖縄農業研究センター）：第 10 章
加藤直樹（農研機構九州沖縄農業研究センター）：第 10 章
服部育男（農研機構九州沖縄農業研究センター）：第 10 章
長島　實（元農研機構食品総合研究所）：第 12 章，第 13 章，第 14 章
中村敏英（農研機構食品総合研究所，現食品研究部門）：第 12 章
徳安　健（農研機構食品総合研究所，現食品研究部門）：第 12 章，第 13 章，第 23 章
榊原祥清（農研機構食品総合研究所，現食品研究部門）：第 12 章
池　正和（農研機構食品総合研究所，現食品研究部門）：第 13 章
小杉昭彦（国際農林水産業研究センター）：第 13 章
森　隆（元国際農林水産業研究センター）：第 13 章
金子　哲（農研機構食品総合研究所，現琉球大学）：第 13 章
折笠貴寛（岩手大学）：第 14 章
椎名武夫（農研機構食品総合研究所，現千葉大学）：第 14 章
鍋谷浩志（農研機構食品総合研究所，現食品研究部門）：第 15 章
蘒原昌司（農研機構食品総合研究所，現食品研究部門）：第 15 章
飯嶋　渡（農研機構中央農業総合研究センター，現農林水産省農林水産技術会議事務局）：第 16 章
坂井正康（長崎総合科学大学）：第 17 章
田中康男（農研機構畜産草地研究所，現畜産環境技術研究所）：第 18 章，第 19 章
阿部佳之（農研機構畜産草地研究所，現農林水産技術会議事務局）：第 20 章
田中章浩（農研機構九州沖縄農業研究センター）：第 21 章
五十部誠一郎（農研機構食品総合研究所，現日本大学）：第 23 章
岡留博司（農研機構食品総合研究所，現食品研究部門）：第 23 章
楠本憲一（農研機構食品総合研究所，現食品研究部門）：第 23 章
石川　豊（農研機構食品総合研究所，現食品研究部門）：第 23 章
木口　実（森林総合研究所）：第 24 章
山田竜彦（森林総合研究所）：第 24 章
柚山義人（農研機構農村工学研究所，現本部）：第 25 章，第 26 章，第 27 章，第 28 章

中村真人（農研機構農村工学研究所，現本部）：第 26 章
迫田章義（東京大学）：第 26 章
望月和博（東京大学）：第 26 章
林　清忠（農研機構中央農業総合研究センター，現農研機構農業環境変動研究センター）：第 27 章
山岡　賢（農研機構農村工学研究所，現農村工学研究部門）：第 28 章
亀山幸司（農研機構農村工学研究所，現農村工学研究部門）：第 29 章
塩野隆弘（農研機構農村工学研究所，現農村工学研究部門）：第 29 章
宮本輝仁（農研機構農村工学研究所，現農村工学研究部門）：第 29 章
凌　祥之（農研機構農村工学研究所，現九州大学）：第 29 章
上野正実（琉球大学）：第 29 章
川満芳信（琉球大学）：第 29 章
小宮康明（琉球大学）：第 29 章
高野　勉（森林総合研究所）：第 30 章
伊神裕司（森林総合研究所）：第 30 章
久保山裕史（森林総合研究所）：第 30 章
藤本清彦（森林総合研究所）：第 30 章
西園朋広（森林総合研究所）：第 30 章
古川邦明（岐阜県森林研究所）：第 30 章
臼田寿生（岐阜県森林研究所）：第 30 章
西山明雄（中外炉工業（株））：第 30 章
田中秀直（中外炉工業（株））：第 30 章
福島政弘（中外炉工業（株））：第 30 章
谷口美希（中外炉工業（株））：第 30 章
笹内謙一（中外炉工業（株））：第 30 章
野田高弘（農研機構北海道農業研究センター）：第 31 章
橋本直人（農研機構北海道農業研究センター，現食品研究部門）：第 31 章
四宮紀之（公益財団法人とかち財団　地域食品加工技術センター）：第 31 章
古賀伸久（農研機構北海道農業研究センター，現九州沖縄農業研究センター）：第 31 章
相原貴之（農研機構九州沖縄農業研究センター）：第 32 章
久米隆志（鹿児島県農業開発総合センター大島支場）：第 32 章

嶋田義一（鹿児島県大隅加工技術研究センター）：第 32 章
倉田理恵（農研機構九州沖縄農業研究センター）：第 32 章
金岡正樹（農研機構本部，現中央農業研究センター）：第 32 章
田口善勝（農研機構九州沖縄農業研究センター）：第 32 章
小綿寿志（農研機構東北農業研究センター）：第 33 章
金井源太（農研機構東北農業研究センター）：第 33 章
澁谷幸憲（農研機構東北農業研究センター，現北海道農業研究センター）：第 33 章

目　次

第１部　原料生産

第１章　糖質・澱粉作物の低コスト生産によるエタノール製造原料としての利用

〜＊〜＊〜＊〜＊〜＊〜＊〜＊〜＊〜＊〜＊〜＊〜

勝田眞澄

1. はじめに

2002 年 12 月に閣議決定されたバイオマス・ニッポン総合戦略において，未利用バイオマスを活用した国産バイオマス輸送用燃料の生産と利用促進が掲げられ，バイオディーゼルやバイオエタノール，バイオガスが注目されてきた．糖化澱粉質や糖質から製造されるバイオエタノールは，米国のトウモロコシ，ブラジルのサトウキビ，EU でのテンサイなどの利用が実用化され，我が国では，北海道のバレイショやテンサイ，南九州のカンショが，ガソリンに対抗できる 100 円/L を達成する可能性のある原料作物として有望視された．

これらの作物は，北海道や南九州の畑作地帯における基幹作物であるとともに，輪作体系を維持するうえでの重要な作物である．さらに，澱粉作物あるいは糖化作物として生産地と一次加工施設が一体となった大規模産地が形成され，生産，集荷，加工の一貫したシステムが地域に成立している．このような生産基盤が，バイオエタノール製造に有効活用されることも期待でき，バイオエタノール原料生産を目指した大幅な生産量の増大と生産コスト削減を可能にする技術開発プロジェクトが進められた．

2. 寒地におけるバイオマス生産の可能性

北海道畑作地帯は，日本屈指の経営規模で先進的な機械体系が導入された農業生産によって,我が国最大の食糧供給基地としての役割を担っている.畑作物は，小麦，テンサイ，バレイショ，豆類の 4 品目の輪作体系で栽培されているが，小麦の作付けが増加する一方，他の 3 品目の作付面積が減少し，健全な輪作体系の維持が課題となっていた（表 1-1）.

Koga[6] は，北海道十勝地域の畑作物生産物をエネルギー換算し，投入エネルギーとの収支を検討し，テンサイが寒冷地の作物として最も高いエネルギー生産性

表1-1　北海道における畑作物栽培面積の増減

作物	栽培面積（千ha）		
	1985年	2010年	増減
テンサイ	72.5	62.6	−9.9
バレイショ	75.9	54.1	−21.8
小麦	94.5	116.3	+21.8
豆類	80.7	58.4	−22.3

を有し，バレイショがそれに次ぐことを明らかにした．この詳細に関しては，本書第4部第31章を参照されたい．

しかし，テンサイやバレイショでは砂糖および澱粉原料の用途は飽和傾向になると見込まれていたことから，輪作体系が可能な栽培面積を維持するための新用途開発として，バイオエタノール生産の需要を喚起することが有効と考えられた．

3. バイオエタノール原料用バレイショとテンサイの低コスト栽培技術と効率的変換技術

一方，2009年の統計資料にある10a当りの生産コストは，製糖用のテンサイは95,000円，澱粉原料用バレイショでは67,000円，原料1t当りの生産費は18,000円前後（農業経営統計調査，平成21年度工芸作物等の生産費）で，バイオエタノールの製造コスト目標である100円/Lを達成するためには，多収化とコスト低減が必要であった．そこで，澱粉および糖収量の目標を1.3t/10aに設定し，生産コストの徹底的削減のための技術開発を行った．

そして，バレイショでは，「勝系24号」や「根育38号」などの多収性有望系統の開発が進められた．これら系統は，澱粉原料用の主要品種「コナフブキ」より澱粉収量が高く，小規模施肥試験や栽植密度試験で澱粉収量が向上したことから，栽培技術との組合せによる目標収量の達成が期待された．また，生育追跡試験において，極晩生である「勝系24号」は，生育期間延長で澱粉収量が増加し，収穫時期を1ヶ月遅らせることで，澱粉収量14t/haを達成し（図1-1），「パールスターチ」の名称で2015年に品種登録出願された．

テンサイでは，製糖用では利用しない冠部も含め，「アマホマレ」や「北海101号」の糖収量が目標の14t/haを超えた（表1-2）．とくに，「北海101号」は褐斑病，黒根病およびそう根病の3病害の抵抗性に優れ，病害発生が著しい2010年の試験でその特性が顕著に発揮された．「北海101号」は，生産コスト低減が可能な直播栽培や無防除栽培への適応性が期待でき，2016年に「北海みつぼし」の名称

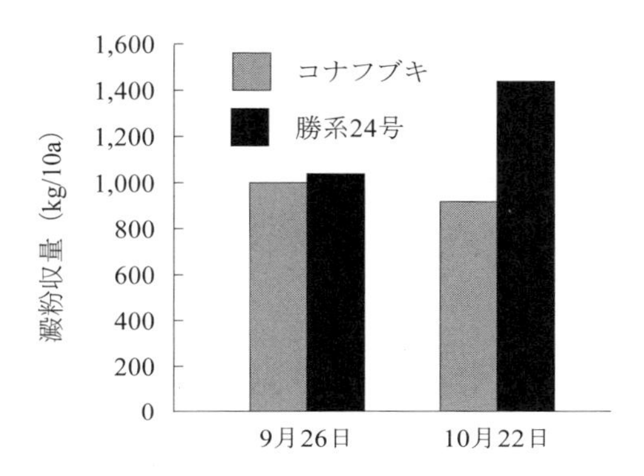

図1-1　生育追跡試験における澱粉収量

表1-2　有望系統の冠部を含めた収量特性（北農研2009年，直播栽培）

系統名	重量[1)] (t/ha)	糖分 (%)	糖収量 (t/ha)	備考
リッカ	7.44	19.17	1.43	普及品種
アマホマレ	7.10	19.76	1.40	高糖品種
北海101号	7.66	18.25	1.40	高度耐病性

1）重量は根部＋冠部（冠部は通常，圃場へすき込んで還元される）.

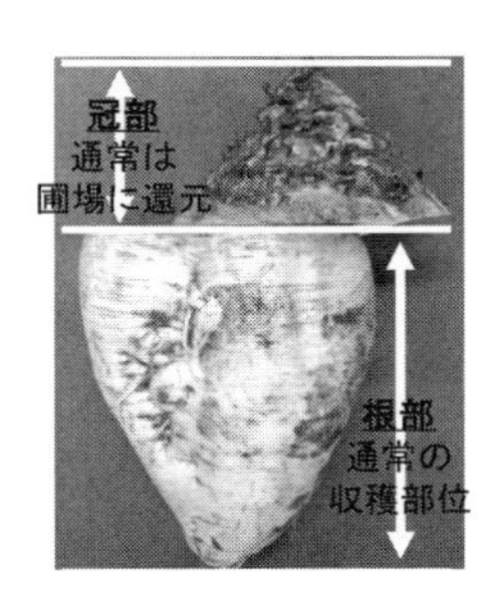

通常は圃場に還元される未利用部位（冠部）も利用することによって，一割程度の糖収量増加が見込まれる.

で品種登録出願された.

寒冷地のバイオエタノール原料生産コスト削減の要素技術として，バレイショでは「疎植による種苗費の削減」「土壌診断による窒素施肥の削減」，テンサイでは「直播栽培」や「簡易耕栽培」による作業コスト削減の効果を検討し，輪作体系に組み込んだ持続的な安定生産，あるいは耕作放棄地を利用した低コスト生産の実証を目指して「病害抵抗性品種による防除コスト低減」や「有機物利用による多収化」が検討された．結果は第31章で詳述するが，バレイショでは疎植栽培による種苗費削減や，土壌中の無機態窒素量診断によって，窒素施肥量を半減できた．また，テンサイでは簡易耕栽培の糖収量は慣行区と同等で，コスト削減に有効であり，病害抵抗性品種の利用による減防除栽培の可能性が示された．この結果から，Koga[7] は要素技術を導入して得られるエタノール収量やエネルギー効率を試算し，バレイショでは多収系統の利用，テンサイでは簡易耕，多収系統，根冠部収穫を組み合わせた場合に，最もエネルギー効率が優れることを示した．

テンサイのバイオエタノール製造では，抽出糖分を濃縮したシックジュースの利用が有利であると考えられたが，濃縮に熱エネルギーを必要とするため，更に効率的なバイオエタノール製造技術が求められた．そこで，本プロジェクトの変換系チームにおいて，Yun et al.[10] はMIX-CARV法を開発した．この技術は，低糖濃度のテンサイ摩砕物に高濃度の澱粉を含んだバレイショ摩砕物を混合して糖濃度を上昇させてエタノール変換を行うもので，熱による濃縮工程を経ずにテンサイとバレイショを原料としたバイオエタノール製造が可能であることから，同一地域の生産物を原料に利用でき，輪作作物による地域バイオマス利用技術として有効な技術として期待された．

4. 澱粉原料用カンショのバイオマス利用

我が国のカンショは，生食用，醸造用，加工用，澱粉原料用として，約3万9千ha栽培されている．栽培面積は1949年44万haをピークとし，1960年代以降は輸入澱粉との競合などで栽培が激減した．現在の澱粉原料用カンショの栽培面積は，鹿児島県など南九州地域の5,600haである．一方，澱粉原料用カンショ収量は1940年代の15t/haから飛躍的に増加し，30t/haに達しており，台風が常襲する南九州畑作地域の重要な基幹作物となっている．

カンショを国産バイオ燃料原料として利用するため，2001年度から農林水産バイオリサイクル研究で，低コスト低エネルギー生産技術の開発研究が行われた．さらに，2007-2010年までは農林水産委託「地域バイオマスプロジェクト」で大幅な原料コスト低減と省力化技術の開発に取り組み，栽培管理作業の効率化に有効な直播栽培の技術開発を行った．

5. 直播栽培による原料用カンショの省力・低コスト化技術の開発

平成23年度の原料用カンショ生産費は，10a当り12万4,760円，生産物100kg当り4,896円で，労働費が6割以上を占め，10a当り労働時間は約60時間である（農業経営統計調査，平成23年度工芸作物等の生産費）．エタノール生産コスト100円/Lの達成のためには大幅な生産費削減が求められ，育苗や植付作業が不要のカンショの直播栽培によって，大幅な省力化が可能となる事が期待された（表1-3）．

本プロジェクトでは，低コストで安定多収性の直播栽培体系の確立を目的として，肥効調節型施肥技術，大型畦多条様式技術，畝立て・マルチ同時直播技術などと共に，出芽の斉一性を高めるいも付き苗の移植栽培も検討し[1]，各々の要素技術を体系化した実証試験で，総いも収量50t/haが達成された．特に，大型畦による直播栽培は，畦の株当り土量の増加による多収化が可能であるとともに，作業機の大型化による作業効率向上効果が期待でき，大規模栽培による省力化に有効で，バイオエタノール原料用カンショの低コスト安定多収栽培技術として有望であることが認められた．

表1-3　栽培体系による労働時間(時間/10a)の差違

作業	直播栽培	挿苗栽培
育苗	0.0	16.0
耕起	1.2	1.2
施肥	0.5	0.5
作畦・マルチ張り	2.0	2.0
植付	2.0	5.0
除草・防除	2.0	2.0
収穫	22.0	22.0
その他	0.8	0.8
合計	30.5	49.5

6. 高分解性澱粉系統の作出によるバイオエタノール製造の効率化

一般的なカンショ澱粉の糊化温度は70℃前後であるが，糊化温度が低い特性の澱粉を有する系統が見出されている[4]．これを素材として，澱粉原料用の新品種「こなみずき」（品種登録第24650号）を育成した[5]．本品種は，一般的品種に比べて澱粉の糊化温度が20℃程度低く，消化性澱粉含量も多い．また，既存の低糊化温度品種「クイックスイート」よりも多収で，通常の澱粉原料用品種「シロユタカ」とほぼ同等の収量性を示す（表1-4）．

表 1-4　標準栽培における「こなみずき」の特性（2006～2009 年の平均）

品種名	いも収量 (t/10a)	同標準比 (%)	澱粉歩留り (%)	澱粉収量 (t/10a)	同標準比 (%)	澱粉の糊化開始温度 (℃)	活性化澱粉含量 (%)
こなみずき	3.05	99	24.6	0.75	104	58.1	94.0
標）シロユタカ	3.07	100	23.6	0.72	100	75.4	78.6
比）コガネセンガン	2.80	91	23.4	0.66	91	75.1	76.0
比）クイックスイート	2.03	66	22.7	0.46	64	57.0	92.6

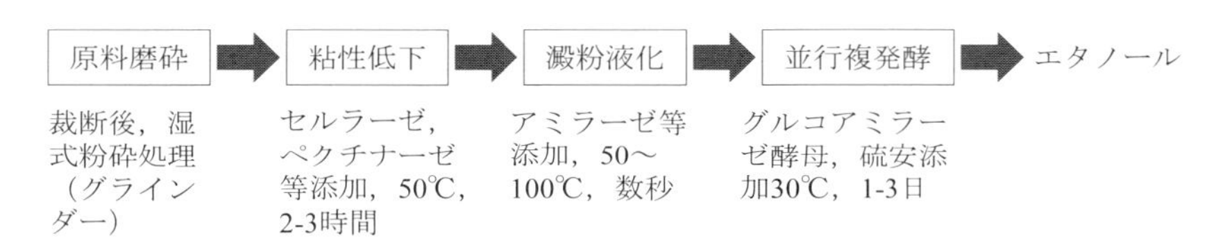

図 1-3　CARV 法の工程

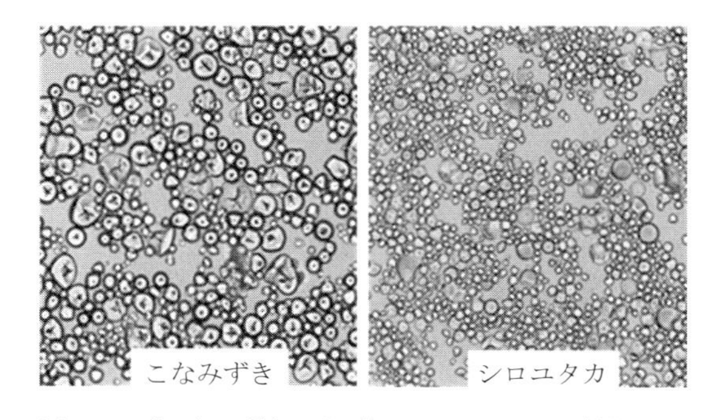

図 1-2　「こなみずき」と「シロユタカ」の澱粉粒

「こなみずき」の澱粉粒は，中央に亀裂のある特徴を示し（図 1-2），酵素消化率が高い．ラピッドビスコアナライザーによる糊化特性測定では，糊化開始温度が通常の品種「シロユタカ」より約 20℃低く，耐老化性に優れた高品質澱粉である．

低温糊化性の澱粉は，エタノール製造での液化をより低温でできるため，加熱に伴う変換コストを抑え，エネルギー消費や CO_2 排出量を低減できる．本プロジェクトで開発した CARV 法（図 1-3）では，原料磨砕物の粘性を低下させた後に，澱粉の液化（糖化・発酵）を経てエタノールを製造する．この方法で「こなみずき」を原料に使用すると，変換に要するエネルギー削減が可能である事が示された [8]．

「こなみずき」の澱粉含量や糖の組成は，通常澱粉用品種「ダイチノユメ」と大差ないが（表 1-4，1-5），液化工程の加熱温度が 60℃以上でほぼ最大のエタノ

表1-5　カンショ品種の澱粉および糖含量

	澱粉 (%, W.B.)	澱粉 (%, D.B.)	ショ糖 (%, D.B.)	ブドウ糖 (%, D.B.)	果糖 (%, D.B.)	含水率 (%)	初期 pH
こなみずき	25.4	68.7	2.4	0.7	0.4	59.4	5.5
ダイチノユメ	29.3	70.1	3.0	0.3	0.2	59.5	5.5

ール生産効率が得られ，「ダイチノユメ」の90℃処理とほぼ同等の変換効率となった（図1-4）.「こなみずき」1kg当りのエタノール収量は180mLで，エタノール1Lを得る糊化工程のエネルギー消費量は，「ダイチノユメ」が1.4MJ/Lに対して0.7MJ/Lであり，CO_2消費量は「ダイチノユメ」が0.10kg/CO_2,「こなみずき」は0.05kg CO_2/Lと試算され，約50%の節減効果が認められ，バイオエタノール製造原料として有利な特性を有していた．しかしながら，本プロジェクトの試算では，カンショ原料価格は16.3円/kg，澱粉換算62.6円/kgとなり，エタノール換算100円/L達成には至らなかった．バイオマス原料としての利用を進めるために，極多収品種の開発と共に，粗放的な栽培技術の確立や，CARV法の改良などにより，更なるエタノール生産コストの削減を図る必要がある．

7. ソルガムによるエタノール生産

ソルガム（モロコシ，タカキビ，コウリャン）は，第7章で詳述するが，アフリカ原産の長大イネ科作物で，国内で主に飼料用に栽培され，一部が雑穀利用されている．特に長稈で太茎，多汁高糖分のグループがスイートソルガムで，東北など冷涼な地域でも栽培可能で，稈に糖分を蓄積する．しかし，搾汁液はショ糖以外の糖が多く，結晶化が困難で砂糖生産はできず，我が国では食糧生産との競合がないバイオマス原料用糖糧作物として注目された[3)].

本プロジェクトで，エタノール原料用ソルガム品種候補として高糖性，リグニン合成阻害，再生性，極晩生超多収の4特性に着目して，低コストで省力的に栽培できる多収系統の開発を行い，乾物収量に優れた高糖性系統「SIL-05」（品種登録第21454号）が育成された．既存の高糖性品種より成熟が早く，より短期間での糖生産が可能であった（表1-6）.

また，東北以南の地域で栽培可能で，収穫後の再生が良好で年2回刈りが可能で，再生草の糖含量も高いので，温暖地では多回収穫による収量性向上が期待で

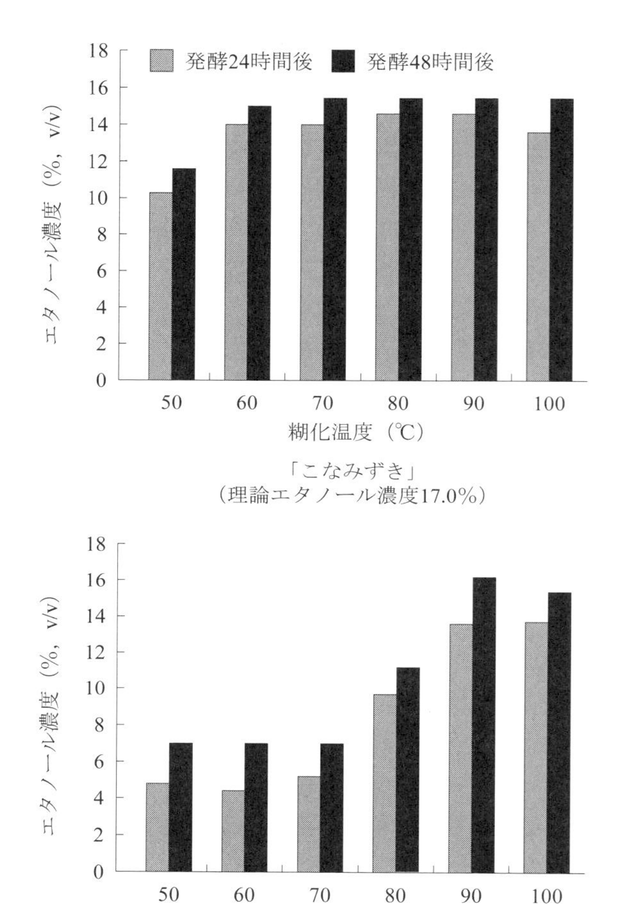

図 1-4　CARV 法による変換時の原料糊化温度とエタノール濃度

き，耕作放棄地を利用した不耕起栽培で，省力的なエタノール原料生産が可能な技術が構築された[2]．

さらに，新たな高糖性ソルガムの育種素材作出を目的に，糖化効率の向上に寄与するリグニン合成阻害遺伝子（*bmr*）に着目し，高消化性中間母本系統[9]を利用した高糖性自殖系統の育成と親系統の開発を行い，高糖性超多収の F_1 組合せが

表1-6　エタノール原料候補品種「SIL-05」と他品種の特性（1999-2000年）

品種/系統名	収穫までの日数	稈長 (cm)	稈径 (mm)	生稈収量 (kg/a)	稈の糖度 (%)	糖収量 (kg/a)	乾物総重 (kg/a)
SIL-05	115	331	21	492	13.5	58.0	164.6
Crowley	124	286	20	442	12.7	47.7	155.3
スーパーシュガー	113	283	23	551	10.3	51.3	173.2
高糖分ソルゴー	113	282	21	516	10.7	48.7	155.1

原図：2000年九州沖縄農業研究推進会議　研究成果情報.

検討された．これら系統は，高糖分ソルガム奨励品種「秋立」より乾物収量や糖収量に優れ，*bmr*（褐色中肋）と *bm*（無ワックス茎）などを有した，糖化効率の高い系統であり，エタノール原料として有望である．

8. 糖質・澱粉作物を原料としたエタノール生産の可能性

バレイショ，カンショ等のいも類や，糖糧作物であるテンサイは，生産物の直接糖化・発酵によるエタノール製造が可能な作物であり，有用特性を備えた新品種の育成等によって，現行生産システムを活かしたバイオエタノール製造による100円/Lでのバイオマス燃料生産の達成を目指してきた．さらに，エタノール生産原料として有望なスイートソルガム品種「SIL-05」を育成した．

技術開発では多収化と省力化による徹底した生産費削減を図り，要素技術は概ね目標の達成に至ったものもある．しかし，技術の体系化や生産システムの生産現場での普及展開には至っておらず，今後の課題解決に向けた研究を継続中である．

9. おわりに

我が国の農業生産現場で，これらの作物の生産物全量をバイオ燃料原料として利用することは，生産コスト的に成立困難であると考えられる．しかし，地域循環システムを構成する要素の一部として，作物生産によるバイオエネルギー供給を実現することは可能で，CARV法やCaCCO法（第12章参照）など，「地域バイオマス」プロジェクトのエタノール系変換系チームで開発された独自の変換技術と組合せたエネルギー生産の実現が期待される.

引用文献

1）Adachi et al. (2011) Transplantation of half-cut tuber seedlings provides enhanced yields over conventional sprouted-vine planting in sweet potato cultivar “Murasakimasari”. Plant Prod. Sci. 14 (3): 291-297.
2）江口健太郎ら（2002）アルコール原料用のスイートソルガム純系系統「SIL-05」の糖生産力．九州農業研究 64：125.
3）星川清親（1982）「スイートソルガムによるバイオマス国産計画」．生物の科学　遺伝 36（4）：32-37.
4）片山健二（2005）サツマイモのでん粉特性の変異に関する育種学的研究．育種学研究 7（4）：201-204.
5）片山健二ら（2012）サツマイモ新品種「こなみずき」の育成．九沖研報告 58：15-36.
6）Koga, N. (2008) An energy balance under a conventional crops rotation system in northern Japan: Perspectives on fuel ethanol production from sugar beet. Agr. Ecosys. Env. 125: 101-110.
7）Koga, N. et al. (2009) Potential agronomic options for energy-efficient sugar beet-based bioethanol production in northern Japan. GCB Bioenergy 1: 220-229.
8）Srichuwong, S. et al. (2009) Simultaneous saccharification and fermentation (SSF) of very high gravity (VHG) potato mash for the production of ethanol. Biomass Bioener. 33: 890-898.
9）樽本ら（1993）高消化性ソルガム中間母本「農 1,2 号（那系 MS-1）」,「農 3,4 号（那系 MS-3）」及び「農 5 号（那系 R-1）」の育成とその特性．草地試研報 48：37-50.
10）Yun, M.S. et al. (2011) An improved CARV process for bioethanol production from a mixture of sugar beet mash and potato mash. Biosci. Biotechnol. Biochem. 75(3) : 602-604.

第 2 章　サトウキビにおける種間雑種を利用したバイオマス研究展開

〜＊〜＊〜＊〜＊〜＊〜＊〜＊〜＊〜＊〜＊〜＊〜

寺内方克

1. はじめに

筆者がサトウキビ研究に加わった 1990 年, 前任者から遺伝資源や有望系統を引き継いだ．その中にひときわ生育旺盛な「US74-104」が含まれていた．その名から，米国で 1974 年に開発された系統とわかる．オイルショックの頃，サトウキビをバイオエネルギーにする構想に利用されたらしい．前任者の胸中には，サトウキビに潜在する高い生産力を活用する構想がすでにあったものと推測している．

サトウキビと野生種（*Saccharum spontaneum* L.：和名ワセオバナ：図 2-1）の雑種は，雑種強勢で極多収となることは，19 世紀末には知られていた．しかし，その雑種はショ糖含有率が低く，繊維質が高いため，製糖用に不向きであり，サトウキビ *S. offcinarum* L.（高貴種）を戻し交雑してショ糖含有率を高くする改良が進められた [1]．石油社会に至る以前の当時は砂糖生産が重要で，低品質高収量の価値は理解されなかった．

オイルショックにより他のエネルギーへの転換が進んだが，その後の石油探索や掘削技術の進歩で中東地域以外でも石油資源が開発され，サトウキビのバイオエネルギー利用はブラジルなど一部の国での研究に特化していった．この背景の下，雑種系統の高い生産力に魅せられたその研究者は，サトウキビの生産力を根本から改め，20 年，30 年後にサトウキビの生産力を飛躍的に高めることを目指し，国のプロジェクトを活用して品種改良に着手した．

図 2-1　国内産ワセオバナの草姿

2. サトウキビ品種改良基盤の形成

品種改良は交配による遺伝子組合せの変化を

利用し，有用遺伝子集積と不良遺伝子淘汰を行う作業である．重要な点は，育種材料の遺伝変異の幅である．近代のサトウキビ品種は，インド，インドネシア，バルバドスなどの品種の相互交配で育成されたため，先祖を共有する親戚の状態にある[6]．元放射線育種場長の永富成紀はこれに気づき，遺伝変異拡大が将来の品種改良の鍵となると考え，沖縄県農業試験場（沖縄農試）で遺伝資源探索・収集を開始した．ワセオバナは，南西諸島に自生することから，数次にわたる初期遺伝資源収集で遺伝資源が収集され[7,8]，その後，愛知県や茨城県でも収集された．

この遺伝資源をもとに，農水省指定試験事業を実施する沖縄農試で，種間雑種作出と雑種へのサトウキビの戻し交配（高貴化）で，雑種の有用特性を確保しつつ，ショ糖含有率を高める研究が開始された[14]．島袋らの先進的試みで，野生種利用の基礎的知見が多く蓄積された．しかし，雑種の供試系統数が少なく．通常 9 月に出穂する野生種と 11 月後半に出穂する製糖用サトウキビの交配は難しく，出穂の遅い外国産野生種の遅れ穂を花粉親として利用した．

3. 本格的な雑種利用の幕開け

サトウキビの種間雑種利用は，農林水産省が平成 3 年度より 10 ヶ年計画で開始した「新需要創出のための生物機能の開発・利用技術開発に関する総合研究（バイオルネッサンス計画）」で再スタートした．九州農業試験場（当時）の杉本明は，生育旺盛な品種を開発するため，野生種やソルガム等を利用した本格的な種属間雑種育種に着手した[16]．手始めに様々な遺伝資源をサトウキビと交配したが，インドネシア産野生種（現地語「グラガ（glagah）」）と早期出穂性の製糖用品種の種間雑種を作出した．一方，花粉を凍結貯蔵する試みを開始し，前田ら[4]が我が国で最初に技術を確立し，種間雑種量産の基盤を築いた．

これらの種間雑種は，強健で旺盛な生育を示し，干ばつや台風に耐え，痩せた土壌でも旺盛に生育するなど，環境耐性が高い．さらに，株出し能力（再生力）が極めて高く，刈取り後速やかに旺盛な再生をみせる．この特性は，植付けに労力のかかるサトウキビでは極めて重要で，生産コストに直結する．しかし，この雑種は，一般にショ糖含有率が低く，繊維分が多いという製糖に不都合な特性を持つ．繊維分が多いと，原料圧搾時に砂糖が絞り滓（バガス）中に残留する．また，過剰生成されたバガスの大量蓄積によって製糖工場が停止する危険をはらむ．

4. 多用途利用と飼料用サトウキビ

このような極多収系統は，かつて「モンスターケーン」と呼ばれ，高バイオマスを基盤とする食料増産やエネルギー利用で大きな期待を集めた[17]．しかし，高繊維分，低ショ糖含有率のため，食用（砂糖用）利用の実用化は困難であり，一方で，エネルギー用途は，当時，ガス化メタノール製造技術[10]などが未完成で実用化の目処は立たなかった．

このころ，雑種系統は家畜飼料として有望視されるようになった．サトウキビ収穫部位は茎のみで，他は製糖工場には運ばれず，圃場に大量の枯れ葉とケーントップと呼ばれる梢頭部（緑葉，葉鞘部，穂を含む茎頂部位）が残る．この梢頭部は，従来，家畜飼料が不足する冬季の貴重な飼料で，家畜飼養との複合経営に利用され[9]，世界的にも家畜飼料としての重要な位置を占めている[3]．南西諸島では,確保できる自給飼料を上回る牛が飼育され,年間を通じて飼料が不足する．そこで，家畜飼料自給を目指し，多回株出しが可能で乾物生産力の高い系統を飼料用に利用する研究が開始された[17]．

当時，花粉貯蔵技術が完成し，大量の雑種の中から，特に乾物生産力の高い系統を選定し,西之表市畜産経営確立対策協議会の協力で平成10年頃より家畜飼養試験に供された．その結果，繊維成分が多くて茎が硬い系統は牛が敬遠する傾向にあり，牛の嗜好性は無視できないことや，多くの系統が黒穂病に弱い欠点を持つことも明らかになった．

そこで，嗜好性に配慮し，高収量や株出し能力および黒穂病抵抗性に着目した系統選定の結果，比較的低繊維で高ショ糖系統が選定された[18]．これらは，ショ糖含有率向上で選抜された初期系統が多く，結果的に，古い系統が再評価された．そして，我が国初の飼料用サトウキビ品種「KRFo93-1」が育成された（図2-2）[13,18]．今後，さらに

図 2-2　ケーンハーベスタによる飼料用サトウキビ「KRFo93-1」の収穫（種子島）

耐病性を付与し，収量を大幅向上できる余地は残されている．

飼料用サトウキビは，①高単収，②多年生，③極めて広い収穫適期幅，④耐台風性，⑤干ばつ耐性，⑥高嗜好性，⑦家畜に健康障害を起こす硝酸態窒素蓄積が低い，という7つの利点を備え，今後の南西諸島で粗飼料生産を担う作物として期待されている．

5. 農林バイオリサイクル研究による研究展開

バイオマス利用目的のサトウキビ開発は，平成14年度開始の農林水産省委託プロジェクト「農林バイオリサイクル研究」で継続された．その展開方向は，「モンスターケーン」改め「高バイオマス量サトウキビ」の品種開発と利用技術の開発であり，対象地域は南西諸島にとどまらず，本土の転作水田利用も視野にいれた研究が展開された[19]．

サトウキビは湿害にはかなり強い．本プロジェクトでは，本土で高バイオマス量サトウキビ栽培に挑戦し，湛水田でも栽培できることが報告され，落水した乾湿田では畑地に匹敵する収量が確保できた[22]．この研究成果は，直接バイオマス利用につながっていないが，本土での飼料用サトウキビの利用展開で，多くの示唆に富むデータを提供した．

一方，高バイオマス量サトウキビの育成地である種子島，沖縄本島，北大東島，伊江島および石垣島の栽培試験で，乾物収量が製糖用品種の約2倍に達する極多収系統が見出された[17,18]．ただし，この系統は繊維分含有率も1.5～2倍と高く，糖含有率が低いため，適切な利用技術の開発が大きな課題として残った．また，これらの多くも，黒穂病に弱い欠点を有し，実用栽培での利用は困難とされた．

6. 砂糖・エタノール複合生産による新展開

低糖度・高繊維分の高バイオマス量サトウキビは，開発段階から製糖原料と認められず，バイオマス原料としての利用技術開発がなければ，結局はオイルショック時の諸外国の研究と同じ道をたどると思われた．しかし，アサヒビール株式会社（現アサヒグループホールディングス株式会社，以下，アサヒGHD社と表記）の参画をもって転機を迎えた．小原・寺島[11]はこの特性を活用する逆転の発想で，新砂糖・エタノール複合生産プロセスを提案した．

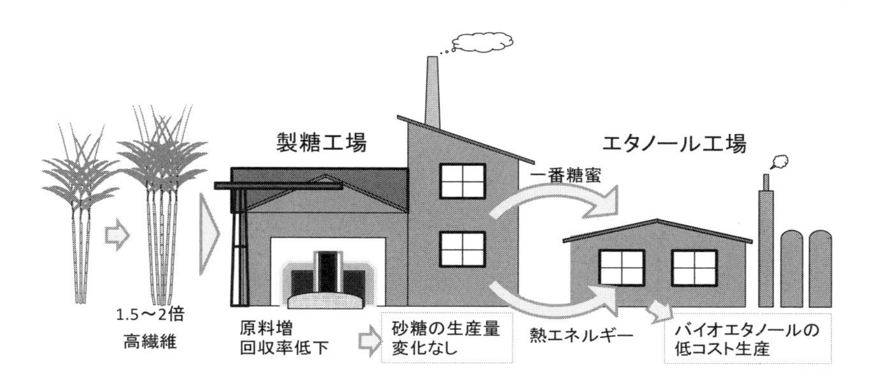

図 2-3　高バイオマス量サトウキビを用いた砂糖・エタノール複合生産（「伊江島方式」）のイメージ

本プロセスは，数回行われる結晶化工程での効率低下や結晶化の困難さを解決する手段として，低品質（低糖度）原料では製糖で結晶化工程を 1 回とし，生じた大量の 1 番糖蜜を発酵によってエタノール変換するものである．ここで，高バイオマス量サトウキビを使う大きな利点は，繊維分が多い＝大量のバガス産出することである.エタノール製造では，蒸留工程で熱エネルギーを必要とし，従来よりも多いバガスはエネルギー源として利用できる（図 2-3）.

サトウキビ糖蜜の発酵によるエタノール製造は，一般的なバイオエタノール製造方法である．しかし，これを我が国でそのまま行うのは非現実的である．バイオエタノールを市場価格に引き合う形で製造するためには，原料を安く入手して低コストで製造する必要がある．低コストエタノール製造には，工場を大きくしてスケールメリットを得る必要がある．しかし，小さな島々では一つの工場を支えるサトウキビ栽培面積は限られ，小規模工場とならざるを得ない．他の島の原料を集める場合には糖蜜の輸送コストが発生し，安価なエタノール製造は困難となる．

糖蜜品質もエタノール製造で問題となる．製糖工場の 3 番糖蜜は，カリウムなどミネラルを高濃度で含み，結晶化工程で生じる物質により濃黒色となる．これを発酵に用いると酵母活性が低くなり，発酵速度が遅くなり，ランニングコストが高くなる.また，黒色の蒸留残渣である廃液処理方法も課題となる．

新複合生産プロセスは，高バイオマス品種の栽培でサトウキビ生産量を大きく増大させることを出発点とする．その製糖原料は従来品種よりも低品質なため，結晶化は1回のみにし，製糖歩留まりは低くなるが，原料そのものが多いので，砂糖生産量は維持できる．一方，原料が多く，砂糖回収率が低下することで糖蜜生産量は大きく増大する．この1番糖蜜は，3番糖蜜よりショ糖分が多く含まれ，ミネラル成分濃度は低く，結晶化が1回のみで着色も少ない．この糖蜜でエタノール製造を行うと，まず，発酵原料が多いため，より大型の工場によるスケールメリットが得られる．また，発酵速度が非常に速く，短時間で発酵が終了し，発酵タンクへの設備投資を低くできる．さらに，排出廃液の着色はうすく，希釈して容易に排出基準をクリアできる．その結果，エタノール製造コスト低く抑えることができる．この技術により，現実的価格でのバイオエタノール製造の可能性が示され，高バイオマス量サトウキビに現実的な利用方法が与えられた[11]．

アサヒビール社は，これを実証するため，最初は自社にベンチプラントを設置し，さらに内閣府，経産省，環境省，農林水産省の協力を得て，沖縄県伊江島に実証プラントを設置した．ここでの試験は，現地で様々な支援を得，「砂糖・エタノール複合生産プロセス」の実証に至ったので，現地への敬意をこめて，このプロセスを「伊江島方式」と呼ぶ．

7. 高バイオマス量サトウキビモデル品種の開発と砂糖・エタノール複合生産の実証

サトウキビのバイオマス利用の研究は，平成19年度から「地域バイオマスプロ」に承継され，バイオエタノールを100円/L以下のコストで製造できる品種および栽培技術の開発を目標として実施された．

バイオマス生産は農林漁業の生業に根ざし，持続可能でなければならないため，研究は，引き続き高バイオマス量サトウキビと砂糖エタノール複合生産プロセスを用いた環境に優しい「エコアイランド」の実現を目指す研究として一貫していた[5]．ただし，糖質の他にバガス等に含まれる繊維分もエタノール変換することを想定した．元来，栽培コストの高いサトウキビでは，生産物全量をエタノール生産に用いると高コストとなる.プロジェクトのエタノール変換グループから，「品種開発で当面の目標収量を達成してもサトウキビで100円/L以下でのエタノール製造は難しい」との情報が寄せられたため，「伊江島方式」へと回帰することにした．高バイオマス量サトウキビ品種の開発では，プロジェクト開始前に「伊江島方式」を実現する品種に必要な以下の基本的能力を目標として定めた：①原

図 2-4　高バイオマス量サトウキビモデル品種「KY01-2044」（株出し1年目）

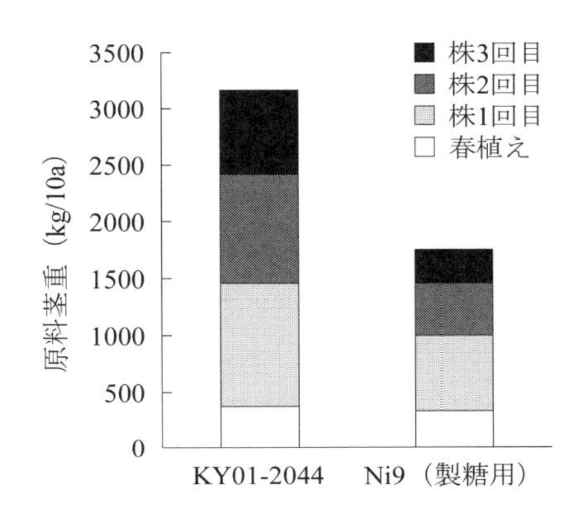

図 2-5　多回株出し栽培での生産力（伊江島）寺内ら[21]より転載.

料茎重が通常品種の1.5～2倍，②全糖収量1.5倍，③繊維分15%以上，④低コスト原料生産を実現する多回株出し能力である.「伊江島方式」提唱者の一人,寺島は，伊江島に4500系統を送って有望系統選抜を進め，鹿児島県農業開発総合センターと沖縄県農業研究センターの協力で，生産力評価を進めた．その結果，短期間に上記条件を満たすモデル品種として「KY01-2044」を見出した（図 2-4）[20]. 種子島，徳之島，伊江島，名護市，糸満市，宮古島での試験成績を総括すると，種子島を除く奄美以南で，概ね上記目標全てを達成した．伊江島の試験では，3回目株出しまでの4回の収量積算で多収となる製糖用品種「Ni9」の1.82倍の原料茎重を得，その差は，2，3回目の株出しで顕著となった（図2-5）．また，種子島以外での株出しの平均で，全乾物重，全糖収量，繊維分なども上回った．しかし，黒穂病抵抗性が十分でなく，大きな課題が残った.

さらに，農家の経営実態を反映した原料生産コストを計算し，アサヒビール社が伊江島で実施した試験データを元に,「KY01-2044」の収量と品質データを加えて製造コストの詳細な試算を行った結果，サトウキビ栽培面積が2,000haある場合に，現行方式の砂糖生産量を維持しつつ，100円/L以下でエタノール生産が可能との結論を得た[2]．この結論をもって，伊江島の実証プラントは所定の役割を終えた．しかし，試験は，実際の製糖工場の百分の一以下の小規模で行われ，製糖原料を連続的投入・操業する設計ではなく，一定量ごとにデータを収集して工程を先に進めるタイプであり，試算には不確定要素が残されていた．特に高繊維分が問題で，圧搾工程で機械の詰まりや，バガス中に失われる糖分が多くないかといった危惧である．この課題解決のため，アサヒビール社は，「地域バイオマスプロ」において稼働中の製糖工場での大規模実証試験を決意し，一方で，種子島に工場を有する製糖企業が協力を申し出た．この製糖工場一日の製糖能力は原料約 1,600t である．大規模実証試験には半日間の工場操業だけで 800t の原料が必要である．そこで，まず主力品種「農林 8 号（NiF8）」の製糖における基礎的データ収集から始め，次に，平成 23 年 3 月には，繊維分が比較的高い「農林 18 号（NiTn18）」での製糖試験を実施した．

「農林 8 号」と「農林 18 号」を製糖原料に用いた製糖試験と大規模発酵試験に並行して，最終目的の「KY01-2044」の原料供給体制構築が進められた．サトウキビは切断茎を圃場に植え付ける栄養繁殖栽培を行う．十分発達した茎を得るには約 1 年を要し,一般的に，この茎からの苗の増殖率は 10 倍である．高バイオマス量品種は茎数が多く，茎が長いとはいえ，この制約は大きい．そこで，試験研究用に栽培した「KY01-2044」を試験先から集めて栽培し，平成 22 年に約 70a の増殖圃を設置した．さらに，34 経営体の生産者の協力を得て，平成 23 年に 8ha 近い栽培圃場を設置した．そして，高バイオマス量原料 539t を確保し，平成 24 年正月休み明けの製糖工場でアサヒ GHD 社は大規模実証試験を実施した．この試験で，ある程度繊維分の高いサトウキビ原料でも，圧搾に問題がなく，途中の濃縮等の工程に支障がないことや，一番糖蜜の結晶化に支障がないことが確認された．

8. 新たなプロセスと実用的な次世代品種の開発に向けて

以上，大規模実証で，「伊江島方式」は現実に有効なプロセスであることが確認された．しかし，実際の利用にあたっては，製糖工場の設備投資が必要であり，サトウキビ取引制度などを見極めた上で，地域で選択するかどうかを考える必要がある．また，病害発生や気象災害，土壌条件などをふまえて，一地域でも複数品種を用意する必要がある．このため，高バイオマス量サトウキビを用いた「伊江島方式」の実用化には，なお時間を要する．

品種開発にあたっては，奄美以南で頻発する黒穂病への対応が欠かせない[8)]．これまでの高バイオマス量サトウキビ系統は，初期段階で黒穂病抵抗性が考慮されてこなかったので，黒穂病に弱い系統が多い．このため，育種の基本に立ち返り，野生種の黒穂病抵抗性検定から開始する必要がある．境垣内は，奄美以南で収集した野生種に黒穂病抵抗性のものを発見し，これを育種材料にして，黒穂病に強い品種育成を可能にした[15]．現在，作出した雑種から黒穂病抵抗性に優れる系統の選定が進められている．

アサヒ GHD 社開発の「逆転製造プロセス」は砂糖回収率そのものを高める技術として注目されている[12]．この技術は，搾汁液にショ糖を分解できない特殊な酵母を加えてエタノール発酵を行うもので，生成エタノールは濃縮過程で回収され，発酵によって，結晶化を阻害する還元糖やミネラルの一部が除かれ，結晶化効率が向上し，その結果，これまで以上の砂糖生産が可能になる．エタノールを製造すると，砂糖生産が多くなる夢のような技術である．

このプロセスは，特に低品質原料で砂糖回収率が低い場合に有効で，製糖初期の砂糖回収率を高める効果などが期待されている．これに用いる原料には，品質が不十分と考えられていた製糖原料も利用可能になり，多収の高バイオマス量サトウキビの利用も有効になると考えられている．

逆転製造プロセス開発で，サトウキビ産業は新局面を迎える．1990 年代に杉本らが始めたサトウキビの可能性を模索する研究は，20 年を経て実を結びつつある．しかし，加工技術は速やかに導入できても，品種開発は長い年月を要する．新製糖工程での利用に向けた新品種のコンセプトを打ち立て，次世代型品種の開発を進めることが喫緊の課題である．

9. おわりに

南西諸島の厳しい自然に耐えるサトウキビの開発は,着手から 20 年を経てようやく転機を迎えた．基礎となる遺伝資源収集や交配方法の研究を含めると，実に 30 年以上にも及ぶ．品種開発には長い年月を要し，データを得るために多くの試験を実施しなければならず，関係機関の協力無しにはなし得ない．「KRFo93-1」の品種名に含まれる「R」は「琉球」，すなわち，沖縄農試で交配されたことを示す．「KY01-2044」の「Y」は「八重山」，すなわち，国際農林水産業研究センター（JIRCAS）石垣支所（当時）で材料を養成し，沖縄農試八重山支場（当時）で交配した略号を記載している．品種は組織を越えた連携と多くの人の手で時間をかけて作られることを改めて実感した．志の高い若手研究者の熱い思いも進展の原動力になっている．先輩諸氏に敬意を表し，過去現在にわたり協力いただく関係機関の諸氏に篤く御礼申し上げるとともに，次代をつくる若手研究者の活躍に期待したい．

引用文献

1） Berding, N. and T. Roach (1987) Germplasm collection, maintenance, and use. Sugarcane Improvement through Breeding. Elsevier (Netherlands): pp.143-210.
2） 石田哲也ら（2011）食料とエネルギーの同時的増産技術を開発－高バイオマス量サトウキビを原料とした砂糖・エタノール複合生産システムをプラント規模で実証－．BRAIN テクノニュース 144：5-10.
3） 川島知之（1994）サトウキビと畜産．畜産の研究 48（6）：648-654.
4） 前田秀樹ら（1999）サトウキビ野生種の花粉凍結貯蔵法．九州農業研究成果情報 14：89-90.
5） 松岡　誠・寺島義文（2009）サトウキビ産業の未来．熱帯農業 2（1）：23-26.
6） 永冨成紀（1981）沖縄におけるサトウキビの種間交配育種法と問題点．沖農試報告 7：1-13.
7） 永冨成紀ら（1984）南西諸島におけるサトウキビ遺伝質の探索；第1・2次調査．沖農試報告 9：1-27.
8） 永冨成紀ら（1985）南西諸島におけるサトウキビ遺伝質の探索；第3次調査．沖農試報告 10：1-24.
9） 中川　仁（1991）沖縄・八重山群島の畜産経営における熱帯牧草．自給飼料 16：43-47.
10） Nakagawa, H. et al. (2011) Biomethanol production from forage grasses, trees, and crop residues, In “Biofuel’s Engineering Process Technology” ed. Marco Aurelio Dos Santos Bernardes, InTech: pp.715-732. (http://www.intechopen.com/books/show/title/biofuel-s-engineering-process-technology)
11） 小原　聡・寺島義文（2005）エネルギー用高収量サトウキビからのエタノール生産．エコバイオエネルギーの最前線．シーエムシー出版：pp.88-96.
12） Ohara, S. et al. (2012) Rethinking the cane sugar mill by using selective fermentation of reducing sugars by *Saccharomyces dairenensis*, prior to sugar crystallization. Biomass & Bioenergy 42: 78-85.
13） 境垣内岳雄・寺島義文（2008）飼料用サトウキビ「KRFo93-1」の育成と普及に向けた研究展開．農業技術 63（1）：24-29.
14） 島袋正樹 1990. 沖縄におけるサトウキビ交配育種の現状と展望．育種学最近の進歩 32：83-93.
15） 須田郁夫ら（2012）九州沖縄農業研究センターにおける豆類・ソバ・サトウキビの遺伝資源の収集．特産種苗 14: 28-30.
16） 杉本　明（1999）琉球弧のサトウキビ－育種研究とrubustumからoffcinarumへの変遷－．農業および園芸 74（7）：750-756.
17） 杉本　明（2004）砂糖・エタノール生産のための株出し多収性サトウキビ（モンスターケーン）の開発－琉球弧における安定多収糖質生産－．ブレインテクノニュース 103：32-35.
18） 杉本　明・寺島義文（2006）台風・干ばつ・低肥沃度土壌での作物生産－砂糖から砂糖＋ワンへの変革にむけた高収量サトウキビの開発―．農業機械学会誌 68（3）：4-8.
19） 寺島義文ら（2008）高バイオマス量サトウキビの広域安定生産技術の開発．農林水産バイオリサイクル研究．農林水産省農林水産技術会議事務局．プロジェクト研究成果シリーズ 464：65-66.
20） 寺島義文ら（2011）南西諸島のサトウキビ産業を変える新技術－「高バイオマス量サト

ウキビを利用した砂糖・エタノール複合生産プロセス」の開発．九州バイオリサーチネット．Bio 九州 198：13-18.
21）寺内方克ら（2011）高バイオマス量サトウキビ品種の開発と「砂糖・エタノール複合生産プロセス」の実証．農林水産研究ジャーナル 34（4）：56-59.
22）Yamada, T. et al. (2010) Dry matter productivity of high biomass sugarcane in upland and paddy fields in the Kanto Region of Japan. JARQ 44 (3): 269-276.

第3章　バイオディーゼル原料用油糧作物の生産拡大に向けた育種・栽培研究

〜＊〜＊〜＊〜＊〜＊〜＊〜＊〜＊〜＊〜＊〜＊〜

松崎守夫・本田　裕・薬師堂謙一

1. はじめに

ディーゼルエンジンは重量が重いが熱効率が良く，トラックや農業機械などに使用される[20]．通常，燃料に軽油が使われるが，19世紀末のルドルフ・ディーゼルによる試運転ではピーナッツ油が使われた[20]．バイオディーゼル燃料（以下，BDF）は，脂肪酸（オレイン酸なら $C_{17}H_{33}COOH$）3分子を含む油脂から，脂肪酸メチルエステルを生成して粘度を下げ，使用しやすくしたものである．BDF原料に使用される植物油は，ナタネ，ヒマワリ，ダイズ，アブラヤシ（オイルパーム），ジャトロファ（*Jatropha curcas* L.）などがある[15]．

ヨーロッパではBDFが広く利用されており，世界生産量の約50%を使用する[18]．ヨーロッパでのBDF研究開発は，1970年代のオイルショックをきっかけとして1980年代に開始した[15]．1993年のガットーウルグアイラウンドなどを背景に，EUのCAP（Common Agricultural Policy：共通農業政策）が1992年に改正され，穀物価格維持政策の一環として，休耕地（set-aside）に工業製品としてのナタネ栽培にも補助金が出るようになり[4]，ナタネ生産量が増加し,1991年の湾岸戦争を契機にBDF生産量が増加した[15]．BDFはドイツ，フランスおよびイタリアでは税制上の優遇措置があるため[29]，この3国を中心に普及している．ヨーロッパの作物原料は主にナタネであるが，フランスやイタリアではヒマワリが主[15]，米国はダイズ，東南アジアはオイルパーム，ニカラグアなどでジャトロファが栽培されている[15]．

2. 油糧作物の特徴

植物は光合成によってブドウ糖（$C_6H_{12}O_6$）を生産するが，脂肪酸はブドウ糖より酸素原子の比率が少ない．オレイン酸1分子を生産するには，最低でブドウ糖3分子が必要だが，その際，酸素16原子が除外され（図3-1），ブドウ糖から脂肪

$$3C_6H_{12}O_6 \xrightarrow[\text{脂肪酸合成}]{} C_{17}H_{33}COOH + 3H,\ 16O$$

[ブドウ糖 3×180]　[オレイン酸 281]　(259)

図3-1　脂肪酸合成に際しての酸素の除去
（　）内の数値は分子あるいは原子の重量.

を合成すると，重量がほぼ半減する．ヒマワリの脂肪合成は開花期以後に行われるため，ヒマワリの日射利用率（乾物増加量/日射量）は，開花期を境として低下する[2)]．このように，油糧作物は一般的に収量が低いという欠点がある．

一方，ナタネは莢壁で光合成を行い，莢内の種子に光合成産物を送り，そこで脂肪合成を行う．脂肪合成で放出された二酸化炭素（CO_2）は莢内に蓄積され，ナタネ種子のクロロフィルで再固定される[26)]．そのため，ナタネの収量水準は他の油糧作物よりも高く，ヨーロッパでは単収300～400kg/10a程度，多収事例では500kg/10aの報告もある[25)]．

油糧作物のもう一つの特徴は，発芽時の酸素要求性が高いことである[1)]．従って，播種～出芽までの間は特に湿害に弱く，冠水で株数が減少する．

3. 育種・栽培研究

東北から九州までナタネは古くから水田裏作や畑作で主に灯火用油糧作物として栽培され，明治初期や昭和30年頃には20万t以上生産された[27)]．しかし，石油や電灯の普及，労働力不足や収益性低下，さらに食用としてカナダから「Canola（無エルシン酸，低グルコシノレート品種）」などを原料とするナタネ油の輸入が増加し，栽培面積が減少したが[30)]，東北農業研究センターで無エルシン酸品種が開発され，国産ナタネの食用利用が可能になった．一方，ヒマワリは1980年代に導入され，全国的な連絡試験も行われたが[16)]，広く栽培されることはなかった．

休耕田でナタネを栽培し，食料やBDFとして利用する地域循環システムを目指した「菜の花プロジェクト」[8)]への注目と共に，ナタネやヒマワリへの関心も高まり，ナタネ等を中心に農水省プロジェクト研究「バイオマスエネルギーを目的とした油糧作物の簡易な機械化生産技術の開発」（油糧作物プロ：2005～2007），「耕作放棄地を活用したナタネ生産及びカスケード利用技術の開発」（ナタネプロ：2009～2011）が行われた．また，「地域活性化のためのバイオマス利用技術の開発」（バイオモデル：2008～2011），「水田の潜在能力発揮等による農地周年有効活用技術の開発」（水田底力：2010～2012）でも，ナタネとヒマワリについての研究開発が行われた．

1）育種

（1）ナタネ品種

我が国の油料用ナタネ育種の歴史は長く，福島県（育成品種数 12），福井県（同 4），福岡県（同 13）の指定試験地など，全国で育種事業が行われ，1935～1972 年に 42 の農林登録品種が育成された[28]．しかし，徐々に規模は縮小し，1972 年には東北農業試験場のみで品種育成が行われた．農林番号を付したナタネ品種は現在までに 49 だが，その多くは心疾患に関係するエルシン酸を含む品種であり，食油用ナタネ品種は東北農業試験場育成の無エルシン酸品種「アサカノナタネ（農林 46 号）」[22]と「キザキノナタネ（農林 47 号）」[23]から始まった．その後，ミール（油粕）利用により，ナタネ生産の収益性が改善され，甲状腺障害を引き起こす種子中のグルコシノレートを低下させて，ミールの飼料利用を可能にするダブルロー（無エルシン酸・低グルコシノレート）品種の開発が求められ，農研機構初のダブルロー品種「キラリボシ（農林 48 号）」[12]（図 3-2）は「新需要創出のための生物機能の開発・利用技術の開発に関する総合研究」（新重要創出プロ：1991～2000）により，温暖地向きの「ななしきぶ（農林 49 号）」[13]は，「転作作物を中心とした高品質品種の育成と省力生産技術の開発」（転作作物プロ：1999～2001）で育成された．また，北東北向き野菜・油用品種「菜々みどり」[11]も育成された．また，2012 年にナタネプロで，寒地向きで越冬性のよい「東北 97 号（後の「キタノキラメキ」：品種登録番号 23721）」が育成され，水田底力プロでは，暖地向き食油用ナタネの品種開発が実施された．

図 3-2　「キラリボシ」（左）と「アサカノナタネ」（右）

（2）ヒマワリ品種

ヒマワリは新大陸からヨーロッパに観賞用として持ち込まれ，人々の関心を引いた．ヒマワリが栽培化されたのは1800年代のロシアである．聖書に記載のない植物であり，断食を回避する食材として注目されたためである．その後，一代雑種育種法の開発により，生産は世界的に拡大した．我が国では，1980年代のヒマワリブームの中，各地で油糧用や景観用で栽培され，搾油施設も作られた.しかし，採算が合わず，撤退，廃業する例が多かった．特に，1990年代，オメガ6系（ω6）脂肪酸（リノール酸）が高脂血症や発がん等の生活習慣病に関与するデータが示され，高リノール酸（約80%）組成のヒマワリ油は急速に魅力を失った．米国では，交配育種により，低リノール酸・中オレイン酸含量（オレイン酸60%強，リノール酸約20%）のニューサン（NuSun）オイル品種が育成され，普及した[14]．国内では，新重要創出プロにおいて，北海道農業試験場で「ノースクイーン」が育成されたが[10]，高リノール酸含量のため，生産が拡大しなかった．

2）機械化栽培

国産ナタネが盛んに栽培された1960年代は,テーラーなど小型機械が中心で,現在の大規模機械化体系はなかった．油糧作物プロでは，既存ダイズ用機械を用いたナタネとヒマワリの機械化作業体系を確立した．播種には，大豆研究で開発された小明渠浅耕播種機を利用した（ホームページ（HP）1）．油糧作物は播種・出芽時の冠水で出芽が減少するため，地表排水効果のある小明渠浅耕播種機が株立ち確保に有効であり（図3-3），ナタネプロで開発した小畦立て播種機も同様の効果を示した（HP2）．

小明渠播種機などに使われる播種ロールは麦・ダイズ用であり，種子が小さい

図3-3　小明渠浅耕播種機（左）と播種後に冠水した圃場（右）

ナタネや不定形のヒマワリの播種精度を向上させるためにロールの改造を行った．ナタネには，播種ロールに小さな穴をあけることで対処し（HP3），ヒマワリには，新たに播種ロールを開発した（HP4）．

ナタネプロでは省力播種体系として，ブロードキャスターや乗用管理機による散播体系，チゼル耕による簡易耕起播種体系も検討した．また，バイオモデルプロで開発したバーティカルハロー播種機は耕深が浅いため，浅い播種深度が適するナタネで良い結果が得られた．収穫以後の作業でも，ヒマワリの収穫ロスを減らすコンバインヘッダーの開発（HP5）やナタネの乾燥作業も検討した．また，ナタネ未熟粒をBDF料用として選別し，収穫物の高品質化を図る技術も開発した．

通常，BDFは油を脂肪酸メチルエステルに分解して使用するが，ナタネプロで，ディーゼルエンジンの噴射ノズルの交換などにより，ナタネ油を直接コンバインと発電機の燃料として使用する技術も検討し，コンバインで200時間，発電機で600時間，問題なく稼動できることを確認した．

3）栽培法と作付体系

ナタネは連作障害が発生しやすく[6]，他の作物と組み合わせながら栽培する必要がある．しかし，ナタネの収穫期が遅いこと，ナタネのグルコシノレートが後作物の発芽・生育を抑制する可能性があるため[31]，後作物の播種は夏季近くになる．東北では立毛間播種によるナタネ－ソバ体系が確立されたが（HP6），関東で検討したナタネ－ヒマワリ体系ではヒマワリの収量が不安定となった．

関東地方のナタネ－ヒマワリ体系は，ヒマワリを6月下旬播種，生育90日，成熟後の植物体乾燥20日程度とすると，収穫期は10月上旬になる[21]．ヒマワリは湿害や雨に弱く，播種－出芽期の冠水害で株数が減少し，生育初期よりも開花期の湿害が激しい[24]．また，開花期の降雨で菌核病が発生し，登熟初期の冠水で大きく減収することがある[9]．さらに，収穫期の降雨は植物体の乾燥を阻害し，子実が変質する．このように本体系は，播種期が梅雨，収穫期が秋雨にあたり（図3-4），梅雨に発芽不良，秋雨で子実変質が起こる可能性が高い．一方，空梅雨の場合，ヒマワリ出芽期が夏至付近の高日射量の時期にあたり，逆に乾燥害で株数が減少する恐れもある．そこで播種期を6月上旬に早め，播種期と収穫期を雨季とずらすことが，安定生産のために有効である．

梅雨前線は 5～7 月に日本列島を北上し，秋には秋雨前線が東日本で活発に活動しながら南下する．梅雨前線が北海道まで北上した場合，「蝦夷梅雨」となる[19]．

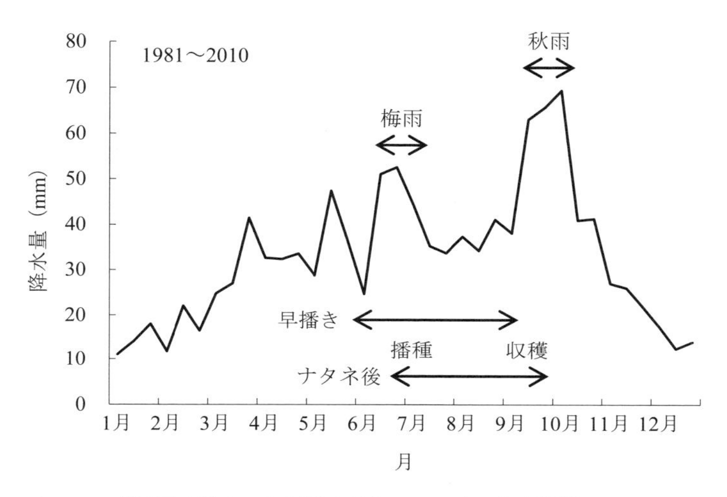

図3-4　茨城県土浦市の旬別降水量とヒマワリの生育期間
アメダスデータより作図.

ナタネ・ヒマワリの安定生産のためには，各々の地域で播種期，収穫期と雨季が重ならない栽培時期を選ぶ必要がある.

ナタネプロでは，栽培用地確保のための耕作放棄地復元方法を検討した．その中で，①放棄地の一年生，多年生雑草抑制のため，復元時の移行性除草剤処理，プラウ耕が有効であること，②ナタネ生育収量を確保に有機物施用が有効であること，③畑地での滞水を考慮し，高低差に留意して圃場を選定することなどが明らかにした．さらに，移行性除草剤処理＋プラウ耕で，セイタカアワダチソウ（*Solidago altissima* L.），ススキ（*Miscanthus sinensis* Anderess.），オギ（*Miscanthus sacchariflorus* Benth.）を防除できること確認し，現在，アズマネザサ（*Pleioblastus chino*（Fr. et Sav.）Makino）への効果を検討中である.

4. 放射能除去対策としての油糧作物生産試験

放射性セシウム（Cs）を植物栽培によって除去するファイトレメディエーション（Phytoremediation）技術は多くの研究があり，①Cs を吸収しやすい植物（ヒユ科（Amaranthaceae），アブラナ科（Brassicaceae）など），吸収しにくい植物（イネ科（Gramineae）など）があること[32]，②吸収しやすい植物は，水耕栽培では Cs

を最高で100倍程度に濃縮すること，しかし③それらの植物も土壌からは最高で3倍程度しか濃縮できないこと[17)]が報告されている．土壌に有機酸，キレート剤などを加えてもCsはほとんど放出されないが，Csと同じ陽イオンであるアンモニア（NH_3），カリウム（K）などを加えると，最高で10%程度のCsが土壌から放出される[17)]．しかし，K濃度が高くなると，植物のCs吸収は減少する[32)]．また，NH_3濃度が高すぎると植物の生育を阻害することがあり[17)]，好気条件では，NH_3は硝酸化成され，陰イオンへと変化する．すなわち，ファイトレメディエーションのためには，Csを土壌から放出させる処理が必要不可欠であるが，有効な方法が確立されていない状況にある．

ヒユ（*Amaranthus*）属アオゲイトウ（*A. retroflexus* L.）などのCsの吸収能力が高いが[7)]，それらは主に幼植物の研究である．例えば，チェルノブイリで「菜の花プロジェクト」を行い，収穫ナタネからバイオディーゼルを生産する試み（HP7）は，ファイトレメディエーションの新しい可能性を検討するものである．中央農業総合研究センターでも，福島原発事故対応として，福島県，茨城県などでヒマワリ栽培を行い，植物体各部位におけるCs吸収を検討した．著しいCs除去効果は見られなかったものの，搾油したヒマワリ油へのCs移行はほとんどなく，BDFとして使用できることが示された（HP8）．現在，ナタネで同様の検討を行っている．ただ，ファイトレメディエーションによる土壌Cs除去効果は少ないもの，Csを吸収した作物の茎葉・搾油粕の処理法，収穫・搾油時の作業者の被爆などに留意する必要があり，今後の技術開発が必要である．

5. おわりに

育種研究では，ナタネの無エルシン酸品種，ダブルロー品種など着実に成果が上がっている．「菜の花プロジェクト」を契機として始まったナタネ・ヒマワリの栽培研究も機械化栽培法を確立し，さらに作付体系，耕作放棄地復元方法，ファイトレメディエーションなど研究が広まりつつある．また，本文で割愛したが，ナタネのカラシ油配糖体（グルコシノレート：glucosinolate）は，土壌病害虫の防除効果（Bio-fumigation）を持つ可能性があり[3)]，連作障害を軽減する新規作物として有望である．

引用文献

1）Al-Ani, A. et al. (1985) Germination, respiration, and adenylate energy charge of seeds at various oxygen partial pressures. Plant Physiol. 79: 885-890.
2）Albrizio, R. and P. Steduto (2005) Resource use efficiency of field-grown sunflower, sorghum, wheat and chickpea I. Radiation use efficiency. Agricultural and Forest Meteorology 130: 254-268.
3）Angus, J.F. et al. (1994) Biofumigation: Isothiocyanates released from Brassica roots inhibit growth of the take-all fungus. Plant and Soil 162: 107-112.
4）Antony J. et al. (2011) Setting aside farmland in Europe: The wider context. Agriculture, Ecosystems and Environment 143: 1-2.
5）Connor, D.J. and V.O. Sadras (1992) Physiology of yield expression .in sunflower. Field Crops Research 30: 333-389.
6）de Vries, S. C. et al. (2010) Resource use efficiency and environmental performance of nine major biofuel crops, processed by first generation conversion techniques. Biomass and Bioenergy 34: 588-601.
7）Dushenkov, S. et al. (1999) Phytoremediation of radiocesium-contaminated soil in the vicinity of Chernobyl, Ukraine. Environ. Sci. Technol. 33: 469-475.
8）藤井絢子編著（2011）菜の花エコ事典．創森社．東京．pp.21-36.
9）Grassini, P. et al. (2007) Responses to short-term waterlogging during grain filling in sunflower. Field Crops Research 101: 352-363.
10）本田　裕ら（2002）ヒマワリ品種「ノースクイーン」の育成とその特性．北海道農研研報 176： 75-89.
11）石田正彦ら（2006）ナタネ新品種「菜々みどり」の育成．東北農研研報 105：49-62.
12）石田正彦ら（2007）無エルシン酸・低グルコシノレートナタネ品種「キラリボシ」の特性．東北農研研報 107：53-62.
13）加藤晶子ら（2005）暖地に適した無エルシン酸なたね新品種「ななしきぶ」の育成．東北農研研報 103：1-11.
14）Kiatsrichart, S. et al. (2003) Pan-frying stability of NuSun oil, a mid-oleic sunflower oil. JAOCS 80: 479-483.
15）Körbitz, W. (1999) Biodiesel production in Europe and north America, and encouraging prospect. Renewable Energy 16: 1078-1083.
16）黒川　計（1985）水田転換作物としての油脂用ヒマワリの栽培．農業技術 40（7）: 292-298.
17）Lasat, M. M. et al. (1997) Potential for phytoextraction of ^{137}Cs from a contaminated soil. Plant and Soil 195: 99-106.
18）Majer, S. et al. (2009) Implications of biodiesel production and utilization on global climate - A literature review. Eur. J. Lipid Sci. Technol. 111: 747-762.
19）松本　淳（2002）季節的な特徴．気候影響・利用研究会編．日本の気候Ⅰ　－最新データでメカニズムを考える－．二宮書店．東京．pp.71-116.
20）松村正利・サンケアフューエルス編（2006）バイオディーゼル最前線．工業調査会．東京．221pp.
21）松崎守夫（2012）ヒマワリの湿害・雨害を回避する栽培方法．最新農業技術　作物 vol.4. 農文協．東京．pp.215-220.
22）奥山善直ら（1993）ナタネ無エルシン酸新品種「アサカノナタネ」の育成．東北農研研報 87：1-20.
23）奥山善直ら（1994）ナタネ無エルシン酸新品種「キザキノナタネ」の育成．東北農研研報 88：1-13.
24）Orchard P. W. and R. S. Jessop (1984) The response of sorghum and sunflower to short-term

waterlogging I. Effects of stage of development and duration of waterlogging on growth and yield. Plant and Soil 81: 119-132.
25）Rathke, G. W. et al. (2006) Integrated nitrogen management strategies to improve seed yield, oil content and nitrogen efficiency of winter oilseed rape (*Brassica napus* L.): A review. Agriculture, Ecosystems and Environment 117: 80-108.
26）Ruuska, S. A. et al. (2004) The capacity of green oilseeds to utilize photosynthesis to drive biosynthetic processes. Plant Physiology 136: 2700-2709.
27）坂井正康・中川　仁（2002）21 世紀をになうバイオマス新液体燃料．速水昭彦監修．化学工業日報社．東京．197pp.
28）指定試験協議会（1996）指定試験協議会編 農林水産省指定試験地育成農作物品種総覧．125pp.
29）Williams, J. B. (2002) Production of biodiesel in Europe - the markets. Eur. J. Lipid Sci. Technol. 104: 361-362.
30）山守　誠・奥山善直（2011）日本のナタネ油生産とナタネ品種情報．別冊現代農業 2011 年 7 月号：62-66.
31）Yasumoto, S. et al. (2010) Glucosinolate content in rapeseed in relation to suppression of subsequent crop. Plant Production Science 13: 150-155.
32）Zhu,Y, G. and E. Smolders (2000) Plant uptake of radiocaesium: a review of mechanisms, regulation and application. J. Experimental Botany 51: 1635-1645.

引用したホームページ（HP）
1：http://www.naro.affrc.go.jp/project/results/laboratory/narc/2007/narc07-29.html
2：http://www2.pref.iwate.jp/~hp2088/seika/h23/fukyu_05.pdf
3：http://www.naro.affrc.go.jp/project/results/laboratory/narc/2007/narc07-31.html
4：https://www.naro.affrc.go.jp/project/results/laboratory/warc/2008/wenarc08-30.html
5：http://www.naro.affrc.go.jp/project/results/laboratory/narc/2007/narc07-32.html
6：http://www.naro.affrc.go.jp/tarc/contents/ritsumoukan/index.html
7：http://www.rri.kyoto-u.ac.jp/NSRG/tyt2004/tomura.pdf
8：http://www.naro.affrc.go.jp/publicity_report/press/laboratory/narc/024280.html

第4章　イネ茎葉部成分の品種間変異とバイオエタノール生産利用

〜*〜*〜*〜*〜*〜*〜*〜*〜*〜*〜

近藤始彦・荒井（三王）裕見子・趙　鋭・西谷和彦

1. はじめに

バイオマスエネルギー利用の課題のひとつは材料資源の確保である．材料資源は，生産持続性と低コスト生産が条件となり，イネ茎葉部が潜在的資源として注目される．我が国では水稲作が，気象，立地条件に適合し，完成された水田灌漑システムと機械生産システムが存在することは，バイオマス利用において大きな利点となる．コメはアジアを中心に世界で広く主食として重要な位置を占め，イネ胚乳の糖質成分，特に澱粉について多様な特性を持つイネ品種が開発，利用されてきた[18]．一方，イネ茎葉部は稲わらとして水田に還元され土壌有機物，養分となるとともに，飼料，有機質肥料，建築その他の資材として古くから利用されてきた．しかし茎葉部の成分に着目した品種開発の例は少ない．イネ品種の開発においては，「コシヒカリ」に代表される食用品種に加えて，近年飼料用，米粉用など多用途利用を目的とした多収・高バイオマス品種も育成されてきた[9]．このような多収品種では茎葉部の生産量も高くその有効利用が望まれる．

バイオエタノール生産原料として，稲わらの利用促進を図る上では，高バイオマス生産量に加えて，エタノール生産効率向上も重要な課題となる．茎葉中の糖質成分は，収量性やストレス耐性あるいは飼料価値の観点から，その動態や遺伝変異が研究されてきた．近年のイネゲノム情報の進展で茎葉中糖質成分の制御メカニズムも少しずつ見え始めた．この知見を活用しながらバイオエタノール生産適性の高い茎葉部を持つ品種選抜，育成を促進することが期待される．2002年に「バイオマス・ニッポン総合戦略」閣議決定がきっかけとなり，イネからのエタノール変換技術に関する研究が進められてきた[7]．この中では食糧生産と競合の少ない稲わらからのエタノール変換を目指す第2世代型プロセスの検討も進められた．しかし，材料となる茎葉部成分の品種間変異やバイオエタノール生産適性の高い茎葉部を持つ品種の検討は少なかった．そこで2007-2011年に行われた農水省「地域バイオマス」プロジェクトにおいて，茎葉部の非構造性成分や細胞壁成分の簡易評価手法を開発し，幅広いイネ品種群を用いて茎葉部成分の品種間差異，遺伝的変異および糖化効率への影響を調査した．本稿では，ここで得られた知見を含め非構造性炭水化物を中心に茎葉部糖質成分の動態，役割や品種間差異，および糖化効率との関係に関する研究の進展を紹介する．

2. 茎葉部の成分と非構造性炭水化物の動態

イネ科作物の茎葉部はセルロース，ヘミセルロース，リグニンなど主に細胞壁を構成する構造性成分と細胞内成分を中心とした非構造性炭水化物（NSC：Non-Structural Carbohydrate）からなる．茎葉部 NSC の多くは茎部（稈および葉鞘）の柔組織に存在し，澱粉と可溶性糖が主体である．多様なイネ品種の成熟期茎部（稈および葉鞘）の成分割合（乾物当り）調査の結果，セルロース，ヘミセルロース，リグニンがそれぞれ平均 34.5%，17.6%，9.2%であり，NSC が 8.0%であった（図 4-1）．各成分には品種間差異も認められ，この遺伝変異をエタノール生産効率向上に活用できる可能性がある．また，NSC は出穂期で成熟期より高い傾向にある．

可溶性糖は主にショ糖とヘキソースからなり，イネではショ糖が主体である．ショ糖は主に澱粉由来炭素を転流する際の転流態と考えられ，後述のようにその

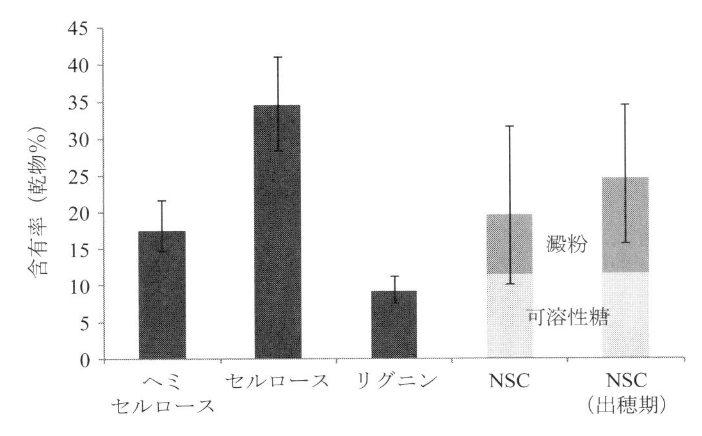

図 4-1　成熟期の茎部成分含有率と品種間差異
NSC のみ出穂期を示す．他成分は成熟期のみ．
値は 17 品種の平均値，バーは最大値，最小値を示す．
Arai-Sanoh et al.[1] を改変．

役割に関して検討の余地も残される．一方，NSCは容易に糖化されるためバイオエタノール生産原料として最も利用しやすい有効成分である．そのため茎葉部のバイオエタノール利用を考える場合には NSC 量の増加およびセルロースが中心の細胞壁成分の糖化効率向上の二つが目標となる．まず，NSCの動態と生理的意義について述べる．

一般に茎部NSC含有率は出穂期までに高まり，出穂直後が最大値となり，登熟盛期に穂部への転流により減少する．その後成熟期にかけて再蓄積が起きる．登熟後期の再蓄積は，穂のシンク機能低下に伴う余剰同化炭素の受入れ先としての側面と，茎部が積極的にシンクとして蓄積する側面を持つ．積極的なシンクとしての役割は成熟期後の個体の再生や多年生とも関係すると考えられる．この生育ステージを通したNSC変動はイネ科作物で広く見られ，出穂期までのNSC蓄積は登熟のための炭素基質の一時的なストックと考えることができる．

農業的に重要な茎部NSCの機能や意義は，①登熟能を高め収量性向上，②登熟期のストレス耐性向上，③飼料価値向上である．出穂期までに茎部へ蓄積されたNSCは，登熟期間中の光合成で同化炭素とともに籾へ転流され，玄米澱粉の基質となる．このためNSCの転流促進は地上部乾物を効率よく籾部に分配し，収穫指数向上に寄与する．茎葉部NSCは，特に登熟初期の籾への炭素集積に寄与し，最終的な籾重向上の要因となる[20]．最終的な籾収量向上のために，茎部からのNSC転流量と光合成能の両者の向上が必要であるが，各々の寄与は，栽培環境や収量レベル，品種で異なる．我が国の食用ジャポニカ品種に比較して多収インディカ品種で NSC 蓄積が高い傾向が報告され[14]，多収品種の高い登熟能力の寄与が考えられた．コムギでも収量性の品種改良に伴い茎中可溶性炭水化物（主にフラクタン）含有率が増加する傾向が指摘されている[17]．

茎部NSCは環境ストレス耐性向上においても広く着目された．登熟期に水ストレスに遭遇し光合成能が低下した場合，茎部NSCの転流が増加し，登熟を維持することから[22]，耐干性向上に寄与すると考えられた．コムギ品種でも可溶性炭水化物増強が耐干性向上に有効であることが示された[3]．NSCは登熟期の水や温度ストレスなど環境変動下で光合成低下を補償する登熟のための基質の役割を示す．

茎葉部糖質成分の分子制御機構についても少しずつ明らかになってきた．澱粉合成に関与するADP-グルコースピロホスホリラーゼ（glucose pyrophosphorylase），スターチシンターゼ（starch synthase），ブランチングエンザイム（branching enzyme），デブランチングエンザイム（debranching enzyme），および基質の輸送体をコードする遺伝子群が明らかにされてきた[5]．登熟中の胚乳と出穂前の葉鞘などの栄養器官では澱粉合成に関与する遺伝子群には違いがみられ，遺伝子レベルで分業が行なわれていると考えられる．茎葉部と穎果胚乳間の炭素転流の制御機構を考える上で興味深い．

3. 非構造性炭水化物（NSC）蓄積の品種間差異

我が国のインディカ米品種は出穂期までの蓄積と出穂後の転流能が高い.一方，ジャポニカ品種は登熟後期の再蓄積能が高い傾向が認められる[21]．高バイオマス品種や外国品種を含む品種比較で，成熟期茎部 NSC 含量は，66-569g/m^2（平均 212g/m^2）と大きな品種間変異があった（図 4-2)．我が国の品種で澱粉蓄積量が最高の「リーフスター」[10] は茎葉利用飼料用品種であるが，エタノール原料としても注目される．興味深いことに，「Shanguichao」など高 NSC でショ糖等の可溶性糖含量が高い品種と「リーフスター」など澱粉含量が高い品種が存在する．ショ糖を高濃度蓄積する品種は従来から報告され，ショ糖が転流態としてだけでなく

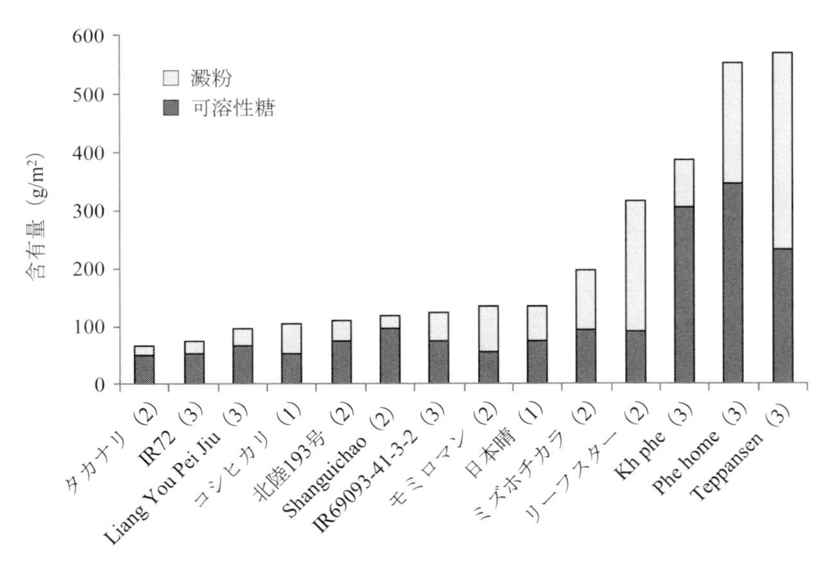

図 4-2　成熟期の茎部 NSC 含有量のイネ品種間差異
Arai-Sanoh et al.[1] を改変．（1）普通食用品種，（2）多用途・飼料用品種，（3）外国品種.

蓄積態として機能する可能性が指摘された[4]．ショ糖や他の可溶性糖の生理的機能解明は，今後の興味ある課題である．NSC蓄積量は籾/ワラ比が低い品種で高まる傾向にあり，籾への転流が低い場合に茎葉部への残存量が高まる．このため，成熟期まで茎葉中のNSC含量を高めると籾重低下につながり，トレードオフの関係にある．この傾向には変異もあり，籾重と茎葉部NSC含量をある程度両立できる可能性がある．

光合成同化産物はNSCと構造性画分へ分配されるが，これを制御するメカニズムや遺伝要因の解明と育種への応用が期待される．NSCの体内動態の品種間差異を制御する遺伝的要因解明のためにQTL解析が行われた[8,12]．蓄積，転流，再蓄積各々の過程で異なるQTL関与が示唆され，遺伝的要因は単純ではない．また出穂期の澱粉とショ糖の蓄積には異なるQTLが見出され[6]，蓄積形態の違いを制御する生理機構が存在する．NSCの効率的利用には，高蓄積品種活用に加え，栽培法や収穫・保存方法改善による蓄積促進や損失軽減も有効である．NSCの動態は栽培環境に影響され，NSC蓄積は好適日射条件で増加，極端な高温条件下などで低下する．高窒素施肥下では，バイオマス生産量の増加にともないNSC含量も増加する場合が多い．下位節間でNSC含量は高いため，NSC収穫量を増やすために基部から刈取ることが望ましい．しかし，作業性や土壌混入も考慮する必要がある．蓄積された澱粉や糖などのNSCは収穫後に植物・微生物による分解，呼吸による消費や流亡で失われる．このため，収穫後乾燥処理などで損失を最小限に抑える必要がある．

4. 細胞壁成分

イネの細胞壁成分はセルロース，架橋性多糖とリグニンからなり，イネ体を物理的に支え，炭素源や機能性物質として働く（図4-3）．イネの架橋性多糖は，フェニールプロパノイド（phenylpropanoid）により修飾されたグルクロノアラビノキシラン（glucuronoarabinoxylan），β-グルカンが主体で，双子葉植物に多いペクチン性多糖やキシログルカン（xyloglucan）の含有量は少ない[13]．ヘミセルロース画分の糖組成割合はアラビノースが70%以上を占め，次いでキシロース，グルコース，ガラクトースからなる（図4-4）．イネはソルガムやサトウキビよりもややグルコース割合が高く[1]，（1-3,1-4）-β-グルカンが高いことがひとつの要因と思われる．

イネの細胞壁成分の品種間差異や動態は，これまで主に倒伏耐性との関係で研究が進められてきた．稈の挫折抵抗力には，稈とそれを包む葉鞘の断面の大きさが重要であるがそれに加え，細胞壁成分や澱粉の組成や分布も関係する．リグニン密度[15]やホロセルロース（holocellulose）含量は稈の強度の品種間差異と関係することが示唆されている．登熟期間中に茎葉部NSCが減少するが，(1-3,1-4)-β-グルカンも(1-3,1-4)-β-グルカナーゼ発現の増加と対応して減少し[2]，細胞壁成分にも登熟に連動した分解がある可能性として興味深い．

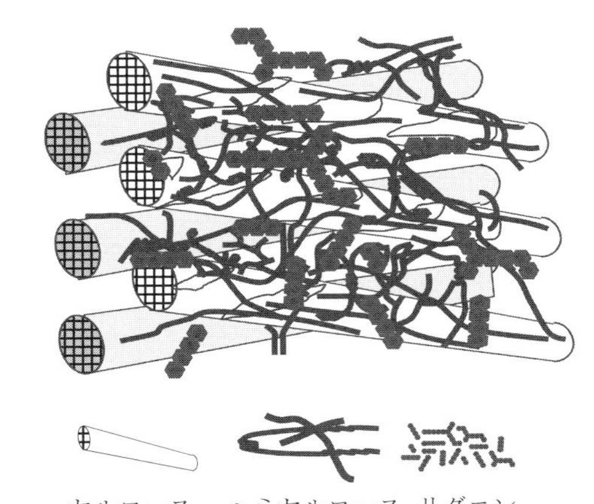

図4-3　細胞壁構造の模式図

リグニンの変異はgold hull and internode2変異体がリグニン欠損であり，その原因遺伝子GH2がcinnamyl-alcohol dehydrogenase（CAD）をコードすることが示された[24]．また異なるbrittle culm変異体の原因遺伝子がCesA（cellulose synthase catalytic subunit）[19]や，細胞成長の方向制御に関与するCOBRA様タンパク質[11]をコードし，その変異がセルロース含量に影響することが報告されている．

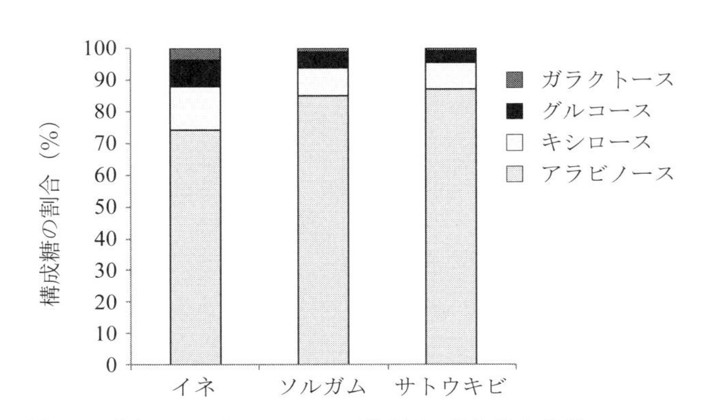

図4-4　茎部のヘミセルロースの構成糖の割合[1]を改変．

5. 細胞壁成分の糖化効率の変動とその要因

茎葉部のエタノール生産効率向上のためには NSC の有効利用に加え，細胞壁成分の糖化効率向上が大きな目標となる．イネ茎部について NSC を除去して調製した細胞壁サンプルを用いて糖化効率の品種間比較を行った結果，大きな品種間差異があった（図 4-5）．なお，糖化効率の評価は改変した DiSC（Direct Saccharification of Culm）法[16] に従い，酵素混合液による糖化におけるグルコースとキシロースの収率で評価した．主にセルロース由来のグルカンは，ヘミセルロース由来のキシランより糖化効率が高く，成熟期でグルカン糖化効率は最大 32.6%，最小 16.6%（平均 24.8%），キシラン糖化効率は，最大 22.4%，最小 10.3%（平均 16.6%）と大きな品種間変異があった．特に，インディカ多収品種でグルカンの糖化効率が高い傾向にあった．また成熟期より出穂期で高く，生育ステージの影響もみられた．糖化効率はリグニン含有率が低い品種で高い傾向にあり，低リグニン含有品種が有利な可能性を示す．しかしリグニン含有率低下による物理的強度の低下が懸念される．リグニン含有率を増加させずに分布や組成を改変することで強度を維持する方向性の改良が求められる．また糖化効率はリグニン含有率で説明できない品種間差異もあり，その要因についても今後検討が必要である．

6. イネの総合利用に向けて

以上，イネ茎葉部成分に遺伝的変異があり，NSC が多く，また細胞壁のグルカン糖化効率の高い品種も存在する．特に高バイオマス生産性の品種は，低コストバイオエタノール原料として注目される．遺伝的変異や細胞壁成分の種間差に関する分子機構は少しずつ解明されている[23]．イネ茎葉部をバイオエネルギー生産目的で利用するために，収集コストの低減，物質循環シ

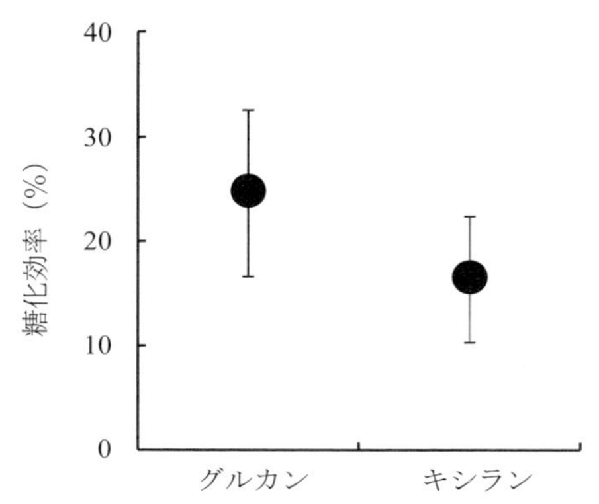

図 4-5　細胞壁成分のグルカンおよびキシランの糖化効率
NSC を除去した細胞壁サンプルの酵素糖化効率を表す．
値は 14 品種の平均値，バーは最大値，最小値．

ステム構築も進めていく必要がある．コメと茎葉部の両方を利用するイネ総合利用の試みが，これまで着目されなかった茎葉部糖質成分の変異や動態を解明する機会となり，日本の水田の有効活用に貢献することを期待する．

引用文献

1）Arai-Sanoh Y. et al. (2011) Genotypic variations in non-structural carbohydrate and cell wall components in rice, sorghum and sugar cane. Bioscience, Biotechnology and Biochemistry 75(6): 1104-1112.

2）Baba Y. et al. (2001) Decomposition of (1-3,1-4)-β-glucam and expression of the (1-3, 1-4)-β-glucanase gene in rice stems during ripening. Plant Prod. Sci. 4: 230-234.

3）Foulkes M.J. et al. (2002) The ability of wheat cultivars to withstand drought in UK conditions: formation of grain yield. J. Agric. Sci. 138: 153-169.

4）He, Y. H. et al. (2005) Temporal and spatial variations of carbohydrate content in rice leaf sheath and their varietal difference. Plant Prod. Sci. 8: 546-552.

5）廣瀬竜郎（2007）イネのデンプン合成を担う酵素・輸送体遺伝子群　－見えてきた遺伝子レベルの役者たち－．農業および園芸 82（5）： 543-547.

6）Ishimaru, K. et al. (2007) Quantitative trait loci for sucrose, starch, and hexose accumulation before heading in rice. Plant Physiol. Biochem. 45: 799-804.

7）岩元睦夫（2010）第2世代型バイオエタノールの製造技術－イネの利用と課題－．“コメのバイオ燃料化と地域振興”．矢部光保・両角和夫編著．筑波書房．pp.40-54.

8）Kashiwagi, T. et al. (2006) Locus *prl5* improves lodging resistance of rice by delaying senescence and increasing carbohydrate reaccumulation. Plant Physiol. Biochem. 44: 152-157.

9）加藤　浩（2005）飼料イネ育種の現状と今後の展開方向 農業技術 60: 490-493.

10）加藤　浩ら（2010）イネ発酵粗飼料向け茎葉多収型水稲品種「リーフスター」の育成．作物研報 11：1-15.

11）Li, Y. et al. (2003) *BRITTLE CULM1*, which encodes a COBRA-like protein, affects the mechanical properties of rice plants. Plant Cell 15: 2020-2031.

12）Nagata, K. et al. (2002) Quantitative trait loci for nonstructural carbohydrate accumulation in leaf sheaths and culms of rice (*Oryza sativa* L.) and their effects on grain filling. Breed Sci. 52: 275- 283.

13）西谷和彦（2002）組織形成における細胞壁関連遺伝子群の役割．蛋白質核酸酵素 47：1611-1615.

14）翁　仁憲ら（1986）水稲の子実生産に関する物質生産的研究　第4報　出穂期における全炭水化物濃度の品種間差異,日作紀 55：201-207.

15）大川泰一郎・石原　邦（1993）水稲稈基部の曲げ応力に影響する細胞壁構成成分の品種間差異．日作紀 62：378-384.

16）Park, J. et al. (2011) DiSC (direct saccharification of culms) process for bioethanol production from rice straw. Bioresour. Technol. 102: 6502-6507.

17）Shearman, V.J. et al. (2005) Physiological processes associated with wheat yield progress in the UK. Crop Sci. 45: 175-185.

18）鈴木保宏（2006）米のアミロース含量の変動　－機構と調節（これからのイネ研究）．農業および園芸 81（1）：183-190.

19）Tanaka, K. et al. (2003) Three distinct rice cellulose synthase catalytic subunit genes required for cellulose synthesis in the secondary wall. Plant Physiol. 133: 73-83.

20）塚口直史ら（1996）水稲の登熟に及ぼす登熟初期の非構造性炭水化物の影響．日作紀

65：445-452.
21）山口弘道・松村　修（2004）登熟期間のシンク，ソース関係からみた飼料向け水稲品種特性としての茎部デンプンの再蓄積．日作紀 73：402-409.
22）Yang, J. et al. (2001) Remobilization of carbon reserves in response to water deficit during grain filling of rice. Field Crops Res. 71: 47-55.
23）Yokoyama, R and K. Nishitani (2004) Genomic basis for cell-wall diversity in plants. A comprehensive approach to gene families in rice and *Arabidopsis*. Plant Cell Physiol. 45: 1111-1121.
24）Zhang, K. et al. (2006) *GOLD HULL AND INTERNODE2* encode a primarily multifunctional cinnamyl-alcohol dehydrogenase in rice. Plant Physiol. 140: 972-983.

第5章　汎用コンバインとスワースコンディショナを用いた稲わらの乾燥・収集体系

～＊～＊～＊～＊～＊～＊～＊～＊～＊～＊～＊～

大谷隆二

1. 稲わら収集の現状

農業の機械化以前は，牛馬を用いる有畜複合農業が一般的であり，稲わらは役畜の重要な粗飼料源であると同時に役畜が堆肥の供給源でもあった．その後，機械化の進展と輸入飼料に頼る家畜の大規模飼育の発展により稲わらの畜産的な利用は低下した（図 5-1）．しかし，2000 年の口蹄疫発生を契機として,安全な国産稲わらを利用する機運が高まり，完全自給を目指した行政的支援が行なわれた．

稲わらは我が国の農地に存在する最大の農業残渣であり，肉用牛生産において最も重要な粗飼料である．しかし，図 5-1 に示すように焼却あるいは単にすき込まれる量も多く, 2000 年ごろから食料生産と競合しない液体燃料生産用バイオマス原料として注目されるようになった．その一つは坂井ら[6]や Nakagawa et al.[2]が提案した部分燃焼ガス化技術（C1 化学変換技術）によるバイオメタノール生産であった．近年はセルロース発酵技術の進歩に伴い，バイオエタノール原料としても注目されている[1]. しかし, ガス化では稲わらを乾燥させる必要があった．また，発酵によるバイオエタノール生産でも原料の大量貯蔵のために稲わらを乾

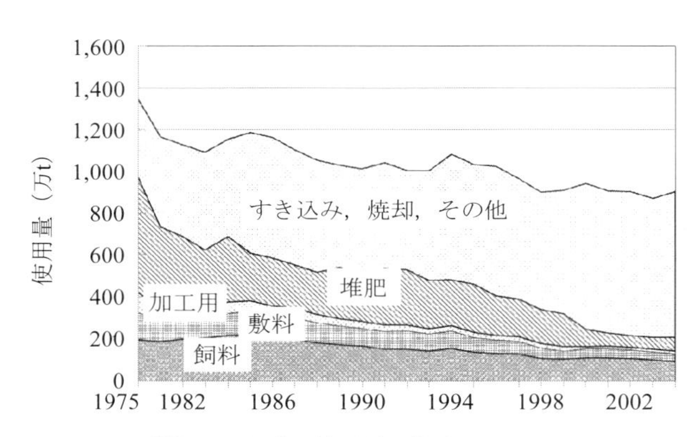

図 5-1　稲わらの用途別使用量の推移
農林水産省「飼料作物関係資料」[3]より作図.

燥する必要があり，効率的な稲わら収集体系はバイオ燃料生産において最も重要な技術の一つと位置づけられている．

図 5-2　圧砕稲わら

稲わら収集体系には，天候，圃場条件，機械装備などに応じて様々な方式がある．自脱コンバインから排出される稲わらを圃場にバラ落しする方法では，落した稲わらを，牧草用機械テッダ・レーキで反転・集草してロールベーラで梱包する．しかし，この方法は圃場の排水性が良好で，天候が比較的安定した地域であることが導入条件となる．

北東北では，自脱コンバインのノッタ（結束装置）を用いて立ちわらにする方法が一般的で乾燥に 2～3 週間かかるが，バラ落しに比べて降雨の影響が少ない．しかし，穂先をわらで縛って 4 本立てにする労力が必要であり，天候次第で乾燥が進まないこともあり，ニーズに応じた量と品質の確保が難しい．そこで，東北農業研究センターでは，汎用コンバインで収穫し，こぎ胴を通って圧砕された稲わら（図 5-2：以後，「圧砕稲わら」という）による迅速乾燥技術を開発し，高能率に収集する体系を構築した．

2. 汎用コンバインによる稲わらの圧砕

汎用コンバインは，自脱コンバインとは異なり，刈り取った穂と茎葉全てを脱穀部に供給して脱穀する．作物の穂部だけを脱穀する自脱コンバインから排出される稲わらとは異なり，稲わらの茎が圧砕される．汎用コンバインから排出された圧砕稲わらは，自脱コンバインを用いた通常のバラわらの乾燥速度の 1.6～1.9 倍の早さで乾燥する．しかし，降雨があると急激に吸湿するため，降雨後も迅速に乾燥させるために，土壌表面に接しない刈株上に乗った状態で乾燥させることが望ましい．そこで，稲わらを刈り株上で乾燥させる方法として，汎用コンバイン走行部のクローラによる踏圧を受けない刈株上に圧砕稲わらを列状（ウィンド

図5-3　汎用コンバインによる稲収穫

ロー状）に排出するためのウィンドローワを開発した（図5-3）.

ウィンドローワは傾斜板と厚手の透明シートで構成され，汎用コンバインのわら排出口に装着することで，クローラ（間隔70cm）による踏圧を受けない刈株上に圧砕稲わらを排出できる．圧砕稲わらを安定排出させる傾斜板の傾斜角度は水平方向に対して40°以上にすることが有効であった．また，作業幅2mの汎用コンバインの場合，圧砕稲わらのウィンドロー幅は70cm，高さ30cm，ウィンドロー間隔は1.1m程度である.

3. 乾燥に適した栽植様式の検討

迅速な圃場乾燥のための刈株配置，すなわち稲の栽植様式を検討した結果，条間の狭い条播の栽植様式で，迅速に乾燥することが明らかになった．図5-4に示すように，慣行の立ちわら（4本立て）は稲収穫後10日目でも水分30%以下にならなかったのに対し，条間15cm条播での圧砕わらは稲収穫後2日目に水分が20%を下回り，降雨後も迅速に乾燥した．このように条間が15cm程度に狭く，刈高15cm程度であれば降雨後も急速に乾燥した．この理由は，条間15cmの条播では稲わらは地面に触れず刈株上に載っているためである.

4. 汎用コンバインとスワースコンディショナを組み合わせた体系

翌日に降雨が予想され，当日中に梱包せざるを得ない場合，乾燥をさらに促進

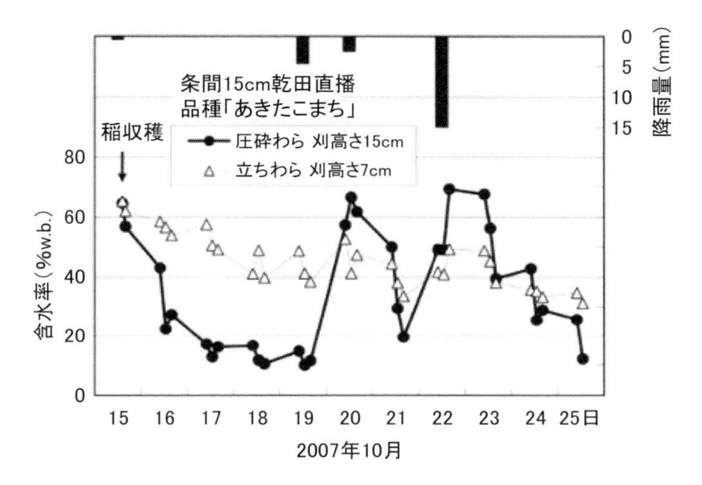

図 5-4　圧砕稲わらの水分変化
2007 年盛岡[5].

するためのウィンドローの反転作業が体系に用意されていれば天候リスクが軽減する．そこで，牧草サイレージ調製作業においてウィンドローの状態で予乾を促進する目的で近年輸入されるスワースコンディショナ（SUPER-TED160）の利用を検討した．スワースコンディショナと圧砕稲わらとの相性は良く，ピックアップタインで稲わらを拾い上げ，勢いよく後方の集草板に衝突させることで，圧砕稲わらを反転する作用があった．

降雨がある条件でのスワースコンディショナの利用法を検討した結果を図 5-5 に示した．降雨が予想される場合はコンディショナをかけず，好天が続く日を梱包作業予定日と決め，その 2～3 日前に 1 日 1 回午前にスワースコンディショナをかけることで，かけないよりも，1～2 日程度乾燥期間を短縮することができた．このとき，対照の立ちわらは，稲収穫後 1 週間が経過しても含水率 40%以上であった．

5. 圧砕稲わらの梱包密度

圧砕稲わらは茎が潰れているため，ロールベールに梱包した際に通常稲わらよりも梱包密度が上ると期待される．飼料用イネ品種「べこごのみ」を材料にして，稲わらをロールベールに梱包する際の水分を変えた試験結果を図 5-6 に示す．含

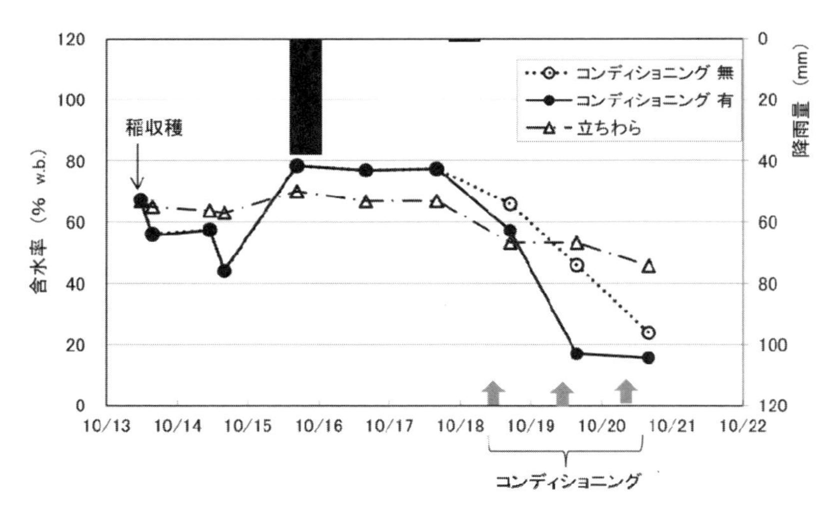

図 5-5　圧砕稲わらの水分変化
2011 年盛岡[5)].

水率約 15%の乾燥稲わらでは，圧砕稲わらも自脱コンバイン排出の通常稲わらも乾物見掛け密度に差はなく，130kg・DM/m^{3}であった．一方，含水率 40～60%の高水分条件では，圧砕稲わらは通常稲わらに対して 25%程度密度が高くなった．圧砕稲わらの梱包密度は，高水分条件で予想どおり高くなったが，

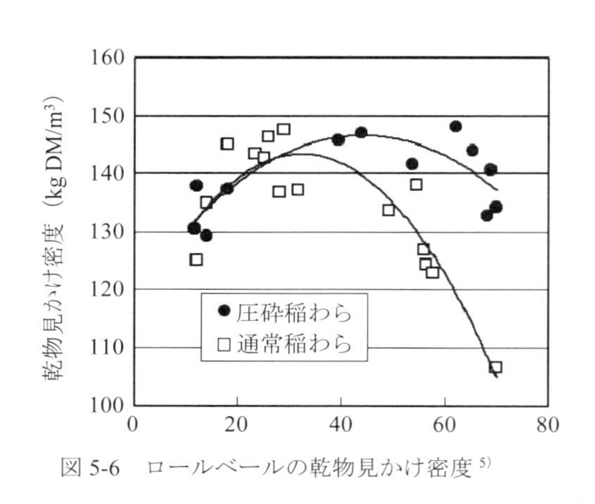

図 5-6　ロールベールの乾物見かけ密度[5)]

低水分条件で通常稲わらと同じであった．これは，高水分条件で圧砕稲わらの剛性は通常稲わらより小さくなるが，含水率 20%程度に乾燥すると，圧砕稲わらの剛性が通常稲わらと同程度になるためと考えられる．

6. 乾燥収集体系と作業能率

圧砕稲わらにスワースコンディショナを組み込んだ能率試験の結果を表 5-1 に

表 5-1　圧砕稲わら収穫体系の作業能率（時間）[5)]

圃場面積		64
作業能率（h/10a）	稲収穫（2.9km/h）	0.47
	コンディショニング（7.2km/h）3回	0.24
	拾上げ・梱包（6.5km/h）	0.08
燃料消費（L/10a）	稲収穫	5.7
	コンディショニング3回	2.7
	拾上げ・梱包	1.9
梱包時含水率（%）		16
梱包ベール個数		10
平均ベール重量（kg）		265
平均ベール密度（kg DM/m³）		145
総収集量（kg DM/10a）		383

注1）稲収穫：ARH900＋試作ウィンドローワ，刈高 15cm.
注2）コンディショニング：トラクタ（55kW）＋スワースコンディショナ（幅 1.6m）.
注3）梱包：トラクタ（92kW）＋ロールベーラベールチャンバ径・幅 1.2，定径型，15cm 切断.
注4）品種「べこごのみ」

示す．供試圃場は，条間 15cm 乾田直播栽培（品種：「べこごのみ」），面積は 64a である．刈高 15cm の汎用コンバイン（刈幅 2m）収穫の作業能率は 0.47 時間（10a 当り，以下同），燃料消費は 5.7L（リットル）/10a であった．コンディショニング（作業幅 1.6m）作業は，1回の作業能率が 0.08 時間，1日につき1回，合計3回実施した．牽引型ロールベーラ（径 1.20m，幅 1.23m）による拾上げ・梱包の作業能率は 0.08 時間であり高能率作業が可能であった．

このデータを用いて，経営形態を，飼料イネ 10ha，牧草 10ha，として稲わら収集面積を変えて稲わら収集コストを試算したところ，35ha 以上収集すると収穫コストは 15 円/kg を下まわった．

7. おわりに

汎用コンバインで稲わらが圧砕されることに着目し，圧砕稲わらとスワースコンディショイナによる反転作業を組み合わせた乾燥・収集体系を開発した．この体系を今後普及していくためには，大型ロールベーラなどの牧草用機械のトラクタ作業ができるように圃場の地耐力を確保することが重要であり，乾田直播など排水性が改善される栽培法の導入が望ましい．また，圧砕稲わらは，飼料への利用が期待できる，また，稲わらを原料とするバイオ燃料生産体系においても期待が大きい．今後，畜産分野と連携して利用研究を実施する必要がある[4]．

引用文献

1）長島　實ら（2013）エタノール変換技術〔1〕バイオマス原料のエタノール発酵と草本系材料の糖化前処理技術．農業および園芸 88（9）：961-971.
2）Nakagawa, H. et al. (2000) Biomethanol production and CO_2 emission reduction from various forms of biomass. Proc. of The 4th International Conference on EcoBalance: 405-408.
3）農林水産省生産局畜産部畜産振興課（2006）作物関係資料：84pp.
4）押部明徳ら（2010）圧砕稲わらの粗飼料価指数は通常給与で 60～70 分程度である．平成 22 年度東北農業研究成果情報（http://www.naro.affrc.go.jp/org/tarc/seika/jyouhou/H22/kachiku/H22kachiku007.html）.
5）大谷隆二（2012）．汎用コンバインを活用した稲わらの迅速乾燥・収集体系．農業機械学会誌 74（5）：14-18.
6）坂井正康・中川　仁（2002）21 世紀をになうバイオマス新液体燃料．速水昭彦監修．化学工業日報社：197pp.

第 6 章　木質バイオマスの利用
－木質バイオマスの収集・運搬，エタノール化および木質ペレットの高性能化－

～＊～＊～＊～＊～＊～＊～＊～＊～＊～＊～＊～

陣川雅樹・大原誠資・吉田貴紘

1. はじめに

木質バイオマスは，古来より，柱や板などの建材だけでなく，薪（まき）や炭など，化石燃料以前の主要なエネルギー資源として利用された．また，製材工場等で発生する工場残廃材は約 95%がマテリアルとして,建設発生材は約 70%がエネルギーとして大半が利用されている現状にある.近年,地球温暖化対策として，木質バイオマス利用の重要性や利点が再認識され，化石燃料代替品として，発電や熱供給のエネルギー原料やエタノール原料として注目されることとなった．木質バイオマス研究は新技術開発だけでなく，温故知新の技術を応用して新技術に組み合せるなど，基礎的研究から応用，実用化研究まで様々なステージにおける研究のレベルがある．ここでは，近年の主な研究を中心に紹介する．

2. 木質バイオマスの収集・運搬

1980 年代, オイルショックの影響で林地残材利用の可能性, 全木集材の生産性, あるいは早生樹種や林産資源の有効活用を図るため，効率的な収穫技術に関する研究が進められた[25,27]．当時の森林作業は，チェーンソー伐倒，集材機による集材および盤台でのチェーンソー造材が主な作業システムであり，現在の森林作業で使用されている林業機械や作業システムとは異なる．しかし，早生樹種や林産資源の収穫・運搬のために開発された段軸式車両や連結装軌車両の不整地走行に関する技術は，その後の林業機械の開発に活用され，現在に至っている．

1990 年代に入ると，「地球温暖化」というキーワードがクローズアップされ，潜在的にカーボンニュートラルの木質バイオマスを化石燃料に代替することが温暖化防止策のひとつの手法であると位置づけられた．この頃，森林作業で，高性能林業機械という多工程処理機械の導入が盛んに進み，林業生産の現場で機械の大型化や新しい機械導入による作業システムの改革が盛んに行われた．これに伴い，林内や林道沿いに枝葉や端材等の林地残材（林業バイオマス）が大量に発生するようになり，特に林道沿いの林業バイオマスは，大雨等の自然災害時に河川に流出し，二次災害をもたらすなど社会問題となっていた．一方，海外では温暖化対策を背景として木質バイオマスの利用が活発化し，高性能チップボイラーなどのバイオマス利用機器の技術開発が進められ，国内でもこれらを輸入し，利用する事業体も増えてきた．しかし，工場残廃材や建設発生材は利用率が高いため，余剰は少なく，これらの新施設で利用できる林業バイオマスに期待が寄せられた．ところが，林業バイオマスは薄く・広く森林内に存在するため，コスト面や安定供給方法が大きな問題となっている．実際に，森林内から利用施設まで林業バイオマスを収集・運搬するためには，利用可能バイオマス量の把握，収集作業，トラック等の積込・運搬作業および貯蔵・保管方法などを一連の工程として考える必要があり，利用可能バイオマス資源量，効率的収集・運搬システム，新収集・運搬機械を開発した．

1）利用可能バイオマス資源量

一般に「賦存量」という言葉で表わされるバイオマス資源量は，統計データに基づく森林の蓄積量に林地残材の発生割合を乗じて求められる．しかし，実際に発生する林業バイオマスの「量」は，各林分の林齢や立木本数，伐採率，伐採面積，林道・作業道の延長距離や道の規格，集材方法や集材システムの違い[5,19,20]，さらに市場立木価格の変動の影響を受ける[33]．これら諸要因により，実際に利用可能バイオマス資源量は変化するため，賦存量から単純試算でプラント設計を行うと原料不足の事態を招く．そのため，利用可能バイオマス資源量を適切に把握するためには，これら諸要因を考慮する必要がある．そこで，我々は地理情報システム（GIS）を用いて一般道・林道・作業道も含めた森林路網図を作成し，実際作業を想定した岐阜県高山市における利用可能バイオマス分布図を作成した[4]．詳細は30章に記述する．

2）効率的な収集・運搬システム

バイオマス施設は増加したが，実験的な収集・運搬作業の研究例は少ない．低質材や小径木を対象とした調査[26,32]，架線集材するタワーヤーダやフォワーダ（積載式集材車両）を用いた林地残材搬出作業研究[36]はあるが，既存林業機械で林業バイオマス収集・運搬した場合の2，3倍のコストがかかる．

詳細は第30章に記述するが，木質バイオマスの安定供給システムを構築するためには，伐出作業システムとの連携の有無，トラックへの積込作業功程，トラックサイズごとの運搬功程および道路規格ごとの平均走行速度について，バイオマスの種類ごと（枝葉のみ，端材のみ，枝葉と端材の混載）にデータ蓄積を図る必要がある．我々はこれらデータを条件ごとに整理し，設定条件下での収集・運搬の生産性，コスト計算を可能にした．そして，高山市全域のトラック走行可能路網の総延長は5,320km，うち単価4,000円/tで採算限界の60分到達圏内にある路網延長は2,981km（約56%）であり，単価7,000円/tの採算限界の140分到達圏内の路網は，市全域5,320km全てが到達圏と結論した．また，到達圏面積を比較すると，140分到達圏の森林面積が44,771haに対し，60分到達圏の森林面積は22,039haと半減することを解明した．

3）新しい収集・運搬機械の開発

丸太収集運搬を目的とする既存林業機械を使ってバイオマスを収集・運搬しても，高い生産性は得られない．海外の大型バイオマス専用機械を導入しても，狭い日本の森林内でその性能は発揮できない[18)]．国産の専用機械も開発されたが，有効な作業システムが組めず，現場に普及しなかった[35)]．そのため，急峻で所有規模の小さい我が国の森林では，専用機械ではなく，丸太の生産性を維持し，バイオマス生産も同時にできる，ハイブリッド型の機械を開発する必要があった．

（1）破砕機能付きプロセッサ

筆者らは，プロセッサ（材をつかむグラップルと枝払いの刃，材送り装置，玉切り用チェーンソーから成る高性能林業機械）のヘッドに破砕機能を付加し，1台で用材生産とバイオマス生産の2工程を同時に処理するハイブリッド作業機を開発した[17)]．すなわち，既存プロセッサヘッドの造材機能はそのままに，造材作業時に枝払いとソーチェーンによる玉切りを行い，破砕作業時に油圧カッター式破砕機構によるチップ化を行う作業部を付加した．これで，通常の造材作業（用材生産）を行いながら，端材は直接，末木・枝条は破砕機構で20～30cm長に粗破砕を行い，バイオマス資源に利用できる（図6-1）．プロセッサ造材作業の生産性は20～30m^3/時，末木処理作業は2.2t/時であった．集材作業システムのプロセッサの作業余裕時間内にバイオマス生産を行うので，スイングヤーダによる平均木寄距離が20～40m以上であれば，余裕時間内に末木処理を完了でき，バイオマ

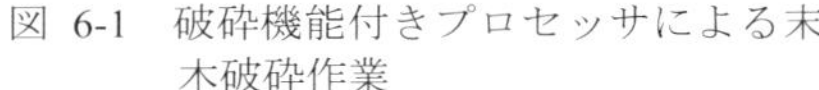

図 6-1　破砕機能付きプロセッサによる末木破砕作業

図 6-2　林業バイオマス圧縮時のバイオマス対応型フォワーダ

ス生産コストも 1,400 円/t 程度になる.

(2) バイオマス対応型フォワーダ

形状が多様で，かさばる林業バイオマスの大量積載には，これに対応した荷台形状や新機構を備えたフォワーダ開発が必要である．プロセッサの余裕時間にバイオマス生産を行うと，フォワーダによる運搬時間がそれに比例して増大するため，積載量確保がフォワーダの生産性向上に重要となる．そこで，用材の積載機能は変えず，端材・枝条・チップなど，あらゆるバイオマスに対応できる荷台構造のフォワーダを開発した[11)]．これは，土場で大型チッパー等によるチップ化作業を想定し，末木枝条等のかさが高い林業バイオマスをできるだけ多く積載し，林内から搬出するため，荷台フレームが伸縮し，圧縮を加えて積載量を確保できる圧縮機能を付加したバイオマス対応型フォワーダである．荷台構造は，左右の側壁が横方向に伸縮し，側壁上部に斜め上方からも圧縮でき，ダンプ機能で容易に荷下ろしできる箱型とした（図 6-2）．拡幅時の荷台容積は 20m^3 で，グラップル車両と組合せた積込試験の結果，林業バイオマスを 2.5〜3.5t 積載可能で，生産性は 6.6t/時であった．これは枝条等を既存フォワーダに積載した場合のかさ密度の約 3 倍の圧縮効果である．

東日本大震災で生じたがれき処理や原発事故に伴う放射性セシウム除染作業など，木質バイオマス資源の収集・運搬作業が増加した．その際，効率的かつ低コストで収集・運搬するためには，ソフトとハード両面からのアプローチが不可欠である．この実作業と直結した研究分野では，日々の積み重ねと分野間連携・集中が重要である．

3. 木質バイオマスのエタノール化

2006年，バイオマス・ニッポン総合戦略フェーズ2が閣議決定され，バイオマスを輸送用燃料としての利用が政府の政策として明記された.農林水産省は,2007年2月，国産バイオ燃料の生産拡大に向けた工程表を発表し，2015年頃までに稲わらや製材工場残材からバイオエタノールを製造する技術開発を行い，2020年頃までに林地残材からのエタノール製造を実用化するとした．そして，国産バイオエタノール目標生産コストを100円/Lとした．また，2010年12月に，バイオマス活用推進基本計画が策定され，研究開発の重要点の一つとして，セルロース系バイオマスの糖化・発酵技術の推進が示された.

木質バイオマスからのバイオエタノール生産は，原料収集・運搬，粉砕・乾燥，脱リグニン前処理，糖化，発酵および蒸留・脱水工程から成る．本項では，エタノール効率的生産のための変換技術（脱リグニン前処理，糖化，発酵技術）に関する最近10年程度の研究概要と今後の展望を記述する.

1）前処理・糖化技術

木材の細胞壁は主にセルロース，ヘミセルロースおよびリグニンの3成分から構成され，我が国で最大資源量のスギ材の各成分含有量は，セルロース50%，ヘミセルロース20%，リグニン30%である．木質バイオマスからのエタノール生産技術は，主に3方法，すなわち，以下の酸加水分解法，亜臨界水法および酵素糖化法が開発されている.

（1）酸加水分解法

本法は我が国が世界に先行して開発した方法で，岡山県真庭市や大阪府堺市に木質バイオマスを原料とするエタノール製造実証プラントが建設され，実証運転が行われた．NEDO実用化開発事業（平成13-15年度）で実施した希硫酸法によるエタノール製造では,建設発生木材を2段階すなわち,1段目は硫酸濃度1.0%，140℃加水分解条件でヘミセルロースを糖化，2段目は硫酸濃度1.5%，200℃の条件でセルロースを糖化した[16]．また，75%硫酸による濃硫酸法も実施された[31]．これは75%硫酸処理で木質チップを可溶化し,次に硫酸濃度を30%に希釈し90℃で反応させ糖化する．本法はリグニン共存下で糖化が進行するため，脱リグニン前処理の必要がなく，木質バイオマスを直接原料にできる利点がある．一方で硫酸法は，硫酸回収に多くのエネルギーを必要とし，残渣のリグニンが高度に縮合しているため高付加価値マテリアル利用が難しいなど問題点も多い．

（2）亜臨界水法

温度と圧力が水の臨界点（374.2℃，22.1 メガパスカル（MPa））以上の水を超臨界水，やや低温の高温高圧水を亜臨界水と呼ぶ．超臨界水や亜臨界水は液体並みの密度，気体並みの高い拡散係数と低い粘度を有し，化学反応媒体として用いると反応速度の大幅増大が期待される．これまでに反応温度 310-320℃，圧力 25MPa，水供給量 60-65g/分，反応時間 10 分程度の亜臨界水処理でスギ木粉からの高速糖化（糖化率 70%）を達成した[15]．亜臨界水法は水のみ使用し，短時間で単糖やオリゴ糖を生成する低環境負荷性変換法である．本法で選択的にグルコースのみの生産は難しいが，水溶性オリゴ糖を高速で多量に生産できる．問題点は水を亜臨界水状態にするエネルギー消費量が高いことで，コスト低減が今後の大きな課題である．

（3）酵素糖化法

セルロースやヘミセルロースの加水分解に糖化酵素を使用し，生成単糖が過分解されない温和な条件下（40℃，pH 5.0 程度）で糖化が進行する長所がある．しかし酵素は高分子であり，細胞壁中リグニンの網目構造を透過させるためにリグニン除去や低分子化が必要である．森林総合研究所（森林総研）では，以下の蒸煮爆砕前処理，オゾン分解前処理およびアルカリ蒸解前処理による木質バイオマスの酵素糖化向上効果の検討を行ってきた．

①蒸煮爆砕法

本法は，試料を高温（190-230℃）・高圧の飽和水蒸気で数分間蒸煮後，一気に大気圧に放出することで木材を粉砕，解繊する方法である．国産広葉樹材の蒸煮爆砕（180℃，15 分）処理物の酵素糖化率を表 6-1 に示す[24]．蒸煮爆砕処理の効果は樹種で大きく異なり，酵素糖化効率はヤマナラシやシラカバなどは 80%程度と高いが，クスノキやシオジは 20%以下である．また，酵素糖化率の高い樹種は可溶性リグニン量が多い傾向を示した．このことも蒸煮・爆砕処理過程でのリグニンの低分子化が酵素糖化率向上に寄与したことを示す．一方，蒸煮爆砕法は針葉樹材に効果がなかった．これはリグニン含有量が高く，リグニン低分子化が起こりにくいグアイアシル（guaiacyl）核構造を持つことに起因する．

②オゾン（O_3）分解法

針葉樹材にも効果的で，O_3 を直接スギ木粉に作用させるだけで，全多糖の 80% を糖化できる．O_3 前処理は 50kg 規模の木材を用いたテストプラント試験で同様

表 6-1　蒸煮・爆砕処理した国産広葉樹材の酵素糖化率[24]

樹種	収率 (%)	酵素消化率 (%) *	可溶性リグニン量 (%) **
ヤマナラシ	90.2	82.1	57.4
シラカバ	87.8	77.8	40.4
ヤマザクラ	78.5	77.6	44.2
コナラ	82.8	74.5	33.1
ダケカンバ	75.2	66.0	38.3
ブナ	86.0	64.0	24.3
クヌギ	81.2	52.9	37.3
トチノキ	88.4	34.8	17.2
シオジ	89.3	19.0	16.2
クスノキ	88.2	16.8	19.1

*蒸煮・爆砕処理材中の多糖類当たりの重量%.
**処理材中のリグニン量に対する 90%ジオキサンで抽出されるリグニン量の重量%.

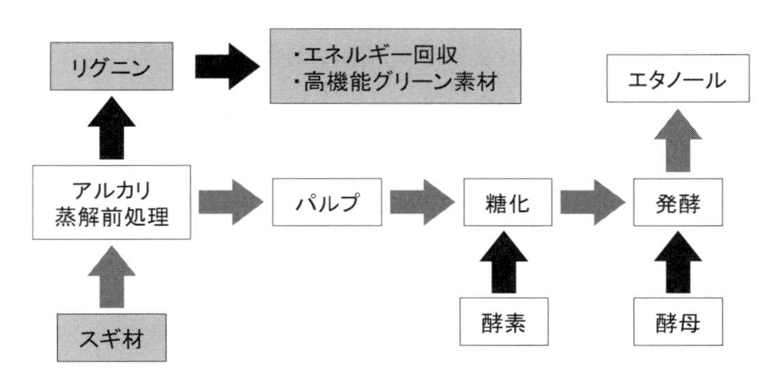

図 6-3　アルカリ蒸解・酵素糖化法によるバイオエタノール製造工程

の結果を得たが[30]，酵素糖化で 1kg の単糖製造に要するコストが約 110 円と算出され，現状では 100 円/L を達成できない.

③アルカリ蒸解法

森林総研では硫酸法の問題点を克服し，スギ材に適用可能かつ低環境負荷でエタノール製造する前処理・糖化するアルカリ蒸解・酵素糖化法を提案した（図 6-3）. 少量のアントラキノン（anthraquinone）添加した高温アルカリ水溶液中でスギ材を加熱（170℃，2 時間）すると，大部分のリグニンが除去され，アルカリパルプが得られる[7]．このパルプは，次の糖化工程の酵素（セルラーゼ）作用で主にグルコースに分解され，その後の発酵工程で酵母によりエタノールに変換される[21)]．現在，スギ材 1kg からエタノール 0.22L 生産できる．蒸解廃液（黒液）中にはリグニンが溶出し，ボイラーで燃焼してエネルギーを回収できる．この回収可能エネルギーは蒸解に要するエネルギーより多く，これをエタノール製造の糖化，発酵，蒸留の工程で使用できる．また，アルカリ薬剤も約 80%は回収して再利用ができる．本法は，針葉樹，広葉樹，樹皮等の多様な木質バイオマスを利用可能で，パルプ製造エネルギーより廃液からの回収エネルギーが大きく，国内で 1,000t/日規模のパルプ工場がいくつも安定稼動し，装置の大型化が容易で大規模生産が可能等の利点を有し，安価で充分量の原料入手が可能であれば，大規模化に適した方法である．

2）糖化酵素とエタノール発酵

アルカリ蒸解前処理ではヘミセルロースの大部分が溶解し、糖収率は低下するが，得られたパルプ構成糖のほとんどがグルコースとなるため，代表的アルコール発酵酵母（*Saccharomyces cerevisiae*）による発酵が可能である．また，パルプ糖化にはセルラーゼ作用が最も重要になる．市販セルラーゼ製剤の多くはトリコデルマ（*Trichoderma*）菌から作られ，生産酵素群に β-グルコシダーゼが少ないことが指摘されていた．そこでアルカリ蒸解スギパルプの糖化では，β-グルコシダーゼを多量に生産するアスペルギルス（*Aspergillus*）菌生産酵素を併用することで，

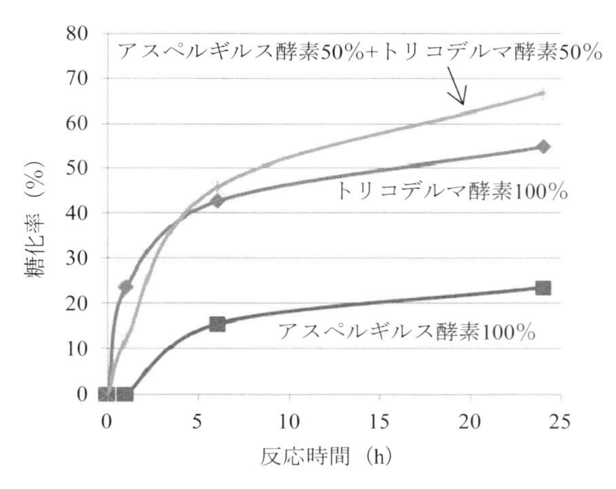

図 6-4　2 種類の酵素併用によるスギパルプの酵素糖化率の向上[28)]

より高い酵素糖化率を達成できた（図6-4）[28]．

木質バイオエタノール製造の実用化には，酵素のオンサイト生産の効率向上による糖化酵素コスト低減が不可欠である．そのためにアルカリ蒸解で得たパルプの一部をセルラーゼ生産菌の培養資材に用いる等の工夫が必要である．また，副産リグニンの高付加価値マテリアル利用を実現することでエタノール製造コストの大幅な低減が可能になる[34]．

4. 木質ペレットの高性能化

木質バイオマスの固体燃料としての利用形態に木質ペレットがある．木質ペレットは木材粉砕物を原料に直径6～8mm，長さ10～30mmの円柱状に圧縮成型したもので，長所は①取扱い易い，②含水率が低い，③燃焼装置の自動化・小型化が可能，④減容化による輸送効率の向上などである．世界的に利用が拡大し，2011年世界流通量は約1,600万tに達し，我が国でも2003年から2010年まで生産量が15倍に増加した．一方，低発熱量（重量当り発熱量は灯油の約1/2）や弱耐水性（含水すると数十秒で膨潤し形が崩れる）などの欠点を有している．その克服のため「トレファクション（torrefaction：半炭化）」と呼ばれる熱処理技術が注目された[29]．本項目では，この半炭化技術および当技術を用いた改質ペレット（ハイパー木質ペレット）の研究成果を紹介する．なお本研究の一部は平成21～23年度農林水産省「新たな農林水産政策を推進する実用技術開発事業（21056）次世代高カロリー木質ペレット燃料『ハイパー木質ペレット』の製造・利用技術の開発」および平成22年度農林水産省「緑と水の環境技術革命プロジェクト 国内バイオマス有効利用に向けたトレファクション（半炭化）技術の検証」で行った．

1）木質ペレットの高性能化：トレファクション

トレファクションは本来コーヒー等食品の「焙煎」を意味し，「低温炭化」「半炭化」と訳すのが適当で、ここでは「半炭化」を用いる．国際エネルギー機関（IEA）のTechnology Roadmap[9]では半炭化を「無酸素雰囲気下，200～300℃で行う熱処理」と定義している．これまで主にマテリアル用途として用材やチップで行われ（雰囲気条件は様々），耐朽性，寸法安定性向上[8,13]，吸湿性低下[8]，油，アンモニア等の吸着性向上[6]が報告され，熱処理木材などの実用化品が流通している．半炭化は燃料用途の熱処理も意味するようになり，ペレット化処理と組合せてエ

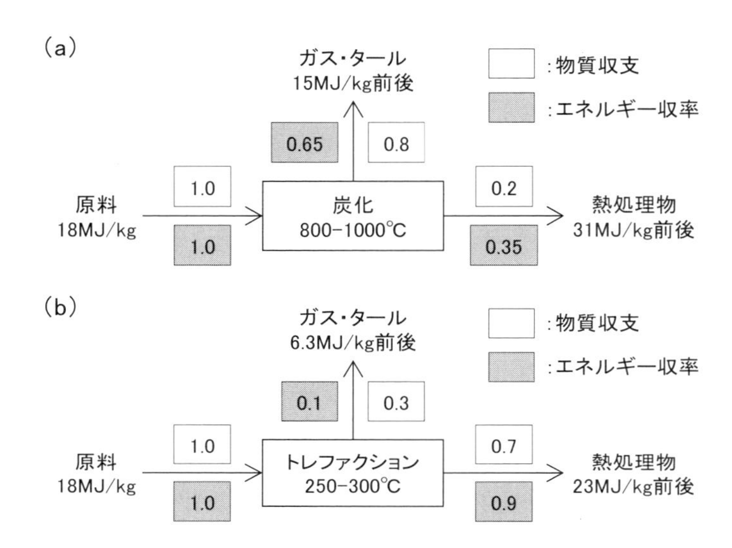

図 6-5　従来の炭化（a）およびトレファクション（b）における物質，エネルギーフロー

ネルギー密度，エネルギー収率の向上，石炭との混焼率向上等を目指すところに特徴がある．

古くから木材の発熱量を向上する方法に炭化（木炭製造）がある．図 6-5（a）に炭化時の物質・エネルギーフローを示す．通常，木炭は 800～1,000℃の高温で製造され，発熱量は木材の 2 倍近くになる．しかし炭化に伴う熱分解で大部分がガスやタールとして失われるため，木材から木炭に移行した炭化物の物質収率は 20％程度となる．従ってエネルギー収率，すなわち木材の持つエネルギーに対する木炭のエネルギーは，（31[MJ/kg]×0.2）÷18[MJ/kg]×100≒35％で，木炭は木材が本来持つエネルギーの 1/3 程度しか利用できなくなる計算になる．一方，半炭化（図 6-5（b））は 200～300℃の低温域で行い，木材の熱分解初期領域に相当するためガスやタールの放出が少なく，半炭化物の物質収率は約 70％と高くなる．発熱量増加は約 20～30％と木炭ほど大きくないが，エネルギー収率は約 90％となり，木材の持つエネルギーのほとんどを利用できることになる．また，半炭化や炭化の進行で脱水（水酸基の脱離）が進行し，親水性の低下，すなわち耐水性を付与できる．

本技術は 1984 年に Bourgeois et al.[3] が燃料用途利用法を提案し，「torrefied wood」

と名付けた．当時はチップ状態での利用が検討され，その後電炉還元剤用途に実証プラントが建設されたが，採算が合わず1990年代前半に閉鎖した．その後バイオマスが見直される中でこのプロセスが再認識され，IEA Task32の報告[10)]によると現在欧米を中心に40〜50のプロジェクトが存在する．半炭化開始時に昇温用の外部エネルギー投入を必要とするが，定常状態に達すれば熱分解ガスを加熱燃料に活用できる[2)]．

2）高性能木質ペレット製造技術の開発

森林総研では福井県総合グリーンセンターと共同で，半炭化により製造する高性能ペレットを開発し「ハイパー木質ペレット」と名付けた．一般に海外の製造法はチップを熱処理後粉砕してペレットにする（方法1）．本研究ではペレット化後に熱処理する方法（方法2）も採用した．図6-6（右）に方法1で試作したハイパー木質ペレットを示す．原料樹種にスギ，コナラの木部を用い，市販のオーブンによって窒素雰囲気下で熱処理した．ペレット化には製造能力 30kg/時のフラットダイ型ペレタイザを用いた．フラットダイはペレット成型方式の一つで，規則的に円孔を空けた円盤（ダイ）上で原料をローラー展圧して押し出す構造である．粉砕エネルギーは粉砕機消費電力量から相対値で評価した．また，方法1でスギおよびコナラチップを半炭化したときの熱処理温度と発熱量，物質収率，粉砕エネルギーの関係を図6-7に示した[37)]．発熱量は熱処理温度上昇とともに増加し，340〜350℃で約4割向上したが，物質収率，粉砕エネルギーは減少した．最適処理条件とされる 70%程度の物質収率と 90%程度のエネルギー収率を得るには，温度を300℃付近にするのが適切であった[23)]．また発熱量と物質収率に良好

図6-6　従来の木質ペレット（左）とハイパー木質ペレット（右）

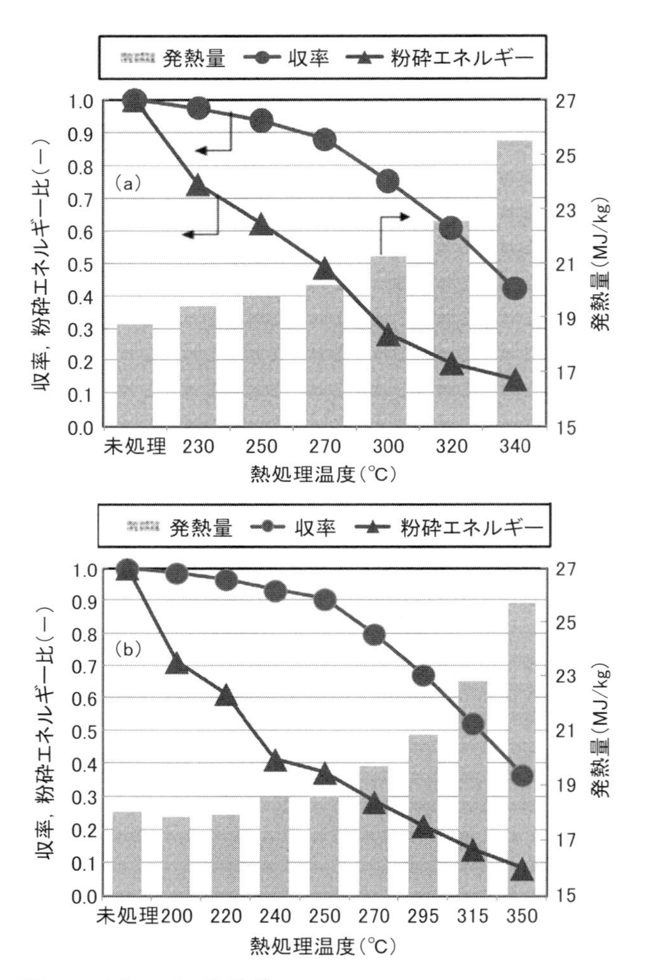

図 6-7　方法 1 での結果[37)]
(a) スギ，(b) コナラ.

な直線関係が見られ[39)]，既往の知見[1)] と一致した．粉砕エネルギーは熱処理温度の上昇に伴い大幅に低下し，300℃処理では従来比 3 割程度のエネルギーで済むことが解明された[39)]．さらにペレット化の結果，含水率は従来品よりやや低く，かさ密度は同様であったが，製品歩留まりは従来品より低かった．表 6-2 に方法 2 の結果を示す[37)]．方法 1 と同様に，温度の上昇とともに発熱量が増加した．例えば 240℃処理では発熱量を 2 割向上させ，エネルギー収率は 90%を越える．成型

表 6-2　方法 2 の結果（スギ）[37]

熱処理温度（℃）	25	170	200	220	240	260
発熱量（MJ/kg）	18.0	20.9	21.0	21.2	23.0	22.9
物質収率（%）	100	99.0	97.8	81.5	76.1	63.8
エネルギー収率（%）	100	―	―	96.0	97.2	81.1

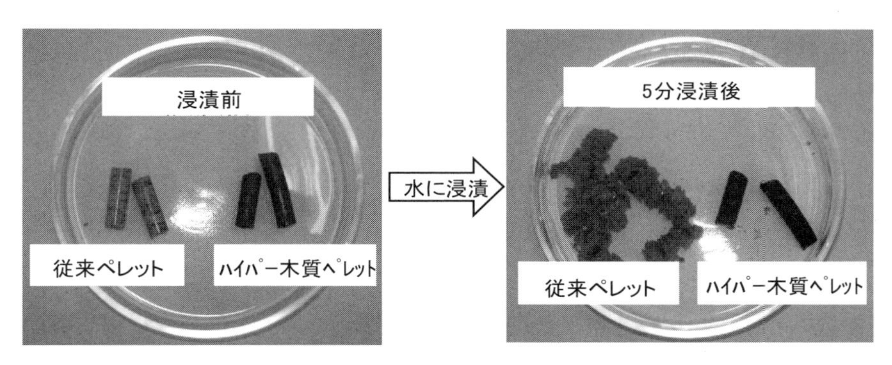

図 6-8　水に浸漬前後の木質ペレットとハイパー木質ペレットの様子

物を熱処理するため製品歩留まりは高く，かつ加熱による水分蒸発で含水率はほぼゼロに近い特徴がある．一方，かさ密度減少や製造エネルギー増加などの問題が見出された[22]．

また，製品の性能評価として耐水性，機械的耐久性，燃焼性および燃焼灰成分の評価を行った．図 6-8 に水浸漬試験の結果を示す．水浸漬後にハイパー木質ペレットは原形を保ち，耐水性が強いことがわかる．この効果は方法 2 で成形したペレットが優れていた．機械的耐久性評価は木質ペレット品質規格に準じて回転式の試験機[14]を用いて行い，従来品の基準（試験後のふるい上重量が元重量の97.5%以上）をほぼクリアした．また，燃焼性評価は示差熱測定（DTA）[37]とコーンカロリーメーター[12]を用いて行い，従来品と同等であることを確認した．この結果をふまえ，市販ペレットストーブで燃焼試験を行った．この試験は従来品にハイパー木質ペレットの混合率を上げながら行い，20%混合した場合でも問題なく利用できることを確認した[38]．さらに，以上の実験室での結果をふまえて，実用化へ向けた量産方法の検討を行った．従来の炭化炉，木材乾燥機等の利用を想定して，幾つかの熱処理装置を用いてハイパー木質ペレットの試作を行った結果，実用規模に近い量産（150kg/時）が可能であった[38]．また，製造コストは，50円/kg以下と試算されるものの，今後，原料調達方法や設備の見直しによりさらなるコスト低減を検討している．

東日本大震災による原子力発電所の事故を受け，当面は電力供給に占める化石資源の依存度が高くなることが予想される．当初，ハイパー木質ペレット研究は主に民生用途で検討を進めたが，産業分野での利用可能性も大きい．粉砕しやすい性質により，石炭混焼時の混焼率を大幅に向上でき，スウェーデンVattenhall社は既に40%混焼実験を実施済みだという．仮に我が国全ての石炭火力発電所でこの混焼率をあてはめると，原料需要は3,200万t，すなわち丸太換算8,000万m^3となり国内の木材需要量に匹敵する．半炭化技術の実用化は，化石資源の削減，木質バイオマス利用推進に大きく寄与する可能性を有している．

引用文献

1）Almeida, G. et al. (2010) Alterations in energy properties of eucalyptus wood and bark subjected to torrefaction: The potential of mass loss as a synthetic indicator. Bioresource Technology 101(24): 9778-9784.

2）Bergman P. C. A. et al. (2007) Torrefaction for biomass conversion into solid fuel. Proc. 15th European Biomass Conference Exhibition: 78-81.

3）Bourgeois J. P. and J. Doat (1984) Torrefied wood from temperate and tropical species. Advantages and prospects. Bioenergy 84(Conference) Götenborg, Sweden: 15-21.

4）古川邦明ら（2010）最適ルート分析による林地残材運搬コスト分布図の作成．中部森林研究 58： 99-102.

5）古川邦明（2012）間伐での林地残材の発生量調査．現代林業 548：36-43.

6）本間千晶（2003）熱処理による木材の用途開発－環境調和型資材への変換－．林産試だより6月号：5-7.

7）池田　努ら（2009）木質系バイオマスを原料としたバイオエタノール生産のためのアルカリ前処理（第2報）－未利用および廃棄物系木質バイオマスのバイオエタノール原料としての適性－．紙パルプ技術協会誌 63（5）：95-105.

8）池際博行ら（1995）木材の簡易炭化法と低温炭化処理木材の性質．木材学会誌 41（5）：516-521.

9）International Energy Agency (IEA) (2012) Technology Roadmap -Bioenergy for Heat and Power :13. (http://www.iea.org/publications/freepublications/publication/2012_Bioenergy_Roadmap_2nd_Edition_WEB.pdf)

10）International Energy Agency (IEA) (2012) Status overview of torrefaction technologies: pp.30-39 (http://www.ieabcc.nl/publications/IEA_Bioenergy_T32_Torrefaction_review.pdf)

11）陣川雅樹ら（2011）バイオマス対応型フォワーダの開発．森利学誌 26（4）：227-231

12）Kamikawa, D. et al. (2009) Evaluation of combustion properties of wood pellets using a cone calorimeter. J. Wood Science 55(6): 453-457.

13）岸本定吉・杉浦銀治（1963）熱処理材の防腐効果．木材工業 18（7）：323-326.

14）久保島吉貴ら（2012）木質ペレットの機械的耐久性に及ぼす衝撃力の影響．木材工業

67（10）: 431-435.
15）松永正弘（2006）木質バイオマスのエネルギー変換最先端技術について．フォレストコンサル 103 : 1302-1306.
16）三輪浩司（2002）バイオマスエタノールプラント-BCI 社技術並びに当社の取組み．木材工業 57 : 526-528.
17）毛綱昌弘ら（2011）バイオマス対応型プロセッサの試作．森利学誌 26（4）: 221-225.
18）村上　勝・山田隆信（2008）森林バイオマスの大型バンドリングマシンによる減容化．森利学誌 23（3）: 175-178.
19）中澤昌彦ら（2006）全木・全幹・短幹の集材方式の違いによる土場残材発生量の変化．森利学誌 21（3）: 205-210.
20）中澤昌彦ら（2007）愛知県北設楽郡東栄町における利用間伐の実施条件と残財発生量．森利学誌 21（4）: 257-260.
21）野尻昌信ら（2011）エタノールの製造方法．特許第 4756276 号.
22）野村　崇ら（2010）高カロリー木質ペレット　ハイパー木質ペレット製造の基礎研究－（1）熱処理条件の検討．日本木材学会研究発表要旨集 60 : 4.
23）野村　崇ら（2012）高カロリー木質ペレット「ハイパー木質ペレット」製造の基礎研究－（3）種々加熱方式がペレット特性に及ぼす影響．バイオマス科学会議発表要旨集 7 : 94-95.
24）農林水産技術会議事務局（1991）バイオマス変換計画－豊かな生物資源を活かす－．光琳 : 737pp.
25）奥田吉春ら（1987）ササ資源の効率的収穫技術．バイオマス変換計画研究報告第 7 号「林産資源の効率的収穫技術の開発 I 」．ISSN0913-4549 : 52-136.
26）佐々木誠一ら（2005）燃料用チップ供給コストの試算．森利学誌 19（4）: 319-322.
27）柴田順一ら（1987）ポプラ・カンバ類の効率的収穫技術．バイオマス変換計画研究報告第 7 号「林産資源の効率的収穫技術の開発 I 」．ISSN0913-4549 : 3-51.
28）下川知子（2012）木材多糖類の酵素分解を用いた利用技術．生物資源 6（2）: pp.12-19.
29）Stelt M.J.C. et al. (2011) Biomass upgrading by torrefaction for the production of biofuels: A review. Biomass Bioenergy 35(8): 3748-3762.
30）杉元倫子ら（2006）オゾン前処理により木質バイオマスの酵素加水分解（糖化）を促進する．森林総合研究所第 I 期中期計画成果集 19 : 8-9.
31）種田大介（2006）濃硫酸法バイオマスエタノール製造プロセス．Cellulose Commun 13: 49-52.
32）立川史郎ら（2005）燃料用チップとしての小径間伐木収穫システムの生産性とコスト．森利学誌 19（4）: 323-326.
33）土屋麻子ら（2007）国産材価格を考慮した利用間伐による森林バイオマス搬出可能量の推定．森利学誌 22（2）: 61-72.
34）山田竜彦（2010）水にも油にも溶けるリグニンの驚くべき高機能とは．森林総合研究所平成 22 年版成果選集 : 14-15.
35）與儀兼三ら（2006）森林バイオマス収集・運搬の低コスト化に関する研究－枝条・梢端部の圧縮結束装置の開発－．森利学誌 20（4）: 229-232.
36）吉田智佳史ら（2006）タワーヤーダによる森林バイオマス搬出作業の生産性．森利学誌 21（3）: 211-217.
37）吉田貴紘ら（2010）示差熱分析（DTA）による木質ペレットの燃焼評価．木材工業 65（10）: 452-456.
38）吉田貴紘ら（2012）高性能「ハイパー木質ペレット」の量産と市販ストーブによる利用実証．森林総研平成 24 年版研究成果選集 : 26-27.
39）Yoshida T. et al. (2013) Fundamental study on the production of “hyper wood pellet” – Effect of torrefaction condition on grinding and pelletizing properties. J. Energy Power Eng. 7: 705-710.

第7章　セルロース系作物・牧草類の遺伝資源導入と育種

〜＊〜＊〜＊〜＊〜＊〜＊〜＊〜＊〜＊〜＊〜＊〜＊〜

中川　仁・我有　満・奥泉久人

1. はじめに

植物は光合成によって，大気中の二酸化炭素（CO_2）と大地からの水（H_2O）を原料にし，太陽エネルギーによって炭水化物（CH_2O）を植物体内で生産し，大気中に酸素（O_2）を放出している．ここで作り出される有機物質がいわゆる「バイオマス」であり，生物が固定した太陽エネルギーとも言える．この有機物質を原料として作り出したバイオ燃料を燃焼しても原料となったCO_2が大気中に放出されるため，基本的に大気中のCO_2を増加させない計算となり，これを「カーボンニュートラル」と呼ぶ．これが，化石燃料をバイオマス燃料で代替することによる大気中CO_2の削減が期待されている理由である．しかし，カーボンニュートラルにおいて重要なことは植物が育つ,すなわち人間が栽培するプロセスであり,植林せずに単に山の木を皆伐して燃料利用するだけであれば，太古の生物がCO_2を固定した産物である化石燃料を浪費する行為と大差はない．バイオマス生産を行うこと自体がカーボンニュートラルであることを忘れてはならない．

一方,過去10年間に注目されたバイオ燃料は,石油に代替する液体燃料であり,特に糖や澱粉の発酵によるバイオエタノールと油糧作物を原料とするバイオディーゼルであった．当初から予想されていたが，2007年半ばになってこれらの食料を原料とするバイオ液体燃料生産は原料価格の高騰を招き，食糧需給のシステムを脅かすだけにとどまらず，バイオ燃料生産それ自体を脅かすようになってきた[12]．そこで，我が国でも食用以外の作物部位である，稲わら等の農業残渣が注目されるようになってきた．しかし，稲わらは国内に最も多く存在する農業残渣であり，家畜飼料等に利用され，肉牛肥育に必要不可欠の稲わら乾草は高値で取引されている．一方，北陸や北海道など，乾燥の困難な地域では有効利用されず，単にすき込まれているのが問題である．

また，耕作放棄地や劣悪地で短期間に超多収を示す長大型飼料作物類や低投入で多年にわたって持続的に安定したバイオマス生産が可能な多年生イネ科牧草類がバイオマス原料用作物として注目され，セルロース系バイオマス作物と呼ばれている．ただし，2000年代初めには，セルロース系農林業残渣を発酵でバイオエタノール変換する技術は開発途上にあり，当面は部分燃焼ガス化による水素（H_2）と一酸化炭素（CO）への変換とバイオメタノール生産が有効とされた[45,46]．その後，セルロース系バイオマスを糖化，発酵，蒸留し，バイオエタノールに変換する技術も大きく進歩した．一方，人類が最初に利用したバイオマスは，直接燃料に用いた草木などセルロース系バイオマスであり，直接燃焼技術や保存性を高めたペレット化やブリケット化技術もアジアを中心に実用化されている[34]．

ここでは，過去10年間に行われたバイオマス原料としてのイネ科牧草の導入と育種を紹介する．

2. イネ科牧草類によるセルロース系バイオマスの生産

陸地で栽培した際に大気中CO_2固定能力が高く，バイオマス生産量が大きい植物は木ではなくイネ科植物である[32]．ただし，賦存量は，国土の7割を占める森林面積が大きく，その原植生に依存した樹木のCO_2固定の役割が大きい．文献によるイネ科植物のバイオマス生産量は，熱帯圏の多年生栽培で最多収を示したネピアグラス（*Pennisetum purpureum* Schumach.：図7-1）の年間乾物収量が約80t/haであり（以下はすべて乾物収量），ギニアグラス（*Panicum maximum* Jacq.：図7-2）など細茎の熱帯牧草類が40-50t/haである．ギニアグラスは石垣島で播種2年目に年10回刈取り，基肥・追肥合計1t/haの窒素施用によって合計51.4t/haを生産し

図7-1　ネピアグラスの草姿
タイ，Lam Pang.

図7-2　ギニアグラスの草姿
沖縄県石垣市，ポールは2m.

た[37]．さらにテキサス州でバミューダグラス（*Cynodon dactylon* L.）が 30.1t/ha，ニュージーランドで温帯牧草のペレニアルライグラス（*Lolium perene* L.）が 26.6t/ha，トールフェスク（*Festuca arundinacea* Schrev.）が熊本で 15.0t/ha，チモシー（*Phleum pretense* L.）が北海道で 14.6t/ha となっている[32]．

温帯圏で夏作一年生長大型飼料作物を集約的に栽培した場合，カリフォルニア州でソルガム（*Sorghum bicolor*（L.）Moench）を 210 日間栽培して 46.6t/ha，イタリアで 140 日間トウモロコシを育てて 34t/ha の記録があるが，我が国の西南暖地では両作物とも 26-29t/ha である．また，一年生栽培でギニアグラスは 4 回刈取りで約 25t/ha であった[32]．

樹木ではナガバヤナギを 2 年間密植栽培 2 回刈取りした年間 22t/ha が最大値で，通常，それより低く年平均約 10t/ha である[32]．このように，セルロース系バイオマスとして草と木の生産量を比較すると，暖地では明らかにイネ科植物が高い．ただし，北に行くほど差が縮小し，寒地ではほぼ同じになる．

これらセルロース系バイオマス作物の選定で重要な点は多収であること，低投入，低コスト栽培達成のための耐病虫性や環境ストレス耐性などである[33]．また，現在のバイオマス変換利用技術では，原料乾燥処理が必要不可欠であり，稈の太いネピアグラスやソルガムよりは天日乾燥で乾草生産が可能な細茎の牧草が有利である．さらに，秋に枯れるススキはそのまま草地で乾燥できる．

1）イネ科牧草の育種

エタノール変換技術が開発途上にあった 2000 年頃，中川[32]はリグニンやセルロースなどあらゆる炭水化物を部分燃焼ガス化後，メタノールに変換する技術（C_1 化学変換技術）に着目し，育種目標を質ではなく量，すなわち牧草に本来要求される家畜嗜好性や消化率ではなく乾物生産量のみとした．その理由は，完熟状態のソルガム穂部（子実澱粉を含む）の推定メタノール収率（原料乾物重量に対して得られたメタノール重量割合）が 48.6%に対して，リグニン含量が高く，飼料としても劣悪な刈遅れの茎葉部で 44.1%であり，約 5%の差しかなかったからである[41,42]．収量増加を目標とする育種は基本的に従来の飼料作物育種と変わらないだけではなく，収量を犠牲にして達成してきた飼料の質を考慮する必要がないため，質を無視したバイオマス生産用超多収系統育成の可能性が開け，さらに硝酸態窒素蓄積を考慮して堆肥施用量を制限する必要もなく，品質や嗜好性維持のために早刈りを行う必要もないため，新たなバイオマス生産用超多収栽培技術の構築も期待できる．

一方，米国では，グレートプレーンズの在来野草で，牧草品種も多いスイッチグラス[31]のバイオエネルギー利用[56,57]や遺伝子組換え技術も駆使した育種[4]が試みられており，詳細は以下に記述する．

2）ソルガムへの着目

（1）ソルガムとは

ソルガムはコムギ，トウモロコシ，イネ，オオムギに次ぐ世界5番目に生産量の多い穀物であり，栽培面積4,186万haで1999-2001の年間生産量5,856万tである[7]．また，旱魃に強く，アフリカやインドの乾燥地帯でパールミレット（*Pennisetum glaucum*（L.）R. Br.）と並んで重要な食用作物となっている．一方，約1,338万tを生産する生産量第一位の米国では主に飼料用にグレインソルガムが335万haで栽培されている．また，19世紀から甘味食料シロップ原料としてスイートソルガムも栽培されてきた．アフリカに起源したソルガムは多様なレースを含み，起源地や伝搬ルートは未解明な部分が多い[11]．一般に，東アフリカに起源し，西方や南方に拡大するとともに，エチオピアから中近東を経て紀元前にインドでさらに栽培化されて遺伝資源の二次センターを形成し，さらに東南アジアを経て中国に導入されコーリャン（高梁）と総称され，変異をさらに拡大したと考えられている．それらが我が国に渡来し，有史以前から焼畑などで雑穀として栽培されていた．この在来種の93%が糯性，他は箒に利用されるホウキモロコシで粳性である[47]．また，南九州などに粳性スイートソルガム在来種が存在し，明治以降に甘味原料に導入された可能性が高い．

米国のソルガムの子実収量は4.0t/haであるが，世界的には1.4t/haと低い[7]．しかし，トウモロコシが育たない乾燥地や劣悪土壌で栽培されることを考慮すると，この収量は高く評価できる．現在，我が国でソルガムはトウモロコシと並ぶ夏作長大飼料作物としてサイレージ用に栽培されている．しかし，全国の栽培面積は減少傾向にあり，平成24年度17,000haで収穫量は前年度から5%減少し89万t，生草収量は平成15年度より約15%低い52.4t/haで，青刈トウモロコシと差がなくなった[43]．一般にソルガムはトウモロコシより飼料品質は劣るが，収量，多回刈り，倒伏性など環境耐性に優れるため，家畜頭数が多く，台風が来襲する南九州を中心に栽培面積が多い．また，中国東北部（旧満州）でも栽培可能なように，高標高地や東北の寒冷地まで栽培でき，バイオ燃料生産に大きな利点となる．

（2）我が国のソルガム育種の歴史

我が国では 1960 年代の畜産振興に伴い，茎葉収量が高く，再生力が強くて多回刈りができ，自然災害に強いソルガムが注目され，農林省中国農業試験場（中国農試）において，米国の遺伝資源導入・特性調査が開始した．この約400点の導入系統[10]は現在，我が国の重要な遺伝資源となっている．これらは，グレインソルガム（grain sorghum：米国で開発された半矮性穂重型），ソルゴー（sorgo：青刈用あるいはシロップ用（スイートソルガム）長大型），グラスソルガム（grass sorghum：青刈・乾草用細茎型）およびブルームコーン（broom corn：箒用）に大別された．ちなみに，現在，ソルガム品種の分類は利用形態から，①子実型ソルガム（上記グレインソルガム），②兼用型ソルガム（ホールクロップサイレージ用の穂と茎葉利用），③ソルゴー型ソルガム（茎葉をサイレージ利用：グレインソルガム細胞質雄性不稔系統×ソルゴー一代雑種），④スーダン型ソルガム（茎葉を青刈・乾草利用：グレインソルガム細胞質雄性不稔系統×スーダングラス一代雑種），および⑤スーダングラス（細茎で乾草利用）に分類されることが多い[17]．その後，中国農試はグレインソルガム育種，昭和38年開始の広島県立農業試験場（広島農試：尾道市因島町，昭和44年から東広島市八本松町；平成9年度廃止）は飼料用青刈ソルガム育種を担当した．

樽本[52]はソルガムの雑種強勢特性に着目し，一代雑種品種育成を目指した研究を行い，広島農試の協力を得て，スーダン型ソルガム農林1号「センダチ」[3]や超多収ソルゴー型農林2号「ヒロミドリ」[28]を育成した．両品種は優れた特性を示したが，種子の大量増殖に失敗し，広く普及することはなかった．しかし，この一代雑種育成技術は，その後，広島農試（その後，広島県立農業技術センター）と昭和46年に開始した長野県畜産試験場に所在する農林水産省指定試験地で利用され，農林3号「スズホ（品種登録番号339）」，同4号「リュウジンワセ（同3292）」，同5号「アーリーグリーン（旧品種名「グリーンホープ」：同6324）」[25]，同6号「天高（てんたか）（同4290）」[21]，同7号「風立（かぜたち）（同5190）」[21]，同8号「グリーンA（エース）（同6325：図7-4）」[36]，同9号「ナツイブキ（同5725）」，同10号「葉月（はづき）（同9916）」[18]，同12号「晴高（はれたか）（同10619）」，同13号「秋立（あきだち）（同11851）」[20]，同15号「緑竜（りょくりゅう）（同18292）」，同16号「風高（かぜたか）（同17686）」，同17号「涼風（すずかぜ）（同21633）」，同18号「華青葉（はなあおば）（同21866）」が育成された．平成9年に広島県立農業技術センター指定試験地は廃止となり，育種材料は九州農業試験場草地部（西合志町）に引き継がれた．

この間の画期的な研究成果は，樽本[53]が，上記品種育成にも利用された消化性を向上させるリグニン合成異常突然変異遺伝子（ブラウンミッドリブ（brown mid-rib : *bmr*））と無ワックス性突然変異遺伝子（bloomless : *bm*）を兼ね備えた細胞質雄性不稔系統を育成したことである：すなわち「那系 MS-1」に関して「ソルガム中間母本農1号（「那系 MS-1 A」: 細胞質雄性不稔 A ライン）」，「ソルガム中間母本農2号（「那系 MS-1　B」: 細胞質雄性可稔 B ライン）」，「那系 MS-2」に関して「ソルガム中間母本農3号（「那系 MS-3 A」: 細胞質雄性不稔の A ライン）」，「ソルガム中間母本農4号（「那系 MS-3　B」: 細胞質雄性可稔 B ライン）」，さらに「ソルガム中間母本農5号（「那系 R-1」: 雄性不稔回復系統）」である．これらの中間母本は，エタノール変換においても有効であることが示唆された[27]．

もう一つの画期的成果は，九州農業試験場飼料作物育種研究室（都城）が，大型別枠「新需要創出」プロジェクト「アルコール用スイートソルガムの超多収品種の開発」で行った，高糖性品種「SIL-05」（品種登録番号 21454 : 図 7-5）の育成である．本品種は，1994年，米国導入高糖性系統「BR504」と高糖性九州在来種の交配後代から，糖収量，耐倒伏性と紫斑点病や条斑細菌病抵抗性で選抜した純系品種である[9]．既存高糖性品種より出穂が早い中生で，高糖性「Crowley」より乾物収量が高く，南九州での栽培で稈のブリックス（Brix）値が 13.5 と他品種よりも高く，糖収量が 5.8t/ha であった[23]．この「SIL-05」はバイオエタノール生産原料用として再評価され，現在，スイートソルガムを用いた育種，ゲノム研究やエタノール生産材料として最もよく利用されている．

(3) ソルガムのバイオマス利用

当初，温帯地域でバイオマス原料用として着目されたのは，西南暖地で出穂期草丈が 3m 以上，出穂始3回刈りが可能な「グリーン A」（図 7-3）[36]などのスーダン型ソルガムであった．部分燃焼ガス化合成法とメタノール合成技術を用いれ

図 7-3　雑種強勢が顕著なソルガム一代雑種品種「グリーン A」（中央）
左：種子親のグレインソルガム細胞質雄性不稔系統「378A」，
右：花粉親スーダングラス品種「2098-2-4-4（後の「Hiro-1」）．

ばソルガム植物全体の炭水化物が利用できるからである．長野県での栽培試験で「グリーンA」は6ヶ月間に26t/haが得られ，西南暖地で冬作にイタリアンライグラス（*Lolium multiflorum* Lam.）を栽培すれば年間40t/haのバイオマス生産が可能になる[32]．一方，星川[15]は早くから稈に糖を蓄積するスイートソルガムのバイオエタノール生産を提唱し，農林水産省大型プロジェクト研究「バイオマス変換計画」の中で，甘味料シロップ生産用純系品種「Sumac」などを用いて水田転換畑での栽培試験を行った[16]．しかし，米国エネルギー省（DOA）やブラジルが開発を進めたスイートソルガムのエタノール生産計画は実現せず，現在のトウモロコシやサトウキビ原料のエタノール生産に帰結した．ただし，現在でも，フィリピンなどで，ICRISAT（国際半乾燥熱帯作物研究所）のスイートソルガム品種を用いた大規模バイオエタノール生産プロジェクトが存在する[34]．

我が国でバイオエタノール原料として再びスイートソルガムが注目された契機は平成19年の「地域バイオマスプロ」の「国産バイオ燃料への利用に向けた資源作物の育成と低コスト栽培技術の開発」であり，品種開発と耕作放棄地等への不耕起播種による省力的栽培技術の開発が行われた．また，これとは別に茨城大学で耕作放棄地でのスイートソルガム栽培によるバイオエタノール生産と燃料利用に関する研究が行われた[14]．以下に農水プロジェクトの遺伝資源導入とDNAマーカーを利用したエタノール生産効率の高い一代雑種品種育成や突然変異育種について記載する．

3）ソルガムの遺伝資源導入と突然変異育種

（1）ソルガム遺伝資源の現状と特性評価

A）国内外の遺伝資源の保存点数

国連食糧農業機関（FAO）の食糧農業遺伝資源委員会（CGRFA）2010年出版の「食料・農業のための世界植物遺伝資源白書第2版」[8]によると，ICRISATはソルガム38,000点を保有，米国36,000，中国18,000，インド17,000と続き，世界総計で230,000点保存されている．我が国では農研機構遺伝資源センターの農業生物資源ジーンバンクのジーンバンク（GB）事業（http://www.gene.affrc.go.jp/index_j.php）で，約3,000品種系統が保存されている．

B）ソルガムの育種素材

我が国の育種事業は主に，農林省中国農試（現農研機構西日本農業研究センター），広島・長野両県の農林水産省ソルガム育種指定試験地，農研機構草地試験場

（現農研機構畜産研究部門）と九州沖縄農業研究センターおよび信州大学で行われ，独自に保有する遺伝資源を活用してきた．品種育成に使われたソルガム品種系統は，主に50品種，その他約100品種である．しかし，バイオマス利用という新たな育種目標で特性調査を実施し，育種素材となる新遺伝資源の選抜が重要である．プロジェクトではGB保有ソルガム遺伝資源のバイオマス関連特性調査を行い，海外から新規遺伝資源を導入した．

C）ソルガム遺伝資源の特性調査

GB保有ソルガム品種系統から遺伝的に多様な少数系統を選んだものをコアコレクションと呼ぶ．まず，全3,000品種系統から多様な由来の300品種系統を選び，次にDNA分析で遺伝的に多様な品種系統を選んだ[48]．そして最終的に105品種系統がコアコレクション（NIASコアコレ）としてGBに登録した．一方，ICRISATではミニコアコレクション（ICRISATミニコア）として242品種を選んだ[55]．今回，この多様性に富む347品種系統の他，我が国のGB保有系統やICRISAT新規導入系統を数年間栽培し，特性調査した結果を紹介する．

D）ソルガム遺伝資源の特性評価の方法と結果

播種は5月，一次特性調査（生草収量，乾物収量）と糖収量（Brix値）調査を9月から10月にかけ実施し，生草の搾汁液量を計算し，糖度を乗じて1a当り糖生産量を推定した（「糖収量」と呼ぶ）．本調査では有望品種「SIL-05」[23]をしのぐ育種素材の発見を目指し，2008年度から2010年度までの3年間「SIL-05」の糖収量（58kg/a）を上回る系統を特定した（図7-4）．図7-4右は，2008年度NIASコアコレと2009年度ICRISATミニコアの結果を重ねて表した．すなわち，品種系統の糖収量結果を高いものから並べて棒グラフとし，「SIL-05」の58kg/aを横線で示したところ，これ以上の糖収量を持つ品種がNIASコアコレで24，最高値は147kg/aであった．ICRISATミニコアでは118品種系統が「SIL-05」を上回り最高値は167kg/aであった．図7-4中央はGB遺伝資源のうち糖収量未調査の121品種系統（2010年）の結果を示したもので，「SIL-05」の3倍の糖収量（188kg/a）を示す系統が存在した．図7-4左はICRISAT新規導入の157品種系統（2010年）の調査結果を示した．以上，3年間，約600品種系統の調査から，「SIL-05」以上の糖収量の系統が合計199見出され，3倍の糖収量を示す優良なものもあった．このように，我が国のGBに保存するが，利用されなかった遺伝資源や海外新規導入の遺伝資源の中に極めて優良な品種系統が多数存在することが分かった．しかし，まだ一部の遺伝資源調査に過ぎず，継続的調査が求められ，優良品種系統

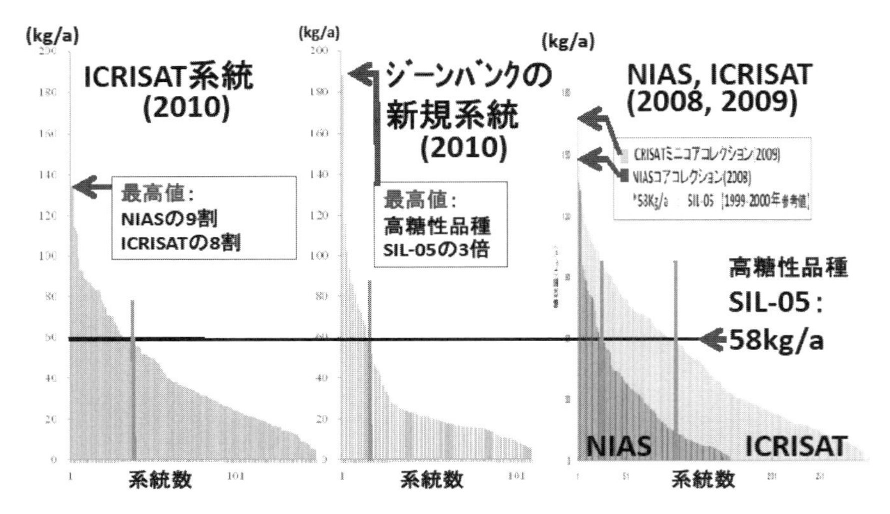

図 7-4　ソルガム遺伝資源の糖収量の変異

を早く公表し，研究や育種利用に種子を提供することが重要と考えている．また，高バイオマス生産品種は晩生で西南暖地で種子稔実前に霜で枯死する可能性もあり，種子生産や交配のために海外の GB との共同研究進めることも重要である．

（2）エタノール生産効率の高いソルガムの F_1 系統の育成とゲノム解析

A）はじめに

既存の国内育成ソルガム品種は細胞質雄性不稔利用の一代雑種（F_1）品種であり，図 7-3 のように，最大限にヘテロシスを利用して育成したものである．バイオエタノール生産に有効な特性をピラミディングして交配親を育成し，有望 F_1 品種を育成するのが本研究の目的であった．

B）交配による有望系統の育成と選抜に有効な DNA マーカー開発

交配に際して，①高糖性系統，②リグニン合成系阻害（*bmr*）系統，③高再生能力系統，および④熱帯型極晩生超多収系統を供試してエタノール生産関連形質改良のための育種素材開発を行って新規 F_1 系統を作出し，生産力予備試験や特性調査を行った．さらに，イネゲノム・遺伝子情報と公開ソルガムゲノム情報から比較ゲノム的手法を用いた効率的な形質関連マーカー（RFLP とこれの STS 化と SSR）作出を試み，5,599 の SSR マーカーを構築した [60]．また，出穂に関して複数の遺伝解析集団の QTL 解析を実施し，極晩生品種「風立」の出穂期に有効な QTL を解明し [51]，生産量や糖生産能力の高い雑種系統を育成した．現在，上記マーカーによるマーカー選抜を行い，バイオエタノール生産に有効な系統選抜を行っている．

(3) ガンマ線を利用した突然変異育種

A) はじめに

ソルガムは遺伝的多様性が大きく，交配により多様な雑種を作出することができる．米国での1960-70年代の初期遺伝・育種研究の過程で，半矮性（dwarf : *dw*）遺伝子や出穂期（maturity : *Ma*）に係わる遺伝子など農業上有用な遺伝子が特定された．半矮性遺伝子は4つで，全座位が優性遺伝子型（$dw_1dw_2dw_3dw_4$）は草丈が3-4mになり，4座位のいずれか1遺伝子が劣性になる毎に，すなわち，遺伝子型が1劣性遺伝子型から2劣性遺伝子型，3劣性遺伝子型になるに従い，各々約50cm 草丈が短くなり[44]，筆者らの交配試験では，全4遺伝子劣性植物（$Dw_1Dw_2Dw_3Dw_4$）は草丈約50cmの矮性植物になる．また，草丈制御に関して，出穂期までの日数は関係していないことが重要である．この論文では半矮性特性をオーキシンあるいはジベレリン含量の高低で比較して議論していることは先見の明があったと言える．

ソルガムは遺伝的変異が大きく，イネと同様に交配で様々な遺伝子型の雑種を作り，純系系統が育成できるため，変異拡大を目指した突然変異育種は行われなかった．上記 *bmbmr* 二重劣性型の細胞質雄性不稔中間母本系統群も交配で育成された．しかし，遺伝資源に存在する遺伝子のみを特定系統に導入する場合には最低7世代の戻し交雑と特性調査を繰り返す必要があり，時間がかかる．また，遺伝資源にない特性（遺伝子）は利用できない．このような場合，ターゲット品種を材料にし，突然変異育種技術で短期間に目的特性を持つ新品種を育成できる．

我々は，スイートソルガムを用いたバイオエタノール生産，さらに絞り滓や発酵残渣を飼料やバイオマス原料として利用するための突然変異育種を試みた．すなわち，木質系バイオマスと同様に，リグノセルロース系原料の発酵で問題となるのがリグニンである．そこで，従来高消化性飼料生産に利用されてきた *bmr* 突然変異や植物体表面にワックスが生じない *bm* 突然変異を目的品種で誘発し，低リグニンで高発酵効率の系統育成を試みた．このワックスとは epicuticular wax あるいは bloom と呼ばれる白い脂肪族炭水化物の粉である．家畜の消化性に関してワックスの影響は明らかでないが，ワックスは植物体内からの水分発散を抑制する効果があり，ワックスがないと耐乾性が低くなり，*bm* 突然変異体の大きな欠点と言える[6]．一方，育成突然変異系統の栽培試験で実証したように[39]，*bm* 突然変異体にはアブラムシがつきにくい[58]．さらに紋枯病に対して抵抗性を持つため[19]，殺虫剤や殺菌剤を削減した低投入型栽培が可能になると期待された．

B）ガンマ線照射と突然変異体の作出

「SIL-05」（図7-5）は糖度が高く，バイオマス生産量も高い反面，草丈が高いために風雨で倒伏しやすく，折損も多い．中生で台風に遭遇する機会も多いため，太茎で低草丈，早生化を育種目標に，農業生物資源研究所（現　農研機構）放射線育種場のガンマ線照射施設で突然変異育種を試みた．同時に，やや早生のスイートソルガム品種「Italian」（図7-5）なども育種素材に用いた．

図7-5　「SIL-05（左の列）」と「Italian（右の列）」の出穂期の草姿
放射線育種場，茨城県常陸大宮市．自殖採種のための袋かけ風景．「SIL-05」は穂先まで4mを越える．

ガンマ線や炭素イオンビームをシロイヌナズナの花粉に照射し，交配した後代の遺伝解析で，小さな欠失と共に次世代に伝達されない巨大欠失が形成されたという報告がある[30]．一方，ガンマ線照射で誘発し，次世代に伝わったイネ突然変異の調査から，塩基置換や逆位なども含む全突然変異の約8割が1-5塩基対の小さな欠失あるいは10万塩基対以上の巨大欠失であり，その中間の大きさの欠失が起こらないことが初めて報告された[29]．これら塩基欠失型の突然変異は欠失の大きさにかかわらずほとんどは劣性遺伝子である．特殊な例外として，終止コドン領域に生じた塩基欠失によってRNA干渉（RNAi）が生じ，グルテリンの合成系が優性形質として阻害されたという，常識を覆す例がある[22]．しかし，通常，劣性の塩基対欠失突然変異はM_1世代では表現型として確認できず，自殖したM_2世代に25%の確率で生じる劣性ホモ個体を調査して単離する．ガンマ線照射は①種子急照射（100，200，300，400，500，800，1,000グレイ（Gy）の線量）と②ガンマーフィールド（GF）内で線源から10-30mに播種し，実生から採種の期間，緩照射を行った（図7-6）．ちなみにGFは半径100mの円形で，中心に88.8テラベクレル（Tbq）のコバルト60線源が備えてあり，線源から最も近い10mの圃場位置で1日約2Gyのガンマ線が照射される．これは自然界放射線量の約30万倍，1日で約千年分のガンマ線が照射される．

図 7-6　農業生物資源研究所放射線育種場のガンマーフィールドとガンマ線の照射野

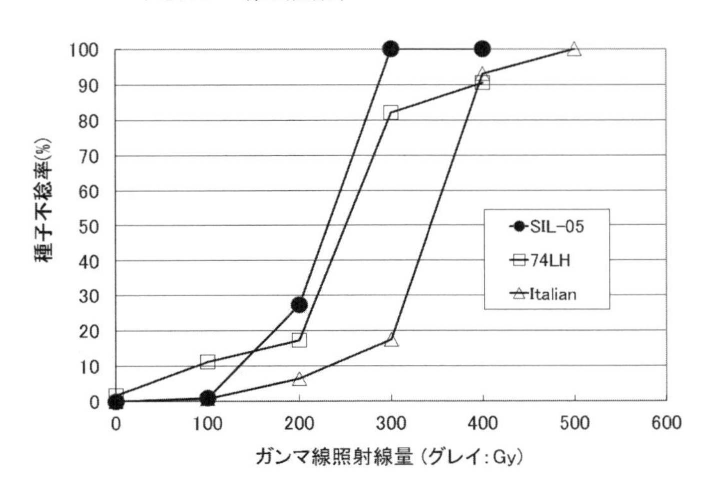

図 7-7　ソルガム品種「SIL-05」，「74LH」および「Italian」の種子に対するガンマ線の照射線量と M_1 個体の種子不稔率との関係

放射線感受性や突然変異誘発の適正線量は種によって260倍の差があり[49]，同種内でもダイズでは3倍以上の差がある[50]．そのため，上記①に示すように3品種に種子照射を行った後，M_1 世代の発芽試験で LD_{50}（50％致死率）を算出し，生存個体を圃場で育て種子稔実率を求めた（図7-7）．「SIL-05」は比較的低線量で

種子不稔になりガンマ線照射に弱く，「Italian」は強いことがわかる．次に自殖種子を圃場に展開して M_2 世代の種子不稔率や変異を調査し，最終的に適正線量を決定した．通常，LD_{50} の放射線量は強すぎ，適正線量は経験的に種子発芽が低下する周辺にあり，「SIL-05」は 180-200Gy,「Italian」300-400Gy を適正線量と考え，大量照射を行った[38]．上記②は，発芽から種子稔実まで体細胞（花粉や卵も含む）変異を誘発し，GF 内で袋かけ採種を行って自殖種子（M_2 世代）を得，これを①と同じ原理で一般圃場に展開して突然変異を検出する．しかし，穂の発生原器に変異誘発すると同一変異に由来する卵と花粉が受精し，即，劣性ホモ個体が生じる可能性もある．また緩照射は休眠状態にある種子への急照射よりも変異が得やすいと推察されている．

この結果，「SIL-05」と「Italian」の *bm* 変異体が得られ，「SIL-05」で *bmr* 変異体が得られた．後代検定でこの個体が純系で他の変異がなかったことから，わずか 2 世代で目的品種の変異が得られたことになる．また,「SIL-05」の *bm* 変異体と *bmr* 変異体の交配で二重劣性ホモ個体も得られ，4 世代あれば交配で作出した二重劣性ホモ個体が得られ，交配と戻し交雑によって「SIL-05」にこの特性を導入するよりも短期間で達成できることを立証した．

「Italian」の *bm* 突然変異体を元品種と交配した F_1 はすべてワックス有りで，これを自殖した F_2 はワックス有：ワックス無が 3：1 に分離し，1 劣性遺伝子であることがわかった[40]．さらにこの突然変異体と F_2 集団の cDNA 解析から，関与する遺伝子は，既にシロイヌナズナで発見されている「*WBC11*」，すなわちワックスを細胞外に運ぶ ABC トランスポーターであり，この突然変異体はワックス産生能力を持つがこれを細胞外に運べないことが明らかになった[26]．さらに，この突然変異が逆位由来であることが明らかになり，ガンマ線が誘発する突然変異のメカニズムを考える上でも興味深い結果が得られた．また,「SIL-05」*bmr* 変異体の成分解析と消化試験から，エタノール発酵においても有用な特性を持つことが明らかになった（荒井（山王）　未発表）．

3. 新規セルロース系バイオマス作物

1）スイッチグラス（switchgrass；*Panicum virgatum* L.：図 7-8）

草高 90-150cm，葉長 15-45cm，葉幅 0.6-1.3cm，稈が粗剛で根茎と短い地下茎が発達した多年生熱帯牧草で，米国のほとんどの地域で自生し，グレートプレーンズ中央と南部の重要牧草である．年間乾物収量は15t/ha程度であるが，30t/ha以上というデータもある[32]．種子千粒重は1.07-1.22gである[31]．環境の異なる米国各州で牧草として育成された代表的品種は，「Alamo」，「Blackwell」，「Caddo」，「Cave-In-Rock」，「Dacotah」，「Forestburg」，「Kanlow」，「Pathfinder」，「Shelter」，「Trail Blazer」などであり，各々，育成環境が異なることから特性は異なる．詳細は中川[31]やAnderson[2]を参照．

図7-8　スイッチグラスの試験区
オクラホマ州エルリノ，Grazinglands Research Laboratory.
写真提供：Dr. B. Venuto.

現在，スイッチグラスは，エタノール生産原料として米国で最も注目されている熱帯牧草である.「草の海」と呼ばれる広大なグレートプレーンズで，例えば16t/haの乾草が収穫され，乾草1tから300Lのエタノールを生産すると仮定すると，原料価格から試算したエタノール1ガロン（3.8L）当りの生産コストは0.51-0.89ドルでありトウモロコシの0.7-1.21ドルよりも低い[57]．この論文は，かつて米国で荷馬車用馬の飼料生産に利用された3,300万haの草原は穀物生産に影響を与えず，バイオマス生産の場として利用可能としている．ここで，スイッチグラスを栽培すれば5億2000万tのバイオマスが生産できる．また，スイッチグラス栽培はエロージョン（土壌浸食）を誘発するトウモロコシの穀物生産よりも環境保全に適するという利点がある．広大な耕地を持つ米国では，CO_2を発生する耕起作業回数が少ない草本性バイオマス生産が環境保全効果を持つ側面を重要視している．ひとたび定着すれば，我が国のススキのように，低投入持続的栽培が可能である．ただ，種子休眠性があり，初期生育が遅いので，一年目の栽培では雑草対策が重要になる[5]．なお，収量は多年生温帯牧草類と大差なく，我が国で栽培する利点は低い．

2）ミスカンサス（ススキ：*Miscanthus* spp.）とエリアンサス（*Erianthus* spp.）

近年，非食用型のセルロース系バイオマス原料として脚光を浴びている，詳細は第8，9章に記述されるので，ここでは簡単に記述する．ススキはネザサやシバとともに我が国では在来野草として古くから放牧地で利用されてきた．海外，特にヨーロッパでは庭の鑑賞用作物として利用され，葉の斑入りや穂の形態や色の異なる多くの品種が育成されてきた．一方，我が国では1950-60年代に足立[1]や平吉[13]がススキそのものの細胞遺伝学的研究や牧草としての育種の基礎的研究を行った．しかし，その後，草地試験場などの牧草育種研究室は海外から導入したトールフェスクやオーチャードグラスなど，同様の気候条件下で再生力や飼料としての生産力に優れる寒地型牧草類の栽培や育種研究にシフトしたため，新品種育成もなく，育種から忘れられた在来種となった．

現在，海外で利用されるジャイアントミスカンサスは，自然交雑した二倍体ススキと四倍体オギの一代雑種であり，株分けで簡単に増殖でき，種子は不稔で雑草化の心配がない．ちなみに，ヨーロッパでの乾物収量は灌水区30t/ha，無灌水区10-25t/haと報告されている[24]．現在，我が国のススキ育種研究は北海道大学の山田[59]が先進的に進めている．

一方，エリアンサスはサトウキビとの交配が可能な野生種であり，根茎が深く5m以上となることから，8ヶ月の乾季を持つ東北タイで永続栽培が可能な数少ないイネ科植物であり，サトウキビ育種では属間交雑によるこの特性導入を図っている[54]．東南アジアに自生し，我が国の亜熱帯地域や温暖地に観賞用植物として導入されたが，茎葉が硬いので飼料として利用されることもなく国内各地で観賞用としてそのまま維持されてきた．エリアンサスの利点は寒さの厳しい畜産草地研究所のある栃木県那須塩原市でも越冬可能で永続性が強く，晩生系統は出穂するまで栄養成長を続け，高緯度地帯でバイオマス生産量が非常に高いことである．これまで目立った病虫害もない．一方，欠点は，樹木栽培と同様に1年目の成長が遅く，高いバイオマス生産量を示すのは2年目以降となること，巨大化するため収穫には大型の収穫機械が必要となることである．

家畜飼料としては価値の低い多年生イネ科植物が脚光を浴びるようになったのは，バイオエタノール変換技術が進歩し，これまでの澱粉や糖ではなく，セルロースからのエタノール生産が可能になったことと，低コスト化の実現のために低投入持続型栽培が可能な特性が評価されるようになったからである．すなわち，ガス化合成法の場合と同様に，飼料特性は度外視して安定多収が可能な育種・栽培技術を求めるようになったからである．しかし，効率的エタノール発酵のためには，さらにセルロース形質改変のための育種が必要である．

第9，10章に詳しいが，エリアンサスは九州沖縄農業研究センターにおいて，系統選抜で新品種「JES3（旧系統名「IK3」）」が育成された（http://www.naro.affrc.go.jp/project/results/laborato ry/karc/2011/220a0_10_01.html）．この品種は晩生のため，多収となる西南暖地や関東では稔実せず，雑草化のリスクが低い．増殖には株分けや茎による栄養耐繁殖による方法も可能であるが，沖縄県で採種ができる．

4. おわりに

セルロース系バイオマスは，当初，あらゆるバイオマスをガス化して液体燃料，すなわちメタノールに変換する方向で研究がスタートした．その後，発酵技術の進歩に伴って，セルロースからバイオエタノールが作れるようになり，米国やブラジルでの糖やデンプンからのエタノール生産が軌道に乗ったこともあり，研究がこの方向にシフトした．その後，東日本大震災とその後の原発事故以後，液体燃料よりは電気あるいは熱，すなわち固体燃料や気体燃料の需要増加に伴い，その方向への研究が求められるように変化している現状である．しかし，イネ科植物はバイオマス生産能力が高く，環境耐性も備えていることから低コスト持続型のバイオマス原料生産システムの中で必要不可欠の植物であると断言できる．残念ながら，イネ科植物の放射性同位元素（RI），特に放射性セシウム（Cs）に汚染された土壌のファイトレメディエーション（Phytoremediation：植物の栽培によって重金属を土壌から除く技術）効果は，チェルノブイリの結果からは否定的ではあるが[35]，栽培方法の改変によっては利用可能になるかもしれない．逆にRIの移行率が低ければ，汚染された土地でバイオマス生産量の高いイネ科バイオマス原料を大規模栽培し，それを原料として発電，固体燃料，液体燃料等，エネルギー利用するシステムを構築することも可能であり，今後，被災地の復興のために必ずや寄与することであろう．

引用文献

1）足立昇造（1958）ススキ属植物の飼料作物化に関する育種学的基礎研究．三重大農学部学術報告 17：1-222.
2）Anderson, J. (ed.) (1995) Grass varieties in the United States. CRP Press, Boca Raton: 296pp.
3）荒田　久ら（1972）青刈ソルガム品種「センダチ」の育成について．広島県立農業試験場報告 32：51-68.
4）Bouton, J. H. (2007) Molecular breeding of switchgrass for use as a biofuel crop. (Special Issue: Genomes and evolution) Current Opinion in Genetics & Development 17(6): 553-558.
5）Burnhart, S. (2003) Management guide for the production of switchgrass for biomass fuel in Southern Iowa. http://www.extension.iastate.edu/Publications/PM1710.pdf
6）Burow, G. B. et al. (2008) Genetic and physiological analysis of an irradiated bloomless mutant (epicuticular wax mutant) of sorghum. Crop Science 48(1): 41-48.
7）Deb, U. K. et al. (2004) Global sorghum production scenario. In "Sorghum Genetic enhancement: Research process, dissemination and impacts" eds. by Bantilan, M. C. S. et al., ICRISAT, Patancheru, India: pp.21-38.
8）FAO (2010) The second report on the state of the world's plant genetic resources for food and agriculture. Rome, 370pp.
9）我有　満（2011）第３章　バイオマスの利用技術　3.2　バイオ燃料作物の開発と生産収集技術, 3.2.6　第二世代バイオ燃料作物の育種と栽培．農研機構発－農業新技術シリーズ第３巻　農業・農村環境の保全と持続的農業を支える新技術, 農林統計出版：156-159.
10）原田重雄ら（1966）ソルガム属作物の導入ならびに定着に関する研究（第１報）品種の導入とその特性．中国農試報 A13：111-144.
11）Harlan, J.R. (1975) Crops and man. the American Society of Agronomy, USA: 292pp.
12）Harvey, F. et al. (2007) Biofuel growth hit by soaring price of grain. Financial Times, February 22, 2007.
13）平吉功先生退官記念事業会（1976）ススキの研究：222pp.
14）本間貴司ら（2012）地域の耕作放棄地を利活用した環境保全型バイオ燃料生産．農業および園芸 87（2）：257-284.
15）星川清親（1981）バイオマスとしてのサトウモロコシ－その国産の可能性検討を提案する－．農業および園芸 56（4）：497-503.
16）星川清親ら（1985）水田転換畑におけるスィートソルガムの栽培．日作東北支部報 28：142-146.
17）春日重光（1999）ソルガム・スーダングラス．牧草・飼料作物の品種解説．社団法人日本飼料作物種子教会：131-147.
18）春日重光（2002）高消化性ソルガム品種の育成とその飼料利用（3）2．高消化性遺伝子を利用したソルガム新品種「葉月」の育成，畜産の研究 56（5）：565-569.
19）Kasuga, S. and N. Inoue (2001) Diallel analysis of the resistance to sheath blight (*Rhizoctonia solani* Kuhn) in sorghum. J. Japan. Grassl. Sci. 47(1): 45-49.
20）春日重光ら（2003）消化性に優れるソルガム新品種「秋立」．北陸作物学会報 38：76-78.
21）春日重光ら（1986）ソルガム一代雑種品種の育成に関する研究 1．超優性を示すいくつかの組み合わせについて．育雑 36（別 1）：168-169.
22）Kusaba, M. et al. (2003) *Low glutelin content1*: a dominant Mutation That suppresses the *glutelin* mutagene family via RNA silencing in Rice. The Plant Cell 15: 1455-1467.
23）九州沖縄農業技術センター（2000）http://www.naro.affrc.go.jp/project/results/laboratory/karc/2000/konarc00-083.html
24）Lewandowski, I. et al. (2000) Miscanthus: European experience with a novel energy crop. Biomass and Energy: 209-227.
25）松浦正宏ら（1992）青刈ソルガム品種「グリーンホープ」の育成について．広島県立農業技術センター研究報告 55：17-28
26）Mizuno, H. et al. (2013) Genetic inversion caused by gamma irradiation contributes to downregulation of a *WBC11* homolog in *bloomless* sorghum. Theor. Appl. Genet, 126(6): 1513-

1520. DOI 10.1007/s00122-013-2069-x (Published online: 06 March 2013)
27）Mizuno, R. et al. (2009) Use of whole crop sorghums as a raw material in consolidated bioprocessing bioethanol production using *Flammulina velutipes*. Biosci, Biotechnol. Biochem. 73: 1671-1673.
28）最上邦章ら（1975）青刈ソルガム新品種「ヒロミドリ」．広島県立農業試験場報告 36 : 97-110.
29）Morita, R. et al. (2009) Molecular characterization of mutations induced by gamma irradiation in rice. Genes Genet. Syst. 84: 361-370.
30）Naito, K. et al. (2005). Transmissible and nontransmissible mutations induced by irradiating *Arabidopsis thaliana* pollen with r-rays and carbon ions. Genetics 169: 881-889.
31）中川　仁（1998）熱帯の飼料作物．熱帯作物要覧 No.27，社団法人国際農林業協力協会 : 278pp.
32）中川　仁（2001）新しい農業を起こす〔1〕－地球を守るクリーンなバイオ燃料用作物の育成と栽培．農業および園芸 76（1）: 3-10，（2）: 257-260
33）中川　仁（2009）バイオマス燃料用原料としての熱帯牧草を中心にした草本性バイオマスの特性と品種改良．日本草地学会誌 55（3）: 274-283.
34）中川　仁（2010）アジアにおける農業副産物・残渣等のバイオマス利用による燃料生産等の試み－2008 年 FFTC-PCARRD 共同国際ワークショップ－．国際農林業協力 Vol.33（NO.1）: 2-9.
35）中川　仁（2011）東日本大震災被害地域におけるファイトレメディエーションおよびバイオ燃料生産技術の適用可能性. 東日本大震災における農業の被害の実態と研究課題に関する研究会，NARO 研究戦略レポート第 1 号 : 83-103.
36）中川　仁ら（1995）青刈りソルガム品種‘グリーンエース’の育成について．広島農技セ研報 62 : 39-51.
37）Nakagawa, H. and T. Momonoki (2000) Yield and persistence of guineagrass and rhodesgrass cultivars on subtropical Ishigaki Island. Grassland Science 46: 234-241.
38）中川　仁ら（2009）ソルガムにおけるガンマ線照射 M_2 世代における照射線量と突然変異率の関係，草地学会誌 55（別）: 77.
39）中川　仁ら（2011a）ガンマ線によって作出したスイートソルガム *bm* 突然変異系統の農業特性およびアブラムシ耐性．日本草地学会誌 57（別）: 103.
40）中川　仁ら（2011b）ガンマ線照射によるソルガム *bm* 突然変異系統の特性と遺伝様式. 育種学研究 13（別 1）: 111.
41）Nakagawa, H. et al. (2011) Biomethanol production from forage grasses, trees, and crop residues. In “Biofuel’s Engineering Process Technology” ed. Marco Aurelio Dos Santos Bernardes, InTech: pp.715-732. (http://www.intechopen.com/books/show/title/biofuel-s-engineering-process-technology)
42）Nakagawa, H. et al. (2000) Biomethanol production and CO_2 emission reduction from various forms of biomass. Proc. of The 4th International Conference on EcoBalance.: 405-408.
43）農林水産省大臣官房統計部（2013）農林水産統計，平成 24 年度産飼料作物の収穫量（牧草，青刈とうもろこし及びソルゴー）．（http://www.maff.go.jp/j/tokei/kouhyou/sakumotu/sakkyou_kome/pdf/syukaku_siryou_12.pdf）
44）Quinby, J. R. (1974) Sorghum Improvement and the genetics of growth. Texas A&M University Press, College Station, TX, USA: 108pp.
45）坂井正康（1998）バイオマスが拓く 21 世紀エネルギー／地球温暖化の元凶 CO_2 排出はゼロにできる．森北出版 : 128pp.
46）坂井正康・中川　仁（2002）21 世紀をになうバイオマス新液体燃料．速水昭彦監修，化学工業日報社 : 197pp.
47）阪本寧男（1982）穀類における貯蔵澱粉のウルチ－モチ性とその地理的分布．澱粉科学 29 : 41-55.

48）Shehzad, T. et al. (2009) Development of SSR-based sorghum (*Sorghum bicolor* (L.) Moench) diversity research set of germplasm and its evaluation by morphological traits. Genet. Resour. Crop Evol., 56(6): 809-827.
49）Sparrow, A. H. and H. J Evans (1961) Nuclear factors affecting radiosensitivity. 1. The influence of nuclear size and structure, chromosome complement, and DNA content. Brookhaven Symp. Biol. 14: 76-100.
50）高木　胖（1969）ダイズの放射線感受性の品種間差異に関する研究．放射線育種場研究報告 3：45-87.
51）Takai, T. et al. (2012) Quantative trait locus analysis for day-to heading and morphological traits in an RIL population derived from an extremely late flowering F_1 hybrid of sorghum. Euphytica 187: 411-420.
52）樽本　勲（1971）青刈ソルガムの雑種強勢利用に関する育種学的研究．中国農試報 A19：21-138.
53）樽本　勲（1993）高消化性ソルガム中間母本「農 1，2 号（那系 MS-1）」，「農 3，4 号（那系 MS-3）及び「農 5 号（那系 R-1）の育成とその特性．草地試研報 48：37-50.
54）Terajima, Y. et al. (2007) Breeding for high-biomass sugarcane and its utilization in Japan. Proc. Inter. Society of Sugar Cane Technologists (ISSCT) 26: 759-763.
55）Upadhyaya, H. D. et al. (2009) Developing a mini core collection of sorghum for diversified utilization of germplasm. Crop Science 49(5): 1769-1780.
56）Vogel, G. E. and Vogel K.P. (2008) Comparison of corn and swichgrass on marginal soils for bioenergy. Bioma. Bioe. 32: 18-21.
57）Vogel, K.P. (1996) Energy production from forages (or American agriculture – back to the future). J. Soil Water Conserv. 51(2): 137-139.
58）Weibel, D. E. and K. J. Starks (1986) Greenbug nonpreference for bloomless sorghum. Crop Science 26(6): 1151-1153.
59）山田敏彦（2009）エネルギー作物としてのススキ属植物への期待．草地学会誌 55（3）：263-269.
60）Yonemaru, J. et al. (2009) Development of genome-wide simple sequence repeat markers using whole-genome shotgun sequences of sorghum (*Sorghum bicolor* (L.) Moench). DNA Research 16: 187-193.

第 8 章　バイオマス作物としてのススキ属植物の期待
－遺伝資源の評価と優良系統の育成－

～＊～＊～＊～＊～＊～＊～＊～＊～＊～＊～＊～

山田敏彦

1. はじめに

今日，低炭素社会の構築が世界的に求められ，植物の光合成変換能力を最大限に活かして，バイオエネルギーのみならず，より高付加価値のバイオベース製品をバイオマスから創製するバイオリファイナリー構築は緊急の課題である．これまでバイオエタノールなどは食料から製造されているが，増加し続ける人口や温室効果ガス削減に寄与する観点から，食料と競合しない非食用植物を用い，地球上の限りある農耕地を有効的に利用しながら，再生可能なバイオマス原料として工業サイドへ安定供給することが鍵となる．すなわち，高生産・高効率なリファイナリー特性を有するバイオマス作物を計画的に栽培して，工業原料として安定供給システムを構築する必要がある．このような背景で，多年生イネ科植物は再生可能なリグノセルロース系資源として有望である．なかでもススキ属（*Miscanthus* spp.）は，最も有望なバイオマス作物候補の一つである．本稿では、筆者らが実施した,「地域バイオマスプロ」でのススキ属植物の品種開発に関する研究成果を中心に紹介する．

2. ススキ属のバイオマス資源作物としての可能性

ススキ属（*Miscanthus* spp.）は，北海道～沖縄に広く分布するススキ（*M. sinensis*）（図 8-1：二倍体，2n=38），オギ（*M. sacchariflorus*）（図 8-2：四倍体，2n=76）および関東～沖縄の暖地に自生するトキワススキ（*M. floridulus*）（二倍体，2n=38）が代表的な種である．近年，ススキとオギが自然交雑した三倍体雑種のジャイアントミスカンサス（図 8-3：*M.×giganteus*：GIM）がバイオマス作物として注目され，特に欧米で関心が高い．欧州での調査で，GIM は最大 44t/ha/年の高い乾物生産が可能である [8,9]．GIM は 1935 年に我が国から欧州へ観賞用に持ち出され，70 年代のオイルショック以降，高い生産性が欧州各国で認められた [2]．GIM は種子

図 8-1　ススキ

図 8-2　オギ

図 8-3　ジャイアントミスカンサス

不稔であるため，根茎で栄養繁殖を行う．欧州では火力発電用など燃焼原料に利用されているが，バイオ燃料用原料としても検討されている[3]．一方，米国では，イリノイ大学が中心となり，石油メジャーBP 社が出資した Energy Biosciences Institute の研究資金で GIM の研究が精力的に行われている．イリノイ州では，最大 61t/ha/年，平均 30t/ha/年の報告がある[6]．札幌でも GIM は 40t/ha/年の乾物収量を示す（未発表）．ただし，遺伝子型が限られ，遺伝資源収集と遺伝変異拡大や新品種開発が強く求められている．一方，GIM は増殖に費用がかかり，耐寒性が劣ると指摘されており，ススキ自体を遺伝改良する戦略も有効である[7]．著者らは，原料生産費削減の観点から，全国各地で収集したススキ遺伝資源のバイオマス関連特性を評価し，優良個体を選抜し，種子増殖用ススキ品種を目指して新系統開発を行っている．

3. ススキ属植物の利点

ススキ属植物が持続的バイオマス生産に優れている理由は以下の点である．第一に，高い光合成能力が上げられる．ススキ属植物は C_4 植物であり，C_3 植物よりバイオマス生産に適する．さらに，低温条件で，トウモロコシより光合成能力に優れる[1]．25℃/20℃と14℃/11℃（昼/夜）の環境条件の栽培では，トウモロコシは低温下で種子収量が80%減少するが，ススキはその減少がない[10]．暖地では，エリアンサス（*Erianthus* spp.）やネピアグラス（*Pennisetum purpureum* Schumach.）などの熱帯イネ科植物が高いバイオマス生産を示すが，寒冷地で高バイオマス生産が可能な植物が少ない中，ススキが注目される．

第二は多年生である．トウモロコシなど一年生作物のように，毎年土地を耕起して播種する必要がなく，造成時に播種して一旦植物体のスタンドが形成できれば，その後播種せずに，長期間バイオマスを利用できる．また，耕起がないので，地下部に炭素蓄積（carbon sequestration）を促進する．筆者らは，刈取りや野焼きによって千年以上管理されてきた阿蘇山地域のススキが優占する半自然草地における土壌炭素蓄積量と土壌炭素蓄積速度の定量化を行った[13,14]．阿蘇6地点の平均的土壌炭素蓄積量は232t C/ha（28-417t C/ha）であり，合計7,300年間平均の年土壌炭素蓄積速度で32kg C/ha/年に相当していた．34，50および100年間の平均的な年土壌炭素蓄積速度は，土壌炭素蓄積速度と土壌炭素の蓄積期間の関係から各々618，483および332kg C/ha/年と定量できた．この結果は，ススキを持続的に栽培管理すれば，重要な炭素吸収源になることを示しており，このような炭素蓄積はバイオマス資源作物の重要な役割として評価される．

第三の点は，効率的な窒素，リン，カリなどの養分循環である（図8-4）．ススキ属など多年生イネ科植物のバイオマス生産の持続性は，これが重要なポイントとなる．ススキは春から夏にかけて地下部の栄養養分を吸収し，光合成によりバイオマス生産を行うが，秋に地上部の成長が止まり，栄養養分が地下部へ転流する．そのため，冬に刈取って地上部を系外へ搬出すれば，翌春の再生に必要な栄養養分は地下部に蓄積される．この養分循環により，施肥を抑えた持続的バイオマス生産が可能になる．

4. 遺伝資源の収集とその特性評価

我が国はススキ属植物が全国各地の至る所で自生し，遺伝的多様性の中心地の一つである[5,12]．北海道大学では全国各地からススキ属植物の遺伝資源を収集し，現在，ススキ700点とオギ100点を保管し，これらの特性調査を実施している．ここでは，2007～2011年の試験データを示す．

北海道を中心に全国各地から収集したススキ43系統を2007年に圃場へ移植し，

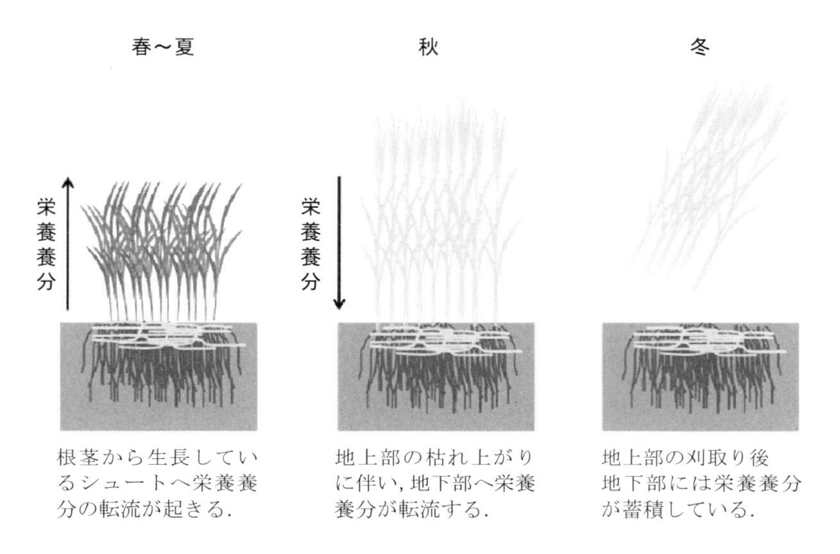

図 8-4　ススキなどの多年生イネ科植物における効率的な栄養分循環とバイオマス利用の概念

表 8-1　地域別にみた遺伝資源系統のバイオマス量（乾物 g/個体）

年次 地域	乾物収量（g/個体） 2009 年 （利用 3 年目）	 2010 年 （利用 4 年目）	 2011 年 （利用 5 年目）	 合計
道北	1,017	1,744	1,622	4,383
道東	759	1,230	2,467	4,457
道央	1,023	1,902	2,662	5,383
道南	1,062	1,900	2,615	5,577
東北	1,842	5,435	3,149	10,426
関東	1,033	1,764	4,713	7,510
中部	1,650	2,665	3,775	7,461
四国	1,778	2,769	3,293	7,840
九州	683	868	821	2,372

5 年間バイオマスの特性を調査した結果，大きな変異が存在することが分かった．バイオマス量について，収集地域別の系統平均値を表 8-1 に示した．ススキは造成初期の生育が緩慢であるが，5 年目に最大バイオマス量を示した．また，バイオマス量は北海道収集系統より本州以南での収集系統が多く，九州収集系統は少なかった．結論として，本州以南の高標高地から収集された系統に，バイオマス

特性に優れるものが多かった．

5. 選抜系統の評価

2008 年に，上記の遺伝資源特性評価の利用 2 年目でバイオマス量が優れた収集系統「松前」，「盛岡」，「明野」および「塩塚」と別の予備特性試験で優れた「群馬」について，各々優良個体から放任受粉で種子を採取した．これらの種子は，2009 年 6 月に苗移植で植栽し，無施肥条件で 2 年間バイオマス量を調査した．表 8-2 に示した 2010 と 2011 年度のバイオマス量を見ると，「明野」，「塩塚」，「盛岡」の系統が乾物重 20t/ha を超え，3 年目以降には 30t を超えることが期待できる．山梨県で収集した「明野」，徳島の高標高地点で収集した「塩塚」の中で優れた個体間同士交雑した系統はバイオマス生産性に優れ，今後，品種登録を予定している．これら系統のリグニン含量を分析した結果，「塩塚」系統はリグニン含量が低く，エタノール製造原料として有望であることが示唆された（表 8-3）．一方，リグニン含量の多い系統は燃焼利用に使用できると考えられる．バイオマス生産量とともにリグニン含量は重要形質であり，バイオエタノール原料として考えた場

表 8-2　優良ススキ系統の定着 2 年目（2010）と 3 年目（2011）の乾物収量（t/ha）

系統	2010 年			2011 年	
	10 月 25 日収穫	11 月 26 日収穫	4 月 22 日収穫	10 月 10 日収穫	12 月 10 日収穫
明野	11.2	11.9	8.6	27.8	15.6
群馬	10.7	8.9	8.9	28.3	13.8
松前	11.7	3.3	3.3	17.6	24.5
盛岡	8.1	5.0	3.9	22.9	25.3
塩塚	12.2	5.5	6.3	18.7	23.9

表 8-3　優良ススキ系統におけるリグニン含量

系統	リグニン		
	酸不溶性	酸可溶性	合計
明野	17.13±2.40	1.30±0.16	18.43
群馬	12.96±1.67	1.22±0.08	14.18
松前	21.19±0.57	1.19±0.09	22.38
盛岡	20.31±1.58	1.12±0.11	21.42
塩塚	16.73±2.05	1.13±0.06	17.85

合は，リグニン含量が低いもの，また，ペレットによる直接燃焼を考えた場合はリグニン含量が高いものがよいとされる．リグニン含量には遺伝資源内に大きな変異があったので，今後，成分育種を実施し，高バイオマス特性を示し，かつ品質の優れる資源作物の開発は重要な戦略となる．北海道大学では，数多くの遺伝資源を保有しており，今回育成した系統を上回るススキ系統を今後育成することは容易であると考えられる．

ススキは飼料作物の収穫体系が利用でき，これにより低コスト化が図れると期待できるが，さらに実証試験を積み重ねていく必要がある．

6. 育成品種の環境への影響評価

バイオマス作物として育成したススキ品種を大規模栽培する場合には，各地に自生するススキ個体群との交雑リスクを評価し，交雑回避策を取る必要がある．札幌市近郊の自生個体群と新品種候補系統「塩塚」や「明野」との開花期は約 1ヶ月のズレがあるため，そのリスクは極めて少ない．しかし，各地域個体群の開花期の変動や，別の地域で栽培した場合の開花期の変化について定量的な知見は得られていない．また，交雑が起こった場合，地域個体群にどのような影響が生じるかについての知見は皆無である．そのため，今後，育成品種の栽培利用に当たって，環境への影響評価も重要となる．

7. 今後の課題

これまで，バイオマス作物としてのススキの品種改良は皆無であったが，豊富な遺伝資源をもとに，品種改良できる可能性が明らかになった．今後，高バイオマス資源作物開発を考えた場合，ススキとオギの雑種である GIM を開発することがポイントである．オギとススキの同所集団からの自然雑種の探索[4,11]や今回遺伝資源収集したススキとオギとの間で人工交配を検討していく必要がある．また，筆者らのグループでは，カフェ酸 O-メチルトランスフェラーゼ（シンナミルアルコールデヒドロゲナーゼ（CAD），シナモイル-CoA レダクターゼ（CCR），4-クマル酸：CoA リガーゼ（4CL）の各リグニン生合成酵素遺伝子をススキから単離している（Dwiyanti et al. 未発表）．また，ススキの遺伝子組換え技術開発にも成功した[15]．今後，これらの遺伝子の発現解析やメタボローム解析により，リグニン代謝の分子育種研究が進むことにより，リファイナリー特性の遺伝改良が進展するものと期待される．

引用文献

1）Beale, C. V. and S. P. Long (1995) Can perennial C_4 grasses attain high efficiencies of radiant energy conversion in cool climates? Plant Cell Env. 18: 641-650.

2）Clifton-Brown, J. C. et al. (2008) *Miscanthus* genetic resources and breeding potential to enhance bioenergy production. In: Genetic Improvement of Bioenergy Crops (Ed. Vermerris W). Springer Science. New York: pp.273-294

3）Clifton-Brown, S. et al. (2011) Developing *Miscanthus* for bioenergy. In: Energy Crops (Eds. N.G. Halford, A. Karp). Royal Society of Chemistry. Cambridge. pp.301-321.

4）Dwiyanti, M. S. et al. (2013a) Genetic analysis of putative triploid *Miscanthus* hybrids and tetraploid *M. sacchariflorus* collected from sympatric populations of Kushima, Japan. BioEnergy Reseach 6: 486-493.

5）Dwiyanti, M. S. et al. (2013b) Gemplasm Resources of *Miscanthus* and their application in breeding. In: Bioenergy Feedstocks: Breeding and Genetics (Eds. M. C. Saha, H. S. Bhandari, and J. H. Bouton). Wiley-Blackwell. Hoboken. NJ: pp.49-66.

6）Heaton, E. A. et al. (2010) *Miscanthus*: A promising biomass crop. Advances in Botanical Research 56: 75-137

7）Jørgensen, U. and H. J. Muhs 2001. *Miscanthus* breeding and improvement. In: *Miscanthus* for Energy and Fibre (Eds. M. B. Jones and M. Walsh). James & James. London. pp.68-85.

8）Lewandowski, I. et al. (2000) *Miscanthus*: European experience with a novel energy crop. Biomass and Bioenergy 19: 209-227.

9）Lewandowski, I. et al. (2003) The development and current status of perennial rhizomatous grasses as energy crops in the US and Europe. Biomass and Bioenergy 25: 335-361.

10）Naidu, S. L. et al. (2003) Cold-tolerance of C_4 photosynthesis in *Miscanthus*×*giganteus*: Adaptation in amounts and sequence of C_4 photosynthetic enzymes. Plant Physiol. 132: 1688-1697.

11）Nishiwaki, A. et al. (2011) Discovery of natural *Miscanthus* (Poaceae) triploid plants in sympatric populations of *Miscanthus sacchariflorus* and *Miscanthus sinensis* in southern Japan. American Journal of Botany 98: 154-159.

12）Sacks, E. J. et al. (2013) The gene pool of *Miscanthus* species and its improvement. In: Genomics of the Saccharinae (Ed. A. H. Paterson). Springer. New York: pp.73-101.

13）Toma, Y. et al. (2012) Carbon sequestration in soil in a semi-natural *Miscanthus sinensis* grassland and *Cryptomeria japonica* forest plantation in Aso, Kumamoto, Japan. Global Change Biology Bioenergy 4: 566-575.

14）Toma, Y. et al. (2013) Soil carbon stocks and carbon sequestration rates in semi-natural grassland in Aso region, Kumamoto, southern Japan. Global Change Biology 19(6): 1676-1687.

15）Wang, X. et al. (2011) Establishment of an efficient *in vitro* culture and particle bombardment-mediated transformation systems in *Miscanthus sinensis* Anderss., a potential bioenergy crop. Global Change Biology Bioenergy 3: 322-332.

第９章　温帯でも高バイオマス生産が可能な新規セルロース系資源作物「エリアンサス」

～＊～＊～＊～＊～＊～＊～＊～＊～＊～＊～＊～

松波寿弥・小林　真・霍田真一・佐藤広子・安藤象太郎

1. はじめに

近年，非食用のセルロース系資源作物を原料とするバイオ燃料の開発が注目されている．エネルギー生産向け資源作物候補とされる多年生草本[9,10]は，一年生草本より植え付けコストが削減でき，経年により安定多収が期待できる利点がある．エリアンサス（*Erianthus arundinaceus*（Retz.）Jeswiet）は，C_4型光合成を行う熱帯起源のイネ科多年生草本である．*Erianthus* 属は Panicoideae（キビ亜科）：Andropogoneae（メリケンカルカヤ連）に属し，アメリカ大陸の熱帯地域からヨーロッパ南東部，サハラ地方，インド・マレー地方，マダガスカル島，東アジアおよびポリネシアに 28 種が分布する[37]．サトウキビ（*Saccharum officinarum* L.）と交雑親和性があるため，サトウキビに深根性，耐干性あるいは多収性を導入する目的で 1980 年代から遺伝資源収集が行われてきたが[14,26,27]，近年，新たな資源作物候補としても注目されている[2]．

2. 分類

分類学上は *Erianthus* 属を *Saccharum* 属に含めるとする見解や *Miscanthus*（ススキ）属も含め *Saccharum* complex と総称する見解もあるが，DNA マーカーによる解析から，エリアンサス属はサトウキビ属と明確に分別され，両属の遺伝的距離は必ずしも近くないとする報告もある[4,5]．国内保存エリアンサス遺伝資源も，AFLP マーカー解析から同様の結果が示された．さらに，これらの遺伝資源は日本型２グループ，すなわち沖縄県収集「JW4」を含むグループと静岡県収集「JW630」を含むグループおよびインドネシア型１グループに分けられた[35]．これらの解析結果は，育種材料の選定だけでなく，栽培試験結果の考察にも役立つ有用な情報である．

3. 育種

筆者らは，九州沖縄農業研究センター（熊本県合志市，以下，九州研）から分譲されたエリアンサス実生後代 8 個体を用いて，畜産草地研究所那須研究拠点（現農研機構畜産研究部門 : 栃木県那須塩原市，北緯 36°55′，東経 139°56′，標高 304m，以下，畜産研）でエリアンサスの越冬性，栽培の永続性と多収性評価の予備試験を 2005 年に開始した．この試験で，エリアンサス実生後代に草型・出穂期の変異があり改良の可能性があること，那須塩原市では出穂・開花後の低温で種子が稔実しないことがわかった[18]．そこで，遺伝資源やサトウキビ育種の研究実績を有する九州研および国際農林水産業研究センター熱帯・島嶼研究拠点（沖縄県石垣市，以下，JIRCAS）との連携による育種研究に取り組んだ．

育種目標は，越冬性（北関東以南で越冬可能），晩生（雑草化防止のため北関東から九州までの普及対象地域で種子稔実しない），直立型の草型（栽培管理が容易で機械収穫適性を確保）と定めた．そして，2013 年 6 月，農研機構と JIRCAS は目標形質を有するエリアンサス品種第 1 号「JES1」を共同で品種登録出願した．

4. 越冬性・多収性

C_4 植物のサトウキビやネピアグラス（*Pennisetum purpureum* Schum.）は，熱帯・亜熱帯では極めて高いバイオマス生産性を示すが[38]，温帯では越冬できない場合が多く，国内での周年栽培は地域が限定される．一方，エリアンサスも熱帯・亜熱帯を起源とするが，ネピアグラスやサトウキビが越冬できない北関東で越冬し，高収量が得られる[1]．また，気候帯によらず定植 1 年目のエリアンサスの乾物収量は極めて少ないが，2 年目以降は著しく増加する[1,24]．熱帯・亜熱帯でのエリアンサスの乾物収量は，フロリダで 52t と報告されている[25]．種子島での栽培試験では冬季の低温で生育が制限されるため，乾物収量は熱帯・亜熱帯よりやや劣るが多収サトウキビ系統と同程度の乾物収量であり，株出し栽培において再生力が優れた[33]．

温帯でのエリアンサス栽培では冬季立毛乾燥[16]により，晩冬季には含水率約 30% での収穫が可能である（図 9-1）．しかし，晩冬季収穫では折損・飛散による茎葉の乾物損失が生じて秋季収穫より乾物収量が減少する．冬季乾物損失率は，ミスカンサス属 30%[12]，リードカナリーグラス（*Phalaris arundicacea* L.）10-20%

[8]と報告されており，畜産研におけるエリアンサスの乾物損失率はこれら報告とほぼ同じであった．筆者らが畜産研で行った予備試験では，定植 5 年目以降は乾物収量 30kg/個体を超える個体もあった（図 9-2）．反復のない試験であるが，茎葉被陰面積から推定した単位面積当り収量は約 40t/ha に相当し，ヨーロッパやアメリカのミスカンサス属やスイッチグラス（*Panicum virgatum* L.）など他の資源作物の既報値[21]と比べても多収である．

図 9-1　冬季立毛乾燥の状態
2010 年 3 月 19 日に畜産研試験圃場にて撮影，ポールの長さは 3m.

東京電力福島第一原子力発電所の事故に伴い，広大な農地が放射性降下物で汚

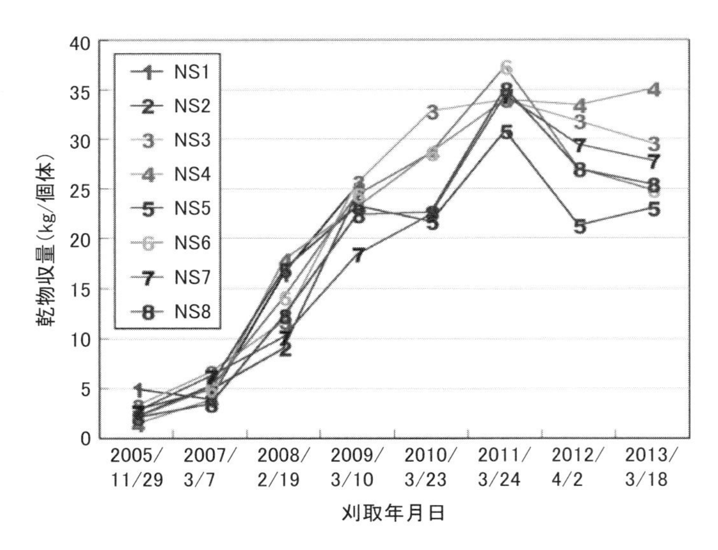

図 9-2　越冬性・永続性・多収性評価の予備試験におけるエリアンサス 8 系統の乾物収量の推移
「NS1」と「NS2」は別途試験に供試する種苗採取に用いたため，2010 年以降の調査は省略した.

表 9-1　東北研におけるエリアンサス 3 系統およびジャイアントミスカンサス（GIM）の越冬性および定植 2 年目の草丈，乾物収量

系統	越冬後の萌芽良否 （1：枯死～9 枯損なし）	越冬個体率 （%）	草丈 （cm）	乾物収量 （t/ha）
KO2 立	4.4（1-6）	95.5	308	16.3（5.3-29.5）
立早生混合	1.4（1-3）	36.4	289	9.1（4.0-17.2）
IK3	1.5（1-3）	40.9	284	11.3（5.7-21.7）
GIM	6.2（5-7）	100.0	245	4.7（2.6- 8.9）

注：括弧内はレンジを示す．乾物収量は個体当たり収量を栽植密度で換算．

染された．避難指示区域など農産物中の放射性セシウム濃度の基準値超過が懸念される地域においては作付が制限されている．非作付農地では木本類や外来種その他の難防除雑草の侵入が散見され，農地復元の妨げとなっている．本格的な食用作物の作付再開まで農地機能を維持するには非食用で栽培の手間がかからない資源作物を栽培してエネルギーという有価物を生み出すことも有効と考えられる．福島県内での資源作物生産を念頭に，東北農業研究センター（以下，東北研）内試験圃場（福島市，北緯 37°42′，東経 140°23′，標高 170m）で，2011 年 7 月にエリアンサス 3 系統とジャイアントミスカンサス（GIM）の越冬性と多収性を評価した．GIM は安定して越冬したが，エリアンサスの越冬性は系統間で異なった．2012 年 11 月の収量調査では，エリアンサスの乾物収量平均値は 3 系統とも GIM を上回った（表 9-1）．

5. 適正施肥量および養分収奪量

フロリダでのエリアンサス乾物収量の 4 年間平均値は，施用量 168kg N/ha の場合より 336kg N/ha の場合で有意に高かった[25]．タイでの試験では，定植 2 年目のエリアンサス乾物収量はネピアグラスと同程度の高い乾物生産性を示し，ネピアグラスと同様に 300kg N/ha 以上の施肥で有意に増加した[24]．いずれの報告でも増施による乾物収量の増加率は施肥量の増加率に比べ著しく小さい．乾物収量増加の観点だけで過剰な施肥を行うと栽培コストが高くなるばかりでなく，環境負荷増大も懸念される．

ススキ属やリードカナリーグラスなどイネ科多年生草本の有望資源作物の多くは低投入で高乾物生産を示す[21,36]．一方で，ススキ属やスイッチグラスなどの資源作物候補では，土壌からの収奪量が施肥量を上回る事例が報告されている

[6,7,30]．エリアンサスでも，N吸収量が施肥量を大幅に上回る現象が報告されている[1]．低投入で高い生産性を示すのは，深根性で根域が広いことに加え[24,29,32]，冬季に地下茎や茎葉基部に貯蔵された無機養分を翌春からの再生に利用する機構が備わっているためと推察される[3,12,22]．収奪量が施肥量を上回る状況が続けば，経年的に土壌肥沃度が低下し，いずれ栽培の永続性が損なわれると予想される．持続的な多収栽培を行うには少なくとも収奪量相当量を施肥する必要があろう．

6. 栽植密度

エリアンサスは初期生育が緩慢なため，定植2年目まで面積あたり乾物収量は密植区（5,000株/ha）の方が多くなるが，3年目以降には疎植区（2,500株/ha）の方が個体サイズの増加が著しいため，栽植密度が面積あたり乾物収量に及ぼす影響は認められなくなる[11]．種苗コスト低減のためには疎植が有利であるが，多けつ性で稈が密生するため，疎植にして個体サイズを大きくすると収穫機械への負荷が増大し，収穫効率が低下する．収穫機械への負荷と種苗コストとの兼ね合いから1haあたり5,000株程度（条間2m，株間1m）が適当とされた．これはデントコーン（60,000-75,000株/ha）およびジャイアントミスカンサス（10,000-40,000株/ha）[20,34]の栽植密度に比べ著しく小さい．

7. 刈取時期および刈高

温帯での多年生作物栽培では，特に秋季の栽培管理が越冬性と越冬後再生に影響を与えることが知られている．刈取りが越冬後の再生を悪化させる時期，いわゆる刈取危険期が晩秋に存在することは，ネピアグラス[15]や寒地型牧草[13,31]でも報告がある．エリアンサス栽培において10月下旬から越冬前の11月までの刈取りは厳冬期の2月以降のそれと比べて越冬後の再生量を減少させるため避けるべきである．やむを得ず当該時期に刈取りを行う場合は，越冬後の再生能を高めるため，なるべく高く刈ることが望ましい．一方，厳冬期の2月以降は刈高5cm程度の低刈りが越冬後の再生を良好にし，その後の乾物生産に有利となるが[23]，エリアンサスでは経年的に株中央部の生長点の位置が高くなるため極端な低刈りは避けるべきであろう．積雪地では積雪・融雪に伴う葉身部や稈・葉鞘部の折損が起こるため，乾物損失率・養分収奪量・作業効率に考慮した刈取時期の検討が必要である．

8. 変換・エネルギー利用

バイオ燃料の実用化を進めるためには，変換効率の向上・物質循環の達成に加えて，変換プラントの耐用年数に応じた長期的な原料確保が不可欠である．廃棄物系バイオマスや未利用バイオマスは原料生産のために新たな二酸化炭素（CO_2）を排出しないが，局在性が低いため原料の収集・運搬にコストがかかることに加え，原料調達が不安定という欠点がある．計画的な原料調達のために栽培系バイオマスが有用であるが，原料生産の持続的・長期的な低コスト化・省エネルギー化・省資源化，生産に伴う CO_2 排出量の低減，原料生産・変換において物質循環が達成できることが条件となる．

エリアンサスは上記の原料生産の条件に合致し，バイオ燃料用資源作物として有望である．変換・利用形態として，筆者らは（1）ペレット・ブリケット等の固形燃料加工・直接燃焼による熱利用，（2）ガス化・発電およびメタノール等液体燃料合成[17,28]，（3）糖化・発酵によるエタノール変換を想定している．固形燃料は木質原料で既に市場が形成されており，小規模かつ木質原料より低い製造原価で事業化が見込め，最も早い実用化が期待される．ガス化は，原料を水素（H_2）および一酸化炭素（CO）を主成分とするガスに熱化学的に分解し，得られた混合ガスを発電やメタノール合成に用いる方法である（第17章参照）[28]．固形燃料やガス化利用では高発熱量と低灰分含量が原料の重要特性であるが，エリアンサスは高位発熱量 18.6MJ/kg，低位発熱量 17.2MJ/kg，灰分 3.5%であり，木質に近い発熱量と低灰分を示し，原料特性の面でも優れている[28]．放射性降下物で汚染された原料を想定し，セシウム安定同位体を用いた小規模なガス化・燃焼試験では，原料に含有されるセシウムが固相および液相として完全に回収され，混合ガスには含まれなかったことから[19]，汚染バイオマスを原料としたエネルギー生産技術としてガス化発電技術の貢献が期待される．

9. おわりに

エリアンサスは温帯では乾物収量が熱帯・亜熱帯より劣るが，茎葉部養分が茎葉基部や根部に転流した後の冬季に収穫を行うことで，常に青刈りとなる熱帯・

亜熱帯での栽培より養分収奪を軽減でき，低施肥水準で持続的な栽培が可能と考えられる．生産コストを削減し，土壌肥沃度の経年的な低下を防止するためには，変換時や燃料使用時に発生するエタノール発酵残渣や燃焼灰などの圃場還元によるリサイクルも検討し，物質循環を達成する必要がある．

本稿の研究は，農水省委託「地域バイオマスプロジェクトＩ系」および，NEDO「セルロース系エタノール革新的生産システム開発事業」で行った．

引用文献

1） Ando, S. et al. (2011) Overwintering ability and dry matter production of sugarcane hybrids and relatives in the Kanto region of Japan. Japan Agricultural Research Quarterly 45: 259-267.

2） バイオ燃料技術革新協議会（2008）バイオ燃料技術革新計画：http://www.meti.go.jp/committee/materials/downloadfiles/g80326c05j.pdf［引用日：2013 年 5 月 7 日］.

3） Beale, C. V. and S. P. Long (1997) Seasonal dynamics of nutrient accumulation and partitioning in the perennial C_4-grasses *Miscanthus×Giganteus* and *Spartina cynosuroides*. Biomass and Bioenergy 12: 419-428.

4） Besse, P. et al. (1997) Characterisation of *Erianthus* sect. *Ripidium* and *Saccharum* germplasm (Andropogoneae - Saccharinae) using RFLP markers. Euphytica 93: 283-292.

5） Besse, P. et al. (1998) Assessing genetic diversity in a sugarcane germplasm collection using an automated AFLP analysis. Genetica 104: 143-153.

6） Christian, D. G. et al. (2006) The recovery over several seasons of ^{15}N-labelled fertilizer applied to *Miscanthus×giganteus* ranging from 1 to 3 years old. Biomass and Bioenergy 30: 125-133.

7） Ercoli, L. et al. (1999) Effect of irrigation and nitrogen fertilization on biomass yield and efficiency of energy use in crop of *Miscanthus*. Field Crops Research 63: 3-11.

8） Hadders, G. and R. Olsson (1997) Harvest of grass for combustion in late summer and in spring. Biomass and Bioenergy 12: 171-175.

9） 服部太一朗（2008a）セルロース系バイオエタノールと原料植物をめぐる国内外の動向（1）．農業および園芸 83（11）：1164-1169.

10） 服部太一朗（2008b）セルロース系バイオエタノールと原料植物をめぐる国内外の動向（2）．農業および園芸 83（12）：1265-1270.

11） 林　智仁ら（2012）異なる栽培密度で植え付けたエネルギー作物エリアンサスの 2 年目のバイオマス収量および根系形態．日作紀 80（別）：76-77.

12） Himken, M. et al. (1997) Cultivation of Miscanthus under West European conditions: Seasonal changes in dry matter production, nutrient uptake and remobilization. Plant and Soil 189: 117-126.

13） 平島利昭（1978）根釧地方における永年性放草地の維持管理に関する研究．北海道立農業試験場報告 27：1-97

14） 伊禮　信ら（2008）沖縄本島地域におけるエリアンサス属植物（*Erianthus* spp.）の探索と収集．植物遺伝資源探索導入調査報告書 24：47-53.

15） Ishii, Y. et al. (1995) Effect of cutting date and cutting height before overwintering on the spring regrowth of summer-planted napiergrass (*Pennisetum purpureum* Schumach.). Journal of Japanese Grassland Science 40: 396-409.

16） 小林　真（2008）バイオメタノール製造に果たしうる資源作物の役割．作物研究 53：91-96.

17）小林　真（2009）バイオマスを利用したガス化・メタノール合成技術と永年生草類利用技術の展望．日草誌 55：284-287.
18）小林　真ら（2010）イネ科永年草類エリアンサスの母系間差．日草誌 56（別）：211.
19）Kobayashi, M. et al. (2013) Cesium transfer to Gramineae biofuel crops grown in a field polluted by radioactive fallout and efficiency of trapping the cesium stable isotope in a small-scale model system for biomass gasification. Grassland Science 59(3): 173-181.
20）Lewandowski, I. et al. (2000) *Miscanthus*: European experience with a novel energy crop. Biomass and Bioenergy 19: 209-227.
21）Lewandowski, I. et al. (2003) The development and current status of perennial rhizomatous grasses as energy crops in the US and Europe. Biomass and Bioenergy 25: 335-361.
22）松波寿弥ら（2014）温帯の冬季におけるエリアンサス（*Erianthus arundicaceus*（L.）Beauv.）体内の無機養分および非構造性炭水化物の動態．日草誌 59（4）：246-252.
23）松波寿弥ら（2014）刈取りの時期および高さが越冬後のエリアンサス（*Erianthus arundinaceus*（L.）Beauv.）の再生に及ぼす影響．日草誌 59（4）：253-260.
24）Matsuo, K. et al. (2002) Eco-physiological characteristics of *Erianthus* spp. and yielding abilities of three forages under condition of cattle feces application. JIRCAS Working Report 30: 187-194.
25）Mislevy, P. et al.　(1997) Harvest management effect on quantity and quality of *Erianthus* plant morphological component. Biomass and Bioenergy 13: 51-58
26）永冨成紀ら（1984）南西諸島におけるサトウキビ遺伝質の探索；第1・2次調査．沖縄県農業試験場研究報告 9：1-27.
27）永冨成紀ら（1985）南西諸島におけるサトウキビ遺伝質の探索；第3次調査．沖縄県農業試験場研究報告 10：1-24.
28）Nakagawa, H. et al. (2011) Biomethanol production from forage grasses, tree, and crop residues. In: Biofuel's Engineering Process Technology (ed. dos Santos Bernardes MA), Rijeka, Croatia, pp.715-732.
29）Neukirchen, D. et al. (1999) Spatial and temporal distribution of the root system and root nutrient content of an established *Miscanthus* crop. European Journal of Agronomy 11: 301-309.
30）Reynolds, J. H. et al. (2000) Nitrogen removal in switchgrass biomass under two harvest systems. Biomass and bioenergy 19: 281-286.
31）坂本宣崇（1984）高緯度積雪地帯におけるオーチャードグラスの周年管理に関する栄養生理的研究．北海道立農業試験場報告 48：1-58.
32）Shiotsu, F. et al. (2011) Root distribution of perennial energy crop *Erianthus*. Abstracts of the 7th International Symposium, Structure and Function of Roots: 160-161.
33）杉本　明ら（2002）サトウキビの種属間交雑で作出した株出しでも乾物生産力，糖生産力の高い系統．熱帯農業 46（Extra issue 2）：49-50.
34）栃木県農務部経営技術課（2002）栃木県農作物施肥基準：pp.53-54.
35）Tsuruta, S. et al. (2012) Analysis of genetic diversity in the bioenergy plant *Erianthus arundinaceus* (Poaceae: Andropogoneae) using amplified fragment length polymorphism markers. Grassland Science 58: 174-177.
36）Venendaal, R. et al. (1997) European energy crops: A Synthesis. Biomass and Bioenergy 13: 147-185.
37）Watson, L. and M. J. Dallwitz (1992) *Erianthus* Michx. In: The Grass Genera of the World. CAB International, Wallingford, United Kingdom: pp.374-376.
38）Woodard, K. R. and G. M. Prine (1993) Dry matter accumulation of elephantgrass, energycane and elephantmillet in a subtropical climate. Crop Science 33: 818-824.

第 10 章　エリアンサス等バイオマス資源作物の栽培とその熱利用

～＊～＊～＊～＊～＊～＊～＊～＊～＊～＊～＊～

我有　満・上床修弘・加藤直樹・服部育男・中川　仁

1. はじめに

暖房や給湯などに使われる熱エネルギーは全消費エネルギーの約半分を占める．再生可能エネルギーの中で熱利用に適するのはバイオマスと地熱であり，局在しないバイオマスは特に可能性が大きい．化石燃料の真発熱量（低位発熱量）は，ガソリンが約 10,500 キロカロリー（kcal）（約 44.0 メガジュール（MJ）），石炭約 4,200kcal（17.4MJ）～5,700kcal（23.9MJ）/kg であるのに対し，バイオマス原料，すなわち発熱量が低い稲わらが約 3,000kcal（11.6MJ）/kg から高い杉木粉 4,600kcal（17.7MJ）/kg，ソルガム各部位・品種 3,600kcal（15.1MJ）～3,845kcal（16.1MJ）/kg と，さほど石炭に引けを取らない値であり [13,14]，本報告のエリアンサス（*Erianthus arundinaceous*（Retz.）Jesw.）は 4,098kcal（17.16MJ）～4,370kcal（18.3 MJ）と，木質系に近い発熱量を示すことが報告されている [4,13]．一方，バイオマス作物栽培による原料生産は，栽培方法に大きく依存するが，経済的あるいはライフサイクルアセスメント（LCA）において有利になる可能性も高い [18]．電力の固定価格買取制度（FIT）をはじめ国の誘導政策により，発電や液体燃料に関する技術蓄積が進んできたが，バイオマスは特に東日本大震災の被災地で需要の多い熱利用に活用することが効率的かつ合理的であり，バイオマスのより効率的な熱利用に関する技術開発が必要な状況である．

ペレットやブリケットなどの固形燃料は古い技術と思われがちだが，熱利用の難点であるエネルギー備蓄と移動を可能にするものであることから，バイオマスの熱利用技術の不可欠の要素である．インドネシアなど東南アジア諸国では，簡易にバイオマスを利用できるブリケット技術が進んでいる [11]．現在，熱利用は木質が先行しているが，ここではより潜在力の大きい草本資源作物のエリアンサス [9,12,16] やススキ類（ミスカンサス：*Miscanthus* spp.）[17] に焦点を当て，その熱利用について報告する．

2. バイオマスの熱利用

薄く広く存在するとはバイオマスの枕詞である．熱生産の場合，利用場面も薄く広く存在するので，バイオマスの熱利用は基本的に大規模化に不向きである．多くのバイオマス発電において，電気に変換されるエネルギーを上回る熱エネルギーが生産されているにも関わらず，それが利用できていないのは，熱の利用場面が広く薄いことに起因する．資源作物を栽培し，これを収穫・利用するシステムは，廃棄物系や未利用系原料より厚く存在させ，原料運搬コストを低くできなければ成立しない．しかし，現状は熱生産規模が大きいことや，原料の低コスト安定確保が困難な上，規模に見合う熱利用場面の集中化が出来ないでいる．今後，都市計画や施設農業の大規模化などにより利用場面の集中は進むことが予想され，熱生産の適正規模は変化すると推定される．現在，真の適正規模は未解明であるが，ここでは現状で実用化が可能な温室暖房や公共施設暖房など小規模な熱利用について考える．

散在する小規模熱利用場面に対して，熱エネルギーを適宜供給するために備蓄と移動が必要であり，そのためにはペレットなどの固形燃料への成形が必要である．通常，ペレットはペレタイザーを用い温度と圧力をかけて成形する．また，多くの場合前処理として摩砕処理を行う．草本原料の場合，大型機械を用いれば圃場で立毛乾燥した資源作物をチップ状に細断しながら収穫できるため，この段階で含水率30%以下，裁断長で10mm以下の完成度の高い原料が得られる．通常，含水率が30%以下であれば貯蔵段階での微生物による変性や発火の危険性がなく，貯蔵後は必要に応じて利用すればよい．

一方，ペレット作成においては，草本原料中に存在する澱粉質が高温により液化して低温で固まる性質を利用して成形する．この段階で要求される含水率は約25%以下とされており，草本資源作物の収穫・貯蔵工程で無理なく調整できる含水率と整合する．さらに草本は木質より柔らかで成形が容易であるならば，草本のペレット成形への投入エネルギーやコストは木質より少ないと考えられる．

3. 熱源としての草本資源作物の潜在力

現在，日本では木質ペレットの熱利用が先行し，ペレット品質保証[5]の制度的な後押しや，農水省の木質バイオマス利用促進整備（拡充）（木材利用及び木材産業体制の整備推進）の<森林・林業・木材産業づくり交付金>事業（http://www.rinya.maff.go.jp/j/rinsei/hojojigyou/pdf/c18.pdf）や地方自治体の木質バイオマス利用機器導入促進事業等の補助金制度を受け，木質原料専用燃焼ボイラーや燃料供給システムの開発も進んでいる．一方，利用実態はまだないが，草本資源作物の有利性や潜在力の大きさについて報告する．

森林と草地，あるいは樹木とイネ科植物との二酸化炭素（CO_2）固定能やバイオマス生産量に関してはバイオマス研究の初期から議論され，Long et al.[8] は，一般に熱帯雨林が熱帯草地より多くの CO_2 を固定するという常識に対して，熱帯草地は熱帯雨林に匹敵する CO_2 量を固定していることを立証した．その理由として，常緑性木本は一旦 CO_2 を吸収し取り込むと長く植物組織内に留めるが，草本は地下部の組織が発達し，また下位葉から成長点への炭水化物の転流があるため，慣行的に行われる地上部重量のみを量る調査では不十分で，深い根茎も含む，樹木と異なる調査手法を用いなければ，特に多年生イネ科植物の正確な CO_2 固定量は解明できないことをあげた．一方，種子や苗から栽培を開始した場合，イネ科植物のバイオマス生産量は樹木よりもかなり高いことが知られている[10]．そのため，光合成産物をその都度利用するのであれば，エリアンサスやススキ類の CO_2 固定能は木本を大きく上回る．すなわち，種子や苗からのバイオマス生産に関し，イネ科植物と樹木を比較した結果，樹木では北海道でナガバヤナギとエゾキヌヤナギの生産量が最も高く，トウモロコシ並みの密植栽培で2年間2回の刈取りで年間収量（以下乾物重）が約20トン（t）/ha，熊本県でモリシマアカシアを8年間栽培した合計が142t/ha，すなわち18t/ha/年となる[10]．木本植物は成長の早いユーカリやポプラで年間約15t/haである．一方，多年生のエリアンサスは2年目以降，年間40t/ha以上[9]，ススキ類で約30t/ha期待できる[17]．

草本ペレット成形段階の有利性は既に述べたが，ペレットの発熱量は植物体と同等の約4,100kcal/gで木質と大差なく，低位の石炭と同程度の発熱量であることも大きな利点である．

資源作物の計画栽培を原料生産の基盤にすれば，廃棄物系や未利用系からの原料確保に比べて供給安定度が格段に向上する．資源作物計画栽培ではまず土地を確保し，原料生産にコストがかかるが，これらが廃棄物系や未利用系の収集コストとの対比で有利である必要がある．エリアンサスやススキ類の場合，多年生であり定植後長期に粗放栽培を継続でき，省力管理が可能となることから，技術開発の進展次第で生産コストは大きく低減できる．エリアンサスやススキ類に飼料生産体系を当てはめた場合の試算では，乾物原料1kg当りの生産コストは6円程度であり，木質原料や輸入原料と比較しても有利である．現在，木質原料の確保が難しくなり，コスト高になることが想定され，草本資源作物を加えることが，原料確保の安定性と持続性につながる．

一方，草本原料の欠点として，①灰分が3%以下と低い木質系原料と比較して灰分が高く[13]，燃焼後に残る灰分が多いこと；②ボイラーに悪影響を与える塩素が含まれること：③バイオマスの溶融温度が低く，木材原料が1,300℃以上で溶解するのに対して，草本性は800～900℃で溶解し，解けた灰が固まりボイラーに悪影響を与えることがあげられる．しかし，何れも致命的な問題ではなく，灰の問題はプラント側の改良や植物の遺伝的改良および栽培技術開発で解決できると考えられる．すなわち，灰分の問題はボイラー内の燃焼灰分離のための構造を改変することで解決する．また，エリアンサスやススキ類は草本の中では灰分割合は小さく，5～6%程度であり，稲わらよりは対応し易い．塩素に関しては，遺伝的な影響と施肥や収穫時期などの栽培法の影響が極めて大きく，遺伝的改良と栽培法開発で解決できる．一方，家畜糞の場合と同様に，バイオマスの低い溶融温度にはカリウムが関係すると言われ，これに関しては，原料に石灰を添加することによって溶解を防ぐことが実証されている（第22章参照）．今後，さらに草本の熱利用に向けて燃焼システムの検証が必要となる．

4. 草本資源作物の選定

熱帯・亜熱帯原産の高バイオマス生産が可能な草本資源作物の中で，九州本土で安定的に越冬できる植物としてエリアンサスが浮上した[1,9,15]．関東北部まではエリアンサスが栽培可能であるが，それ以北については栽培・利用体系でエリアンサスに対峙できるススキ類を選定した．ススキは我が国に豊富な遺伝資源が

図10-1　エリアンサス品種「JES1」の立毛乾燥

あり，研究開発の可能性が大きい[17]．現在，この2草種で全国をカバーする草本資源作物による原料供給技術開発を行っている．本研究はまだ緒についたばかりであるが，エリアンサス「JES1」（農林水産省品種登録出願番号：28299：図10-1）などの品種開発が行われ，一定品質の種苗供給が可能な状況になっている．これによって実用栽培が開始されればさらに技術蓄積が進むことが期待される．

これらの草本資源作物の利用目的は様々であるが，小規模で成り立ち実用化に最も近いのが，すでに述べたように熱利用である．このように，熱利用の実用化は草本資源作物による原料供給基盤の確立につながるものとして捉えている．

5. エリアンサスとススキ類の栽培貯蔵技術

研究当初，草丈4m以上，茎葉が密生するエリアンサスのこれまでにない超多収性に対し，大型機械を用いて実用レベルの収穫効率を確保する必要があった．そこで，既存の飼料用収穫機の適性を調査し．ケンパー社の「Champion3000」を選定した（図10-2，10-3）．この機種に適合させる方向で作物側の遺伝的改良と栽植密度などの栽培法開発を行い，収穫効率を上げることを試みた[2]．栽植密度を粗植にして個体サイズを大きくすれば収量は上がるが，収穫機械への負荷が大きくなり，収穫できない，あるいは収穫効率が大きく低下した．そこで1個体当りの収穫機械への負荷と乾物生産量や苗コストなどを勘案して，約5,000株/haの栽植密度を導いた．なお，収穫時には「Champion3000」からの粉砕した収穫物を受けて搬出するトラック車両を条間に併走させる必要があることから，条間幅を約2.5mと広くした．この条間はエリアンサス収穫後から再生盛期までは裸地状態に

図10-2　「Champion3000」によるエリアンサスの機械収穫風景

図10-3　「Champion3000」によるエリアンサス新品種「JEC1」の機械収穫

なるため，麦類（図 10-4）や一年生寒地型牧草類を栽培すれば，土地の有効活用も可能である．また，倒伏は収穫効率を低下させるので，植物体の草姿は立型の方向へ改良し，栽植密度を上げることによる個体間の不要な競合を防ぐようにした．さらに，個体間のばらつきが収穫効率の低下につながると判断されたため，個体間の遺伝的な差がないクローン増殖を前提とする品種「JEC1」（図 10-3）を開発した．一方，ススキ類の収穫は，一般的な飼料用収穫機が適用できた．いずれにせよ各地域における飼料収穫体系にマッチさせて機械の共用利用をはかることが低コスト化への鍵となる．

これまでの実証栽培で栽植初年目の栽培管理が成否を大きく分けることが明らかにされているため，草地造成は慎重かつ計画的に行う必要がある．種子の直接播種による造成は雑草管理が難しいので，苗を移植する方法を採った．移植時の苗サイズは移植前後の雑草管理に大きく影響し，草丈 50cm 以上の大苗の場合は移植後の除草回数を減らし，移植前の植生管理も省力化できる．前年に播種して大苗を養成した越冬苗を用いれば，苗養成施設が必要なく，播種時期も限定されないので作業分散が可能となり有利である [7]．収穫した粉砕バイオマス貯蔵はバンカーサイロなどの飼料作物生産における低コスト貯蔵技術が適用できる [7]．水分含有率 30%以下を目安に収穫する変化が少なくエネルギーロスが少ない上に，貯蔵時の発火危険域の水分含有率を避けることができる．さらに，強制乾燥なしにペレット成形に適した水分含有率につなげるためにも，水分含有率 30%以下を目安とする収穫が望ましい．エリアンサスの場合，2 月末から梅雨前の 5 月末までに収穫すればほぼこの水分条件になるので（図 10-1），この時期に効率的に収穫し（図 10-2，10-3，10-5），バンカー形式で貯蔵し，年間必要量を確保して必要

図 10-4　エリアンサス栽培圃場における麦類の間作栽培

図 10-5　エリアンサスの貯蔵試験

に応じて供給する体系がよいと考えられる.

土地の確保は，食料生産との競合を避けなければならない資源作物にとって最重要問題である．食用に不適正で競合しないという短絡的な議論は論外として，土地利用方法から議論を積み上げる必要がある．海外の半砂漠のような食料生産には適さない土地で資源作物を栽培して周辺の土壌環境を変え，食料生産が可能な土地に改善する役割を資源作物に持たせる考えの下で，エリアンサスを環境改善型作物として位置づける議論がある．一方，国内では増大する耕作放棄地や未利用地の利用策として捉える必要がある. 土地確保は国内の方がハードルが高く，資源作物を組み込むことによる土地の高度利用から生み出される食料生産への貢献を具体化する必要がある．この方向の研究 [6] は緒についたばかりではあるが，すでに始まっている.

6. 現状のコスト試算とエネルギーの地産地消

草本資源作物の利用目的は，温室効果ガスの排出を削減し，バイオマス原料を安定確保して，地域におけるエネルギー生産による地域活性化を実現することであるが，同時にこれらを経済的に成り立たせ，LCA 評価にも耐え，かつ食料生産や生物多様性に問題が生じないことが求められる．特に経済性は産業として自立できるか否かのポイントである．ここでは，エリアンサスやススキ類からペレットを生産し，地域内の温室暖房に利用して化石燃料を節約した場合のコスト試算と経済性についての一考察を紹介したい．年間で乾物 1,000t の原料を生産する事業規模を想定し，原料生産費は 6 円/乾物 kg と試算した．ただし，まとまった土地 30ha 程度が必要であり，主な機械はリース調達としている．これを 10 円/乾物 kg で販売できれば，原料生産段階で雇用（賃金単価 1,700～2,200 円/時間で試算）と事業体への利益（生産量年間 1,000 t の事業体であれば 400 万円/年）が創出される. 次に, 原料を 12 円/乾物 kg でペレット化し, 30 円/乾物 kg で販売できれば，燃料加工段階で雇用と事業体への利益（上記規模で 800 万円/年）が創出される．このペレットを重油に代えて温室暖房に利用すれば，エリアンサスペレットの熱量を重油の半分，重油価格 90 円/L として，施設園芸農家にとっては 1,500 万円/年の節約になると同時に, 海外からの重油調達を 500 キロリットル（4,500 万円分）減らすことができる．また，地域内で利益と雇用が生み出され，エネルギー自給と CO_2 排出削減にも貢献する．ただし，地域内に固形燃料を介した熱利用場面が十分に存在し，エネルギー生産と消費が均衡していることが前提となる．直接燃焼による熱利用を出口とするバイオマス活用は，生産も利用も小規模に展開することで移動コストを抑え，これに資源作物の計画的な栽培により原料を安定供給できれば経済的に化石燃料より有利な域に達しつつある．

7. おわりに

既に流通する燃焼用ペレットは価格帯によって以下の2通りに大別される：①ペレットストーブに利用するホワイトペレットに代表される高価格ペレット；②RPF（Refuse derived paper and plastics densified Fuel）に代表される産業廃棄物由来の比較的安価なペレット．流通量は圧倒的に後者が多く，主に発電事業に利用され，一部は温室暖房にも利用されている．草本資源作物の活用は，RPFの成形方法や燃焼スペックさらには流通経路を念頭において技術開発を進める必要があり，そこに研究要素も生まれる．これまで草本資源作物の熱利用に向けた研究開発の優先順位は高くはなかったが，地域活性化に有効かつ実用化には最も近いと考えられる．

引用文献

1）我有　満・上床修弘（2012）バイオマス資源作物エリアンサス（*Erianthus arundinaceus*）の育種の方向性，育種学研究 14（別2）：24.
2）我有　満ら（2013）エリアンサスをバイオマス資源作物に育てるために　－機械に合った作物を作る－．機械化農業 2013（11）：20-23.
3）服部育男ら（2013）飼料貯蔵法を活用した資源作物の貯蔵技術．日本エネルギー学会誌 92（7）：583-589.
4）服部育男ら（2015）バイオマス資源作物の高位発熱量の推定と草種間差異．日本エネルギー学会誌 94（5）：510-514.
5）一般社団法人木質ペレット協会（2011）木質ペレット品質規格：19pp.（http://toyookapellet.jimdo.com/商品情報-木質ペレット/品質規格/）.
6）加藤直樹ら（2012）エネルギー作物エリアンサスの生産圃場における飼料用麦類等の間作技術の開発．日本作物学会紀事 81（別2）：26-27.
7）加藤直樹ら（2013）セルロース系資源作物エリアンサスの栽培研究．日本エネルギー学会誌 92（7）：577-582.
8）Long, S. P. et al. (eds) (1992) Primary productivity of grass ecosystems of the tropics and sub-tropics. Chapman & Hall, London: 267pp.
9）松波寿弥ら（2013）温帯でも高バイオマス生産が可能な新規セルロース系資源作物「エリアンサス」．農業および園芸 88（8）：822-828.
10）中川　仁（2001）新しい農業を起こす　－地球を守るクリーンなバイオ燃料用作物の育成と栽培－．農業および園芸 76（1）：3-10.

11）中川　仁（2010）アジアにおける農業副産物・残渣等のバイオマス利用による燃料生産等の試み－2008年FFTC-PCARRD共同国際ワークショップ－．国際農林業協力 Vol.33（NO.1）：2-9.
12）中川　仁ら（2013）セルロース系作物・牧草類の遺伝資源導入と育種．農業および園芸 88（7）：754-768.
13）Nakagawa, H. et al. (2011) Biomethanol production from forage grasses, trees, and crop residues, In “Biofuel’s Engineering Process Technology” ed. Marco Aurelio Dos Santos Bernardes, InTech: pp.715-732. (http://www.intechopen.com/books/show/title/biofuel-s-engineering-process-technology)
14）坂井正康・中川　仁（2002）21世紀をになうバイオマス新液体燃料　エネルギー革命．（社）農林水産技術情報協会編，速水昭彦監修，化学工業日報社：197pp.
15）上床修弘ら（2013）セルロース系資源作物エリアンサスの品種開発．日本エネルギー学会誌 92（7）：571-576.
16）Uwatoko, N. et al. (2013) Comparison of biomass productivity and its persistency among four perennial grasses for bioenergy feedstock production in temprate region of Japan. Proceedings 22nd Imternational Grassland Congress: 1795-1796.
17）山田敏彦（2013）バイオマス作物としてのススキ属植物の期待　－遺伝資源の評価と優良系統の育成－．農業および園芸 88（6）：663-667.
18）柚山義人・林　清忠（2015）地域バイオマス利活用システム［3］－ライフサイクルでの評価法－．農業および園芸 90（2）：231-242.

第 11 章　耕作放棄地の再生と資源作物生産

〜＊〜＊〜＊〜＊〜＊〜＊〜＊〜＊〜＊〜＊〜＊〜＊〜

薬師堂謙一

1. はじめに

全国の耕作放棄地の総面積は，平成 23 年度農業センサスでは約 40 万 ha に達し，全耕地面積の 10%以上を占め，食糧自給率の低い日本において早急な改善が求められている（http://www.maff.go.jp/j/nousin/tikei/houkiti/index.html）（図 11-1）[7]．平成 24 年に耕作放棄地で管理が全く行われない荒廃農地の全国調査が行われた（同上，「平成 24 年度の荒廃農地の面積について（プレスリリース）」）．荒廃農地面積は全国で 27.2 万 ha と推計され，このうち「再生利用が可能な荒廃農地」は約 14.7 万 ha，「再生利用が困難と見込まれる荒廃農地」は約 12.5 万 ha とされた．なお，耕作放棄地面積と荒廃農地面積の差の約 13 万 ha の農地は現状では耕作されていないが一定の管理が行われており，農地利用が可能と考えられる．

「再生利用が可能な荒廃農地」として再生できるのは，耕作放棄歴が 10 年程度で多年生雑草が繁茂し，灌木が侵入し始めた時点までであり，一部重機による抜

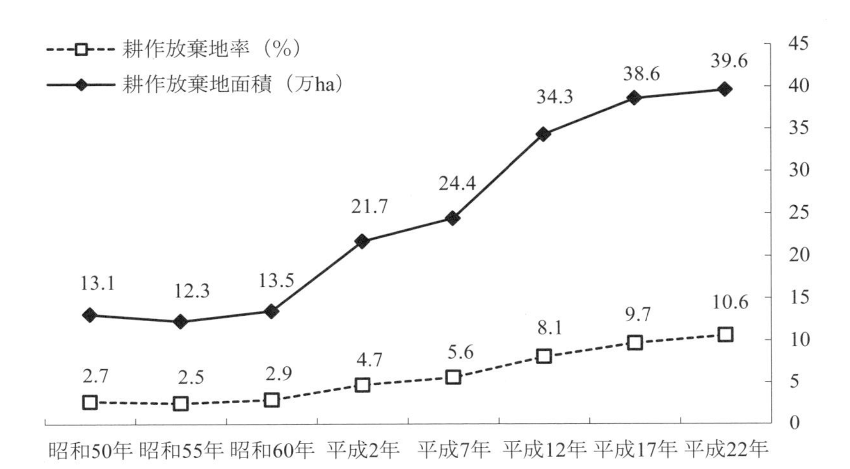

図 11-1　耕作放棄地面積の推移 [7]
資料：農林水産省「農林業センサス」より作成．耕作放棄地率は，[耕作放棄地面積÷(経営耕地面積＋耕作放棄地面積)]×100.

根作業も必要とする．しかし，完全に原野化すると再生コストが大きく，もはや農地として再生できない．したがって，農地の荒廃が進む前に適切な再生対策を実施すべきである．また，耕作放棄期間中に土壌表面に雑草種子が蓄積し，安易にロータリーで耕耘すると，雑草種子を土壌全層にまき散らし，雑草発生に悩まされることになるため，耕作放棄地再生後の圃場の利活用により，後述する雑草対策を施して再生する必要がある．

耕作放棄地とバイオマス生産に関して，「あきた菜の花ネットワーク（http://akita-nanohana.com/)」などの NPO 法人が，各地で耕作放棄地を再生してナタネを栽培し，ナタネ油を食用利用した後の廃油をバイオディーゼル燃料に，搾油時に発生する油かすを肥料に用いる資源循環の取り組みを行っている．一方，平成 22 年 12 月閣議決定のバイオマス活用推進基本計画（http://www.maff.go.jp/j/press/kanbo/bio/101217.html）では，耕作放棄地を活用してバイオマス資源作物の生産拡大を図り，2020 年度の生産目標を炭素換算で 40 万 t とした．このため，今後はバイオマス資源作物も栽培対象として耕作放棄地の再生を図っていく必要がある．

2. 耕作放棄地の発生要因

耕作放棄地が発生した主な原因は，①労力不足（高齢化を含む）と②機械化への不適応である．②に関して，狭隘な圃場や排水不良水田では構造改善なしに再生利用もできない．①に関して，山間・中山間地の耕作放棄面積割合が多いため過疎地で深刻である．また，都市周辺部でも，後継者が二・三次産業に就労したため耕作労力が無く，優良農地が耕作放棄される例も多い．いずれにしても，労力不足が主原因であり，耕作放棄地の再生において，省力的機械化栽培に適した作物を導入する必要がある．平成 26 年度の農林水産基本データ集（ttp://www.maff.go.jp/j/tokei/sihyo/index. html）によると，農業就業者の平均年齢は 66.2 歳，65 歳以上が 64%，また，基幹的農業従事者の平均年齢は 66.5 歳，65 歳以上が 63% となり，この 4 年間に各々約 1 歳上昇し，高齢化が一層進んだ地域もある．このまま高齢化が進むと，円滑な耕作地の受渡しが行われない場合には耕作放棄地が大量発生する危険がある．とくに過疎地域ではすでに限界集落も発生しているが，耕地自体は構造改善事業により数 10ha 規模で整備されている場合もあり，機械化栽培が可能な場合は早急に受託組織を整備すべきである．

3. 耕作放棄期間と植生の変遷

畑地での耕作放棄に伴う雑草植生の変遷と再生のための対処法の概要を図 11-2 に示す．耕作放棄当初はヨモギ（*Artemisia*）類やシロザ（*Chenopodium* album L.），アカザ（*C. album* L. var. *centrorubrum* Makino）など一年生雑草が繁茂し，数年たつとセイタカアワダチソウ（*Solidago altissima* L.）やススキ（*Miscanthus sinensis* Anderson），オギ（*M. sacchariflorus*（Maxim.）Hack.）など多年生雑草が優占してくる．耕作放棄期間 10 年でネズミモチ（*Ligustrum japonicum* Thunb.）などの灌木や松などの樹木が入り，放置すると原野化する．一年生雑草の間は草刈り機で複数回刈取れば雑草再生を抑制できるが，多年生雑草は地中根が残存するため移行性除草剤使用（「ラウンドアップ」など）が必要となる．また，樹木は重機による伐採･抜根作業が必要で，再生経費が急激に高くなる．

水田の耕作放棄地も，入水しない場合は基本的に畑地の耕作放棄地と同様に推移するが，水が入ると土壌水分に応じて多年生のアシ（*Phragmites australis*（Cav.）Trin. ex Steud）やオギが繁茂する．畑地雑草は水田化で枯死するが，水田雑草が繁茂すると移行性除草剤の利用も必要である．

なお，福島県東京電力福島第一原発事故の避難地域での耕地植生の変遷を見ると，草刈作業がなかった場合，約 2 年でヤナギが繁茂した圃場が多く確認された．

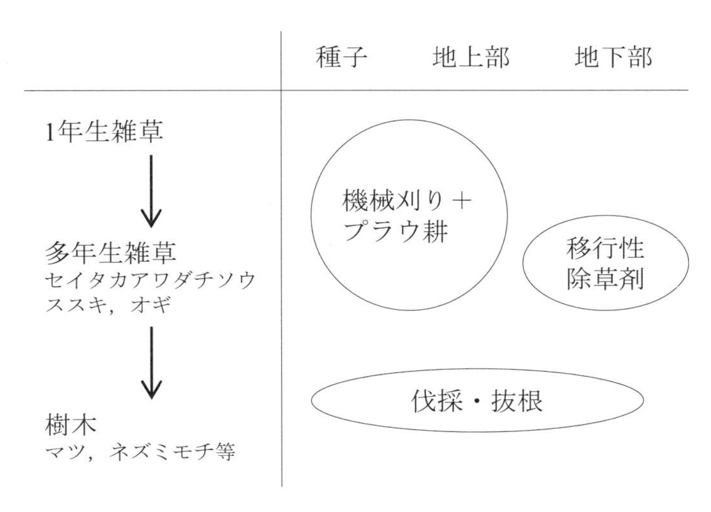

図 11-2　雑草相の遷移と対処法

ヤナギの種子は風で飛散し短期間に繁茂したと考えられ，山間部でヤナギがある場合は草刈りなどの管理に留意する必要がある．

4. 耕作放棄地再生のための対応

耕作放棄地を再生する場合，最も考慮しなければならないのは雑草対策であり，再生後の農地の利用法に合わせた対策をとる必要がある．

1）バイオマス資源作物を生産する場合

バイオマス資源作物には，大きく分けて澱粉系（トウモロコシ，米等：第 1 章参照）[1)]，糖質系（サトウキビ，テンサイ等：第 1，2 章参照）[1,8)]，油糧系（ナタネ，ヒマワリ：第 3 章参照）[3)]，セルロース系あるいは繊維系（ススキやエリアンサス等のイネ科植物：第 7，8，9 章参照）[6)] の 4 種類がある．バイオマス資源作物は，廃棄物系や未利用系のバイオマスとは異なり，原料コストに栽培経費も付加される．現在，バイオマス利用の場合には栽培のための補助金はないため，当面，乾燥物 1kg 当りの生産費が 10 円以下で低コスト生産が可能なエリアンサス[2)] やジャイアントミスカンサスと多収ススキ類[9)] など多年生のセルロース系バイオマスが有望である．年間乾物収量は，エリアンサス約 40t/ha，ジャイアントミスカンサス約 20〜30t/ha[5)]，多収ススキ約 20t/ha である[9)]．セルロース系資源作物の利用先は，バイオエタノールやバイオケミカル生産のための糖化原料や，直接あるいはペレット等の固形燃料として利用，家畜排せつ物堆肥化のための水分調製材，乾式メタン発酵でのガス化原料などの利用が考えられる．

例えば，エリアンサスを用いて耕作放棄地を再生する場合，苗を条間 2.5m，株間 0.5〜1.0m で植付ける．2 年目には約 4m に生育して圃場全体を被覆するため，植付け時には耕作放棄地を草刈後，植付け部のみを耕耘し，定着後は 1 年目に 2 回程度草刈りを行うだけで雑草を抑制できる．また，植付け時に施肥を行うが，2 年目以降は枯れ上り後に収穫するだけで，追肥の必要がなく，10〜20 年間継続利用できるため，生産費が平均 10 円/kg（乾燥物）以下になると試算される．一方，収穫に大型の飼料作用収穫機械が必要となるため，例えば青刈りトウモロコシをコントラクター（作業請負組織）で収穫する地域への導入が望ましい．冬から春先までが収穫適期で，飼料作物との作業競合はなく，新規に機械整備する必要が無いため収穫コストが低減できる．

次に，資源作物から一般作物栽培に変更する場合は移行性除草剤で簡単に資源作物を枯死させることができる．この技術は，1 地区で 30ha 程度の低利用地や耕作放棄地があり，地域の作業労働力が少なく一般作物栽培は難しいが，原野化させずに農地を維持したい場合に適した利用方式である．なお，バイオマス資源作物の詳細は，他の章や文献に示した「農業および園芸」の「バイオマス研究の 10 年を振り返る」シリーズ既報に詳しいので，そちらを参照されたい．

2）飼料畑として利用する場合

飼料作物は生育が旺盛で，被陰効果により雑草との競合に強いため，一部多年生雑草の対策は必要であるが，飼料畑として使用し続ける場合には雑草発生の問題は少ない．また，傾斜地など機械を入れにくい場所では，牛を放牧して雑草を除去しながら開墾する蹄耕法（ていこうほう）などで再生できる．現在，電気牧柵など簡便な牧柵設置が可能であり，低コストで耕作放棄地を再生できる方式と言える．また，多年生雑草が繁茂している場合でも，飼料作用機械を用いて春から夏の雑草生育盛期に 2，3 回刈取りし，秋にディスクハローなどで浅く耕起・播種すれば，簡易に飼料畑に再生することができる．

3）普通畑として利用する場合

野菜類など一般作物栽培を行う場合，雑草対策を十分にとって耕作放棄地を再生する必要がある．一般的な耕作放棄畑の復元方法は，セイタカアワダチソウが繁茂する程度であれば,草刈り後にロータリー耕耘で復元する場合が多い.また,灌木が生え，ススキ等の根茎が発達している場合，バックホーなどで天地返し後に復元する場合もある．前者の場合，直ちにロータリー耕を行うと地表面の雑草種子を土中埋設し，その後雑草問題に苦しむことになる．後者の場合，全面的な天地返しは再生コストが高くなりすぎる問題点がある．

耕作放棄歴が短く，一年生雑草のみの場合，春から夏の複数回草刈りで地上部の雑草発生を抑制できる．特に，盛夏に移行性除草剤を散布すると除草効果が高い．しかし，ススキやオギなど多年生雑草が優占化すると草刈りのみでの雑草問題解消は困難である．そこで，営農的手法で耕作放棄地を再生し，ナタネ安定生産につなげる方法について，農林水産省の実用技術開発事業「耕作放棄地を活用したナタネ生産及びカスケード利用技術の開発（平成 21～23 年度）」において農研機構中央農業総合研究センターと茨城県農業総合センターが共同で茨城県牛久市の耕作放棄畑を用いて試験を行った成果の概要を次項に記す．

5. 耕作放棄畑の再生技術

夏雑草の繁茂が耕作放棄畑復元後の栽培に多大な支障をもたらすため，雑草対策を最重要項目と位置づけた．ナタネの播種時期は 10 月下旬のため，春から夏にかけ雑草処理を徹底的に行った．

図 11-3　茨城県牛久市の耕作放棄地の再生前状況

1） 耕作放棄地の再生作業

2 年間に合計 1.5ha の再生作業を行った．試験畑の耕作放棄歴は約 13 年，多年生雑草のセイタカアワダチソウやススキ・オギが繁茂し，灌木類も約 50 本/ha 生えた状態であった（図 11-3）．

2） 草刈り・除草剤散布作業

初年目作業は 8 月上旬開始した．多年生雑草類の草丈は 2～3m を超え，乗用型フレールモアで草刈りを行った（図 11-4）．さらに，刈取り後バックホーによる灌木除去作業，雑草再生後にグリホサート系除草剤 50～100 倍希釈液を散布した（図 11-5）．このとき，一年生雑草とセイタカアワダチソウは 100 倍希釈液で十

図 11-4　乗用型フレールモアによる前植生除去作業

図 11-5　移行性除草剤の散布作業

分に枯死したが，ススキやオギは 50 倍希釈液が必要であった．また，除草剤散布は雑草類の再生状況から 8 月の 1 回散布が適当と考えられた．さらに，3 回の草刈りでススキやオギの再生は大幅に抑制できるが，除草剤散布区と比較して根茎部の腐り方が悪く，翌年のサブソイラー作業に支障をきたしたので，ススキやオギが繁茂する場合は移行性除草剤の使用は必須である．

3）耕起作業・有機物施用

ススキやオギの根茎は地中約 30cm まで発達していたため 100 馬力級トラクタを用い，22 インチ一連の大型プラウで深さ 35cm に深耕して根茎を地中に埋没させた（図 11-6）．また，耕作放棄地は堆肥等の土壌改良資材の投入がないため，土壌 pH の低下や可給態リン酸や窒素分不足する場合が多い．しかし，これらを化学肥料で補給すると再生コストが高くなるため，土壌分析を基に，石灰，リン酸および窒素濃度の高い乾燥豚糞堆肥を土壌改良材に用いた．なお，堆肥中窒素分は，残存雑草と共に土中にすき込まれて雑草の有機物分解のために使われることを想定し，ナタネ播種時に標準の化学肥料を施用した．また，ナタネ収穫後の夏作時に堆肥窒素分が放出されるとして，夏作は無肥料で栽培した．

4）耕作放棄地の復元コスト

抜根経費を除いた復元コストを表 11-1 に示す．経費は茨城県牛久市および周辺部の農作業受託料を基に算定した．結論として，1ha 規模の場合で約 55 万円と補助額の 50 万円を 10%超えた値にとどまった．このように比較的安価な復元コストになったのは，牛久市が復元に必要な乗用フレールモアや大型トラクタおよび

図 11-6　大型プラウ（22 インチ）による深耕

図 11-7　復元後のナタネ畑の状況

表 11-1　耕作放棄地（1ha）の復元にかかる作業時間と経費

	作業内容	作業時間（時間/ha）	経費（円/ha）	主な使用機械・資材
4 月	除草（機械除草）	4.0	70,000	フレールモア（乗用）
5 月	除草（機械除草）	2.6	35,000	フレールモア（トラクタ直装）
7 月	除草（除草剤）	0.3	71,500	ブームスプレイヤ，除草剤
8，9 月	除草（機械除草）	2.6	35,000	フレールモア（トラクタ直装）
	プラウ耕，砕土，整地	5.8	135,000	プラウ，バーチカルハロー
10 月	堆肥散布	1.6	150,000	自走式マニュアスプレッダ，豚ぷん堆肥
	撹拌耕	3.2	50,000	ロータリ
合計		20.1	546,500	

注：茨城県牛久市で 1ha 規模の復元作業を行った場合の作業時間と経費；作業は全て作業委託とし，作業単価は主に茨城県牛久市の農作業標準受託料金を参考にした．ただし，伐採・抜根を除く．

表 11-2　耕作放棄地再生後のナタネの収量

	収量（g/10a）	株数（本/m^2）	莢数/株（個/株）	千粒重（g）
条播（小明渠浅耕播種機）				
乾燥豚糞 1t/10a 施用，播種量 0.5kg/10a	371	68	151	3.6
〃　無施用，播種量 0.5kg/10a	311	92	114	3.5
散播（広幅散粒機）				
乾燥豚糞 1t/10a 施用，播種量 1kg/10a	288	137	89	3.5
〃　無施用，播種量 1kg/10a	151	228	55	3.4

注 1）播種日は，条播区で 10/22，散播区で 10/29．
注 2）基肥は，N 量で 7.2kg/10a を，条播区は播種と同時に側条表層施用，散播区は播種前に全面全層施用．
注 3）散播後の鎮圧は，カルチパッカによる．

堆肥散布車などを整備していたこと，また，有機物施用で土壌改良材を代替したことが再生コスト低減につながったと判断された．さらに，抜根作業が必要な場合，樹種や本数に応じて 25～50 万円/ha 追加経費が必要になる．この試験で，ナタネの収量は条播・豚糞区で約 370kg/10a，散播・豚糞区でも 300kg/10a 近い収量が得られ（図 11-7，表 11-2），その後も農地として有効活用されている．

6. おわりに

耕作放棄地面積は再生面積の増加により減少傾向にある．しかし，農業就業者の高齢化は深刻であり，再生作業の一方で新たな耕作放棄地を作らないことが重要である．一旦原野化すると再生は困難となるので，バイオマス資源作物栽培等で農地機能を維持することも重要になってきている．ここ数年の化石系エネルギー価格の高騰は深刻であり，代替エネルギー源としてのバイオマス利用も急激に伸びている．木質系資源の取り合いも発生しており，繊維系バイオマス資源作物栽培による安定資源生産は地域活性化に重要な役割を果たすと考えられる．

引用文献

1) 勝田真澄（2013）糖質・でん粉作物の低コスト生産によるエタノール製造原料としての利用．農業および園芸 88（2）: 233-241.
2) 松波寿弥ら（2013）温帯でも高バイオマス生産が可能な新規セルロース系資源作物「エリアンサス」．農業および園芸 88（8）: 822-828.
3) 松崎守夫ら（2013）バイオディーゼル原料用油糧作物の生産拡大に向けた育種・栽培研究．農業および園芸 88（3）: 334-340.
4) 森　卓也（2013）多年生雑草が優占する耕作放棄地の復元技術．雑草と作物の制御 19 : 31-33.
5) 中川　仁（2009）バイオマス燃料用原料としての熱帯牧草を中心にした草本性バイオマスの特性と品種改良．日草誌 55（3）: 274-283.
6) 中川　仁ら（2013）セルロース系作物・牧草類の遺伝資源導入と育種．農業および園芸 88（7）: 754-768.
7) 農林水産省（2011）耕作放棄地の現状について（参照 : http://www.maff.go.jp/j/nousin/tikei/houkiti/pdf/genjou_1103r.pdf）: 6pp.
8) 寺内方克（2013）サトウキビにおける種間雑種を利用したバイオマス研究展開．農業および園芸 88（3）: 325-333.
9) 山田敏彦（2013）バイオマス作物としてのススキ属植物の期待　－遺伝資源の評価と優良品種の育成－．農業および園芸 88（6）: 663-667.

第2部　エネルギー変換

第12章　エタノール変換技術〔1〕
バイオマス原料のエタノール発酵と草本系材料の糖化前処理技術

〜*〜*〜*〜*〜*〜*〜*〜*〜*〜*〜*〜

長島　實・中村敏英・徳安　健・榊原祥清

1. はじめに

2006年末頃からの食糧輸入国における糖質エネルギー変換機運は，今を思えば些か異質の感を拭えぬものの，大農業国の農業政策の追随や，繊維質の糖化利用技術の進展に誘われた技術開発期待も誘因として否定し難い．以来10年の農業生産，繊維質糖化変換に研究投資があり，農業生産では久方ぶりの質より量の農業生産や国内農業の構造変換を見据えた地表の農耕利用に注力してきた．周辺には，農水省大規模実証事業や「地域バイオマスプロ」[44]，「ソフトセルロース事業」[45-48]，さらには経産省・NEDOの「革新技術研究組合，加速的先導技術開発」等の多面的かつ多様なバイオマス利用技術開発が一定の成果を上げ，取りまとめにある．ここでは農研機構が担ってきた変換技術開発を 1）前処理技術を柱にバイオマス活用の基本技術側面，2）繊維質糖化技術課題とその周辺，および3）変換技術の評価と実用化展望，の3点から取りまとめた．本章ではその1）として糖質発酵，草本原料前処理技術，五炭糖発酵に言及する．

2. 前処理技術・バイオマス活用の基本技術側面

1）糖質・澱粉作物のエタノール変換技術

地球温暖化，原油価格高騰，エネルギー問題などの世界情勢の中，バイオ燃料の研究は世界中で活発に行われている．1970年代のオイルショック以降，糖質・澱粉作物からのエタノール生産（第一世代バイオ燃料）が進められたが，食料と競合する理由で現在の主流はセルロース系原料からのエタノール生産（第二世代バイオ燃料）となった[43]．しかし，世界で977億リットル（L）（2015年実績；RFA reports，http://ethanolrfa.org/wp-content/uploads/2015/09/c5088b8e8e6b427bb3_cwm626ws2.pdf）以上生産されているバイオエタノールのほとんどが糖質・澱粉作物に由来し，生産の効率化・低コスト化が非常に重要な課題となっている．本章ではエタノール生産に関する研究開発動向と問題点を概説する．

(1) 糖質作物からのエタノール生産

糖質作物は砂糖（ショ糖）を貯蔵する作物で，粉砕と搾汁だけでエタノール発酵に使用できる糖液（サトウキビのケーンジュース，テンサイのビートジュース）が得られる[34]．一般に，砂糖を精製した残さを濃縮した廃糖蜜をエタノール発酵に用いる．

糖液や廃糖蜜のエタノール発酵プロセスは20世紀前半に確立し，現在のエタノール製造工場では，半連続発酵法（メレボアン（Melle-Boint）法）を中心に，回分発酵法，添掛け発酵法，繰り返し回分発酵法，連続発酵法などが採用されている．各発酵法の詳細は割愛するが，過去10年間で大きな技術革新はない．しかし，ブラジルでは長年のエタノール生産ノウハウを積み重ねた結果，発酵効率向上やコスト削減が進んでいる．また，エタノール発酵酵母は，発酵繰返しや菌体再利用を通じ，性能が向上した酵母やグリセロール低生産・泡なしなど有用機能を付加した酵母が選択・利用された．つまり，現在の酵母は，非常にストレスの多い産業現場での発酵環境に高度に適応した酵母株であると考えられる．

発酵後のもろみ（醪：エタノールを含む発酵液）は，蒸留と脱水を経てエタノールとなる．脱水は共沸蒸留法（ブラジル）やモレキュラーシーブ（分子篩：molecular shieve）を用いた吸着法（米国）が使用され，脱水に必要なエネルギーを大幅に削減できる膜分離技術が開発された．これは分子篩原料のゼオライトを薄膜状にして使用する技術で，既に実用化され，今後は脱水プロセスの主流となると思われる．

2) 澱粉作物からのエタノール生産

トウモロコシ，コムギ，カンショなど澱粉作物は，粉砕と搾汁だけでは発酵できず，酵素などを利用し澱粉を糖化して糖液（糖化液）を得る必要がある．しかし，糖化後のプロセスは糖質作物と同様である．

澱粉作物から糖液を得る方法は，乾式ミル法や湿式ミル法（トウモロコシ等），低温蒸煮法（カンショ）などが実用化された（詳細は割愛）．高濃度エタノール生産のために澱粉を高濃度で糖化する必要があるが，カンショやバレイショを高濃度で磨砕すると粘性の高い泥状となり，その後のα-アミラーゼによる澱粉の液化が困難になる問題があった．この対策としてペクチナーゼ製剤とセルラーゼ製剤を併用して磨砕物粘性を下げ，高濃度澱粉の液化とグルコアミラーゼによる糖化を行う方法が農研機構食品総合研究所（食総研）で開発された[32]．また，筆者らはこの発酵に適する酵母を取得した[39]．また，遺伝子組換え技術で澱粉を直接分解・発酵する酵母の育種も行っている．さらに，酵母の細胞表層にα-アミラーゼとグルコアミラーゼを提示して生澱粉から直接エタノール変換を行うことに成功した[30]．

3）糖質・澱粉作物からのエタノール生産の動向

我が国では二酸化炭素（CO_2）排出量削減等環境政策の一環で，バイオエタノール普及が進められ，過去 10 年間に農林水産省や環境省等主導でバイオエタノール生産の実証プロジェクトが行われた（図 12-1）．国内のバイオエタノール生産は，小スケールモデルで実証試験が行われ，各々地域特産農産物を原料利用した地産地消システムである．すなわち，沖縄県ではサトウキビ利用，北海道はテンサイや規格外小麦を原料としている.また，各々の実証プロジェクトで E3（3%エ

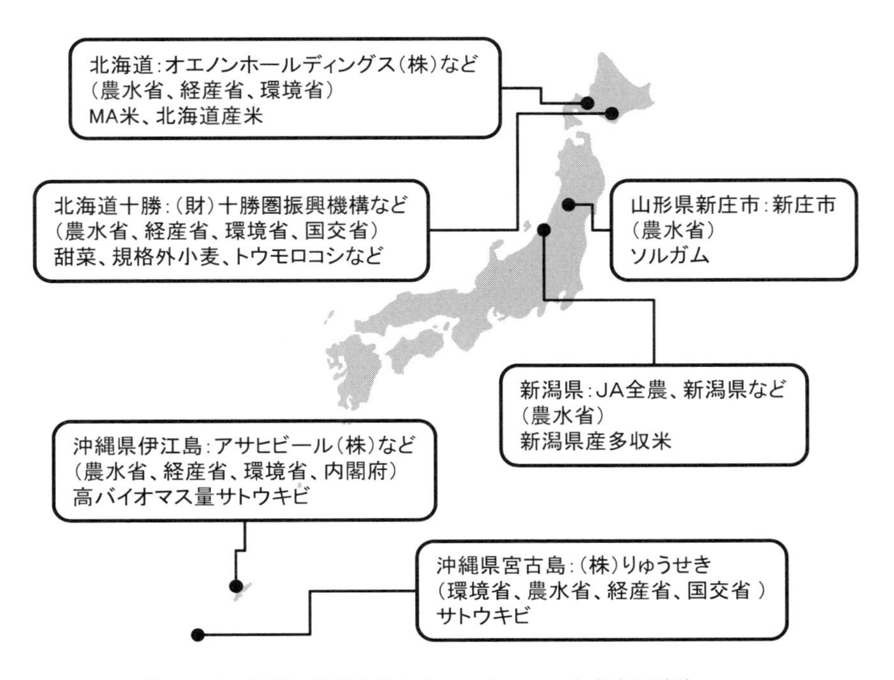

図 12-1　国内における糖質・澱粉作物からのエタノール生産実証試験

タノール混合ガソリン）による走行実証試験も行われている．これら以外にも，各自治体や大学で実証試験が行われている．資源作物の中で寒冷地域でも栽培可能なスイートソルガム（*Sorghum bicolor*（L.）Moench）が注目され，農研機構や茨城大学で試験が行われた[20]．これら資源作物の多くは休耕田や耕作放棄地での栽培や余剰作物利用であるため，食料との競合はなく，遊休地の有効利用に役立ち，今後の発展が期待される．

4）糖質・澱粉作物からのエタノール生産の問題点

我が国の糖質作物からのエタノール生産は主にサトウキビ廃糖蜜が使用される．製糖技術向上に伴い，現場では廃糖蜜の糖濃度が低くなる傾向にある．特に国内産廃糖蜜は，糖濃度を上げるために高度に濃縮をする必要があり，必然的に塩濃度や発酵阻害物質濃度が上昇し，発酵微生物にとって過酷な発酵環境となりつつある．一方で，アサヒビール（株）と農研機構・九州沖縄農業研究センターは高バイオマス量サトウキビ品種を使用して従来の砂糖生産量を維持しつつ，濃縮度合の低い良質糖蜜でエタノール生産の有効性を実証した（第1部第2章参照）．

発酵プロセスは雑菌汚染も問題である．解決のために糖化液への抗生物質添加が行われたが，発酵・蒸留後残さを家畜飼料に用いた場合の家畜健康被害の報告がある[1]．筆者らは雑菌汚染を乳酸で防ぎつつ，乳酸耐性の酵母で発酵する方法を開発した[21]．乳酸は環境への影響が少ない．また，乳酸耐性酵母を発酵食品から採取し，モデル糖液でエタノール生産を実証した．今後，発酵残渣利用法の検討が必要だが，飼・肥料に有効利用できる可能性が高い．

糖質・澱粉作物からのエタノール生産は，我が国では製造コストが大きな課題となる．環境問題解決策として重要であるが，現状では各地実証プロジェクトは政府補助金なしに産業として成立しない．コスト高の要因の原料価格問題を解決するために，糖や澱粉含量を高めた新品種開発が進められている[11]（第1章参照）．また，高効率発酵微生物の開発は非常に重要である．一方，糖質・澱粉作物利用は，食料との競合問題を抱え，食料分を除いた残さ利用技術の高度化が今後の課題となる．残渣中セルロース等の有効利用も視野に入れた研究が進展しつつあり，今後の技術革新が期待される．

3. 草本系原料糖化のための前処理技術

本稿の草本系原料とは，稲わら，麦わらやコーンストーバー（corn stover：トウモロコシ子実収穫後の茎葉部），サトウキビバガス，籾殻等の食品製造残渣，およびエリアンサス（*Erianthus* spp.），ススキ（*Miscanthus* spp.）[42]やネピアグラス（*Pennisetum purpureum* Schmach.）等[20]の資源作物を指す．農産廃棄物や食品製造残さは食料生産と競合せず，また，資源作物は牧草にも利用されるが劣悪環境での安定多収性が注目される．これら原料からバイオエタノールを製造するためには，強固な繊維質を酵素糖化して糖質生産する必要があり，酸，アルカリおよび水熱処理の前処理が不可欠である．しかし，草本系原料の前処理工程は木質系原料ほど苛酷な条件でなくてもよく，薬品や熱エネルギー投入量を抑制した前処理技術開発が精力的に行われている．本稿では，代表的前処理技術を概説し，筆者らが開発した「CaCCO法」を紹介する．

1）主な前処理技術

前処理技術は，利点と欠点を持つ多様な方法が提案された．また，原料特性や回収糖の種類により適用性が異なる．以下，主な前処理工程を紹介する．

（1）希酸前処理

キシロース等五炭糖を高収率で回収し，同時に不溶性画分に含まれるセルロースの酵素糖化性を向上する工程であり，古くから木材で検討されてきた希酸糖化法の改良法である．米国では，再生可能エネルギー研究所（National Renewable Energy Laboratory：NREL）がコーンストーバーの希硫酸前処理法[4]を提案し，神戸大学では，湿潤原料圧搾で含水率を低めて，ネピアグラスの希酸蒸煮前処理を行った[12]．また，（独）産業技術総合研究所（産総研）は，稲わらのリン酸水熱処理法を開発した[29]．希酸処理法は五炭糖回収率が高いが，遊離果糖やショ糖中の果糖残基が分解される問題がある．

（2）水熱処理

薬品コストを抑制した前処理で，五炭糖回収が可能である．三菱重工業株式会社（三菱重工），産総研，信州大学が研究開発を行っている．三菱重工は，農林水産省事業「兵庫県ソフトセルロース利活用プロジェクト」[47]で，稲わらや麦わらの連続水熱処理装置を用いて技術実証を行った．一方，デンマークのInbicon社も，水熱処理技術を活用した麦わら等の変換プロセス（http://www.inbicon.com/

pages/index.aspx）を提案し，原料処理量 100t/日規模の実証プラントが完成した．本プロセスは，繊維質中五炭糖を水熱処理後に抽出して残渣を飼料用にして発酵阻害物質も同時に除去し，セルロース由来グルコースをエタノール変換し，リグニンはペレット燃料化する．本法は，前処理工程で酸・アルカリを用いずに，通常の非組換え酵母の活用が可能となる利点を持つ．しかし，水熱処理でも遊離果糖やショ糖中の果糖残基が分解される．

（3）アルカリ前処理

木材チップからのクラフトパルプ製造時に用いられ，エステル結合の切断等による細胞壁構造の解離によってセルロースを剥き出しにし，リグニンやヘミセルロースを溶解除去する．バイオマスを軽度にアルカリ前処理する際に，リグニンやヘミセルロース構造が部分的に変質し，中和後の酵素糖化効率向上が期待される．木質系原料では，（独）森林総合研究所（森林総研）で苛性ソーダ（NaOH）の適用が検討され，パルプ業界の黒液燃焼・アルカリ再利用系を利用してプロセスを回すことを想定した[22]（第6章参照）．また，王子製紙は，早生樹でメカニカルパルピング前処理によるエタノール製造工程を開発し[33]，NaOH または水酸化カルシウム（$Ca(OH)_2$）の加熱前処理後に湿式粉砕工程を導入し，酵素糖化効率向上を図った．しかし，一般に，アルカリ処理では，遊離還元糖が分解する．

草本系原料のアルカリ処理は，「北海道ソフトセルロース利活用プロジェクト」[46]で，大成建設等が NaOH を用いた技術開発を行い，千葉・柏の葉バイオエタノール生産実証有限責任事業組合はアルカリ蒸解法による前処理を検討した[48]．筆者らは，サトウキビやスイートソルガム搾汁バガスに NaOH 常温処理を行い，セルロースを高純度化する LTA（Low Temperature Alkali pretreatment）法を提案した[41]．一般的アルカリ蒸解法はセルロース回収率が高く，酵素糖化性が高くなるが，ヘミセルロースの一部が黒液に流亡し，五炭糖収率に影響を及ぼす．

米国で無水アンモニア（NH_3）や NH_3 水を用いたアンモニア（NH_3）処理法が詳細に検討された（http://news.msu.edu/story/5847/）．我が国で，バイオエタノール革新技術研究組合が，乾燥原料 NH_3 前処理で酵素糖化を飛躍的に効率化した変換プロセスを提案し[19]，平成24～25年にベンチ実証試験を行った．本法は，NH_3 の高い回収性を確保するために無水原料の前処理が不可欠で，NH_3 の高度な管理が求められ，高度で複雑な設備が必要となる．

（4）その他の前処理

イオン液体利用技術や統合バイオプロセス（CBP：Consolidated Bioprocessing）

なども国内外で検討された．イオン液体はバイオマス溶解によりセルロースの非晶化を促す有機性薬品である．CBPは，単一微生物で糖化・発酵工程を行う方法である．神戸大学がイオン液体利用前処理技術とCBP技術を連結したプロセス検討を行った[23]．鳥取大学，信州大学および出光興産もイオン液体利用技術の検討を行った[6]．米国MASCOMA社がパルプ用広葉樹を用いたCBP技術実証を開始した（http://www.ethanolproducer.com/articles/8428/mascoma-scores-80-million-from-doe-for-michigan-plant）．食総研では担子菌を用いた草本系原料のCBP技術を開発した[17]．その他，リグニン分解能力に注目した担子菌利用技術も実用化研究が行われている[38]．

2）稲わらの前処理技術「CaCCO法」の開発

筆者らは，稲わら原料中にセルロースやキシランの他，澱粉，ショ糖，ブドウ糖，果糖，β-1，3-1，4-グルカン（glucan）の存在を確認した[25]（これらを総称し，「易分解性糖質」と定義）．イネ茎葉部にショ糖や澱粉等の非構造性炭水化物が蓄積する現象は，作物学分野で知られており，イネの成長と子実充実度の関係が研究されてきた[15]．しかし，バイオ燃料用原料としての稲わらで，これら易分解性糖質の存在は殆ど注目されてこなかった．稲わらのこのユニークな特性を活かし，効果的に発酵性糖質を回収するために，前処理後の繊維質酵素糖化と易分解性糖質の安定回収を両立する前処理技術を開発する必要がある．繊維質糖化前の前処理は比較的苛酷な条件の適用が多く，必ずしも易分解性糖質の安定回収を保証する条件ではない．前述のとおり，酸や水熱処理時の遊離果糖やショ糖中の果糖残基分解が無視できない．一方，アルカリ処理は易分解性糖質のうちブドウ糖や果糖は分解するが，含有量の大きい澱粉とショ糖は変質しにくい．しかし，NaOHでアルカリ処理を行うと，易分解性糖質やキシランの一部が遊離し，後段の固液分離・アルカリ回収を行うと薬液・洗浄液（黒液）中に流亡し回収できない．そこで，筆者らは，稲わらの$Ca(OH)_2$処理後に懸濁液を固液分離せずCO_2吹込みで$Ca(OH)_2$を炭酸カルシウム（$CaCO_3$）に変換して不活性化させる「CaCCO（Calcium Capturing by Carbonation（CO_2）：CO_2処理カルシウム捕捉）法」を開発した[26]．

基本的前処理は：①稲わら粉砕後$Ca(OH)_2$懸濁液と混合，適宜水分調整を行い，120℃1時間程度加熱；②冷却後，CO_2加圧でpHを弱酸性にし，酵素と発酵微生物を加え並行複発酵を行う．この過程で必要なCO_2は，発酵工程やボイラー燃焼工程で副生するものを使用できる．このCaCCO法は，原料からもろみ製造まで1

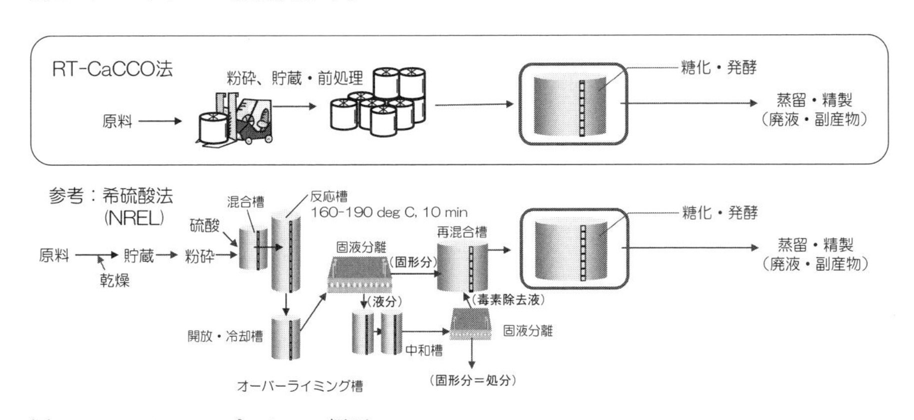

図 12-2　RT-CaCCO プロセスの概要
参考：希硫酸法（NREL：Humbird et al.[4]）

反応槽内で行える利点をもつ．

農産廃棄物は子実収穫時に含水率 40〜60%またはそれ以上となる．麦わらは，含水率 20%程度に下がる地域もあるが，気候条件の影響が大きい．草本系バイオマスは，乾燥しないと易分解性糖質，タンパク質，ペクチンなどが容易に腐敗，褐変，軟質化し，原料として利用できなくなる．特に，易分解性糖質を含む稲わらの貯蔵は注意が必要である．

筆者らは，CaCCO 法の 120℃・約 1 時間 $Ca(OH)_2$ 前処理条件を改良し，室温約 7 日間処理で同じ効果を示すことを確認し，「RT-CaCCO 法（Room Temperature（室温処理）：図 12-2）」として報告した[31]．この技術は室温放置で前処理可能となり，CaCCO 法の熱エネルギーや設備コストの大幅低減が期待され，さらに，実用化の障壁である「貯蔵」の問題を解決できる．従来の草本系原料の前処理技術と比較し，RT-CaCCO 法は，原料乾燥せずに貯蔵でき，対象原料を湿潤物にまで広げたこととなる．特に，稲わらでは，天日乾燥時の易分解性糖質の減耗を最低限に抑え，原料品質低下を防ぐことができる．今後の課題は，RT-CaCCO 法の高度化のための原料の湿式粉砕，アルカリ練込みや安定貯蔵技術の開発である．

4. 発酵プロセスの改善（五炭糖発酵）

稲わらやバガスを原料とする第二世代バイオエタノール製造技術確立のためには，グルコースだけではなく五炭糖（キシロースやアラビノース）も効率的にエタノール変換する必要がある．醸造用酵母 *Saccharomyces cerevisiae* はエタノール発酵能に優れるが，五炭糖の発酵ができない．キシロース発酵能を有する *Pichia stipitis* や *Candida shehatae* 等の酵母はエタノール耐性が低く，工業的な高濃度エタノール生産には不向きである．そこで，1980年代から遺伝子組換え技術を用いて *S. cerevisiae* に五炭糖発酵能を付与する技術開発が行われてきた．

世界で初めてキシロースを発酵する遺伝子組換え酵母が作出されたのは，1983年のことである[3)]（キシロース発酵能を持つ遺伝子組換え大腸菌はそれ以前に開発されていた[5)]）．米国Purdue大学のHo and Tsao[3)]は，真核生物のキシロース代謝系（XR-XDH系）（図12-3）を構成するキシロースレダクターゼ（xylose reductase：XR）とキシリトールデヒドロゲナーゼ（xylitol dehydrogenase：XDH）の遺伝子を *S. cerevisiae* で発現させ，さらにキシルロキナーゼ（xylulokinase：XK）活性を高めるためにXK遺伝子を過剰発現させることにより，効率的にキシロースを発酵する酵母を作出した．

最近10年間の五炭糖発酵技術の展開方向として，①XR-XDH系の改良のための酵母の代謝経路改変，②キシロースイソメラーゼ（xylose isomerase：XI）遺伝子を利用したキシロース発酵酵母開発とその改良，の2つが挙げられる．①につ

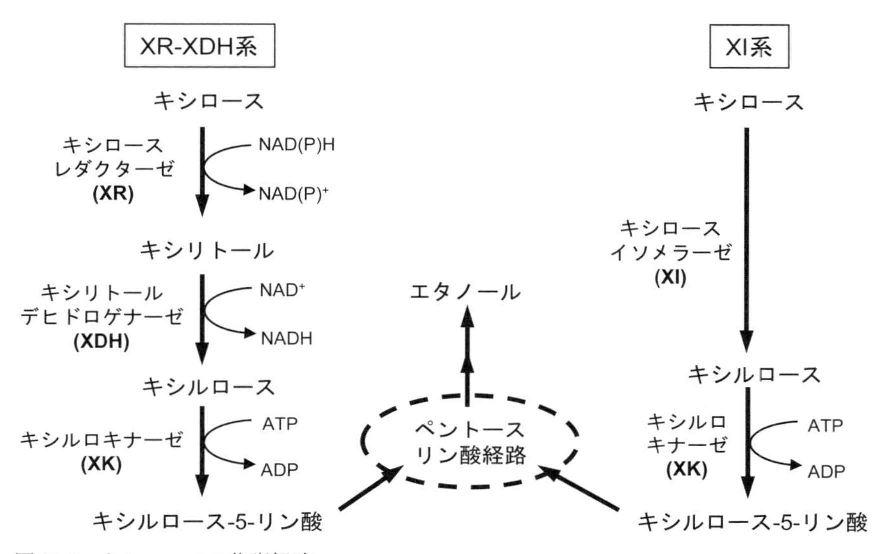

図12-3　キシロースの代謝経路
XR-XDH系は真核生物，XI系は主に原核生物に見られるキシロース代謝経路である．

いては，補酵素（NAD^+，$NADP^+$）の不均衡に起因するキシリトール蓄積やエタノール収率低下の問題に対して，例えば，補酵素特異性を改変したXRやXDHを変異導入により作出し，両酵素間の補酵素特異性を統一する試みなどが行われた[7,37]．また，宿主内在性アルドースレダクターゼ（aldose reductase）欠損[35]，グルタミン酸デヒドロゲナーゼ（glutamate dehydrogenase）欠損や過剰発現[27]，グリセルアルデヒド-3-リン酸デヒドロゲナーゼ（glyceraldehyde-3-phosphate dehydrogenase）過剰発現やグルコース-6-リン酸デヒドロゲナーゼ（glucose-6-phosphate dehydrogenase）欠損[36]，XRとXDH発現量の調整[8,9,16]などにより，酵母細胞内のキシロース代謝を改善し，エタノール収率の向上が図られた．

一方，②については，2003年にオランダDelft大学のPronkのグループが，*S. cerevisiae*での外来XI遺伝子発現に成功した[13]．同様の試みはそれ以前にも行われていたが，それまでに単離されていたXI遺伝子が原核生物由来であったことから，酵母でのXI遺伝子の発現は困難であった．Pronkらは嫌気性真菌*Pyromyces* sp. E2が，真核生物で一般的なキシロース代謝系のXR-XDH系ではなく，原核生物と同様のXI系を持つことを見出した．XI系によるキシロース発酵はXR-XDH系の欠点となる補酵素不均衡の問題を回避できるため，これを契機に類縁の真菌[14]や他の嫌気性微生物からXIの単離が活発に行われている．豊田中央研究所と理化学研究所のグループは，シロアリ腸内原生生物のcDNAライブラリーから単離したXI遺伝子を*S. cerevisiae*に導入し，良好なキシロース発酵能を得た[10]．その他，五炭糖発酵関連では，L-アラビノース（L-arabinose）をエタノール変換する酵母の開発[2,40]や，大腸菌[24]，*Zymomonas*[18]等の細菌を対象にした研究開発も行われている．

筆者らも，農林水産省委託プロジェクトと「地域バイオマスプロ」などで五炭糖発酵の研究に取り組んだ．この間，発酵工程だけを取り出して考えるのではなく，前処理・糖化・発酵の三位一体で問題を捉え，有用形質を酵母に付与する重要性を体験した．一例として，酵素による糖化反応は通常50℃程度で行われるが，糖化と発酵を同時に行う並行複発酵は30～35℃で行われることが多い．しかし，30℃付近は特にキシロース糖化収率が大きく低下することがわかり（図12-4），高温発酵の必要性を認識した．そこで，前例に倣ってXR-XDH系による*S. cerevisiae*を作出したが，今度は，35℃以上でキシロース発酵能が著しく低下し，40℃以上ではキシロースを発酵することができなかった．その後，酵母株の選抜・

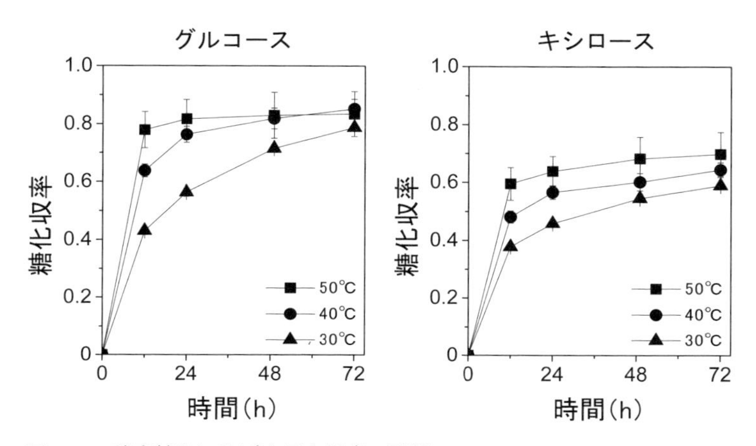

図12-4　酵素糖化に及ぼす反応温度の影響
CaCCO法（前項参照）により前処理を行った稲わらを，市販セルラーゼおよびヘミセルラーゼ製剤を用いて種々の温度下で糖化した（榊原 未発表）.

改良，発酵法の工夫により，発酵温度40℃でも理論収率の75%でキシロース発酵する方法[28]を開発した．この方法では高温でキシロースを発酵させるために，「同時異性化発酵法（simultaneous isomerization and fermentation）」を用いた．本法は，キシロースイソメラーゼ（グルコースイソメラーゼ）酵素を酵母と一緒に加え，キシロースの異性化で生成したキシルロースを酵母に発酵させる方法であり，加えて，キシルロースを40℃でも発酵する酵母（*Candida glabrata*）を用いている．この *C. glabrata* に対し，さらに，XKの高発現やアルドースレダクターゼ欠損といった改良を施し，同時異性化発酵によるキシロースの発酵収率を高めることに成功した．本法は，キシロースイソメラーゼ酵素の添加が必要となるが，使用酵母に異種遺伝子の導入を必要としないという実用化上の利点を有する．

近年，遺伝子工学に加え，メタボローム解析やメタゲノム解析等の革新技術，代謝工学に基づく戦略的な育種法等が発酵技術開発に導入され，10年前よりも緻密で洗練された改良を行うことが可能となった．一方で，プロセス全体を常に俯瞰しながら技術開発に向き合う姿勢が益々重要になっている．

引用文献

1）Basaraba, R.J. et al. (1999) Toxicosis in cattle from concurrent feeding of monensin and dried

distiller's grains contaminated with macrolide antibiotics. J. Vet. Diagn. Invest. 11: 79-86.
2）Becker, J. and E. Boles (2003) A modified *Saccharomyces cerevisiae* strain that consumes L-arabinose and produces ethanol. Appl. Environ. Microbiol. 69: 4144-4150.
3）Ho, N. W. and G. T. Tsao (1998) Recombinant yeasts for effective fermentation of glucose and xylose. US Patent 5,789,210.
4）Humbird, D. et al. (2011) Process design and economics for biochemical conversion of lignocellulosic biomass to ethanol. Technical Report NREL/TP-5100-47764, May 2011.
5）Ingram, L. O. et al. (1991) Ethanol production by Escherichia coli strains co-expressing *Zymomonas* PDC and ADH genes. US patent 5,000,000.
6）伊藤敏幸ら（2012）疎水性イオン液体や耐塩性酵素を用いた前処理・糖化技術に関する研究開発.「平成23年度バイオマスエネルギー関連事業成果報告会　バイオ燃料製造及びリファイナリーの技術開発」（平成24年2月1日，独立行政法人新エネルギー・産業技術総合研究機構主催）予稿集：166-167.
7）Jeppsson, M. et al. (2006) The expression of a Pichia stipitis xylose reductase mutant with higher K_m for NADPH increases ethanol production from xylose in recombinant *Saccharomyces cerevisiae.* Biotechnol. Bioeng. 93: 665-673.
8）Jin, Y. S. and T. W. Jeffries (2003) Changing flux of xylose metabolites by altering expression of xylose reductase and xylitol dehydrogenase in recombinant *Saccharomyces cerevisiae*. Appl. Biochem. Biotechnol. 105-108: 277-286.
9）Karhumaa, K. et al. (2007) High activity of xylose reductase and xylitol dehydrogenase improves xylose fermentation by recombinant *Saccharomyces cerevisiae*. Appl. Microbiol. Biotechnol. 73: 1039-1046.
10）片平悟史・徳弘健郎（2011）キシロースイソメラーゼ及びその利用. 特開2011-147445.
11）勝田真澄（2013）糖質・でん粉作物の低コスト生産によるエタノール製造原料としての利用. 農業および園芸 88（2）：233-241.
12）近藤始彦（2012）セルロースエタノール高効率製造のための環境調和型統合プロセス開発.「平成23年度バイオマスエネルギー関連事業成果報告会　バイオ燃料（エタノール）製造プロセス等の技術開発」（平成24年2月2日，独立行政法人新エネルギー・産業技術総合研究機構主催）予稿集：62-77.
13）Kuyper, M. et al. (2003) High-level functional expression of a fungal xylose isomerase: the key to effcient ethanolic fermentation of xylose by *Saccharomyces cerevisiae*?. FEMS Yeast Res. 4: 69-78.
14）Madhavan, A. et al. (2009) Xylose isomerase from polycentric fungus *Orpinomyces*: gene sequencing, cloning, and expression in *Saccharomyces cerevisiae* for bioconversion of xylose to ethanol. Appl. Microbiol. Biotechnol. 82: 1067-1078.
15）松村　修（2011）多目的利用を目指したイネの品種と生産技術開発について.「ソフトセルロース利活用技術確立事業　バイオエタノール通信　no.6」（2011）（社団法人　地域資源循環技術センター）：35-40.
16）Matsushika, A. and S. Sawayama (2008) Efficient bioethanol production from xylose by recombinant *Saccharomyces cerevisiae* requires high activity of xylose reductase and moderate xylulokinase activity. J. Biosci. Bioeng. 106: 306-309.
17）水野亮二ら（2010）「農林水産省委託プロジェクト研究「地域活性化のためのバイオマス利用技術の開発」研究成果発表会　－地域のバイオマスを使い尽くす－　講演要旨」（平成22年11月29日，独立行政法人農業・食品産業技術総合研究機構バイオマス研究センター主催）II-8.
18）Mohagheghi A. et al. (2002) Cofermentation of glucose, xylose, and arabinose by genomic DNA-integrated xylose/arabinose fermenting strain of *Zymomonas mobilis* AX101. Appl. Biochem. Biotechnol. 98-100: 885-898.
19）守田英太郎ら（2012）セルロース系目的生産バイオマスの栽培から低環境負荷前処理技

術に基づくエタノール製造プロセスまでの低コスト一貫生産システムの開発.「平成23年度バイオマスエネルギー関連事業成果報告会　バイオ燃料（エタノール）製造プロセス等の技術開発」（平成24年2月2日，独立行政法人新エネルギー・産業技術総合研究機構主催）予稿集：122-148.
20）中川　仁ら（2013）セルロース系作物・牧草類の遺伝資源導入と育種．農業および園芸 88（7）：754-768.
21）中村敏英ら（2007）アルコール発酵に適した新規酵母及びそれを用いたアルコール製造方法．特許公開番号：2009-142219.
22）野尻昌信ら（2010）農林水産省委託プロジェクト研究「地域活性化のためのバイオマス利用技術の開発」研究成果発表会　－地域のバイオマスを使い尽くす－　講演要旨（平成22年11月29日，独立行政法人農業・食品産業技術総合研究機構バイオマス研究センター主催）II-7.
23）荻野千秋ら（2012）イオン液体を利用したバイオマスからのバイオ燃料生産技術の開発.「平成23年度バイオマスエネルギー関連事業成果報告会　バイオ燃料（エタノール）製造プロセス等の技術開発」（平成24年2月2日，独立行政法人新エネルギー・産業技術総合研究機構主催）予稿集：16-25.
24）太田一良ら（2010）ペントース資化性エタノール生産組換え大腸菌及びこれを用いるエタノールの製造方法．WO 2010/092924.
25）Park J-Y. et al. (2011) Contents of various sources of glucose and fructose in rice straw, a potential feedstock for ethanol production in Japan. Biomass Bioener. 35: 3733-3735.
26）Park, J. Y. et al. (2010) A novel lime pretreatment for subsequent bioethanol production from rice straw - calcium capturing by carbonation (CaCCO) process-. Bioresour. Technol. 101: 6805-6811.
27）Roca, C. and L. Olsson (2003) Metabolic engineering of ammonium assimilation in xylose-fermenting *Saccharomyces cerevisiae* improves ethanol production. Appl. Environ. Microbiol. 69: 4732-4736.
28）榊原祥清ら（2012）キシロースを高温で発酵する方法．特願2012-135883.
29）澤山茂樹・塚原建一郎（2010）稲わらからバイオエタノールをつくるための前処理の工夫「農林水産省委託プロジェクト研究「地域活性化のためのバイオマス利用技術の開発」研究成果発表会　－地域のバイオマスを使い尽くす—　講演要旨」（平成22年11月29日，独立行政法人農業・食品産業技術総合研究機構バイオマス研究センター主催）：21-22.
30）Shigechi, H. et al. (2004) Direct production of ethanol from raw corn starch via fermentation by use of a novel surface-engineered yeast strain codisplaying glucoamylase and alpha-amylase. Appl. Environ. Microbiol. 70: 5037-5040.
31）Shiroma R. et al. (2011) RT-CaCCO process: An improved CaCCO process for rice straw by its incorporation with a step of lime pretreatment at room temperature. Bioresour. Technol. 102: 2943-2949.
32）Srichuwong, S. et al. (2009) Simultaneous saccharification and fermentation (SSF) of very high gravity (VHG) potato mash for the production of ethanol. Biomass Bioenerg. 33: 890-898.
33）杉浦　純ら（2012）早生樹からのメカノケミカルパルピング前処理によるエタノール一貫生産システムの開発.「平成23年度バイオマスエネルギー関連事業成果報告会　バイオ燃料（エタノール）製造プロセス等の技術開発」（平成24年2月2日，独立行政法人新エネルギー・産業技術総合研究機構主催）予稿集：149-170.
34）寺内方克（2013）サトウキビにおける種間雑種を利用したバイオマス研究展開．農業および園芸 88（3）：325-333.
35）Träff, K. L. et al.（2001） Deletion of the GRE3 aldose reductase gene and its influence on xylose metabolism in recombinant strains of *Saccharomyces cerevisiae* expressing the *xylA* and *XKS1* genes. Appl. Environ. Microbiol. 67: 5668-5674.
36）Verho, R. et al. (2003) Engineering redox cofactor regeneration for improved pentose

fermentation in *Saccharomyces cerevisiae*. Appl. Environ. Microbiol. 69: 5892-5897.
37) Watanabe, S. et al. 2007. Ethanol production from xylose by recombinant *Saccharomyces cerevisiae* expressing protein engineered NADP$^+$-dependent xylitol dehydrogenase. J. Biotechnol. 130: 316-319.
38) 渡辺隆司（2012）白色腐朽菌のリグニン分解系を用いたバイオマス変換．バイオサイエンスとインダストリー 70：15-22.
39) Watanabe, T. et al. (2010) Selection of stress-tolerant yeasts for simultaneous saccharification and fermentation (SSF) of very high gravity (VHG) potato mash to ethanol. Bioresour Technol. 101: 9710-9714.
40) Wisselink, H. W. et al. (2007) Engineering of *Saccharomyces cerevisiae* for efficient anaerobic alcoholic fermentation of L-arabinose. Appl. Environ. Microbiol. 73: 4881-4891.
41) Wu, L. et al. (2011) Efficient conversion of sugarcane stalks into ethanol employing low temperature alkali pretreatment method. Bioresour. Technol. 102: 11183-11188.
42) 山田敏彦（2013）バイオマス作物としてのススキ属植物の期待　－遺伝資源の評価と優良系統の育成－．農業および園芸 88（6）：663-667.
43)「平成 23 年度バイオマスエネルギー関連事業成果報告会　バイオ燃料（エタノール）製造プロセス等の技術開発」（平成 24 年 2 月 2 日，独立行政法人新エネルギー・産業技術総合研究機構主催）予稿集．
44)「農林水産省委託プロジェクト研究「地域活性化のためのバイオマス利用技術の開発」研究成果発表会　－地域のバイオマスを使い尽くす－　講演要旨」（平成 22 年 11 月 29 日，独立行政法人農業・食品産業技術総合研究機構バイオマス研究センター主催）．
45) 秋田県ソフトセルロース利活用プロジェクト「ソフトセルロース利活用技術確立事業バイオエタノール通信 no.6」（2011）（社団法人　地域資源循環技術センター）：15-17.
46) 北海道ソフトセルロース利活用プロジェクト「ソフトセルロース利活用技術確立事業バイオエタノール通信 no.6」（2011）（社団法人　地域資源循環技術センター）：4-6.
47) 兵庫県ソフトセルロース利活用プロジェクト「ソフトセルロース利活用技術確立事業バイオエタノール通信 no.6」（2011）（社団法人　地域資源循環技術センター）：7-14.
48) 柏の葉ソフトセルロース利活用プロジェクト「ソフトセルロース利活用技術確立事業バイオエタノール通信 no.6」（2011）（社団法人　地域資源循環技術センター）：18-20.

参考書籍

図解バイオエタノール最前線 2004．工業調査会：253pp.
バイオ液体燃料 2007．エヌ・ティー・エス：489pp.

第13章　エタノール変換技術〔2〕
繊維質糖化酵素の開発

〜＊〜＊〜＊〜＊〜＊〜＊〜＊〜＊〜＊〜＊〜＊〜

池　正和・小杉昭彦・森　隆・金子　哲・徳安　健・長島　實

1. はじめに

繊維質原料の糖化，すなわち植物細胞壁中の多糖成分セルロースやヘミセルロースなどから発酵性単糖を生産する工程は，セルロース原料からの第2世代バイオエタノール製造において極めて重要な工程である．酵素によるバイオマス糖化は酸糖化法と比較して温和な条件での反応が可能で，さらに過分解が起こらず発酵性単糖の収率が高い等のメリットがある．しかし，バイオマス中のセルロース繊維は強固に結晶化し，ヘミセルロースやリグニン等の他の高分子物質と複雑に絡み合った構造を持つ．このため，第12章で詳述したように，通常，酵素糖化の際に前処理が必要である．さらに，澱粉糖化（第1世代バイオエタノール生産）と比較して大量の酵素を長時間作用させる必要がある．第2世代バイオエタノール製造の実用化に向け，酵素糖化コストを大幅に低減することが必須で，世界中で技術開発が進められている．

セルラーゼなど植物繊維質分解に関わる酵素を生産する微生物は自然界に広く分布する．これらの微生物が生産する酵素群を繊維質糖化酵素として利用するために，強力な植物細胞壁分解能力を持つ微生物の選抜や生産酵素の機能解析が古くから行われてきた．トリコデルマ（*Trichoderma*）属やアクレモニウム（*Acremonium*）属などの糸状菌類は，繊維質糖化に必要な一連の酵素群を大量に菌体外に分泌生産し，酵素生産の面で大きなメリットを持つため，バイオマス糖化用酵素の給源微生物として商業利用されている．一方，近年，分解速度の遅さや非生産的吸着による作用効率の低さなどの問題点が指摘されている．偏性嫌気性菌として知られているクロストリジウム（*Clostridium*）属は，セルロソーム（cellulosome）と呼ぶ巨大酵素複合体を生産する．セルロソームのバイオマス分解能力は糸状菌由来酵素より高く，高温での糖化も可能などメリットも多いが，酵素生産量が低い問題点がある．両者の繊維質分解機構は大きく異なり，各々の利点を活かした酵素糖化系の開発が世界各国で進められている．

我々は，バイオエタノール製造時の酵素糖化に係るコスト低減のために，「よく働く酵素を（糖化酵素群の高機能化）」，「安く製造し（効率的生産技術開発）」，そして「うまく利用する（効果的利用法の開発）」という 3 つの柱で総合的に研究開発を進めてきた．ここでは，糸状菌 *Trichoderma reesei* を用いた酵素生産技術開発と *Clostridium* 酵素を用いた糖化技術を紹介する．また，酵素生産，糖化及び発酵を並行させる連結バイオプロセス（Consolidated Bioprocessing：CBP）型エタノール生産法へ向けた微生物改良や最近の酵素糖化技術の進展という観点から糖化技術への多様なアプローチを概述する．

2. 糸状菌を用いた糖化酵素の生産技術開発

これまで多様な前処理・酵素糖化系が提唱されてきたが，その酵素供給が最大の経済的課題である．植物細胞壁分解酵素群を生産する微生物の中で，糸状菌 *Trichoderma reesei* は，一連のバイオマス分解酵素（セルラーゼ，ヘミセルラーゼ）分泌生産力に優れ，古くから研究されてきた．本菌は第 2 次世界大戦中，木綿製テントを崩壊させる微生物として野生株「QM6a」が単離された（当時 *T. viride* と報告）．1970 年代にセルラーゼ生産性が向上した「QM9414」株や「MCG77」株が取得され，世界各国でこれを基に高生産変異株が造成された．また，*Acremonium* 属や *Penicillium* 属なども繊維質糖化酵素の有力な供給源微生物とされ，近年，高生産変異株の取得が盛んに行われた．理由は，これら糸状菌が生産するセルロース分解酵素群中 β-グルコシダーゼ（glucosidase）活性が *T. reesei* より高く，繊維質原料糖化反応のグルコース収率が良いためである．

近年，遺伝子工学的手法により，上記糸状菌の生産酵素組成を改変・高機能化した組換え株も開発された．例えば，遺伝子工学的に β-グルコシダーゼ活性を強化した *T. reesei* 株由来の酵素製剤は既に製造販売されている．また，コウジカビの仲間 *Aspergillus aculeatus* 由来 β-グルコシダーゼ遺伝子を *T. reesei*「PC-3-7」株（「ATCC66589」株）に導入した「JN13」株が造成され，この株の生産酵素が市販酵素を上回る糖化能力を示した[35]．さらに *Acremonium* 糸状菌で，2011 年に遺伝子工学的に β-キシロシダーゼ（xylosidase）活性を強化した株を作出した．このように，従来型変異導入や遺伝子組換え技術を駆使し，高生産・高機能型糸状菌の創製が盛んに行われている．一方，繊維質糖化に用いる酵素の生産コスト低減のために，上記高生産・高機能株を使用しつつ，より効率的に酵素生産が可能な培養システム構築も必要となる．ここでは，*T. reesei* 変異株を用いた糖化酵素の高効率酵素生産システム構築について紹介する．

1）*T. reesei* セルラーゼの生産効率化へ向けた戦略と高生産変異株の取得

T. reesei はバイオマス糖化に必要な酵素群（セルラーゼ，ヘミセルラーゼ）を大量生産する．これまでに報告された高生産株のセルラーゼ生産能力は非常に高く，セルロース系原料を炭素源として，数十 g/L の蛋白質を菌体外に分泌し，その 90%が繊維質分解に関わる酵素である．このような高生産変異株を用いた糖化酵素オンサイト生産技術の開発が世界中で行われている．多くの場合，酵素生産原料としてセルロースやバイオマス前処理物等の固形分を用いているが，生産酵素の一部が培地中に残存する固形分に吸着し酵素回収率が低下する可能性がある．また，セルロースから生成する低分子糖質が酵素生産の誘導物質となる一方で，最終分解物となる単糖グルコースは酵素生産を抑制するなど，固形分原料分解状況に応じて酵素生産性が変化するため，菌のもつ酵素生産潜在力が十分に発揮されないと考えられる．また，バイオマス原料の種類や前処理法に応じ，効率的糖化に必要な酵素群が異なり，各々の変換プロセスに対応した糖化酵素の安定生産技術も同時に開発する必要がある．我々は，可溶性原料を用いて酵素生産性に関係する因子を制御することで，菌の持つ酵素生産能力を最大限発揮させた酵素高速生産技術を目指した．まず，セルラーゼ高生産変異株として報告されている *T. reesei*「ATCC66589」株に変異導入を行い，酵素生産抑制物質であるグルコース存在下でもセルラーゼ生産する変異株を複数取得した．これら変異株のセルロース培養でのセルラーゼ生産性は親株 *T. reesei*「ATCC66589」株より 10～20%程度高く，取得変異株のセルラーゼ生産性向上が明らかとなった[14]．

2）連続フィード培養による高効率酵素生産および生産酵素の組成調節

前項変異株を用い，グルコースとセルラーゼ誘導物質セロビオースを連続添加して培養し（連続フィード培養），安定的・効率的酵素生産できることを示した[14]．現在，生産条件最適化を進め，グルコースを主要炭素源とした連続フィード培養で，セルロース培養時の親株を超える酵素生産性を達成した．また，炭素源供給量等の生産条件に多少左右されるが，連続フィード培養でタンパク質濃度約 90g/L まで安定生産性を示すことを確認した．

バイオマス原料の種類や前処理法により，効率的な糖化反応に必要となる酵素

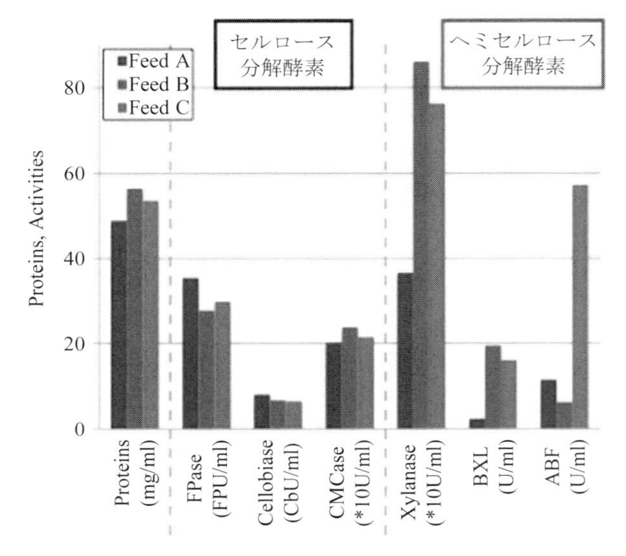

図 13-1　3 種フィード様式で生産した酵素の活性比較（池ら 2011）[16)]
菌株：*T. reesei* M2-1，フィード速度：約約 18g/L/日，生産日数：7 日，Feed A：Glc＋C2，Feed B：Glc＋Xyl＋C2，Feed C：Glc＋Xyl＋Ara＋C2；Glc：グルコース，Xyl：キシロース，Ara：アラビノース，C2：セロビオース

群は異なってくる．例えば，希アルカリ処理バイオマスでは，ヘミセルロースも前処理物に多く残存するため，セルロース分解酵素に加え，ヘミセルロース分解酵素も必要となる．このように多様な原料・前処理法に応じた酵素群を生産するため，連続フィード培養条件を検討し，添加可溶性原料の組成や添加量の添加様式を調節することで，生産酵素組成を改変できることを明らかにした[15,16)]．例えば，グルコース・セロビオースを基本とし（図 13-1，Feed A），キシロースやアラビノース（図 13-1，Feed B，C）も添加しつつ培養を行うことで，セルロース分解酵素の生産性を維持しつつ，ヘミセルロース分解酵素活性を高めることができる．実際にこの条件で生産した酵素は，希アルカリ前処理原料などのヘミセルロースを含む原料の糖化反応に有効である．このように，*T. reesei* 変異株を用いた，可溶性原料連続フィード培養法による酵素生産技術では，原料供給様式を変化させることで，生産酵素の組成を改変・調節することが可能である．これにより多

様な原料や前処理法に応じた糖化酵素群の高効率生産に繋がるもと期待される.

3）まとめ

繊維質糖化に係るコスト低減のため，糸状菌由来のセルラーゼを中心とした高機能型酵素製剤製造に向けた研究開発が熾烈化し，世界中の企業が次々と製品化を行って．これに対し，バイオエタノール製造プラント近くで酵素生産を行う，オンサイト酵素生産技術は，対応原料に応じた酵素組成や，酵素の輸送・貯蔵などの点で，市販酵素と比較してメリットがあると考えられる．筆者らは，農水省委託「地域バイオマスプロジェクト」で，*T. reesei* 変異株を用いた可溶性糖質原料連続フィード培養による効率的酵素生産基盤技術を開発した．本技術は，可溶性原料の組成・添加量等の添加様式を管理することで，高い酵素生産速度を維持しつつ，酵素組成の制御を行うため，多様な基質特性や変換プロセス特性に対応した酵素群の効率的生産に繋がる．また，酵素生産原料として可溶性糖質を用いるため，原料滅菌工程の簡略化や培養の連続化などに対しても大きなメリットがある．さらに，可溶性原料に糖化液や澱粉水解物なども使用可能であり[16)]，各地域で入手し易い原料を用いた酵素生産様式に柔軟に対応できる．現在，解明された *T. reesei* のゲノム配列を基に[30)]，遺伝子発現や蛋白質発現の面から，効率的酵素生産に繋がる情報の収集・整理を進めている．さらに，培養の（半）連続化に取り組むと共に糖化液や澱粉水解物などの安価原料からの連続フィード培養による酵素生産も検討している．本技術を軸とし，様々な安価原料からの多様な糖化酵素カクテル生産技術の高度化，そして酵素生産工程の連続化による長期安定生産を達成し，地域特性に合わせた酵素生産様式に柔軟に対応した低コスト糖化酵素生産供給システムの実現が期待される.

3. 好熱嫌気性細菌が生産するセルロソーム　－その特徴と高活性セルロソーム開発－

食糧と競合せず，地球上に豊富に存在するセルロース系バイオマス，すなわちトウモロコシ茎葉（corn stover：コーンストーバー），麦わら，稲わら，バガス等の農作物残さからのエタノール生産技術は重要かつ達成すべき課題である．近年，トウモロコシ茎葉や小麦わらを使った燃料用エタノール生産技術開発は大きく進展した，依然として糖蜜や澱粉を原料とする第1世代バイオ燃料製造に比べ，実用化には技術的ブレイクスルーを必要とする．その核心部分で求められているのが，いかに効率的にセルロース系バイオマスを分解し，エタノール等の有用物質に変換可能な糖質を確保できるかである．

バイオマス糖化酵素は世界的に糸状菌 *T. reesei* 由来セルラーゼを中心に研究が進められている．一方，糸状菌酵素に匹敵する分解力を誇るのが，好熱嫌気性細菌 *Clostridium thermocellum* が生産するセルロソーム（セルラーゼ・ヘミセルラーゼ酵素複合体）である．本章では糸状菌 *T. reesei* のセルラーゼとは異なる酵素作用メカニズムを示す *C. thermocellum* の生産するセルロソーム構造と機能を中心に，筆者らが取り組むセルロソームの糖化技術と，それ以外のセルラーゼ・ヘミセルラーゼ酵素複合体を生産する新規好熱嫌気性細菌を紹介する．

1）*C. thermocellum* のセルロソームの特徴と構造

C. thermocellum のセルロース分解能の研究は，1899年，MacFayden と Blaxall による高温度下でセルロースを効率的に完全分解できる細菌の発見まで遡る．しかし，本格的なセルロソームの機能と構造学的研究は，1970年代後半，米国マサチューセッツ工科大学（Massachusetts Institute of Technology：MIT）の研究グループが強力なセルロース分解能が *C. thermocellum* の生産する巨大な酵素複合体によることを解明してからである[3,6]．さらにイスラエルの研究グループは，菌体表層に観察されるリボゾーム大のセルラーゼ酵素複合体を「セルロソーム」と呼ぶことを提案した[2]．*C. thermocellum* のセルロソームは，10〜20数種類のセルラーゼ，ヘミセルラーゼ，エステラーゼ等の酵素が規則的に配置した，分子量200〜350万の巨大酵素複合体として存在し，各酵素サブユニットが協調的に基質に作用する．セルロソーム構造の中核的役割を担うのが CipA と呼ばれる骨格タンパク質である．CipA は，9個のタイプ I コヘシン（cohesin）と呼ばれる酵素サブユニットレセプタードメイン，セルロースへ結合するための糖質結合モジュール，および細胞表層アンカータンパク質と結合するタイプ II ドッケリン（dockerin）と呼ばれるドメインを持つ．セルロソームの全酵素サブユニットは，タイプ I ドッケリンを有し，CipA のタイプ I コヘシンとカルシウム依存型相互作用で結合する．CipA の C 末端部に存在するタイプ II ドッケリンは，細胞表層アンカータンパク質（OlpB，Orf2p，SdbA）が持つタイプ II コヘシンとの結合を介し細胞表層に固定される[22]．また，2007年，*C. thermocellum*「ATCC27405」株の全ゲノムシーケンスが終了し，データベース上に公開された（http://genome.jgi-psf.org/cloth/cloth.home.html）．

2）高活性 *C. thermocellum*「S14」株の分離と特性

既報の *C. thermocellum* 菌株は欧米や日本の土壌，堆肥などから分離された[6]．文献を丁寧にたどると，限られた分離源や場所からの分離が多い．セルロソームの有する能力を引き出し，産業利用を目指すために，より強力なセルロース，ヘミセルロース分解活性を持つセルロソームを大量生産する菌株の取得が必要である．筆者らは，既報の菌株より高いセルロース分解能を示す菌株のスクリーニングを東南アジア各地で行っている．東南アジアは，日本や欧米とは異なり熱帯に位置し，炭素代謝が高速で進行するため，他の地域より高いセルロース分解活性能を持つ微生物の存在が期待される．

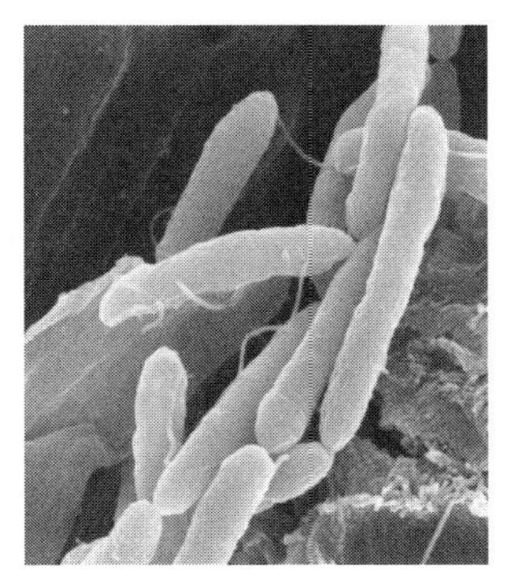

図 13-2　バガスペーパー汚泥より分離した高活性セルロソーム生産菌 *C. thermocellum* S14 株

筆者らがタイ国キングモンクット工科大学（King Mongkut's University of Technology Thonburi）と共同で行ったタイ国内調査で，既知の *C. thermocellum* 菌株よりも分解活性が高い4菌株を分離したが，バガスペーパー汚泥から分離した *C. thermocellum*「S14」株（図 13-2）は *C. thermocellum*「ATCC27405」株の3倍以上の微結晶性セルロースおよびヘミセルロース分解能を有し，70℃の高温や弱アルカリ条件下でも生育可能であった[41]．

さらに，最近，筆者らは *C. thermocellum* を用いた生物学的同時糖化法（BSES 法）という画期的な糖化技術を開発した．これは *C. thermocellum* 培養時，β-グルコシダーゼを共存させてセルロース系バイオマスから直接グルコースを大量に培地中へ遊離，蓄積できる技術である（特許 5943326）．すなわち，*C. thermocellum* の弱いグルコース資化性を利用した技術であり，*C. thermocellum* をセルロースと共に培養するとセルロソーム生産と同時にセルロース糖化反応が起こり，その分解物はグルコースに変換され培養液中に高濃度で蓄積する．本技術で，10%のセルロースから約 7%のグルコースを培養液中に生産，蓄積できる．もちろん，この培養液は直接エタノール生産に利用で，これまでの糖化方法を大きく変える画期的技術に繋がると期待し，現在，実用化へ向けた研究を行っている．

3）セルラーゼ酵素複合体を生産する好熱嫌気性好アルカリ性細菌の分離

リグノセルロースの前処理方法は糖化効率に大きく影響するため，酵素糖化を考える上で極めて重要である．筆者らは前処理方法で効果の高いアルカリ前処理を意識し，アルカリ処理後の中和洗浄工程を軽減する，高 pH 環境下で高糖化活性を示す好熱嫌気性好アルカリ性細菌の探索も同時に試みている．そして，汽水域ココナツ農園土壌から結晶性セルロース高分解能を持ち，至適生育温度 55℃，至適生育 pH 9.5 という好アルカリ性好熱嫌気性細菌の分離に成功した[47]．本細菌も同様に酵素複合体を生産するが，16S rRNA 配列をもとにした系統樹解析で，*Clostridium* 属など多くのセルロース分解嫌気性細菌が属するファミリー Clostridiaceae ではなく，新属新種（*Cellulosibacter alkalithermophilus*）の可能性が高いことがわかった．このように新特性を持つ微生物が生産する酵素複合体は，これまでの *C. thermocellum* などの嫌気性細菌の酵素複合体構造と異なる形成様式を有する可能性がある．

4）まとめ

これまで，*C. thermocellum* 以外でセルロソームのようなセルラーゼ・ヘミセルラーゼ酵素複合体を生産する好熱嫌気性細菌の報告はなかった．微生物の多様性を考えると不可解な偏りであったが，やはり，その多様性の大きさを改めて認識させられた．*C. thermocellum* のセルロソームの強力なセルロース分解能や上記の好アルカリ好熱嫌気性細菌の生産する酵素複合体の高度利用は，従来のカビ酵素系とは異なるユニークで高効率な糖化システム構築へのヒントとなる．今後，新規分離菌株の詳細な比較ゲノム解析等により，セルロソームの高分解活性メカニズムの解明や，より強力な活性をもつセルロソームの開発へとつながる技術開発に挑戦している．

4．CBP 型糖化酵素生産，糖化，エタノール発酵技術の開発

1）はじめに

非食のリグノセルロース系バイオマスを原料とするエタノール製造技術開発が求められているが，高い製造コストが最大の問題点である．一般的なバイオマスエタノール変換法は，前処理，糖化，発酵を段階的に実施するが，前処理と糖化酵素生産または購入の費用がコスト面でのハードルとなっている[10]．従って，安

価なエタノール製造法開発では，糖化酵素の製造コストや糖化酵素使用量の削減が必須であり，酵素生産，糖化，発酵の一連プロセスを1生物で行うCBPが，近年，注目されている[37,50]．酵素生産をプロセスに含むことが大きな特徴であり，従来法による酵素価格を大幅削減し，設備費や投入エネルギー削減もでき，大幅な製造コストダウンが期待できる[24]．しかし，本プロセスに適合する微生物は現時点では未開発である．

2）セルラーゼ生産微生物の改良

本研究は，主に嫌気性菌 *Clostridium* 属を対象とし，エタノール収量とエタノール耐性の向上，ペントース発酵能付与などを目指している．*Clostridium* 属菌には，エタノール発酵能を有する種も存在し，セルロースをエタノールに直接変換できると考えられる．しかし，エタノール耐性が極めて低く，ペントースを資化できず，さらにバイオマス前処理で生成するインヒビターへの耐性が低い点が大きな問題である．この解決に向け，ホスト菌株への遺伝子導入が必要であるが，嫌気性菌の遺伝子組換えは非常に困難である．*C. cellulolyticum* 改良株でセルロースから50g/Lのエタノールを生産した報告があるが，変換率は64%に留まっている[9]．セルロソーム生産する *C. thermocellum* は極めて高いセルロース分解性を有するため，本菌変異株によるCBPはセルロースからのエタノール変換効率94%を達成したが，エタノール濃度は19.5g/Lと低い[1]．しかし，*C. thermocellum* と *Thermoanaerobacterium sacchrolyticum* の混合培養で，結晶セルロースのアビセル（avicel）を原料として92.2g/Lのエタノールを90%の変換効率で得たとする報告があり[1]，CBPとしては最も効率の良い結果となっている．今後，実際にバイオマスを原料としたエタノール生産で，同様の変換効率が得られるかどうかが課題である．

その他，研究は非常に少ないが，糸状菌類が糖化酵素生産性とエタノール発酵能を持つことが知られている．糸状菌類はペントースも発酵でき，キシランを直接エタノール変換できる点で優れるが，研究は継続されておらず，報告された菌種のバイオマス糖化能力など，詳細は不明である．研究中止の原因は恐らくエタノール耐性が低いことにある[39]．

3）エタノール生産性微生物の改良

本研究では，ザイモモナス・モビリス（*Zymomonas mobilis*），大腸菌（*Escherichia*

coli), クレブシエラ-オキシトカ（*Klebsiella oxytoca*）などエタノール生産性バクテリアや酵母菌（*Saccharomyces cerevisiae*）, パチソレン・タノフィルス（*Pachysolen tannophilus*）, *Pichia stipitis*, *Candida shehatae* などのエタノール生産酵母に遺伝子組換え技術で，エキソ-グルカナーゼ（exoglucanase），エンド-グルカナーゼ（endoglucanase），ヘミセルラーゼ（hemicellulose）など種々の糖化酵素生産能を付与し，さらにアラビノースやキシロースなども含めたバイオマスから得られる糖を全てエタノール変換することが望まれる[50]．しかし，これら微生物はエタノール生産能に優れる反面，バイオマス糖化酵素をほとんど保有せず，バイオマス糖化には極めて解決困難な課題が待ち受けている．

バイオマス糖化には様々な酵素が必要であるだけでなく，それら酵素の存在比も重要な要因である．エタノール生産微生物への糖化能力の付与は，多種多様な酵素を一つずつ組換えるだけでも大変であるが，バイオマス糖化に必要充分量を，適切な存在比で発現させることは極めて困難な作業である．また，*T. reesei* の生産酵素の中でセルロース分解に最も重要な酵素は結晶性セルロースに対する分解能を持つセロビオハイドロラーゼI（cellobiohydrolase I : CBH I）およびII（CBH II）であり，*T. reesei* 培養液中の全タンパク質の約50～70%を占めると言われ，特にCBH Iは異種発現が極めて困難な酵素である．最近，これら酵素を全蛋白質の4～5%に相当する量の *S. cerevisiae* で発現させた報告があるが[17]，好気培養での結果であり，嫌気条件のCBPでの有用性は疑問視されている[37]．*S. cerevisiae* の細胞表層へCBH IIをディスプレイした菌株を用いて200g/Lの水熱処理済み稲わらを89%の変換効率でエタノール変換した報告があるが，変換に10FPU（Filter Paper Unit）/gバイオマス相当のセルラーゼ添加が必要で，5FPU/gバイオマス量のセルラーゼを添加した場合，エタノール収率が野生株と変わらず，CBH II発現の効果が出ていない[31]．

4）担子菌によるCBP

筆者らは，新たなCBP生物の候補として，エタノールを生産する種が存在し，地球上で唯一単独でリグノセルロースの完全分解が可能な担子菌に着目して研究を行ってきた．本技術では，CBPのコスト面での利点に加え，木材腐朽菌という，*T. reesei* や *C. thermocellum* と異なる糖化酵素系をバイオマス糖化に導入することができる．食用担子菌をスクリーニングした結果，エノキタケ（*Flammulina velutipes*）「Fv-1」株が優れたエタノール生産能と高いバイオマス糖化能を持つことを見出した[33]．本菌はアラビノース，キシロースといったペントースやガラクトースをエタノール変換できないが，グルコース，フルクトース，マンノースやシュークロース，マルトース等の 2 糖類に加え，セロビオース（cellobiose），セロトリオース（cellotriose），セロテトラオース（cellotetraose）等のセルロース由来オリゴ糖を直接エタノール変換できる．糖濃度が濃い場合も糖選択性は変わらず[25]，セロビオース濃度 15%（w/v）という高濃度条件下でも，高いエタノール変換率を示す．セロオリゴ糖変換時の糖成分と酵素活性を調べた結果，β-グルコシダーゼ活性が著しく高く，重合度が減少したセロオリゴ糖が観察されたため，本菌はセロオリゴ糖を単糖に分解してエタノール変換していると考えられる[33]．一方，サトウキビバガスから調製したセルロースやアンモニア処理後稲わらに対し，各々9mg/g バイオマス，5mg/g バイオマスのごく少量の糖化酵素添加を要するが，バイオマス濃度 15%（w/v）のバガスセルロース，30%（w/v）アンモニア処理稲わらという高バイオマス濃度条件下で，セルロースに対するエタノール回収率が各々70%，76%という非常に高い変換率を達成したことから，CBP 生物として有望である[20,25]（図 13-3）．また，筆者らは，エノキタケの異種遺伝子発現

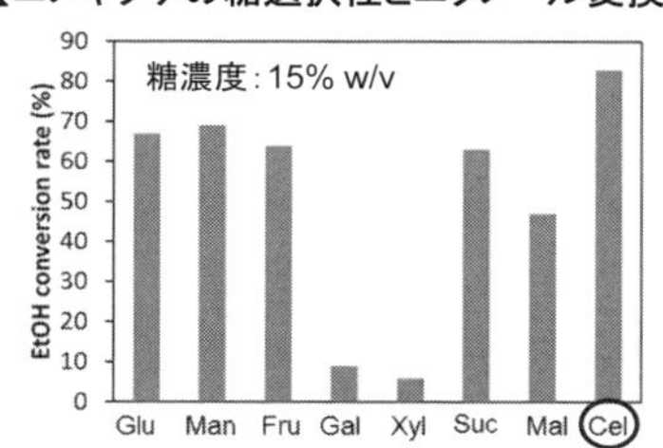

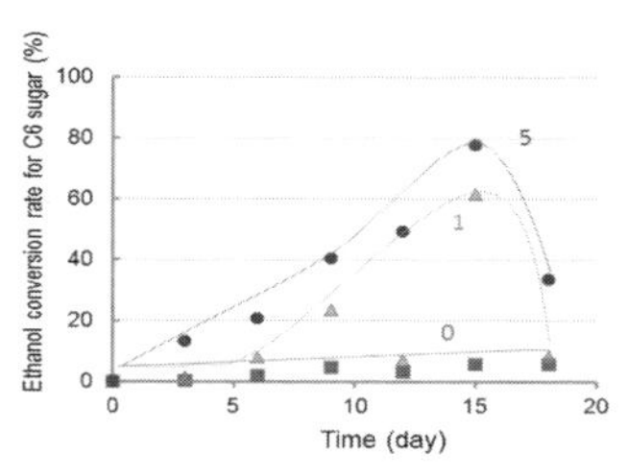

図 13-3　担子菌を用いた CBP のメリット

系を構築し[27,28]，異種発現が極めて困難な *T. ressei* の CBH I をエノキタケで発現させることに成功した．今後，糖化酵素添加を要さない CBP に適したエノキタケ株の開発を目指している．

上記の優れた点に加え，エノキタケを CBP 生物に利用する利点が存在する[26]．きのこ産業は国内年間生産額が約 2,240 億円（林業総生産量の約 50%を占める）の巨大産業であり，近年のきのこ栽培は，木粉，コーンコブ（corn cob：トウモロコシの子実を除いた雌穂），バガスを用いる菌床栽培が主流である．従って，きのこ産業は実用化したバイオマス利用産業として最大規模である．きのこ収穫後に不要となった廃菌床は廃棄物として有料処分しているが，きのこを CBP 生物として利用する観点からみると，きのこの菌糸，糖化酵素およびバイオマスの塊であり，木材腐朽菌による「前処理」と「糖化酵素生産」を終えた状態のものである．従ってバイオ燃料製造をきのこ産業の廃棄物処理技術と位置付けることにより，さらに安価なエタノール製造が望める．きのこを用いた CBP が，バイオ燃料製造の救世主となり得るかどうかは，一連のエタノール製造プロセスの実証試験が必要であるが，最大級バイオマス利用産業と容易に協力関係が作れる点が，きのこを用いた CBP の最大のメリットである．

5. 繊維質分解を加速する酵素または非酵素成分の探索

セルロースやキシランなどの繊維質多糖は水に不溶で，少なくとも初期段階は固液界面での非効率な酵素糖化を行うこととなる．また，疎水性が高く，酵素と非特異的に結合しうるリグニンが混在し，酵素糖化の阻害要因も多い．そこで，酵素カクテルを改良して繊維質糖化を効率化するため，様々な追加酵素や非酵素成分の添加効果が評価されてきた．

1) セルロース糖化の効率化に向けて

T. reesei によるセルロース酵素糖化は，エンドグルカナーゼ，セロビオハイドロラーゼ，およびβ-グルコシダーゼの作用で効率的に行われる．この中で，結晶性セルロース表面からセロビオースを連続的に遊離する機能を持つセロビオハイドロラーゼ I は，非常に重要な役割を果たす．本酵素は，かんな掛けのように，酵素分子がセルロース表面を滑りながら，セルロース一本鎖を酵素触媒モジュール内に取り込み，連続的加水分解によりセロビオースを遊離すると考えられる．

一方で，多くの酵素がセルロース表面上で作用する場合，酵素の見かけ上の反応速度が低下し（セルロース表面上で，酵素が渋滞するようなイメージ），酵素触媒モジュールが基質の一部を噛み込んだまま動けなくなり，分解効率が下がるものと推測されている[12,13]．この現象は，バイオマス前処理物のように，ヘミセルロースやリグニンなどが残存・付着するような表面でも起こると考えられ，共存エンドグルカナーゼの作用でセロビオハイドロラーゼの停滞現象は緩和できる[18,19]．このセルラーゼの基質への非生産的結合は，酵素糖化収率の頭打ちを招く主因と考えられている[34]．

異なる触媒活性の複数セルラーゼが相乗効果を持つためには，基質結合部位（Carbohydrate Binding Module）が制御する両酵素の空間的配置が重要となる．最近，一分子観察技術で，両者が全く同じ基質位置を認識しても，逆に両者が全く異なる位置を認識しても，その相乗効果が十分に発揮されないという結果が報告された[8]．本論文は，基質結合部位が基質の特定構造を認識することにより，複数の酵素が協奏的に基質を分解する仕組みが隠れていることを定量的に見出した初めての論文として意義深い．理想的な酵素カクテルを整える際に，基質結合部位の組合せに対する十分な配慮が必要であり，一見，類似酵素が無駄に複数生産されているようにみえる天然のセルラーゼカクテルについても，集団的な力価に対する考えを見直すべきである．

一方で，セルラーゼの効率を増大させるスオレニン（swollenin）や植物細胞壁進展性調節因子のエクスパンシン様蛋白質（expansin-like proteins）は，非加水分解的にリグノセルロースの水素結合ネットワークを緩めたり壊したりする役割が期待されている．Wang et al.[45] は，*Trichoderma asperellum* 由来スオレニン遺伝子を大腸菌に大量発現させて組換えスオレニン蛋白質を作製し，これが非加水分解的に結晶性セルロースを分解することを確認した．また，*T. reesei* のゲノムには，スオレニンをコードする遺伝子の他，機能未知でエクスパンシンやグリコシドハイドロラーゼ（GH）ファミリー45 のエンドグルカナーゼとのアミノ酸配列類似性を示すドメインをコードする遺伝子が複数個存在し，その一部はリグノセルロース分解時に転写されていることが示された[44]．さらに，*Humicola insolens* 由来の GH45 エンドグルカナーゼは，結晶性基質分解時にセロビオハイドロラーゼ I との高い相乗効果を示したが，セロビオハイドロラーゼ II との相乗効果は顕著ではないことを確認した[4]．

このような中，Novozymes 社は，コーンストーバー前処理物を用いて *T. reesei*

由来のセルラーゼと相乗効果を示す菌体培養液を探索中に，*Thielavia terrestris* 培養物中に糖化促進活性を見いだし，GH61 に属する蛋白質が有効成分であると確認した．この蛋白質は純粋なセルロースの加水分解を促進せず，相乗効果がエンド/エキソグルコシダーゼ活性に起因するとも考えられない．一方，様々な GH61 蛋白質をコードする遺伝子を様々なレベルで *T. reesei* 中で発現させ，相対的に低レベルで特定 GH61 タンパク質を生産させた際に，リン酸膨潤セルロースの糖化効率が大幅に向上することを見いだした[32]．

Booster 酵素といわれてきた GH61 蛋白質の機能は最近まで未知であったが，2010 年にキチン結合蛋白質（CBP21）が酸化還元酵素である可能性が示唆され，注目度が飛躍的に高まった[42]．その後，セルロースの酸化分解を促す GH61 蛋白質が銅イオンを含む金属酵素（copper-dependent lytic polysaccharide monooxygenases）であることが解明され[38]，さらに，セロビオース脱水素酵素と GH61 蛋白質との協奏的効果によるセルロース加水分解促進が観察された[23]. なお, 現在 GH61 は, Auxiliary Activity（AA）ファミリー9 に再分類されている．

T. reesei のセロビオヒドロラーゼ I は, 基質となるセルロース一本鎖の還元末端側からセルロース鎖を酵素内部の基質結合部位に導入すると考えられている．これは，基質表面上に存在する末端の数が多ければ，分解が効率化することを示唆する．エンドグルカナーゼは，非晶性セルロースを加水分解し，新たな末端を提示することにより，セロビオハイドロラーゼの加水分解活性を相乗的に向上させる役割を果たす[49]．GH61 蛋白質も，セルロース基質を酸化分解して新たな末端を創り出す機能を有し，加水分解酵素との相乗効果が期待される．

セロビオハイドロラーゼやエンドグルカナーゼ活性は，主反応生成物のセロビオースにより阻害を受けるため，セロビオースをグルコースに加水分解する β-グルコシダーゼが果たす役割は重要である．この現象に対し，セロビオースを糖化反応系外に除き，セロビオハイドロラーゼの反応阻害を緩和するため，セロビオース脱水素酵素でセロビオハイドロラーゼ阻害活性の低いセロビオノラクトンに変換する経路が提案された[11]．その他，バイオマス前処理物分解時に生じるキシランがセルラーゼ活性を阻害する報告があり，ヘミセルロース分解も並行して効率化する必要があることを示している[52]．

2）その他の基質に対する分解酵素の役割

バイオマス前処理物の多くは，ヘミセルロースやリグニン等が完全に除去されず，一部がセルロースを覆っていると考えられる．このため，セルロース以外の基質の分解・除去も，セルロース糖化を効率化すると期待される[43,46]．また，キシランの加水分解はキシロースやアラビノースなど五炭糖の単糖を与えるが，キシランには多様な側鎖が付着し，フェルラ酸などを介してリグニンと結合することから，前処理方法次第で，アセチルキシランエステラーゼ（acetylxylan esterase）[51]，フェルロイルエステラーゼ（feruloyl esterase）[48] 等の側鎖分解酵素の使用が有効となる．

リグニン分解酵素は，強力なリグニン分解菌の代表の白色腐朽菌コウヤタケ科に属する *Phanerochaete chrysosporium* やセルロース分解が比較的少なく，リグニン分解能力が高い白色腐朽菌の一種の *Ceriporiopsis subvermispora* について，ゲノム情報やリグニン分解に関わる酸化還元酵素に関する詳細な特性解析・比較が行われている[7]．本研究では，ゲノム情報と酵素機能解析を通じて，対象担子菌によるバイオマス分解活動の全体像を統合的に把握することを目的とし，バイオマス分解の効率化に向けた新たな切り口として期待される．この数年，セルラーゼを中心とした多様な加水分解酵素の研究蓄積に加えて，Booster 酵素としての GH61 蛋白質やセロビオース脱水素酵素のような酸化還元酵素群の役割が注目され，米国を中心に，リグニンの酸化分解能力を持つ木材腐朽菌の研究が急速に加速しつつある理由の一つと推察される．酸化還元酵素がバイオマス分解に果たすべき役割は，現在も未知の部分が極めて多い．我が国では，特用林産物のキノコを対象とした研究開発を行ってきたが，担子菌の発酵工学研究に関わる基盤技術が漸く整いつつある段階にある．我が国でも，加水分解酵素の情報のみならず，酸化還元現象を加えてバイオマス分解機構を見直し，多様な生命現象に注目した酵素変換技術のブレイクスルーを創出する必要がある．国内研究勢力でこのようなプロジェクトが組むことが理想的であろう．

6. 最近の技術動向

米国エネルギー省は，2001 年から数年間，リグノセルロース系原料からのバイオエタノール製造に必要な糖化酵素の価格を大幅削減するための国家プロジェクトを実施した．本プロジェクトに参画したノボザイムズ（Novozymes）社では，*T. reesei* 由来セルラーゼについて，主要構成要素であるエンドグルカナーゼ，セロビオハイドロラーゼおよび β-グルコシダーゼ比率を改善し，GH61 蛋白質を加えてバイオマス糖化活性の大幅向上に成功した．この取組により，プロジェクト期間終了までに,エタノール製造に係る糖化酵素コストは30分の1にまで低減されたと発表されている[29]．「Cellic CTec」として製品化された改良酵素製剤は，その後，さらに改良を進め，グルコース耐性が向上したβ-グルコシダーゼ添加を特徴とする「Cellic CTec2」を製品化し，さらに，2012年に，「Cellic CTec2」の1.5倍の性能をもつ新たな酵素製剤「Cellic CTec3」の開発に成功した．この最新酵素を用いれば，バイオマスから1tのエタノール製造に，本製剤50kgの使用で済む（http://www.ethanolproducer.com/articles/8580/novozymes-announces-new-advanced-biofuels-enzyme-technology）．

同じ米国プロジェクトに参加したジェネンコア（Genencor）社はバイオマス分解のためのセルラーゼ遺伝子情報解析や酵素生産システム構築に関する技術蓄積を活かし，2007年にエンドグルカナーゼとβ-グルコシダーゼ比率を最適化した酵素製剤「アクセルレース1000」を発表した．本製剤は，必要酵素を単独の菌から製造し，濃縮しない等の工夫によりコスト低減した．2009年には，機能強化を行い，バイオエタノール製造工程を考慮して発酵阻害を低減した「アクセルレース1500」を提案し，さらに，ヘミセルロース利用も考慮した「アクセルレースDUET」開発に成功した[5]．そして，2011年，単一酵素製剤で幅広い前処理原料糖化に対応できる製剤「アクセルレース TRIO」を発表した（http://www.accellerase.com/fileadmin/user_upload/Documents/AccelleraseTrioProductLit01.pdf）．本酵素製剤は，遺伝子組換えしたT. reeseiから製造されている．

オランダのDSM社は，六炭糖と五炭糖両方をエタノール変換可能な酵母の開発や高温でバイオマス糖化が可能な酵素製剤開発を行っている（http://www.dsm.com/ja_JP/html/djp/news_items/100630.htm）．2012年，麦わらからのエタノール製造に取り組むDONGエナジーInbicon社から，DSM社の酵素がセルロースとヘミセルロースからの六炭糖および五炭糖の遊離性が高い酵素であるとの評価を受けた（http://www.ethanolproducer.com/articles/8843/dsm-enzymes-for-cellulosic-ethanol-qualified-by-inbicon）．また，Codexin社（米国カリフォルニア州）は，独自の迅速かつコスト面で利点を有する酵素や微生物の開発技術および酵素生産技術で，セルロース系バイオマス分解能力に優れた酵素製剤「CodeXyme cellulases」を開発した（http://www.codexis.com/bioindustrials）．同社は，顧客に対する本製剤の最適化が最終段階に至り，化学工業界へのサンプル提供を目指し，20,000Lの酵素生産に成功したと報告した（http://www.ethanolproducer.com/articles/8396/codexisintroduces-codexyme-cellulase-enzyme-line).

バイオエタノール製造工場近くで酵素生産を行う，オンサイト酵素生産技術は，市販酵素価格の長期安定性や環境負荷に対するリスク回避に向けたオプションとなる可能性が期待される．農研機構・食総研では，上記の低分子誘導物質を用いた *T. reesei* 酵素生産システムの高度化を進め，森林総研では木材劣化菌の固体培養による酵素生産技術を開発した[36]．また，春見ら[21]は不均衡変異導入法で改良した *T. reesei* のファーメンター培養による酵素生産技術と *Humicola* 属菌の分散培養技術を開発した．セルラーゼ生産菌 *T. reesei* やヘミセルラーゼ生産菌 *Humicola* 属菌の培養技術と酵素カクテル組成に関して，国内外酵素メーカーのノウハウが豊富に蓄積されているが，その情報は公開特許情報などの公開資料を除き，ほとんど外部に出ない．今後，オンサイト酵素生産技術開発で最先端を走るためには，分散的基盤研究のみならず，我が国の酵素・発酵産業が持つ豊富な技術蓄積を活かした産学官連携による取り組みこそが重要となる．このような中，多様な研究開発に用いられている *T. reesei*「ATCC66589」は，我が国の発酵企業が改良を重ねて創出した実用株の一つであり，開発から30年程経った今でも，重要な役割を果たしている[14]．

その他，（独）産業技術総合研究所では，オンサイト酵素生産に向けた *Acremonium cellulolyticus* の研究を長く進め，遺伝子工学技術を用いてβ-キシロシダーゼ活性を70倍に増強するなどの成果を得た[40]．さらに，長岡技術科学大学の小笠原らのグループは，大阪府立大学，バイオインダストリー協会と共同で，*Aspergillus aculeatus* 由来β-グルコシダーゼ遺伝子を導入した *T. reesei* 菌株を創製し，欧米の市販酵素を上回る糖化能力を示す酵素製剤「JN13」を開発した[34,35]．このように，我が国でも酵素生産に関する基盤技術が整いつつある中で，酵素カクテルの改良，酵素再利用技術の確立，酵素生産のための炭素源や誘導物質の低コスト・安定供給や，酵素生産システムの開発は，バイオプロセス実用化に向けた重要な検討要素であると考えられる．

引用文献

1) Argyros, D. A. et al. (2011) High ethanol titers from cellulose using metabolically engineered thermophilic, anaerobic microbes. Appl. Environ. Microbiol. 77: 8288-8294.
2) Bayer, E. A. et al. (1983) Adherence of *Clostridium thermocellum* to cellulose. J. Bacteriol. 156: 818-827.

3） Bayer, E. A. et al. (2008) From cellulosomes to cellulosomics. Chem. Rec. 8: 364-377
4） Boisset, C. et al. (2001) Optimized mixtures of recombinant *Humicola insolens* cellulases for the biodegradation of crystalline cellulose. Biotechnol. Bioeng. 72: 339-345.
5） ダニスコジャパン株式会社ジェネンコア事業部（2011）ジェネンコアのセルラーゼおよびバイオ燃料開発戦略，「ソフトセルロース利活用技術確立事業　バイオエタノール通信 no.7」（2011）（社団法人　地域資源循環技術センター）：62-65.
6） Demain, A. L. et al. (2005) Cellulase, Clostridia, and ethanol. Microbiol. Mol. Biol. Rev. 69: 124-154.
7） Fernandez-Fueyo, E. et al. (2012) Comparative genomics of *Ceriporiopsis subvermispora* and *Phanerochaete chrysosporium* provide insight into selective lignolysis. Proc. Natl. Acad. Sci. USA. 109: 5458-5463.
8） Fox, J. M. et al. (2013) A single-molecule analysis reveals morphological targets for cellulase synergy. Nat. Cham. Biol. 9: 356-361.
9） Guedon, E. et al. (2002) Improvement of cellulolytic properties of *Clostridium cellulolyticum* by metabolic engineering. Appl. Environ. Microbiol. 68: 53-58.
10） Himmel, M. E. et al. (2007) Biomass recalcitrance: engineering plants and enzymes for biofuels production. Science 315: 804-807.
11） Igarashi, K. et al. (1998) Cellobiose dehydrogenase enhances *Phanerochaete chrysosporium* cellobiohydrolase I activity by relieving product inhibition. Eur. J. Biochem. 253: 101-106.
12） Igarashi, K. et al. (2011) Traffic jams reduce hydrolytic efficiency of cellulase on cellulose surface. Science 333: 1279-1282.
13） Igarashi, K. et al. (2006) Surface density of cellobiohydrolase on crystalline celluloses. A critical parameter to evaluate enzymatic kinetics at a solid-liquid interface. FEBS J. 273: 2869- 2878.
14） Ike, M. et al. (2010) Cellulase production on glucose-based media by the UV-irradiated mutants of *Trichoderma reesei*. Appl. Microbiol. Biotechnol. 87: 2059-2066.
15） Ike, M. et al. (2013) Controlled preparation of cellulases with xylanolytic enzymes from *Trichoderma reesei* (*Hypocrea jecorina*) by continuous-feed cultivation using soluble sugars. Biosci. Biotechnol. Biochem. 77: 161-166.
16） 池　正和ら（2011）様々な可溶性糖質を主要炭素源とした *Trichoderma reesei* セルラーゼ生産システムの構築．日本応用糖質科学会．応用糖質科学 1：54pp.
17） Ilmén, M. et al. (2011) High level secretion of cellobiohydrolases by *Saccharomyces cerevisiae*. Biotechnol. Biofuels. 4: 30pp.
18） Jalak, J. et al. (2012) Endo-exo synergism in cellulose hydrolysis revisited. J. Biol. Chem. 287: 28802-28815.
19） Jalak, J and P. Valjamae (2010) Mechanism of initial rapid rate retardation in cellobiohydrolase catalyzed cellulose hydrolysis. Biotechnol. Bioeng. 106: 871-883.
20） Kaneko, S. et al. (2012) Consolidated bioprocessing ethanol production by using a mushroom. In “Bioethanol” ed. Lima, M. A. P. and A. P. P. Natalense. InTech: pp.191-208.
21） 春見隆文ら（2012）新規育種・培養技術による高機能イナワラ糖化酵素の開発と生産，農林水産省委託プロジェクト研究「地域活性化のためのバイオマス利用技術の開発」研究発表会講演要旨：II-4.
22） 小杉昭彦・森　隆（2010）エコバイオリファイナリー－脱石油社会へ移行するための環境ものづくり戦略－．シーエムシー出版：35pp.
23） Langston, A. J. et al. (2011) Oxidoreductive cellulose depolymerization by the enzyme cellobiose dehydrogenase and glycoside hydrolase 61. Appl. Environ. Microbiol. 77: 7007-7015.
24） Lynd, L. R. et al. (2005) Consolidated bioprocessing of cellulosic biomass: an update. Curr. Opin. Biotechnol. 16: 577-583.
25） Maehara, T. et al. (2013) Ethanol production from high cellulose concentration by the basidiomycete fungus *Flammulina velutipes*. Fungal Biol. 117: 220-226.

26）前原智子・金子　哲（2011）きのこを用いた連結バイオプロセスによるバイオエタノール製造．化学と生物 49（11）：742-744.

27）Maehara, T. et al. (2010) Improvement of the transformation efficiency of *Flammulina velutipes* Fv-1 using the glyceraldehyde-3- phosphate dehydrogenase gene promoter. Biosci. Biotechnol. Biochem. 74: 2523-2525.

28）Maehara, T. et al. (2010) Development of a gene transfer system for the mycelia of *Flammulina velutipes* Fv-1 strain. Biosci. Biotechnol. Biochem. 74: 1126-1128.

29）眞野弘範・高木　忍（2011）ノボザイムズ社によるバイオエタノール用セルラーゼの開発．「ソフトセルロース利活用技術確立事業　バイオエタノール通信 no.6」（社団法人地域資源循環技術センター）：60-64.

30）Martinez, D. et al. (2008) Genome sequencing and analysis of the biomass-degrading fungus *Trichoderma reesei* (syn. *Hypocrea jecorina*). Nature Biotechnol. 26: 553-560.

31）Matano, Y. et al. (2012) Display of cellulases on the cell surface of *Saccharomyces cerevisiae* for high yield ethanol production from high-solid lignocellulosic biomass. Bioresource Technol. 108: 128-133

32）Merino, S. T. and J. Cherry (2007) Progress and challenges in enzyme development for biomass utilization. Adv. Biochem. Engin./Biotechnol. 108: 95-120.

33）Mizuno, R. et al. (2009) Properties of ethanol fermentation by *Flammulina velutipes*. Biosci. Biotechnol. Biochem. 73: 2240-2245.

34）森川　康（2012）酵素糖化・効率的発酵に資する基盤研究，「平成 23 年度バイオマスエネルギー関連事業成果報告会　バイオ燃料（エタノール）製造プロセス等の技術開発」（平成 24 年 2 月 2 日，独立行政法人新エネルギー・産業技術総合研究機構主催）予稿集：92-106.

35）Nakazawa, H. et al. (2012) Construction of a recombinant *Trichoderma reesei* strain expressing Aspergillus aculeatus β-glucosidase 1 for efficient biomass conversion. Biotechnol. Bioeng. 109: 92-99.

36）野尻昌信ら（2011）「農林水産省委託プロジェクト研究「地域活性化のためのバイオマス利用技術の開発」研究成果発表会－地域のバイオマスを使い尽くす―講演要旨」（平成 22 年 11 月 29 日，独立行政法人農業・食品産業技術総合研究機構バイオマス研究センター主催）：II-7.

37）Olson, D. G. et al. (2012) Recent progress in consolidated bioprocessing. Curr. Opin. Biotechnol. 23(3): 396-405.

38）Quinlan, R. J. et al. (2011) Insight into the oxidative degradation of cellulose by a copper metalloenzyme that exploits biomass components. Proc. Natl. Acad. Sci. USA 108: 15079-15084.

39）Skoog, K. and B. Hahn-Hagerdal (1988) Xylose fermentation, Enzyme Microb. Technol. 10: 66-80.

40）杉浦　純ら（2012）早生樹からのメカノケミカルパルピング前処理によるエタノール一貫生産システムの開発「平成 23 年度バイオマスエネルギー関連事業成果報告会　バイオ燃料（エタノール）製造プロセス等の技術開発」（平成 24 年 2 月 2 日，独立行政法人新エネルギー・産業技術総合研究機構主催）予稿集：149-170.

41）Tachaapaikoon, C et al. (2012) Isolation and characterization of a new cellulosome-producing *Clostridium thermocellum* strain. Biodegradation. 23: 57-68.

42）Vaaje-Kolstad, G. et al. (2010) An oxidative enzyme boosting the enzymatic conversion of recalcitrant polysaccharides. Science 330: 219-222.

43）Vamai, A. et al. (2011) Synergistic action of xylanase and mannanase improves the total hydrolysis. Bioresour. Technol. 102: 9096-9104.

44）Verbeke, J. et al. (2009) Transcriptional profiling of cellulose and expansin-related genes in a hypercellulolytic *Trichoderma reesei*. Biotechnol. Lett. 31: 1399-1405.

45）Wang, Y. et al. (2011) Quantitative investigation of non-hydrolytic disruptive activity on crystalline cellulose and application to recombinant swollenin. Appl. Microbiol., Biotechnol. 91: 1353-1363.
46）渡辺隆司（2012）白色腐朽菌のリグニン分解系を用いたバイオマス変換．バイオサイエンスとインダストリー 70：15-22.
47）Watthanalamloet, A. et al. (2012). *Cellulosibacter alkalithermo-philus* gen. *nov.*, sp. *nov.* anaerobic alkalithermophile, cellulolytic-xylanolytic bacterium isolated from soil in a brackish area of a coconut garden. Int. J. Syst. Evol. Microbiol. 62: 2330-2335.
48）Wong, W. S. D. (2006) Feruloyl esterase. Appl. Biochem. Biotechnol. 133: 87-112.
49）Wood, T. M., and S. I. McCrae (1972) The purification and properties of the C1 component of *Trichoderma koningii* cellulose. Biochem. J. 128: 1183-1192.
50）Xu, Q. et al. (2009) Perspectives and new directions for the production of bioethanol using consolidated bioprocessing of lignocelluloses. Curr. Opin. Biotechnol. 20: 364-371.
51）Zhang, J. et al. (2011) The role of acetyl xylan esterase in the solubilization of xylan and enzymatic hydrolysis of wheat straw and giant reed. Biotechnol. Biofuel 4: 60-68.
52）Zhang, J. et al. (2012) Xylans inhibit enzymatic hydrolysis of lignocellulosic materials by cellulases. Bioresour. Technol. 121: 8-12.

第 14 章　エタノール変換技術〔3〕
変換技術の評価と実用化への展望

〜*〜*〜*〜*〜*〜*〜*〜*〜*〜*〜*〜

折笠貴寛・椎名武夫・長島　實

1. 国産バイオエタノールの低コスト生産

1）はじめに

セルロース系バイオマスを原料としたバイオエタノールの製造に向け，農水省委託「地域バイオマスプロ」において，稲わらを原料としたバイオエタノール変換技術の開発が行われ，CaCCO 法（第 12 章参照）[29] や Direct Saccharification of Culm（以下，DiSC 法）[20] など，高効率バイオエタノール変換技術の確立に向けた研究開発が進んだ．また，本プロジェクトではコスト目標が明確に定められ，原料の生産から廃液処理工程までを含めて 100 円/L 程度と，低コストでバイオエタノールを製造する技術開発が求められた．一方，世界各国でバイオ燃料の二酸化炭素（CO_2）削減率の基準策定の動きが進み，我が国でもバイオ燃料導入に係る持続可能性基準等に関する検討会は，バイオ燃料の CO_2 削減率として 50％を一つの方向性と報告した．そのため，新変換技術を用いたバイオエタノール製造プロセス全体の CO_2 排出量がバイオエタノール CO_2 削減基準に合致するか否か評価する必要性が高まっている．本報では，草本系バイオエタノール製造プロセスの諸外国における報告をまとめ，本プロジェクトで得られた各種製造技術のコスト，環境負荷の解析結果を概説する．さらに，本書のエタノール変換技術に関する総括として本技術の今後の展望をまとめた．そして，社会的な期待でもある繊維質の糖化技術の開発状況に言及する．近視眼的なエタノールの燃料価値に引きずられがちな社会認識に対し，原点としての糖化技術への期待を改めて述べておきたい．何よりも農業基盤が国際競争に晒される渦中にあって，その持続的な生産基盤を支える施策が問われている．

2）草本系バイオエタノール製造プロセスの評価に関する報告

（1）諸外国における解析事例

Roy et al.[22] は，セルロース系バイオエタノール製造の LCA に関する報告を総説にまとめた．そのコストと環境負荷に関する報告の一部を示す．

a）エタノール製造コスト

セルロース系バイオエタノール製造コストについて，コーンストーバー（corn stover：トウモロコシ子実収穫後の茎葉部）から製造したエタノールは 0.71-0.87＄（US ドル）/L[6]，セルロース系残さの場合 0.75-0.99€（ユーロ）/L[21] となっている．セルロース系バイオエタノールは，ガソリンと比べて価格競争力がないとされ，酵素価格とプラント建設コストが高いことを理由とした。実際にセルラーゼ価格が全生産コストの 40-55%との報告もある [21]．しかし，酵素コストは，酵素をオンサイト生産するか購入するかなど，前提条件の違いに起因し，文献によ

表 14-1　異なる供給原料のバイオエタノール製造コストに関する文献の概要

著者	原料と供給量，コストおよび収率			²酵素使用量	酵素コスト	エタノール製造コスト	備考
	原料と供給量 (t/d)	コスト ($/t)	収率 (L/t)		($/L)	($/L)	
¹Wooley et al.[34]	*CS 2000	25.0	257.38-355.79	15-20 FPU	0.079	0.380(199 年) 0.248(2005 年) 0.217(2010 年)	酵素コストを 1/10 にする必要あり(1997 年$価格基準)
McAloon et al.[13]	*CS 1050	35.0	272.52	-	0.050	0.396(2000 年)	酵素生産工程に関して若干の情報提示(1999 年$価格基準)
¹Aden et al.[2]	*CS 2000	30.0	272.52-339.51	12-17 FPU	0.026	0.346(2002 年) 0.283(2010 年)	酵素は外部購入(2000 年$価格基準)
¹Aden et al.[1]	*CS 2000	60.0-46.0	257.38	-	0.085-0.026	1.110(2002 年) 0.666(2005 年) 0.351(2012 年)	酵素コストは想定値(2002 年＄価格基準)
¹Dutta et al.[6]	*CS 2000	60.1	-	30-40 mg protein	0.085	0.801(2010 年)	酵素コストは想定値(2007 年$価格基準)
¹Eggeman et al.[7]	CS 2000	35	-	15 FPU	0.039	0.262-0.441 (2005 年)	酵素コストは想定値
Reith et al.[21]	ᴸVG 2000	20€	152.49	-	0.510€	0.920€ (2002 年)	酵素コストは想定値
Orikasa et al.[18]	*RS 200	15000¥	250.0	-	-		酵素コストは想定値
³Barta et al.[4, 5]	スプルース 200000ᵃ	68.15	254.0-270.0	10 FPU	0.058-0.073	0.548-0.722 (2010 年)	酵素コストは想定値

CS：コーンストーバー，RS：稲わら，VG：スイッチグラス，FPU：filter paper unit（ろ紙分解活性），¹プラント耐用年数：20 年，²per g-cellulose，*希酸前処理，ᴸライム前処理，³プラント耐用年数 15 年，€：ユーロコスト，ᵃ年換算

り様々である．米国でセルラーゼ生産コストは将来的に 0.1-0.5$/gal（ガロン）（=0.02-0.13$/L）になるとの報告がある．例えば，Seabraa et al.[28] は，2005 年時点の酵素生産コスト 1$/gal に対し，企業投資や政府研究費投入により，2010 年には 0.5$/gal になるとした [6]．一方，欧州ではセルラーゼコストだけで 0.51€/L との報告があり [21]，酵素コストの幅は大きい．各種報告のバイオエタノール製造の酵素コストの試算結果を表 14-1 にまとめた．一方，Wingren[33] は，木質系バイオエタノール製造プロセスで，Simultaneous Saccharification and Fermentation（SSF：並行複発酵）と Separate Hydrolysis and Fermentation（SHF：加水分解発酵分離法）のコストを各々0.57 および 0.63$/L と算出した．両者で差が出た原因として，SSF プロセスにおけるプラント建設コスト低減と，エタノール収率向上が挙げられた．バイオエタノール製造コスト低減のために，酵素コスト削減に加え，プロセス簡略化やエタノール変換効率向上のための技術革新が期待される．

b）エタノール製造に伴う環境負荷

セルロース系バイオエタノール製造プロセスの環境負荷評価に LCA 手法が広く用いられる．本プロセスは，エネルギー安全保障や温室効果ガス（Green House Gases：GHG）削減に効果的という報告 [8,10,12,30,31,32,35] がある一方，化石燃料より GHG の排出が多いとの報告もあり [9] 評価が分かれている．ガソリンと比較した GHG 排出削減効果は，コーンストーバーで 65%[30]，粗放栽培のスイッチグラス（switchgrass : *Panicum virgatum* L.；第 7 章参照）で 94%[26] と報告され，製品（エタノール）と副産物の環境負荷への配分方法（アロケーション法）の違いで数字が変動することに注意が必要である．稲わらのように農業廃棄物扱いする場合，稲わら生産に係わる環境負荷を考慮せず，玄米に全環境負荷を配分できるが，原料バイオマスをエタノール製造目的に生産する資源作物等の場合，作物生産に係わる環境負荷をバイオエタノールに配分することになる．また，GHG 削減効果がある場合でも，一酸化炭素（CO），窒素酸化物（NO_x），硫黄酸化物（SO_x）の排出量増加など環境に対して負の影響が増加する可能性も示唆され [27]，GHG 以外の項目も考慮し，バイオエタノール製造プロセスの環境負荷を評価する必要がある．Koga and Tajima[11] は，稲わらをバイオエタノール原料として水田から搬出した場合，水田発生メタン（CH_4）が大幅に減少すると指摘した．IPCC 第 4 次評価報告書によると，CH_4 は，地球温暖化係数（Global Warming Potential：GWP）が CO_2 の 25 倍の効果を持ち，GHG 排出量削減効果は非常に大きい．バイオエタノール製造と直接関係しない間接的影響も含め，バイオエタノール製造の環境への影響を検討することが重要である.

（2）我が国における報告事例

我が国のセルロース系バイオエタノール製造の LCA に関する報告は，諸外国と比べて極めて少ない．これは，実際に商業的製造がないことが主因である．しかし，濃硫酸加水分解法による報告事例が数例存在する．これら報告[3,17,36]での製造プロセスの環境負荷因子と量（インベントリ）は NEDO 報告書[16]を基に解析され，酵素糖化法との単純比較は困難であるが，バイオエタノール製造コストは 55～124 円/L となった．これら解析に共通することは，原料コストが製造コストの大部分を占める点である．例えば，折笠ら[17]の報告で，製造コスト 124 円のうち原料コスト 69.8 円（全体の 73%）となっており，コスト削減のため原料価格を下げる取り組みや，原料投入量を大幅に減らす技術開発，すなわち，変換効率の向上を集中的に進める必要性が示された．また，CO_2 排出量削減の観点から，リグニンなどの残さをボイラー熱源としてエネルギー回収する必要があるとし，エネルギー回収がない場合は，大幅な CO_2 削減効果が見込めないと報告した．残さ有効利用だけでなく，通常の熱源にバイオマスペレットを使用するなど，外部からの投入エネルギーをカーボンニュートラル資源であるバイオマス燃料にするプロセスを想定し，最適プロセスを検討する必要がある．CO_2 の削減効果について，佐賀ら[24,25]は，セルロース系バイオエタノール製造プロセスで副産物利用することが CO_2 削減の必要条件であり，最も効果的な副産物利用方法を検討する必要があるとした．このように，バイオエタノール単独で CO_2 削減効果が期待できず，ガス化発電，他産業からの廃熱利用，飼料・肥料化など副産物利用を加えたバイオエタノール製造プロセスの最適化を検討する必要がある．また，既報告は濃硫酸加水分解法の解析が多いのも問題である．今後，バイオエタノール変換技術開発の主流である酵素加水分解法でのプロセス評価を早急かつ着実に実施する必要がある.

3）地域バイオマスプロにおける解析結果

筆者らは，第 12 章にある DiSC 法や RT-CaCCO 法でエタノール生産した場合のコストと CO_2 排出量の解析を行った．コストは，DiSC 法と RT-CaCCO 法，各々 109 円/L および 144 円/L と試算した（図 14-1）[19]．原料費と固定費の占める割合が最も大きいため，変換効率向上による原料コスト削減とプロセス簡略化による設備コスト低減の必要があると結論した．さらに，エタノール製造工程で，各種前処理工程と酵素生産工程のコスト負担が大きいことを定量的に示した．一方，RT-CaCCO法を基本としてコストとCO_2排出量縮減のためシナリオを設定した[23)]．改善オプションは，①発酵・蒸留過程の効率化（減圧発酵と蒸留），②年間施設稼働日数の増大（300日から350日），および③再生可能エネルギー推進施策の導入（バイオマスコストの低減）を設定した．シナリオごとでは，S1は基本ケース，S2では①と②，S3では①，②，③の改善オプションを採用した（表14-2）．その結果，コストは基本ケースS1に対し，改善ケースS2とS3で，各々5.0%および35.6%低減できた（図14-2）．また，CO_2排出量について，基本ケースS1に対して，改善ケースS2とS3では，いずれも3.4%低減できた．また，酵素単価が全体コストに及ぼす影響を調べ，いずれのシナリオにおいても影響度が大きく，酵素コストの低減がエタノール生産における今後の大きな課題であることを示した．酵素コストの低減のために，低コスト生産技術の開発に加えて，酵素の再利用技術の開発も重要である[23)]．

原料生産部分がバイオエタノール生産プロセス全体のCO_2排出量に及ぼす影響

表14-2　新技術・新施策導入を想定したシナリオ設定

S1：基本ケース	通常の発酵と蒸留
S2：革新ケース	減圧発酵&蒸留
S3：将来ケース	減圧発酵&蒸留，再生可能エネルギー推進施策導入

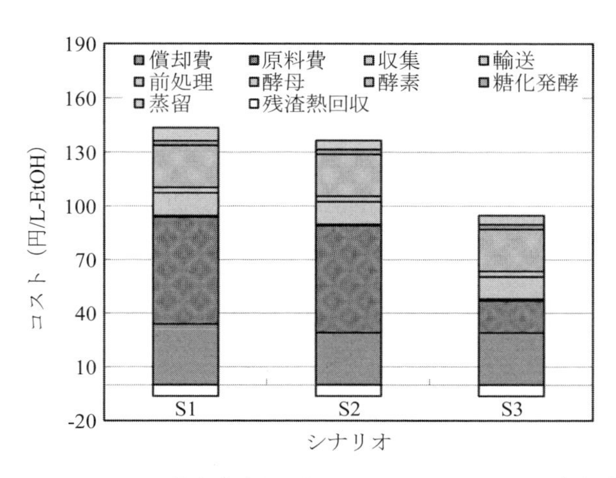

図14-2　RT-CaCCO法を基本としたシナリオベースのコスト解析[23)]

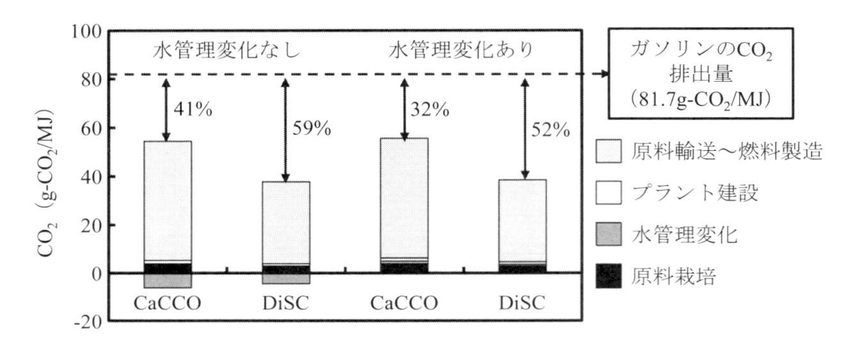

図 14-3　RT-CaCCO 法および DiSC 法における CO_2 排出量の比較（原料栽培～原料収集～燃料製造）[19]

を評価するため，RT-CaCCO 法と DiSC 法による稲わらからのバイオエタノール生産について，原料生産工程の CO_2 排出量を経済価値に基づいて玄米と稲わらへ配分し，原料バイオマス生産工程の影響も加味したライフサイクル CO_2（LC-CO_2）解析を行った[19]．その結果，水管理変化のない条件で生産したバイオエタノールの CO_2 排出量はガソリンの CO_2 排出量（81.7g-CO_2/MJ（メガジュール））に対して RT-CaCCO 法と DiSC 法で各々48g-CO_2/MJ および 33g-CO_2/MJ であり，バイオエタノール導入に伴う CO_2 削減率は，RT-CaCCO 法と DiSC 法で各々41%および 59%と試算された（図 14-3）．バイオエタノール製造のための稲わらの水田外持ち出しは，肥料成分減少の相殺に必要な肥料の追加投入による CO_2 排出量の増加を伴うが，メタンガス発生量が大きく減少するため，結果として温室効果ガス発生量（CO_2 相当量）が 4.5～6.1g-CO_2/MJ 程度低減すると試算された．CO_2 削減目標の視点からは，既存水田が多い地域では食用の「コシヒカリ」などの稲わらを RT-CaCCO 法で，また休耕田が多い地域では飼料用「リーフスター」の稲わらを DiSC 法でエタノール製造することが効果的と考えられる．地域の状況に応じて RT-CaCCO 法と DiSC 法を使い分けることで，効果的に CO_2 排出削減できるバイオエタノールの製造が可能になる．

2. エタノール変換技術の取りまとめに

「農業・雇用・再生可能資源供給の社会価値を生み出す夜明け前にある」[14] と発信して 3 年，2015 年には米国の 3 社など年産 1 万キロリットル（kL）規模の繊維質からのエタノール設備稼働が伝えられるなか課題認識は今も酵素供給にある．イタリアや中国，ブラジルでも挑戦的取り組みにある。我が国としても改めて酵素産業の夢を思うが，酵素はキーではあるが大規模な農業循環の仕組みづくりに意欲的に取り組めるのではないか．我が国なりの資源循環追求こそが期待されている．

1）国産バイオエタノール生産の期待と社会的側面

ブラジルのプロアルコール政策の着地や米国のコーンエタノールなど今世紀初頭の国際緊張，資源逼迫あるいは自動車燃料の環境課題などを背景に急拡大した国際的な燃料バイオエタノールの産業化機運は，我が国でも気候変動対応を背景に資源循環/農業活性化の視点から「バイオマス・ニッポン総合戦略」に後押しされ2007年頃より急拡大した．

国内では，新エネルギー・産業技術総合研究機構（NEDO）の廃木材濃硫酸処理（2001年），廃木材酸処理法，サトウキビ（伊江島：高バイオマスサトウキビ利用），廃糖蜜（宮古島：りゅうせきPJ）利用，BEJK（現（株）DINS堺）の堺プラント等多様な原料，プロセスの開発が展開した．2007年の「バイオマス・ニッポン総合戦略推進会議報告，国産バイオ燃料の大幅な生産拡大」中に，2030年におけるエタノール換算180〜200万kLの期待値が明示された．農水省の大規模実証事業（3.1万kL/年，2006年）等の本格的な取り組みでは食糧利用への忌避感から第2世代の繊維質利用技術の開発が強く期待され，農林水産省委託「地域バイオマスプロ」に続き「革新的技術開発」や「ソフトセルロース利活用事業」が設定された．これらについて，限られた情報ながら，今日の農業・資源視点から変換技術の課題と今後の展望を概述する．

（1）第1世代技術

澱粉質や糖質を原料とする国産エタノール生産技術開発の問題は，基本的に原料コストの課題に尽きる．大規模な発酵は原料コストが大半を占め，変換コストは固定費区分を含めて1/3に至らない程度（ブラジルで原料費割合70％（2007年），現在は原料費が上昇）とされる．従って低コスト原料の供給は輸入食糧に依存する立場からはありえず，未利用区分や非食区分の活用を前提とする．従って，農業や食産業，流通の廃棄物が対象となるが，畜産利用の経済性が優る．従って，飼料に向かない繊維質の糖化が求められる．畜産と原料を共有し，飼料価値を高め，廃棄物も受け入れて農業循環を完成させる，まさに，「耕畜連携」こそが進む方向である.

米国では，既に補助金で定着したコーン（トウモロコシ子実）の燃料変換が市場に受け入れられ，原油価格を反映するコーン価格が形成されて久しい. 2011年末の補助金制度停止後の動向は注目されるが，燃料価格を読みこんだコーン価格はブラジルの砂糖政策と同様に農産物価格維持の必須要件として，穀物価格全般を嵩上げしている. 1980年以降の1ブッシェル2ドルのコーン価格は今日の価格の1/4程度で，農業の維持にさえ困難な現実でもあった. 結果的に大規模農業が圧迫してきた低生産性農業は，本来，食糧農地としてだけでなく多面的な農業効用を確保すべき土地利用問題でもある.

皮肉にも米国燃料政策が農業採算を向上し，小規模農業にも光が差した現実は人智の至らなさの典型ともいえる. 今日も，穀物価格は市場に預け，金融懸念のなかに投機が大手を振るう社会でエタノール燃料の開発が真剣に議論される. 需要の停滞から市場管理が工業製品でさえ堂々となされてきた消費優先社会の疲弊は厳しい. 消費者の立場からの懸念はあっても，世界的には農産物が適切価格で取引されることが食糧の安定供給からも好ましい状況を生み出した政策が，結果的とはいえ半分は評価されよう. 途上国の食料逼迫もまた解決せねばならぬ時代にきている.

第2世代エタノール変換技術の進捗は欧米中で急速に進展しつつあるが，その進捗が社会の期待に応えられない現実がある. 一方で国内でも糖質からの大規模実証事業も継続的な運用に課題を抱えている. しかし，第2世代の実用化のためにも第1世代の存続と当該技術への第2世代適用が急がれる.

(2) 第2世代技術

歴史的には後述の木本材料が先行したが，最近では世界的にその加工性,再生速度，食糧生産との相補性から草本材料に集中してきた. 木本ではパルプ産業との連携も変換効率を高めるが，バイオマス発電など直接熱利用への政策変化や既存事業との競合など総合的な社会環境評価を待つ状況にある.

草本は燃料や衣料のほか反芻家畜の飼料としての資源価値があり，食利用が今も閉ざされた状況にある. 繊維質を利用価値の高い単糖類に加水分解する糖化プロセスこそが食利用視点をもち，糖質プラットフォームから魅力的な資源価値を標榜する酵素法に30年以上開発の場を提供してきた.

繊維質糖化の歴史は長く，木本系の硫酸糖化に挑戦してから200年になる. 酵素糖化は *T. reesei* 酵素が見出され70年，国内の本格的開発からすでに30年になるが，アミラーゼと比較して約30倍の酵素が必要なため，いまだに実用化されていない．したがって，本来の期待とは別にガス化変換した後にフィッシャー・トロプッシュ法（Fischer-Tropsch（FT）process）でのエタノールを合成，CO_2 を副生しない変換技術の挑戦など，今日も多様な提案がある．農水省委託「地域バイオマスプロ」の成果で，当該酵素の低効率の原因は，五十嵐らによれば酵素タンパクの基質吸着など酵素タンパクの流動性欠如にあるという．第13章に詳述されたように，池らは *T. reesei* セルラーゼ誘導に新たな展望を拓いた．また，春見らは *T. reesei* の新たな環境変異技術の可能性を見出した．さらに，小杉らの β-グルコシダーゼ生産系を組み込んだセルロソーム複合体は高効率糖化を提案し，コスト的にもエネルギー的にもその有効性に手掛かりを得た．当該酵素の有効性は異化抑制（Catabolite repression（CR））にある．グルコースは生物にとって生命維持の基本要素であり，その供給過剰は回避されるべき現象でもあり，長年，菌類のCR 制御を進めてきた小笠原の *T. reesei* の菌株コロニー比較写真から真核生物のCR 制御が今後も挑戦課題にあることは疑う余地がない．

（3）低コストエタノールの追求

酵素コスト低減はシステムの経済性に大きな根拠を与えるが，実用性のある展開を見ない最大の理由は長時間の発酵生産にある．池と徳安は連続発酵による *T. reesei* 酵素生産を提案したが，高菌体濃度保持による高生産性にも拘らず充分な解決には至っていない．一方，前処理技術も重要な糖化反応支援となり，繊維質の粉砕強度と酵素使用量が逆相関にある．さらに高濃度の基質仕込みが酵素反応速度と蒸留分離効率の逆相関にある．バイオリアクターとしての設計も触媒濃度としての酵素量が反応効率と逆相関にあり，ユーテリティでは反応冷却水の使用量が生物活性保持と逆相関にある．そして，その各因子が条件によっては支配因子となりうる複雑な解を探る全体最適化が解決を遅らせてきた．

2005 年頃までの硫酸糖化システムの開発は過分解の制御の困難さから，2009年頃の水熱方式はセルロース区分の前処理を改善し，酵素糖化に貢献したが，五炭糖の過分解から糖利用性低下となっている．水熱方式の過分解防止に処理温度の低下や希酸併用は酵素使用量低下の特質を見いだしつつあるが，高濃度仕込み課題を残している．高濃度仕込みでは圧搾脱水後の希酸併用は現在進行中である．

酸処理に対してアルカリ処理は現在もパルプ産業の主流であり，ヘミセルロース区分の扱いに差があるがリグニン抽出効果は高く，その残さ活用も黒液燃焼として長い実績がある．また，「地域バイオマスプロ」での森林総研の検討（第 6

章参照）や「稲わらソフトセルロースのプロジェクト」でも利用され，前者は酵素再使用を念頭にリグニン除去強化，後者は繊維質回収率を期待したリグニン除去に取り組んでいる．

草本系と木本系の取扱の違いは，リグニン骨格の差異のみならず灰分の質の違いに注目する必要がある．木本系原料は灰分が概ね少く[15]，パルプ産業で実績のある廃リグニンの黒液燃焼が可能であるのに対し，草本系原料は灰分含量が高いうえ，低融点のカリ分含量が高く，クリンカー（clinker）の発生，稲わらではさらにケイ酸の回収を課題とする．

アンモニア処理は，爆砕処理（AFEX）方式として硫酸方式の後に登場し効果的糖化前処理を提案した．国内でもNEDO革新技術研究組合の取り組みが進行中であり，原料由来の水分がアンモニア回収の熱収支を妨害し，原料乾燥対応を進めている．その後提案されたCaCCO法（第12章参照）は，従来法では軽視された原料中の易利用性基質を生かし，さらに湿潤原料にも直接対応可能な実用的提案であり,今後予想される多様なバイオマスプラットフォームの充実を意識した汎用性の高い前処理技術といえる．

これらの前処理技術は一見重複した資源開発に見えるが，バイオマス利用の本質でもある，薄く広く分散する多様な組成を有するバイオマス資源の効果的回収利用に必須な技術である．ここで，何を原料とすればよいのか，筆者らの意見を纏めてみたい．

原料バイオマスは農林水産の事業成立の上で確保されるべき対象として，乾物重で45t/ha/年が期待されるエリアンサス（第9，10章参照）のような超多収素材が挙げられる．土地面積当りのエタノール換算収量はエリアンサスで最大13kL/ha/年となる．しかし，その原料価格を乾物重1t当り1万円程度と仮定しても反収は4.5万円であり，飼料用イネなど従来の資源作物支援にも届かない．低投入栽培が可能とはいえ，効果的な圃場の運用，具体的には間作の手当などの技術開発を必須として成立することが要件となろう．農業収入の経済性やエタノールの収量の低さが国内成立を阻むとしても，ブラジルのサトウキビが6kL/ha/年，米国トウモロコシが約4kL/ha/年の上限に対し，資源作物の生産性に大きな期待が寄せられている．その価値こそが持続型の資源供給価値でもある．サトウキビはショ糖，トウモロコシは子実の単収と多様な農業基盤支援によりエタノールの低価格変換が存在する．草本系バイオマス自体は現在繊維質の高度利用しか経済性を持たず，非GHG燃料資源の価値を生かすことだけでは変換技術を生かしきれず，今後，リファイナリーへの貢献がビジネスモデルとなろう．長期的な土地利用に総合的な政策議論が不可欠である．

同様に農業側では，収量がエリアンサスの約 1/3 のソルガムで反収 4 万円としても，原料費込みの製造コストが 100-150 円前後に変化するものではない．

燃料変換利用への制限を外して繊維質糖化技術の価値を改めて提案したい．例えば当該技術のバイオマス糖化は飼料利用と競合せず，飼料価値を高めて畜産業の資源効率の向上にこそ価値がある．飼料効率を制限する糖化機能は微生物酵素の効率性が高く，地域資源の循環利用にその多様な機能が期待されている．同様に，未利用バイオマスでは廃棄物の逆有償材料，例えば廃菌床のような集積済資源は対象として取り組むべきである．農業周辺のバイオマス資源のプラットフォーム提案はまさしく多様な循環可能な資源活用を目指す時代の要請であり，循環型社会の新たな入り口が漸く姿を見せてきた．

1 バレル 100 ドルは現状で 50 円/L であり，ガソリン変換を考慮しても燃料を農地で供給する効率や生産密度は低く，燃料生産が自立レベルにないが，持続型の資源供給価値を生かしたい．これらの持続性は淡水の供給を律速とするがモンスーンアジアの環境を生かす国際的な貢献，農地活用にこそ，政策的な期待がある．改めて，エネルギー資源としての一定の役割を認識すべきでもあろう．農地には農地の意味があり農業利用の側面を堅持しつつ補完的な資源利用としてのバイオマス循環を生かす多様な農業側面拡大と糖化変換技術が支える食資源の拡大にこそ当該変換技術の真骨頂がある．

（4）糖化技術を生かす

当該糖化技術の最適化は従来型の *T. reesei* と緒に就いたばかりの *Clostridium thermocellum* であり，後者は挑戦的だが資源投入を期待したい根拠がある．とはいえ糖化を支える繊維質解放条件が未整備である．エネルギー・コスト的にも効果的な前処理技術の選択は十分ではない．しばらく糖化システムの合理化やアセスメントに費やし，前処理技術と並行して繊維質全体を糖化し，五炭糖（C_5），六炭糖（C_6）混合液調製システムを完成させる．さらに，次ステップでアルコール変換も可能であるが，そのまま C_6, C_5 をリファイナリー活用して特質ある化学品に変換が可能，かつリグニンの原材料活用などバイオマスケミストリーの多彩な変換技術の原点を与える．他の成分についても視点が拡大され，食品機能性素材にも経済的な供給技術が期待される．何よりも，バイオマスの供給次第では化石原料活用に対比する資源価値を生じうる．石油化学産業の石油資源消費は現状世界で 3-4 億 t，その部分代替も持続型給源の展望にある．バイオマス生産はこのような革新技術を機にエリアンサスやススキのような粗放，低投入作物の開発を後押しし，持続性のある農業側面を生かしつつ，農地や林地の循環型生産に大きな支援技術としての脱皮が期待される．

3. おわりに

最後に，再度バイオマス資源活用の社会側面を指摘しておきたい．FIT 制度が進行する中で早くも農林資源の集積利用は化石資源の連携活用の多量で均質な一方向変換に課題を見せている．規模追求に適う合理性はバイオマス供給に限界がある．バイオマス特有の多様性は均質化の弊害となるが，その質的追求が期待になるのではないか．今日の量から質への社会構造変換が期待される地域の多様性追求と同根にあり，これを大事にした変換技術活用が問われている．海外への変換技術展開も排除はしないが，一次生産で何を供給し，どう活用して付加価値を高めていくか．この糖化技術は，その根底で多様な支援技術としての顔が隠れている．第 2 世代の糖化技術は地球の環境許容性や持続可能性に大きな期待をもたらす開発技術となろう．農業食糧問題や循環資源問題を地球規模に生かす取り組みが夜明け前にある．

引用文献

1）Aden, A. (2008) Biochemical production of ethanol from corn stover: State of technology model. Golden, CO: National Renewable Energy Laboratory, Report No. NREL/TP-510-43205,<http://www.nrel.gov/docs/fy08osti /43205.pdf>.
2）Aden, A. et al. (2002) Lignocellulosic biomass to ethanol process design and economics utilizing co-current dilute acid prehydrolysis and enzymatic hydrolysis for corn stover. Golden, CO: National Renewable Energy Laboratory, Report No. NREL/TP-510-32438, <http:// www.nrel.gov/docs/fy02osti/32438.pdf>.
3）朝野賢司・美濃輪智郎（2007）日本におけるバイオエタノールの生産コストと CO2 削減コスト分析．日本エネルギー学会誌 86：957-963.
4）Barta, Z. et al. (2010) Process design and economics of on-site cellulase production on various carbon sources in a softwood-based ethanol plant. Enzyme Research, Article ID: 734182.
5）Barta, Z. et al. (2010) Techno-economic evaluation of stillage treatment with anaerobic digestion in a softwood-to-ethanol process. Biotechnol. Biofuels 3: 21.
6）Dutta, A. et al. (2010) An economic comparison of different fermentation configurations to convert corn stover to ethanol using *Z. mobilis* and *Saccharomyces*. Biotechnol. Prog. 26: 64-72
7）Eggeman, T. and R. Elander (2005) Process and economic analysis of pretreatment technologies.

Bioresour. Technol. 96: 2019-2025.
8）Fleming, J. S. et al. (2006) Investigating the sustainability of lignocellulose-derived fuels for light-duty vehicles. Transport. Res. Part D: Transport and Environ. 11: 146-159.
9）Fu, G. et al. (2003) Life cycle assessment of bio-ethanol derived from cellulose. Int. J. Life Cycle Assess. 8: 137-141.
10）González-Garcíaa, S. et al. (2009) Life cycle assessment of flax shives derived second generation ethanol fueled automobiles in Spain. Renew. Sustain. Revs. 13: 1922-1933.
11）Koga, N. and R. Tajima (2011) Assessing energy efficiencies and greenhouse gas emissions under bioethanol-oriented paddy rice production in northern Japan. J. Environ. Manag. 92: 967-973.
12）Mabee, W. E., and J. N. Saddler (2010) Bioethanol from lignocellulosics: Status and perspectives in Canada. Bioresour. Technol. 101: 4806-4813.
13）McAloon, A. et al. (2000) Determining the cost of producing ethanol from corn starch and lignocellulosic feedstocks. National Renewable Energy Laboratory, Golden, CO, NREL/TP -580-28893.
14）長島　實（2013）繊維質からのバイオエタノール変換技術開発の概況と展望，「ソフトセルロース利活用技術確立事業　バイオエタノール通信 no.8」（社団法人地域環境資源センター）：40-46.
15）Nakagawa, H. et al. (2011) Biomethanol production from forage grasses, trees, and crop residues, In “Biofuel’s Engineering Process Technology” ed. Marco Aurelio Dos Santos Bernardes, InTech: pp.715-732. (http://www.intech open.com/books/show/title/biofuel-s-engineering-process-technology)
16）NEDO（2006）バイオマスエネルギー高効率転換技術開発/セルロース系バイオマスを原料とする新規なエタノール醗酵技術等により燃料用エタノールを製造する技術の開発．平成 13 年度～平成 17 年度成果報告書：149-232.
17）折笠貴寛ら（2009）稲わら由来のバイオエタノール生産におけるエタノール変換効率の違いがコスト，CO_2 排出およびエネルギ収支に及ぼす影響．農業機械学会誌 71（5）：45-53.
18）Orikasa, T. et al. (2010). Soft-carbohydrate-rich rice straw: a potential raw material for bio-ethanol, Proceedings of the 9th International Conference on Eco Balance: 542-544.
19）折笠貴寛ら（2011）稲わらからの CaCCO 法および DiSC 法によるバイオエタノール生産の LC-CO_2 評価．第 70 回農業機械学会年次大会講演要旨集：294-295.
20）Park, J-Y. et al. (2011) DiSC (direct saccharification of culms) process for bioethanol production from rice straw. Bioresour. Technol. 102: 6502-6507.
21）Reith, J. H. et al. (2002) Co-production of bio-ethanol, electricity and heat from biomass residues. The 12th European Conference and Technology Exhibition on Biomass for Energy, Industry and Climate Protection. Amsterdam, The Netherlands. June: pp.17-21.
22）Roy P. et al. (2012) A review of life cycle assessment (LCA) of bioethanol from lignocellulosic biomass. Japan Agricultural Research Quarterly 46(1): 41-57.
23）Roy, P. et al. (2012) A techno-economic and environmental evaluation of the life cycle of bioethanol produced from rice straw by RT-CaCCO process. Biomass and Bioenergy 37: 188-195.
24）佐賀清崇ら（2009）前処理・糖化法の違いを考慮したセルロース系バイオエタノール製造プロセスの比較評価．エネルギー・資源学会論文誌 30（2）： 9-14.
25）佐賀清崇ら（2008）稲作からのバイオエタノール生産システムのエネルギー収支分析．エネルギー・資源学会論文誌 29（1）：30-35.
26）Schmer, M. R. et al. (2008) Net energy of cellulosic ethanol from switchgrass. Proceedings of the National Academy of Sciences of the USA 105: 464-469
27）Sheehan, J. et al. (2003) Energy and environmental aspects of using corn stover for fuel ethanol.

J. Ind. Ecol. 7: 117-146.
28）Seabraa, J. E. A. et al. (2010) A techno-economic evaluation of the effects of centralized cellulosic ethanol and co-products refinery options with sugarcane mill clustering. Biomass and Bioenergy 34: 1065-1078.
29）Shiroma, R. et al. (2011). RT-CaCCO process: an improved CaCCO process for rice straw by its incorporation with a step of lime pretreatment at room temperature. Bioresourse Technology 102: 2943-2949.
30）Spatari, S. et al. (2005) Life cycle assessment of switchgrass- and corn stover-derived ethanol-fueled automobiles. Environ. Sci. Technol. 39: 9750-9758.
31）Vliet, V. O. P. R. et al. (2009) Fischer-Tropsch diesel production in a well-to-wheel perspective: a carbon, energy flow and cost analysis. Energy Con. Manag. 50: 855-876.
32）Williams, P. R. D. et al. (2009) Environmental and sustainability factors associated with next-generation biofuels in the US: what do we really know? Environ. Sci. Technol. 43: 4763-4775.
33）Wingren, A. et al. (2003) Techno-economic evaluation of producing ethanol from softwood: comparison of SSF and SHF and identification of bottlenecks. Biotechnol. Prog. 19: 1109-1117.
34）Wooley, R. et al. 1999. Lignocellulosic biomass to ethanol - process design and economics utilizing co-current dilute acid prehydrolysis and enzymatic hydrolysis - current and futuristic scenarios. Report No. TP-580-26157. National Reneawable Energy Laboratory. Golden Colorade USA.
35）Wyman, C. E. (1994) Ethanol from lignocellulosic biomass: technology, economics, and opportunities. Bioresour. Technol. 50: 3-15.
36）楊　翠芬ら（2011）耕作放棄地利用を考慮したバイオエタノール生産プロセスのコスト・環境負荷の評価．日本 LCA 学会誌 7（3）：281-291.

第15章　バイオディーゼル燃料製造〔1〕
意義あるバイオディーゼル燃料の製造・利用を目指して

〜＊〜＊〜＊〜＊〜＊〜＊〜＊〜＊〜＊〜＊〜＊〜

鍋谷浩志・蘒原昌司

1. はじめに

地球温暖化の防止，化石資源保護の観点から，バイオマスエネルギーの利用が世界的に推進されている．中でも，軽油代替燃料であるバイオディーゼル（BD）燃料は，欧州連合（EU）を中心として広く利用が拡大しており，2009 年における生産量は約 1800 万 kL（キロリットル）に達したとされる（Web サイト i,ii）．BD 燃料の主成分は，脂肪酸メチルエステル（fatty acid methyl ester：FAME）であり，通常は，動植物油脂の主成分であるトリグリセリド（triglyceride）とメタノール（CH_3OH）とのエステル交換反応により製造される（図 15-1）．現在，ヨーロッパではナタネ油が，また，米国では大豆油が BD 燃料の主原料となっているが，共に食用として利用可能な油脂である．可食性の脂質資源を BD 燃料の原料

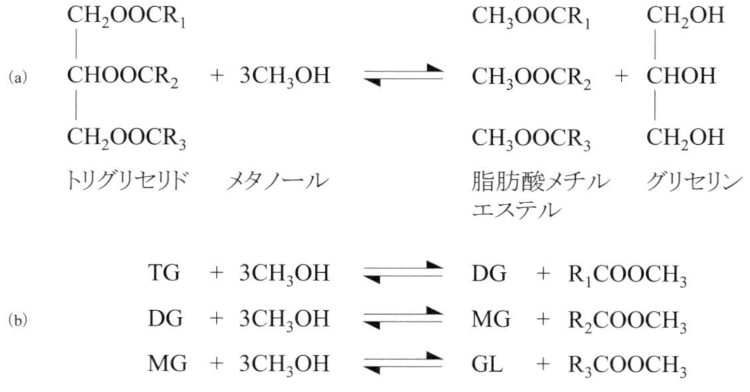

(a)

$$\begin{array}{l} CH_2OOCR_1 \\ | \\ CHOOCR_2 \\ | \\ CH_2OOCR_3 \end{array} + 3CH_3OH \rightleftharpoons \begin{array}{l} CH_3OOCR_1 \\ CH_3OOCR_2 \\ CH_3OOCR_3 \end{array} + \begin{array}{l} CH_2OH \\ | \\ CHOH \\ | \\ CH_2OH \end{array}$$

トリグリセリド　メタノール　脂肪酸メチルエステル　グリセリン

(b)

$$TG + 3CH_3OH \rightleftharpoons DG + R_1COOCH_3$$

$$DG + 3CH_3OH \rightleftharpoons MG + R_2COOCH_3$$

$$MG + 3CH_3OH \rightleftharpoons GL + R_3COOCH_3$$

図 15-1　動植物油脂の主成分であるトリグリセリドとメタノールのエステル交換反応による脂肪酸メチルエステルの生成
（a）は全体反応を表し，（b）は同反応を 3 段の平衡反応として記述．
TG：トリグリセリド，DG：ジグリセリド，MG：モノグリセリド，
GL：グリセリン；通常は NaOH 等のアルカリ触媒を使用．

に用いることは, 食料供給に影響を及ぼし, 食料価格の高騰を招く可能性がある. このため, 非可食性脂質を原料として活用することが望まれる. ここでは, BD 燃料の原料として利用が期待される非可食性の脂質資源について概説し, この資源を効率的に BD 燃料に変換する技術の開発動向を紹介する.

2. BD 燃料の原料として有望な資源（非可食性の脂質）

可食性油脂を BD 燃料の原料に利用すると多くの問題を引き起こす可能性があるため, 我が国を含むアジア諸国では, 一度食品と利用した後の食用油（廃食用油）, 油脂の搾油工程から排出される廃液に含まれる脂質, 油脂精製工程での副産物（遊離脂肪酸等）およびジャトロファ（*Jatropha curcas* L.）（図 15-2）等の新作物から得られる油脂が, BD 燃料製造用原料として高い可能性を持つと考えられている. 我が国では, 廃食用油を原料とした BD 燃料の製造が注目され, 第 3 章に記述されたように, 京都市等で実際に活用されている[10]. 食用油生産の過程での副産物は未利用資源と言える. インドネシアとマレーシアは各々世界第 1 位および第 2 位のパーム油生産国であり, 搾油工程で排出される廃液に含まれる脂質や油脂精製工程で排出される副産物だけでも膨大な賦存量になり, 特に, 油脂精製工程から排出される遊離脂肪酸（free fatty acid : FFA）の量は, 少なくとも原料油の 5～10%程度に達すると推定される. しかも, これら脂質は既に製油工場に集積しており, 回収を必要としないといった利点がある. さらに, 両国では, こ

図 15-2　ジャトロファ（Jatropha）
（左）ジャトロファの実. 実が黄色みを帯びると収穫が可能となる.（右）実から取り出した種子. 1 つの実には 3～4 個の種子が入っている. 種子に含まれる油の量は 30～40%程度.

れら脂質は年間を通じて安定的に排出され，季節性がないという利点もある．このため，BD 燃料の原料として活用した場合，変換装置の稼働率を高く維持できるものと考えられる．

一方，非可食系脂質として，近年，ジャトロファ（図15-2）が特に注目を集めている．ジャトロファは，年間降雨量 400mm 以下の劣悪な土壌，すなわち作物栽培が困難な土地でも生育可能であり害虫にも強いため，インドネシア東部地域などオイルパーム栽培に向かない耕作限界地（マージナルランド：marginal land）でも生育が可能とされる[8]．また，ジャトロファの種子から搾油した油は毒性があり[1]，食用利用できない油脂であるため，パーム油のように食用需要と競合することはない．しかも，ジャトロファの導入は，これまで利用困難であったマージナルランドへの農業展開を可能とするものであり，こうした地域への社会貢献が期待される．このため，東南アジアにおいて，ジャトロファの増産が検討されている．さらに，ジャトロファから得られる粗油を精製せずにそのまま利用できれば，精製コストを削減でき，BD 燃料の原料としてのポテンシャルはさらに高まる．Tambunan et al.[7] は，インドネシアで行われたジャトロファを利用した BD 燃料生産に関する研究を詳細に記述した．上述のジャトロファ種子に含まれる非可食性の脂質資源は，いずれもトリグリセリド以外の成分，特に FFA を高濃度に含有するという共通の特徴を有している．

3. 既存の技術を非可食性の脂質に適用した際の問題点

動植物油脂からの BD 燃料の製造で実用化されている方法は，アルカリ触媒（alkaline catalyst）を用いたトリグリセリドとメタノールのエステル交換反応による FAME の生成であり，副産物としてグリセリン（glycerol）が生成する（図15-1）．アルカリ触媒法では反応後にアルカリ触媒を取り除く精製工程が必要であり，この工程で多くの廃水が排出される．また，アルカリ触媒法は，原料油脂に FFA が存在すると，アルカリ触媒が FFA と反応して石鹸を形成し，触媒効果を失う．こ

$$RCOOH + H_3OH \longrightarrow RCOOCH_3 + H_2O$$

遊離脂肪酸　メタノール　脂肪酸メチルエステル　水

図 15-3　遊離脂肪酸とメタノールとの間のエステル化反応による脂肪酸メチルエステル（FAME）の生成

のため，FFA を含む脂質を原料に用いる場合には，前処理として脱酸工程（deacidification process）が必要となり，余分なコストを要するとともに，歩留まりを低下させる．このように，従来のアルカリ触媒法は，非可食性の脂質資源に適した方法とは言い難く，アルカリ触媒を用いずに BD 燃料を生産できる方法が求められている．

4. 非可食性脂質に適した BD 燃料製造技術の開発

従来のアルカリ触媒を用いた方法に比較して，触媒を用いない方法（無触媒法：non-catalytic method）はいくつかの利点を持つ．無触媒法による反応システムでは，反応後にアルカリ触媒を除去する精製工程が不要となり，システム全体が簡略化する．また，副産物のグリセリンも不純物を含まないので他の産業での直接利用が可能になる．この結果，BD 燃料製造に要する全体コストが低減される．さらに，無触媒法を用いたシステムでは，トリグリセリドとメタノールとのエステル交換反応（図 15-1）だけではなく，FFA とメタノールとのエステル化反応（図 15-3）によっても FAME が生成する．トリグリセリド以外に FFA も FAME（BD 燃料）の原料になり得るため，反応に先駆けて FFA を除去する脱酸工程が不要となり，BD 燃料の製造コストが低減され，システム全体としての歩留まりが向上することが期待される．こうした利点に対する期待から，いくつかの研究グループが無触媒法を用いた BD 燃料製造プロセスの開発に取り組んでいる．代表的な検討例として，メタノールを臨界点（239℃，8.09 MPa）以上の超臨界状態にすることにより反応性を高め，トリグリセリドとメタノールとのエステル交換反応（図 15-1）や FFA とメタノールとの間のエステル化反応（図 15-3）を促進する方法（超臨界メタノール法[5,6]）や超臨界状態のメタノール中において油脂とメタノールとの間のエステル交換反応と油脂の熱分解反応とを同時に進行させる STING（Simultaneous reaction of Trans-esterification and cracking）法[2]があげられる（第 16 章参照）．

（独）農研機構食品総合研究所（現（国研）農研機構食品研究部門）においても，無触媒法による BD 燃料製造技術の開発に取り組み，常圧付近で過熱メタノール蒸気を油脂中に吹き込むことにより FAME を生成する過熱メタノール蒸気法（図 15-4）を提案した[3,9]．これは，植物油を満たした反応槽の底部より過熱状態のメタノール蒸気（温度：250-350℃）を大気圧の条件で供給する．生成した FAME

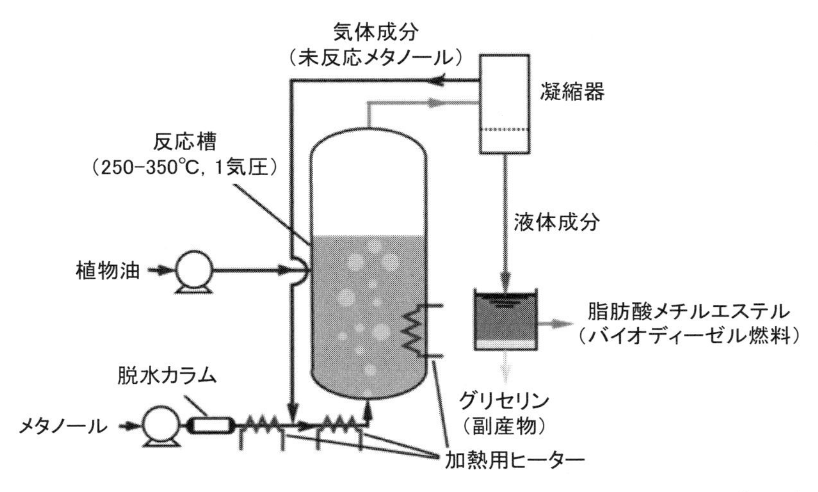

図 15-4　過熱メタノール蒸気を用いた無触媒メタノリシス法（過熱メタノール蒸気法）に基づく反応装置の概略

とグリセリンは，未反応のメタノール蒸気とともに反応槽から流出し，凝縮器で凝集し，回収される．未反応のメタノール蒸気は，反応器に返送され再利用される．FAME とグリセリンは，静置により二相に分離する．この方法で触媒は一切用いられないため，反応後のアルカリ触媒除去工程が不要となるばかりではなく，常圧付近での反応であるため装置コストを低く抑えることができ，装置の大型化も容易になるものと期待される．

図 15-5 に，原料油脂中に含まれる不純物が過熱メタノール蒸気法における反応に及ぼす影響について検討した結果を示した．非可食性の脂質資源である廃食用油を原料とした場合，ジグリセリド，モノグリセリド，FFA といった成分が原料中に含まれる可能性があることから，各々の成分が，過熱メタノール蒸気法における FAME の流出速度に及ぼす影響を示したものである．この結果から，過熱メタノール蒸気法においては，トリグリセリドだけではなく，FFA からも FAME が生成することが明らかとなった．その際の，FAME の生成速度は，トリグリセリドすなわち新油に比較して数倍程度大きなものとなった．また，FFA が少し加わることにより，トリグリセリドからの FAME の生成が促進されることも明らかとなった．この結果は，過熱メタノール蒸気法が，FFA を高濃度に含む廃食用油等の原料に適した方法であるということを示している．すなわち，従来法であるア

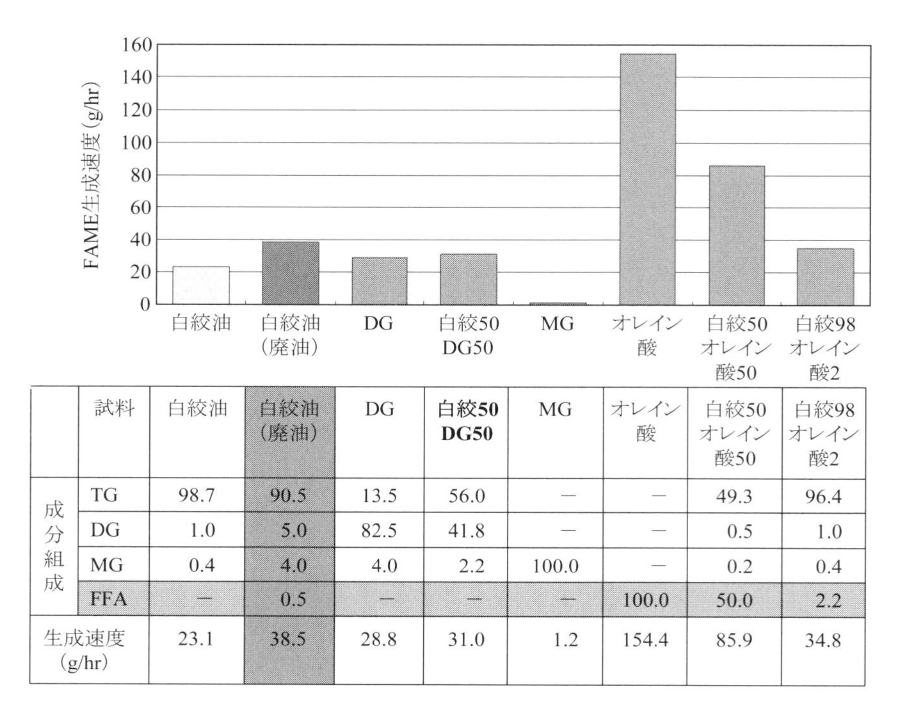

	試料	白絞油	白絞油（廃油）	DG	**白絞50 DG50**	MG	オレイン酸	白絞50 オレイン酸50	白絞98 オレイン酸2
成分組成	TG	98.7	90.5	13.5	56.0	—	—	49.3	96.4
	DG	1.0	5.0	82.5	41.8	—	—	0.5	1.0
	MG	0.4	4.0	4.0	2.2	100.0	—	0.2	0.4
	FFA	—	0.5	—	—	—	100.0	50.0	2.2
生成速度 (g/hr)		23.1	38.5	28.8	31.0	1.2	154.4	85.9	34.8

図 15-5　油脂組成が過熱メタノール蒸気法における反応速度に及ぼす影響
FAME：脂肪酸メチルエステル，TG：トリグリセリド，DG：ジグリセリド，MG：モノグリセリド，FFA：遊離脂肪酸．白絞 50DG50：白絞 50%とジグリセリド 50%混合，白絞 50 オレイン酸 50：白絞 50%とオレイン酸 50%混合，白絞 98 オレイン酸 2：白絞 98%とオレイン酸 2%混合．

ルカリ触媒法においては，FFA がアルカリ触媒と結合して石鹸を形成し，アルカリ触媒の効果を低下させ，エステル交換反応を阻害する．このため，FFA を含む脂質を原料とする場合には，反応の前に FFA を取り除く必要があることはすでに既述したとおりである．

一方，過熱メタノール蒸気法では FFA が，FAME の原料となるばかりではなく，トリグリセリドからの FAME の生成を助ける．このため，廃食用油等の FFA を含む原料に適用した場合には，反応の前処理（脱酸工程）が要らなくなり，製造コストが低減され，製品の歩留まりが向上すると期待される．実際に，廃食用油を用いた反応において，FAME の流出速度が新油に比較して大きくなっていることが，図 15-5 の結果から分かる．すなわち，FFA を高濃度に含む廃食用油等を過熱

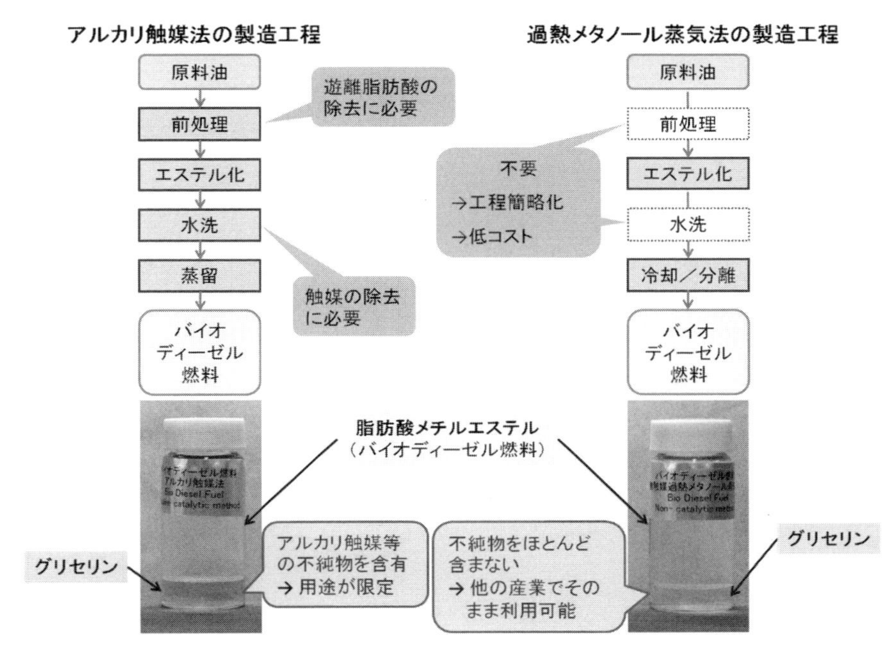

図 15-6　アルカリ触媒法と過熱メタノール蒸気法の工程の比較

メタノール蒸気法で処理すると，エステル交換反応（図 15-1）とエステル化反応（図 15-3）の二つの反応により，FAME（BD 燃料）が生成する．しかも，FFA はエステル交換反応（図 15-3）を促進する効果を有し[4]，過熱メタノール蒸気法が，FFA を高濃度に含む非可食性脂質からの BD 燃料生産に適した方法であることが確認示された．

アルカリ触媒法と過熱メタノール蒸気法の工程を比較したものを図 15-6 に示した．過熱メタノール蒸気法では，前処理工程と水洗工程が不要となる．このため，アルカリ触媒法に比べて，安く BD 燃料を作ることが可能となる．また，水洗工程がなくなることで廃水が発生しなくなり，環境への負荷が低減される．さらに，過熱メタノール蒸気法で生じるグリセリンは，アルカリ触媒法によるものとは異なり，不純物をほとんど含んでいない．このため，副産物であるグリセリンをいろいろな用途で有効利用することができる．

1 日当たり 400 リットル（L）の FAME を生産できる規模の実証プラントを建設し，実用化に向けての検討を行っている（図 15-7）．実証プラントを用いた製

表15-1　過熱メタノール蒸気法と従来法（アルカリ触媒法）との経済性の比較

項目		実証プラント 146 kL/y	事業プラント（6,000 kL/y）		アルカリ触媒法 1,500 kL/y
			基本ケース	ゴミ焼却施設併設	
減価償却費	（円/kg）	39.2	8.6	8.6	36.1
補修費等	（円/kg）	0.9	0.2	0.2	0.8
人件費	（円/kg）	313.9	7.3	-	7.3
メタノール費	（円/kg）	18.0	10.0	10.0	25.2
熱源費	（円/kg）	82.7	13.6	-	1.2
電気代	（円/kg）	28.9	9.7	6.4	1.5
水酸化カリウム費	（円/kg）	-	-	-	4.1
合計	（円/kg）	483.6	**49.5**	28.5	**76.1**
	（円/L）	396.5	**40.6**	23.4	**62.5**

造実験で明らかになったエネルギー消費量を基に，6,000キロリットル（kL）/年規模の事業プラントを想定し製造コストを試算した結果，本法では45円/L以下（人件費，減価償却費を含む）でBD燃料を製造することが可能であり，従来法（アルカリ触媒法）と比較して製造コストを20円以上削減できる可能性が示された（表15-1）．

図15-7　過熱メタノール蒸気法に基づく実証規模プラントの外観（生産能力：400 L/日）．

5. おわりに

以上，非可食性の脂質資源をBD燃料として利用するための研究の動向を紹介した．こうした研究の成果として，食用利用と競合しない脂質資源から低価格で効率よくBD燃料を製造する技術が確立され，地球温暖化の防止や化石資源の保護およびアジアにおける農村の活性化に貢献することを期待する．

引用文献

1） Developpa, R.K. et al. (2012) Localisation of antinutrients and qualitative identification of toxic components in Jatropha curcas seed. J. Sci. Food Agric. 92: 1519-1525.
2） 飯嶋　渡（2005）グリセリンを副生しない軽油代替燃料の製造技術. 農業技術 60:512-516.
3） Joelianingsih et al. (2008) Biodiesel fuels from palm oil via the non-catalytic transesterification in a bubble column reactor at atmospheric pressure: a kinetic study. Renewable Energy 33: 1629-1636.
4） Joelianingsih et al. (2007) Performance of a bubble column reactor for the non-catalytic methyl esterification of free fatty acids at atmospheric pressure. Journal of Chemical Engineering of Japan 40: 780-785.
5） Kusdiana, D. and S. Saka (2004) Two-step preparation for catalyst-free biodiesel fuel production, Applied Bio-chem. Biotechnol. 115: 781-792.
6） Saka, S. and D. Kusdiana (2001) Biodiesel fuel from rapeseed oil as prepared in supercritical methanol. Fuel 80: 225-231.
7） Tanbunan, A.H. et al. (ed.) (2012) Jatropha based biodiesel. IPB Press, Bogor, Indonesia: 168pp.
8） 山崎理恵ら（2005）マレーシア・インドネシアにおけるパームディーゼル研究動向．日本食品工学会誌 6：105-111.
9） Yamazaki, R. et al. (2007) Non-catalytic alcoholysis of oils for biodiesel fuel production by a semi-batch process. Japan. Journal of Food Engineering 8: 11-18.
10） 特集「バイオディーゼル燃料－現状と見通し－」．油脂 56：18-23（2003）.

Web サイト
i） Biofules Platform. http://www.biofuels-platform.ch/, 最終アクセス日2010年12月13日.
ii） U. S. National Biodiesel Board. http://www.biodiesel.org/, 最終アクセス日2010年12月13日.

第16章　バイオディーゼル燃料製造〔2〕
STING法の開発と今後の展望

〜*〜*〜*〜*〜*〜*〜*〜*〜*〜*〜*〜*〜*〜

飯嶋　渡

1. はじめに

バイオディーゼル（BD）燃料とは広義にはバイオマスを原料とする石油代替燃料の一つであり，主としてディーゼル機関用燃料として利用されている．動植物油脂とメタノールをエステル交換反応させて得られる脂肪酸メチルエステル（fatty acid methyl esters：FAME）をディーゼル燃料として用いること自体は古くから研究・開発されており，1930年代にはベルギーで既にバスの試験走行が行われている[15]．また，1970年代の石油ショックの際には国内でもナタネ油等をディーゼル機関に用いる研究などが行われていたが[9]，原油価格の低下とともに研究開発も下火となっていた．しかし，1997年に京都市で開催された第3回気候変動枠組条約締結国会議（地球温暖化防止京都会議）を契機に，地球温暖化防止のための二酸化炭素排出低減にBD燃料などのバイオマスエネルギーが有効であるとされたことから[10]，再び注目を集めることとなった．これに加え日本では，生活排水からの水質保全を目的とした廃食用油回収運動や廃食用油石鹸製造運動なども関連し，より多様な目的を混えて認知されていった．

2. 田畑から燃料を

2001年（平成13年），中央農業総合研究センター（中央農研）に農産エネルギー研究室が創設された．この研究室では，資源作物導入により耕作放棄地の増加を防ぎ，農業により食糧のみならずエネルギーも産出することを最終目標の一つとしていた．そのため，耕作地の一部にナタネ・ヒマワリを栽培し，得られた油脂を地域内を中心に使用した後，BD燃料化して農業機械に供給するエネルギーの地産地消システムの開発を進めた（図16-1）．休耕田の一部（1ha）でナタネとヒマワリを輪作し，年間2.4t/haの油脂が得られれば22ha分の水稲・畑作で消費される軽油を供給できると試算した．この実現のために，油糧作物の収量増はも

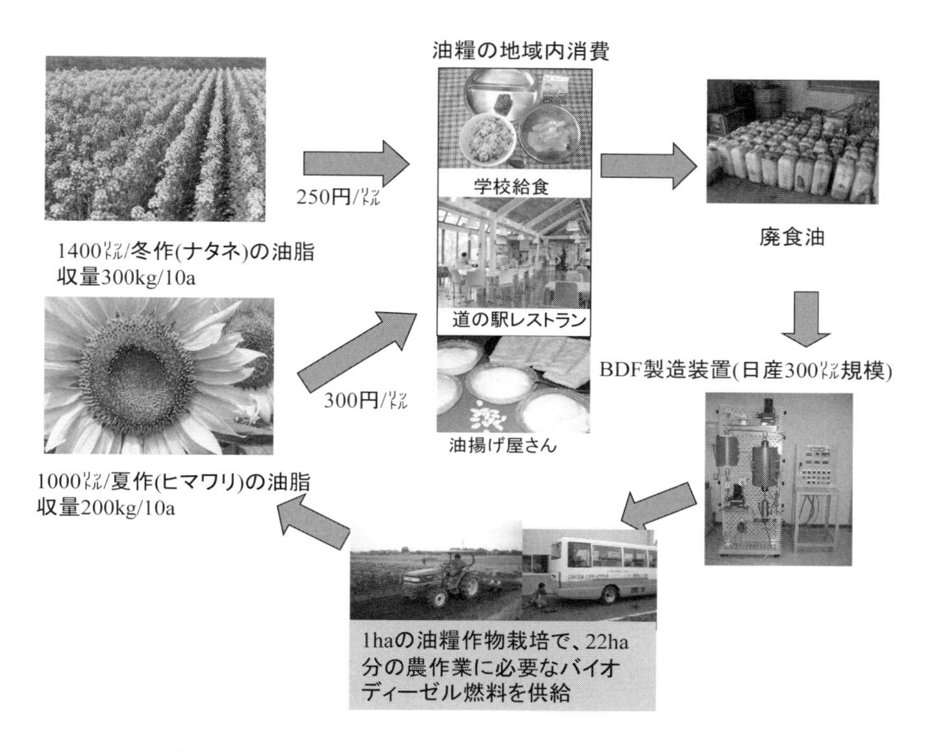

図16-1　ナタネ・ヒマワリ栽培を中心とした軽油代替燃料の地産地消システム構想

ちろん，各作業の効率化や低コスト化が課題となっており，その一つが油脂からBD燃料への変換技術であった．

当時，バイオマスの燃料化技術開発は化学工学分野でも注目され，変換技術の研究開発が数多く行われていた．BD燃料への変換方法は，古くからアルカリ触媒法が用いられ，その利点と欠点も広く認識されていた．欧州の商業規模プラントで用いられているアルカリ触媒法の利点は原料油に副資材のメタノールと触媒である水酸化カリウムを混合し，比較的緩やかな条件で反応できるため，安価に装置を製作できることであった．一方で，反応系に水や遊離脂肪酸が混入した場合，脂肪酸のけん化物（石鹸）を生成すること，反応後にアルカリ触媒が燃料や副産物のグリセリンに混入するなど，反応前の不純物除去，反応後の副生成物除去工程を必要とすることが欠点とされていた[2]．そこで，これらを解決すべく，遷移金属[18]やイオン交換樹脂[17]など固体の触媒を利用する固体触媒法，リパーゼを用いる酵素法[13]，高温・高圧の超臨界メタノールを利用した超臨界法[14]，常圧付近で過熱メタノール蒸気を油脂中に吹き込んで反応を行う過熱メタノール蒸気法（第15章参照）[11,20]など様々な製造法が研究された．しかし，大規模事業所を対象としたものが多く，当研究室の目指すシステムには生産能力過剰であると考えられたため，小規模分散型製造装置を独自に開発することとした．

3. 副生グリセリンの処分

FAMEの製造時にはグリセリンが副産物として生成される．アルカリ触媒法では，これに脂肪酸のけん化物などの副反応物やアルカリ触媒が混入するため，原料油に対して重量比で15～20%程度の副産物が発生する．このような純度の低いグリセリンは有用な使途がなく，廃棄物となる事例も多いことが大きな欠点であった．前述した様々な製造法では，けん化物や触媒の混入がなく純度の高いグリセリンが得られるため，二次利用が可能であるとしているものも多く見られた．

我々も，当初，触媒不使用で純度の高いグリセリンを生成して売却益を得ることで，収支を改善することを検討した．そこで，触媒不使用で燃料変換可能な手法を検討し，特に反応速度を大幅に向上できる超臨界法が有望であると考えた．副資材であるメタノールは約240℃，8メガパスカル（MPa）以上で超臨界状態となり，液体の強い溶解力と気体の高い拡散性を併せ持つため，反応性が非常に高くなる．また，メタノールが酸触媒としても機能するようになるため，アルカリ触媒法では変換できなかった遊離脂肪酸のメチルエステル化が可能とされていた[14]．さらに触媒を用いないので，反応後の精製工程の簡略化と燃料品質の向上が期待できると考えられた．しかし，製造メーカーとの情報交換で，国内ではグリセリンが供給過剰であることやグリセリン価格は下落し，精製に見合うだけの売価が得られないなど，当初の想定と異なる現実が判明した．そこで，先行する他技術と差別化するためにも，グリセリン生成なしに油脂を燃料化できる新技術の開発に目標を変更した．

4. STING法の開発

既に研究を開始していた超臨界法における反応条件を見直し，グリセリンの生成を抑制する条件を検討した[3]．その結果，一般的な廃食用油を原料とした時の

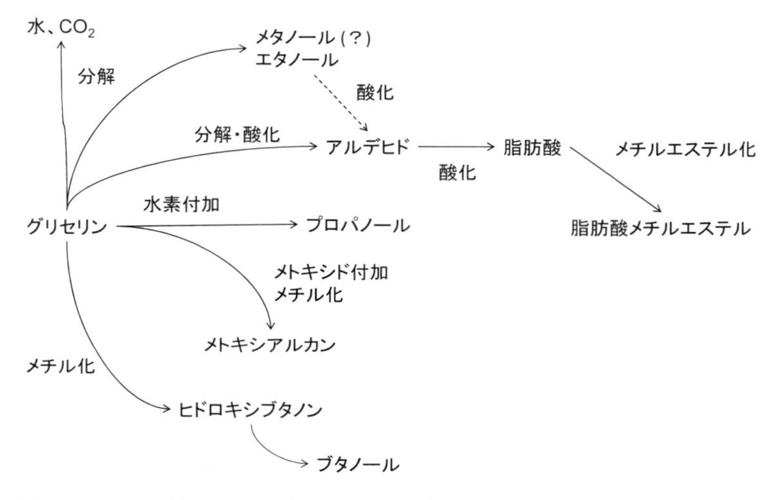

図 16-2　STING 法におけるグリセリンの分解・反応経路概略図

反応条件は反応温度 460℃，圧力 20MPa，反応時間 5 分とすることで，従来法では原料油に対し 10%程度生成されていたグリセリンを 0.2%程度まで低下させることができた [4]．この時，厳密にはグリセリンは生成されているが，高温・高圧処理により分解，水酸基の置換など様々な反応が発生し，メタノールなどの低級アルコールやエーテル, エステルのようにディーゼル燃料として利用可能な物質，あるいは原料のメタノールと一緒に回収できる物質に変換されていた(図 16-2)．さらに，本製造法では様々な反応が同時に進行するため，その燃料成分は 300 種類以上で構成され，多くても 10 種類程度の FAME のみで構成されている通常の BD 燃料とは異なり低分子の FAME も多く含まれていることを明らかにした．この技術はメチルエステル化反応と熱分解反応を同時に行う方法であることから，他技術と区別するために STING 法（Simultaneous reaction of Transesterification and crackING-Process）と呼称することとし，2003 年に特許出願を行った [5]．この 2003 年前後には国内で BD 燃料製造法に関する特許が数多く出願されている．また，実験室内での基礎研究だけでなく，より実用的な実証研究へ移行する課題も見られ，研究開発の全盛期であった．

このような状況下で，2004 年に試験機をスケールアップし，200 リットル（L）/日の生産量を有するベンチプラントを試作し，中央農研所有のマイクロバスへの燃料供給を試験的に開始した [6]．さらに 2005 年からは民間企業数社と市販に向け

図16-3　バイオディーゼル燃料走行試験用バス
日産TD42（4.2L，92kW）.

た共同研究を開始し，2006年には全自動で24時間運転が可能な製造装置を開発した．この全自動製造装置を用いて，中央農研で栽培，収穫，搾油したナタネ油および首都圏のスーパーマーケットより回収した廃食用油を原料に燃料を製造し，中央農研所有のバス（図16-3）に100%バイオ燃料を約1,600L供給し，1年間の走行試験を行った[7].

また，STING法の二酸化炭素（CO_2）排出量低減効果や経済性などを明らかにするため，首都圏内の廃食用油回収業者をモデルにバイオ燃料を導入した場合のCO_2排出量の評価を行った．評価に用いたモデルの概要を図16-4に示す．この業者は学校や事業者から直接回収し，一般家庭は市内数カ所に設けた回収ポイントまで各自持参する方式を採用した．このモデルでは回収ポイントまでに要する化石燃料およびペットボトルに関連する排出量は評価から除外した．また，回収廃食用油は自社内で燃料化し，回収用トラックで利用すると仮定した．さらに，燃料化は従来のアルカリ触媒法を用い，①グリセリンを有効利用できると仮定したFAMEケース1，②グリセリンを廃棄するため排出量に組み込んだFAMEケース2，および ③STING法の3条件とした．また，アルカリ触媒法において給排水に係る排出量も詳細が不明であることから除外した．本試験で，約3ヶ月間の調査期間中に回収トラックは1,639km走行し，11,180Lの廃食用油を回収した．その8割は学校給食,1割がその他事業者,1割が一般家庭から排出されたものであった．トラックの燃費はSTING法による燃料（SDF）の場合5.4km/L,軽油の場合6.4km/Lであり，燃料の総発熱量の差を考慮しアルカリ触媒法の場合は5.5km/Lと仮定した．STING法による燃料製造は実測し，アルカリ触媒法は文献[1,19]のデータを用いた．試算結果を図16-5に示す．バイオ燃料はカーボンニュートラルであると考

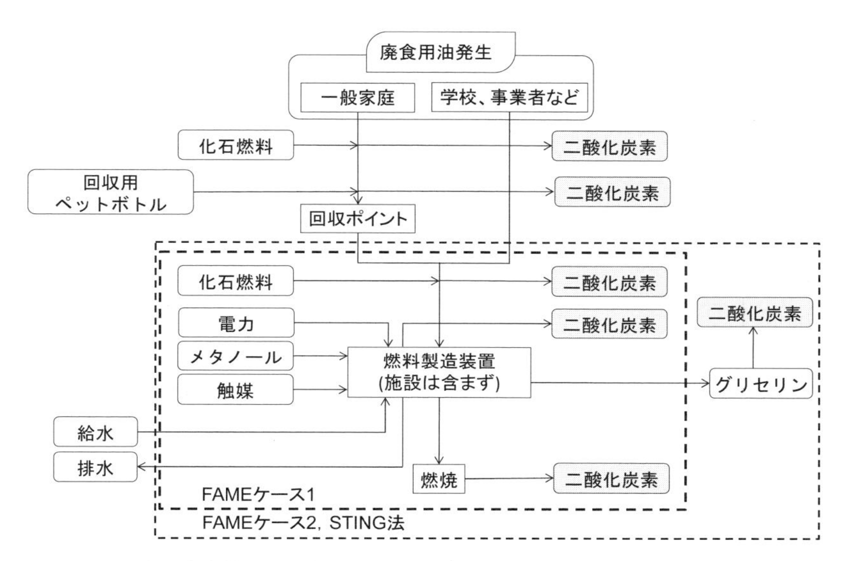

図 16-4　二酸化炭素排出量評価に用いたモデル概要図

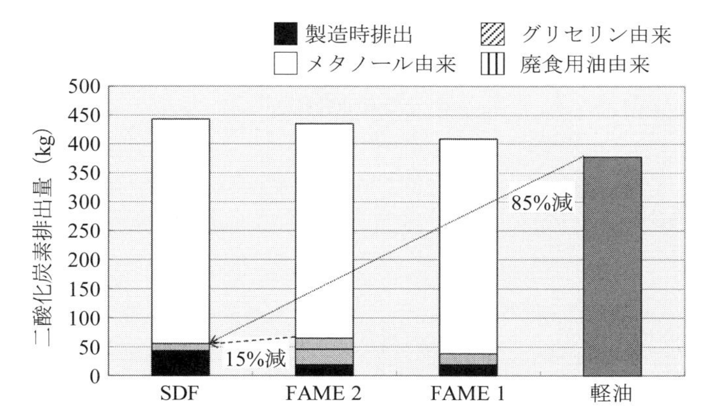

図 16-5　SDF，FAME1 と 2 および軽油も二酸化炭素排出量推定結果
SDF : STING 法で製造した燃料．FAME1 : アルカリ触媒法で副生グリセリンを有効利用可能と仮定した場合．FAME2 : アルカリ触媒法で副生グリセリンを廃棄物として処分した場合．

え，燃焼時の CO_2 排出量を除外すると，軽油に比べ約 85%減少できることが明らかとなった．また，副生グリセリンを廃棄処分する既存アルカリ触媒法と比較しても約 15%減少できる．

一方，製造コストを試算した結果を図 16-6 に示す．ここで，アルカリ触媒法の

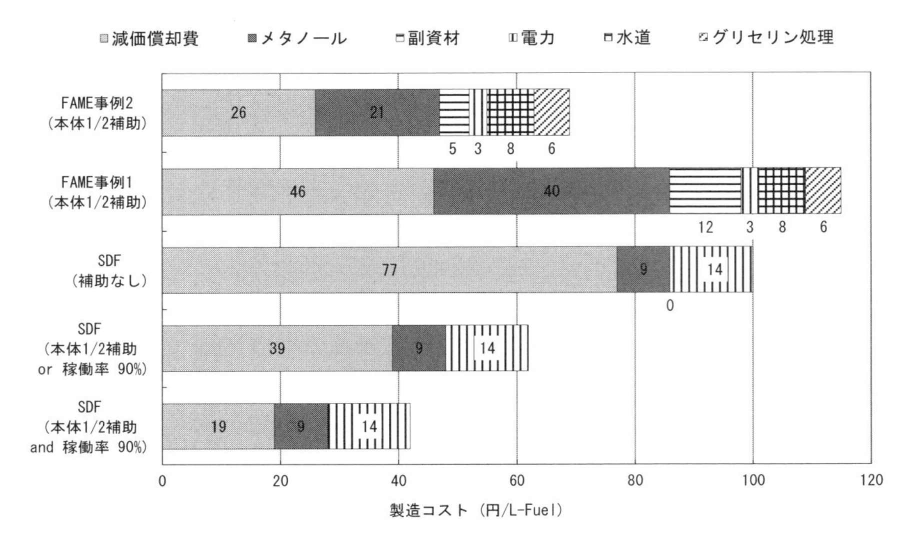

図 16-6　製造コスト試算結果
SDF : STING 法，中央農研所有機による実測値，FAME 事例 1 および 2 : アルカリ触媒法.
文献 [12] 記載のデータからメタノール価格を 120 円/L，電力料金を 12 円/kWh，年間稼動日数を 250 日に補正.

事例（FAME1，FAME2）は文献 [12] データからメタノール価格を 120 円/L，電力料金を 12 円/キロワットアワー（kWh），年間稼動日数を 250 日に補正したものを用いた．STING 法の場合，反応に必要な高温維持に要する電気代が 14 円/L で，アルカリ触媒法の 3 円/L と比べて高額となった．また，FAME1 および 2 では余剰メタノールを回収せずに排水と共に廃棄しているため，メタノール費が高くなっていた．今後 STING でも本体購入時に FAME 事例と同様に 1/2 の補助を受けることができれば，FAME 事例と比較してほぼ同等かそれ以下のコストに抑えることができると考えられた．以上の実証試験の結果を受け，民間企業数社より製造装置が販売された（図 16-7）.

5. 高融点油脂への対応

我が国では BD 燃料は廃食用油処理と強く結びつけられていた．油糧作物から生産した未使用油を原料とすることはコスト面から難しいとされていたことが理由の一つである．ところが，廃食用油は以前から専門の業者により回収され，塗

図16-7　民間企業各社が製造・販売したSTING法バイオ燃料製造装置
右上：廃食用油用手動制御式，右下：廃食用油用自動制御式，左上：
廃動物脂用自動制御式，左下：動物脂用手動制御式.

料などの工業原料や飼料に利用されていた．そこにBD燃料の原料という需要が新たに発生したことから価格が高騰し，研究開始当初の2001年頃には5円/L以下で入手できたものが2005年頃には30円/L以上になり，さらに未使用パーム油の価格に近い60円/Lにまで上昇した事例もあった．ここ数年は30～40円/L程度で取り引きされていると聞いている．一方，動物脂，パーム油などの高融点油脂は，低温で固化するため取扱い難いことから他用途との競合が少なく，価格も5～10円/L程度で入手可能な例が見られた．このように原料コスト面では非常に優位な高融点油脂であるが，一般的方法でメチルエステル化しても融点は10℃前後までしか低下せず，低温期に使用できない欠点がある．

一方，STING法ではメチルエステル化反応以外にも熱分解反応を含む様々な反応が同時に進行するが，この熱分解反応を促進することで油脂成分を分解，低分子化し，融点を低下させることができる．例えば，ラードを原料とした場合，従来技術で製造した燃料の融点は10℃であったが，STING法において反応温度490℃処理で0℃前後，540℃処理で約-10℃にまで低下させることができる（図16-8）．ただし，高温処理では低分子成分が増加し，軽油留分の歩留まりが減少することから食品加工残渣中の未・低利用油脂の燃料化では，歩留まり90%以上を

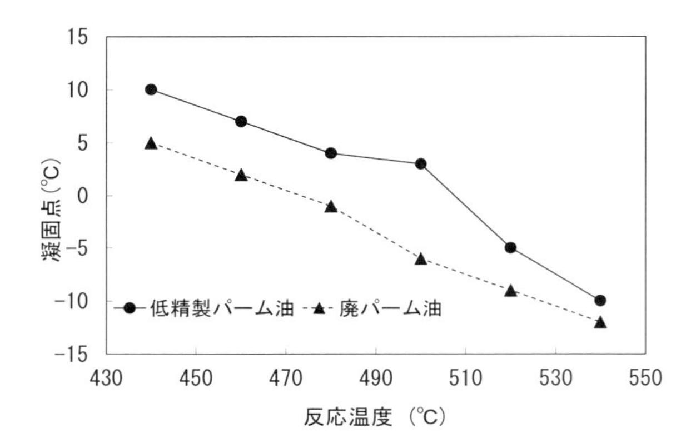

図 16-8　STING 法を用いてパーム油からバイオ燃料を製造する際の処理温度が凝固点に与える影響[8)]

確保できる 490℃処理が望ましいと考えられた[16)].

6. BD 燃料の規格制定

2009 年に改正された揮発油等の品質の確保に関する法律（品確法）が施行され，軽油に 5%まで FAME を混合したものを流通・使用することが可能となった．同時に品質検査や各種届出，許認可等も生じたため，小規模事業所では品確法に則った事業は困難となった．そのため，品確法に則って事業を展開できる比較的大きな規模の事業者と品確法の適用範囲外である FAME100%で運用する小規模事業者に大別されることとなった．また，この品確法に先立ち，2008 年には自動車等の内燃機関に用いる軽油に混合するための FAME に対する JIS 規格が制定された．

さらに東京都など首都圏 9 都県市では 10%残留炭素分を JIS 規格の 0.3%以下から 0.1%以下に条例で上乗せ規制している．この 10%残留炭素分 0.1%以下という数値は，未反応油脂，けん化物，過酸化脂質および調理由来の不純物等が多く含まれている場合にはクリアが困難である．そのため，廃食用油を原料に手作業が多い安価な燃料製造装置を用いている，あるいは反応後の洗浄・精製工程を簡略化している等の事業所ではクリアできない事例が散見されるようになった．これを解決するため，BD 燃料の蒸留装置を導入する動きが活発化しており，装置を販売する企業も増えてきている．

BD燃料の沸点は大気圧下では300℃を超えることから沸騰と同時に熱分解を生じる．そのため，通常は減圧により沸点を低下させるが，それでも0.02気圧で200℃以上の温度が必要であり，多くのエネルギー投入が必要である．さらに，蒸留により残渣が発生するため製品歩留りの低下と廃棄物の増加により生産コストが増加する可能性がある．実際に首都圏の自治体が購入したBD燃料の事例では，蒸留していないものが130～140円/Lであるのに対し，蒸留したものは170円/Lと2～3割増となっている．さらに驚くべきは，これらのエネルギー投入増に対する環境影響評価，および軽油とのコスト比較など持続性に関する評価が実施，公表された例がほとんど見られないことである．条例の基準をクリアしなければ車両を走行できない事情は理解できるが，生産コストは軽油と同等以下に抑え，かつエネルギー投入量や環境影響も石油製品より少ないことをLCA等で証明することを常に求められてきた身としては隔世の感を禁じ得ない．先に記した，新たに研究開発されたBD燃料の製造技術が実用化に至らなかった理由の一つにコスト面での問題があったが，当時の軽油価格は90～100円/Lであった．現在のような状況であれば実用化される技術もあるのではないかと思うと，今一度各技術の再評価を行ってもよいのではないかと考える．

7. おわりに

今回，このような形で自らの研究を振り返る機会を頂いたが，研究開始時の目的決定に際した調査不足を痛感した．先行している他者の論文等をできる限り精査したつもりではいたが，それらから日本においては廃食用油が既に資源として再利用されていること，グリセリンが供給過剰であることなどの現実を知ることができなかった．改めて文献のみでなく現地調査等を含めた入念な準備が重要であると再認識させられた事例であった．

ここ最近，BD燃料に関する研究開発は一時の勢いが影を潜めてしまった感がある．しかしながら，前述の首都圏9都県市条例への対応策など未だに技術開発を必要とする状況は数多く見られる．また，許容される生産コストの上限が少しずつ上ってきており，過去にコスト面で実用化が困難とされた技術も実用化の可能性が出てきている．この傾向が続くのであれば，第二世代，第三世代の技術と言われる水素化脱酸素，BTL（Biomass to Liquid）等によるバイオマスからの炭化水素燃料の製造技術も実用化が従来の予想よりも早まる可能性も考えられる．次の10年に向け，これまでの10年で得られた知見と反省点を元にバイオ燃料の普及に資する研究開発を推進していきたい．

引用文献

1）Bernesson, S. et al. (2004) A limited LCA comparing large-and small-scale production of rape methyl ester (RME) under Swedish conditions. Biomass and Bioenergy 26(6): 545-559.
2）Canakci, M. and J. V. Gerpen (1999) Biodiesel production via acid catalysis. Transactions of the ASAE 42(5): 1203-1210.
3）飯嶋　渡ら（2008）メタノリシス反応と熱分解を併用した軽油代替燃料製造技術の開発（第1報）．農業機械学会誌 70（2）：120-126.
4）飯嶋　渡ら（2008）メタノリシス反応と熱分解を併用した軽油代替燃料製造技術の開発（第2報）．農業機械学会誌 70（3）：89-96.
5）飯嶋　渡ら（2008）副産物を生成しないバイオディーゼル燃料の無触媒製造法．特許第4122433号．
6）飯嶋　渡ら（2009）メタノリシス反応と熱分解を併用した軽油代替燃料製造技術の開発（第3報）．農業機械学会誌 71（2）：89-96.
7）飯嶋　渡（2007）STING法による軽油代替燃料製造装置．農業機械学会誌 69（1）: 22-23.
8）飯嶋　渡ら（2006）パーム油等高融点油脂を原料とした寒冷地向け軽油代替燃料製造技術．農業環境工学関連学会2006年合同大会．北海道大学：5.
9）飯本光雄（1977）ナタネ油を燃料とした農用小型ディーゼルエンジン機関の運転（Ⅰ）．農業機械学会誌 38（4）：483-487.
10）IPCC (1996) Reporting Instructions (Volume 1). Revised 1996 IPCC Guidelines for National Greenhouse Gas Inventories: 1.3.
11）Joelianingsih et al. (2008) Biodiesel fuels from palm oil via the non-catalytic transesterification in a bubble column reactor at atmospheric pressure: a kinetic study. Renewable Energy 33: 1629-1636.
12）株式会社東大総研（2005）廃食用油から製造したバイオディーゼル燃料の利活用事例の紹介：pp.7-13.
13）Kamini, N. R. and H. Iefuji (2001) Lipase catalyzed methanolysis of vegetable oils in aqueous medium by Cryptococcus spp. S-2, Process Biochemistry 37(4): 405-410.
14）Kusdiana, D. and S. Saka (2001) Methyl esterification of free fatty acids of rapeseed oil as treated in supercritical methanol. J. of Chemical Engeneering of Japan 34(3): 383-387.
15）Mittelbach, M. and C. Remschmidt (2005) Biodiesel -the comprehensive handbook-. M. Mittelbach: 3-4.
16）鬼塚英一郎・飯嶋　渡（2010）低・未利用油脂からのバイオディーゼル燃料製造技術．Techno Innovation 20(1)：2-7.
17）Peterson, G. and W. Scarrah (1984) Rapeseed oil transesterification by heterogeneous catalysis, Journal of the American Oil Chemists' Society 61 (10): 1593-1597.
18）Stern, R. et al. (1998) Process for producing esters of fatty substances and the high purity esters produced. European Patent 0924185.
19）トヨタ自動車株式会社・みずほ情報総研株式会社（2004）輸送用燃料の Well-to-Wheel 評価　日本における輸送用燃料製造（Well-to-Tank）を中心とした温室効果ガス排出量に関する研究報告書：pp.94-104.
20）Yamazaki, R. et al. (2007) Non-catalytic alcoholysis of oils for biodiesel fuel production by a semi-batch process. Japan. Journal of Food Engineering 8: 11-18.

第 17 章　草木バイオマスのガス化発電と液体燃料合成

～＊～＊～＊～＊～＊～＊～＊～＊～＊～＊～＊～

坂井正康

1. オイルショック後の燃料種変動期・私の経験

筆者は企業に入社してから，発電用大型ボイラの燃焼機器開発が主な研究で，微粉炭から始まり，重油，天然ガス燃焼を経験した．一方，現在の H-1 液体ロケットの前身である国産液体ロケットの開発にも携わり燃料として液体水素・ヒドラジン（H_2NNH_2）・ケロシン，酸化剤として液体酸素・液体過酸化窒素（N_2O_4）等も扱かった．また，1970 年代に始まった二度のオイルショックでいろいろな新種燃料の燃焼試験を経験した．

先ず，道路用のアスファルト，微粉炭と石油を混ぜた COM（coal-oil-mixture），微粉炭と水を混ぜた CWS（coal-water-slurry）等，石油以外の燃料を液状燃料並みに扱える燃料となるように模索した．この頃は公害問題から低窒素酸化物（NO_x）燃焼が技術の焦点であり，バイオマスの一種である都市ごみの焼却炉の低公害燃焼技術開発にも携わった．

この様に振り返ってみると，他人では経験できない多種の燃料を扱う機会に恵まれたことは熱工学屋にとって，これほど幸いなことはなかった．この後，バイオマスを本格的な燃料として携わることになり，最初はブラジルのサトウキビバガス燃焼，伐採木の粉体燃焼であった．ここでこれまでの化石燃料系燃料とバイオマスでは，燃焼特性やガス化特性が大きく異なることに気づいた．そこで，両者燃料の基本特性に関する基礎試験を行い興味ある諸特性を明らかにした．両者燃料特性の差異詳細については後述する．

2. 再生可能エネルギー大国ブラジル

筆者は，1982 年と 1983 年の 2 回，アマゾン開拓で伐採された膨大な量の木材を燃料とする産業用ボイラの実用化を目的としてブラジルに滞在し，微粉炭炊きボイラ形式にバイオマス（木粉）を使用する初号機を完成させることができた．この時，ブラジルに化石燃料に頼らない自然エネルギーで成り立つ近代社会の姿を見て自然の偉大さを痛感した．ブラジルは広大な土地と自然に恵まれながら，唯一の悩みは，当時は石油が採掘されなかったことで，交通手段の大半を担う自動車燃料はほぼ全量を輸入に頼るために財政を圧迫し，赤字大国と言われていた．

近代社会のエネルギーの基本形は，電力，自動車燃料，熱利用燃料の3種と言えるが，ブラジルでは，電力を原子力発電所13基分に相当するイタイプ大水力発電所（Itaipu Dam）が賄い，熱利用燃料はアマゾン開拓による豊富な木材がある．一方，サトウキビを原料にした膨大な砂糖生産があるが，雇用確保のために砂糖増産を行うと砂糖の市場価格が値下がりして収益が悪化するという問題があった．この状況下で，雇用確保，砂糖生産調整による収入確保，外貨のいらない自動車燃料生産の3役を果たすものとして登場したのが，サトウキビを原料とする飲料アルコールを自動車用燃料化することである．これで，水力－電力，バイオマス－熱源燃料，アルコール－自動車燃料の総てのエネルギーが再生可能な自然エネルギーで賄える形態が整うことになった．

筆者は，石油枯渇，地球温暖化の問題が議論される度に，この形態を思い浮かべるのである．

3. バイオマスのエネルギー高度利用研究の始まり

気候変動枠組条約（Conference of Parties : COP）が始まり，自然エネルギーの大切さが見直され始め，バイオマスが再生可能エネルギーの一翼を担うものとして注目されることになった．地球温暖化・化石燃料枯渇の根本的な対策に対する私の回答は，あくまでもバイオマスである．殊に，近代の自動車社会を考えるとき，自動車液体燃料が不可欠に思える．

しかし，ブラジルのバイオエタノール生産を世界に展開する場合，生産地が熱帯地に限られ，生産量も問題が多く，食糧問題を引き起こす可能性もある．そこで，筆者は当時国内では低公害車として市場に出ていたメタノール車の燃料に注目し，草木バイオマスを原料としてメタノール燃料を化学合成する技術開発に取り組んだ．筆者が三菱重工業株式会社広島研究所在任中に，このメタノール合成研究はベンチテストまで進み，メタノール車も走らせた．当時の上司・植田常務のサポートが大きな支えとなった．この時，広島県立農業技術センターにいた前重道雅所長，農林水産省ソルガム育種指定試験地の中川　仁主任（現　浜松ホトニクス株式会社）とお会いして意気投合し，その後，農水省のいくつかの研究プロジェクトへの参画に繋がった．平成 4 年頃である．これが，筆者のバイオマスのエネルギー高度利用研究の始まりで，1）草木バイオマスのガス化と 2）生成ガス（化学原料となる合成ガス組成をもつ）からの液体燃料合成が研究テーマとなった．その後，長崎総合科学大学で基礎研究から再出発した．

4. バイオマス燃料の特異性と基礎試験

バイオマスの基礎研究は平成 7 年に始め，現在も続けている．ここで得られた，化石燃料には見られないバイオマス燃料の特異性に関する成果を示す．

1）バイオマスの理論断熱燃焼温度

燃料の組成と生成熱が分ると，理論断熱温度が計算できる．他の化石燃料に比べ，バイオマス（スギ材）の方が理論断熱温度は高い．理由は，燃焼開始前に起こる燃料の熱分解が化石燃料は吸熱反応であるのに対し，バイオマスは発熱反応であるためである．バイオマスは分子構造に酸素（O）結合を持つため，熱分解時に CO_2，H_2O（含水分の蒸発ではなくバイオマスの分解によるもの）を発生させる．一般に，都市ガスや石油の燃焼が薪燃焼よりも温度が高いと思われがちであるが，これは，燃焼速度の違いによるもので，大きな焚火は相当高温な火力を持っている．熱から動力や発電等へエネルギー変換するとき，燃焼ガス温度の降下によって効率は一次近似される．つまり，断熱理論温度が高いほど高効率発電が可能であることを意味する．図 17-1 は化石燃料（エタン）とバイオマス（杉材）の燃焼用空気量変化に対する理論断熱温度の変化を示したものである．空気比 λ（$\lambda=1$ のとき当量，$\lambda>1$ のとき空気過剰，$\lambda<1$ のとき空気不足）が $\lambda<1$ の領域でみると，化石燃料とバイオマスに大きな違いがあることが分かる．バイオマスは一定温度に達すると発熱炭化現象を起こす．この発熱に空気は必要ない．丸太材を外部より 200～300℃で加熱すると，数時間後に木材の熱分解発熱により内部中心から高温になり炭化が始まることで現象を見ることができる．

2）バイオマス水蒸気・酸素の部分燃焼ガス化基礎試験装置

天然ガス・石油・石炭ガスを原料として化学製品（水素，アンモニア，メタノール等）を製造する場合，原料と水蒸気を金属触媒下で 800～1100℃に加熱し，水蒸気改質反応によってガス化する．生成ガスは H_2 と CO を主成分とした合成ガ

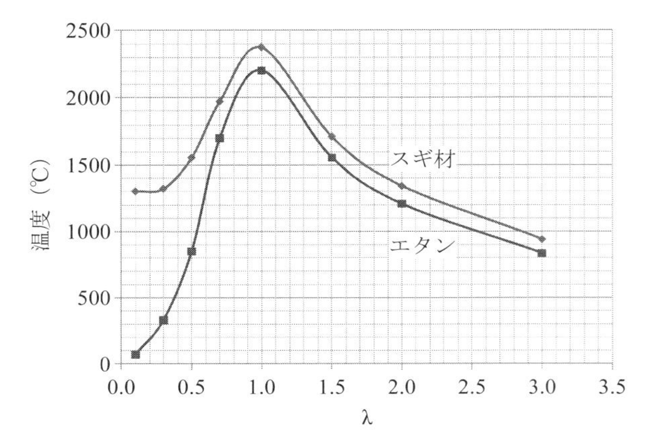

図 17-1　化石燃料とバイオマスの温度特性の違い

スと呼ばれる原料ガスに変換され（H_2 製造が目的の場合は水蒸気反応をさらに進めたシフト反応で CO を H_2 に変換する），この後，触媒を使った化学合成により製品が造られる．つまり，原料を合成ガスに変換することが化学製品製造の第一段階であるが，石油系ガス燃料の場合，ニッケル（Ni）系触媒が充填された反応管内に原料ガスと水蒸気の混合ガスを供給・通過させ，外部から加熱して熱分解によって造られる．

しかし，草木バイオマスの場合，固体であるため，充填された触媒反応管内を通すことが出来ない．そこで，バイオマスガス化基礎実験装置を使って，基本的なガス化特性を明らかにした．通常，バイオマスのガス化では，ガス化剤として，空気・H_2O 混合ガスを用いる部分燃焼ガス化が大半である．しかし,化学原料用の合成ガスが目的の場合，79％を窒素（N_2）が占める空気は使えず，H_2O と O_2 のみの混合ガスがガス化剤となる．基礎実験では，ガス化剤を H_2O と O_2 混合ガスとして，原料バイオマスは高品質の生成ガス組成が期待できる噴流床ガス化方式を考え，直径 0.3～3mm の粉体を用いた．

実験装置は直径 50mm のステンレス反応管を電気ヒータで外部から加熱し，反応管下部から H_2O・O_2 のガス化剤を通気する．この反応管内に上部から原料粉体を落下供給してガス化反応させ，得られた生成ガスを採取・分析して組成を求めた．反応管温度，原料供給量，ガス化剤供給料，O_2 濃度および原料種は任意に変更できる．この実験装置の特徴は化学反応現象の実験調査を主目的とするため，反応温度は外部加熱によって補償している．一般の部分燃焼が成り立たない条件

（酸素濃度が低く反応温度に達しない場合）でもガス化反応を見ることができる．

現在も新種原料の場合は必ずこの実験データから設計の諸検討を始めることにしている．

3）バイオマスの部分燃焼ガス化生成ガス組成

図 17-2 は原料バイオマス杉材の直径 1mm 以下粉体，反応管温度 900℃，ガス化剤は H_2O・O_2 混合気，ガス化剤流量は粉体量の 2 倍とし，酸素量を変化（モル比 O_2/C：C は原料 C 量）させた時の生成ガス組成を示す．O_2/C が 1 に近づくと生成ガスは無効な CO_2 成分が増え，O_2/C が 0 に近づくと，有効成分の［H_2，CO，CH_4，C_2 炭化水素］が増加する．ここで，部分燃焼温度を 800℃以上とすると，$O_2/C > 0.35$ で成立する．O_2 量が大きくなると余剰熱となる．逆に，$O_2/C = 0$ では非常に高い有効成分となり，H_2 が 50%，CO が 25%の理想的合成ガス組成となるが，反応熱はすべて外部から供給することになる．

後述する「農林グリーン 1 号機（その後，「農林バイオマス 1 号機」と改名）」は $O_2/C = 0.35 \sim 0.4$ の部分燃焼ガス化，「農林バイオマス 3 号機」は $O_2/C = 0$ の外熱式水蒸気改質反応を基本としている．

4）浮遊外熱式ガス化法と反応式

$O_2/C = 0$ のバイオマス外熱式水蒸気改質反応は，従来なかった技法である．理由は，これまでの常識で水蒸気改質反応は触媒存在下でしか起こらないと化石原料の経験から考えていたからである．しかし，基礎試験結果の図 17-2 に示す $O_2/C = 0$ のバイオマス外熱式水蒸気改質反応が触媒なしで起こることがわかった．ここでは反応系外からの加熱が必要であるが，生成ガス組成は最高の合成ガスとなる．この技法のガス化法現象をイメージして「浮遊外熱式ガス化法」と名付けた．基礎実験の結果解析から，浮遊外熱式ガス化反応式の大略は次の様になる．

このガス化反応は反応温度，滞留時間（反応時間），〔水蒸気〕/〔バイオマス炭素〕モル比等の反応条件によって発生するガス組成が変化する．反応温度 800℃の反応式を，一例として示すと次の様な反応式で表される．

$$C_{1.3}H_2O_{0.9} + 0.4H_2O \rightarrow \underline{0.8H_2 + 0.7CO + 0.3CH_4 + 0.02C_2H_4 + 0.3CO_2} \quad -39.7\text{kcal/mol} \tag{1}$$

（原料）　（水蒸気）　　　　　　（生成ガス）　　　　　　　（吸熱反応）

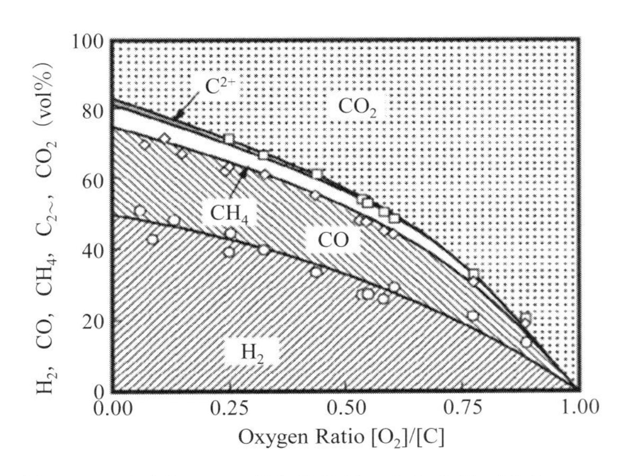

図 17-2　バイオマスの部分燃焼ガス化生成ガス組成

ここで，バイオマス略式分子式は元素分析値から H_2 分子を 1 として求めたもので，これを 1 モルとして解析に利用している．

1 モルに対して化学反応に携わる反応水量は反応温度が高くなると大きくなり，900℃で $0.7H_2O$，1000℃で $1.0H_2O$ となり生成ガスの H_2 組成比率が大きくなる．このとき，同時に C_2H_4 が減少し，CO_2 が増加する．この現象はマスバランスの解析から，次の反応が主反応であることが分かった．

$$C_2H_4 + 4H_2O \rightarrow 2CO_2 + 6H_2. \qquad (2)$$

即ち，エチレン C_2H_4・1 モルが水蒸気 H_2O・4 モルと反応し，CO_2・2 モルと H_2・6 モルを発生する．浮遊外熱式ガス化では，$[O_2]/[C]=0$ のガス組成となり，図 17-2 に示すように部分燃焼ガス化に比べて高品質ガス組成になる．ただし，反応熱は反応管外部からの加熱が必要である．ここで，この外部加熱で生成したガス燃料の保有する冷ガス発熱量は原料バイオマス発熱量より大きくなり，原料基準の冷ガス効率は 105～115%となる．反応に使われた外部からの入熱を考慮しても，冷ガス効率は 65%となる．さらに，このガス化法ではタールの発生が非常に少ないのも特徴である．

5）浮遊外熱式ガス化法のガス化生成ガス組成

浮遊外熱式ガス化法の場合，バイオマスは灰分を除く有機成分のほぼ全量が水

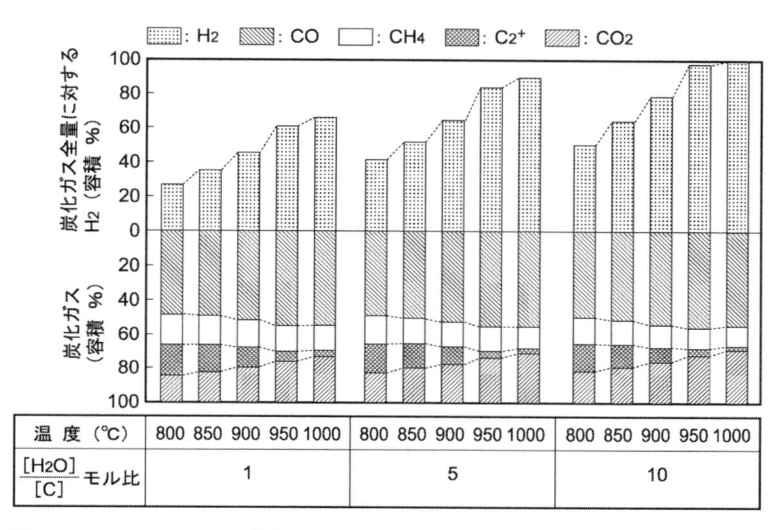

図 17-3　バイオマスの水蒸気改質ガス化生成ガス組成

蒸気と反応し，〔H_2，CO，CH_4，C_2H_4，CO_2〕のガス燃料に転換する．生成ガス組成は原料種別（すなわちセルロース，ヘミセルロース，リグニン等）の分子構造の差による大きな影響は受けないことが最大の利点である．

杉材を原料にした基礎実験による生成ガス組成特性を図 17-3 に示す．実験条件は反応温度 800～1000℃，原料炭素に対する水蒸気モル比$[H_2O]/[C]$＝1～10，反応時間は 0.4～1.2 秒（sec）である．

図 17-3 に示すガス組成は炭素 1 原子化合物を 1，炭素 2 原子化合物を 2 として，炭素化合物全量を 100%（原料一定量）として示し，水素組成は外割り比率で示した．ここから，浮遊外熱式ガス化法による生成ガスの組成ガスについて，次の特性を読み取ることができる：①同じ原料の量に対して，反応条件で発生する水素量は大きく変化する；②反応温度が高くなると，水素発生量は大きくなる；③モル比$[H_2O]/[C]$が大きくなると，水素発生量は増加する；④炭素化合物のうち，CO と CH_4 の反応温度による組成比率の変化は少ない；⑤C_2H_4 の反応温度による変化は顕著で，800℃時約 20%が 1000℃では 2%に減少する；⑥C_2H_4 の減少に伴って CO_2 と H_2 が増加するが，マスバランスから，前記（2）式で説明できる．

6）化石燃料ガス化とバイオマスガス化の本質的な違い

石油系燃料を原料とした場合，水蒸気改質反応には Ni 系触媒を必要とするの

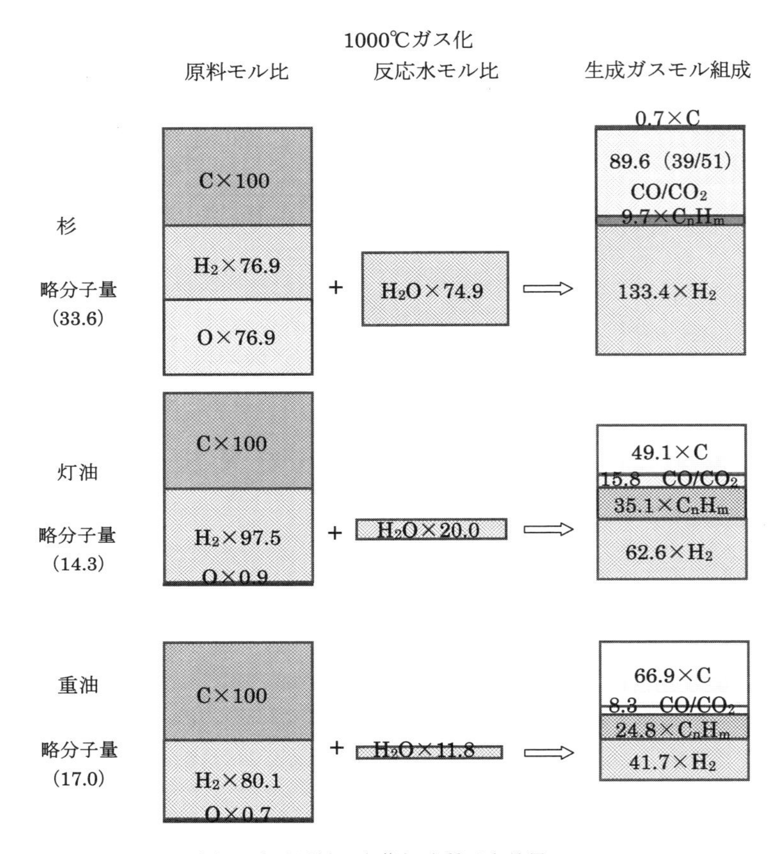

図 17-4　バイオ系と石油系原料の水蒸気改質反応差異

に対し，バイオマスでは触媒を必要としないことは，これまでに知られていない．そこで，杉粉体，灯油，重油の 3 種原料について，ガス化基礎実験装置によって，1000℃外熱，$O_2/C=0$ の条件の実験を行い水蒸気改質反応の違いを明らかにした．この実験結果を図 17-4 に示す．3 種の原料の炭素（C）を 100 モルとして，水蒸気改質反応に与かった H_2O モルと生成ガス組成を比較して示した．杉は 79.4 モルの水蒸気が反応に使われ，0.7 モルの C（スス）が未反応発生に止まった．これに対し，灯油と重油では水蒸気改質反応に与った H_2O が非常に少なく，大量のススを発生した．つまり，バイオマスは触媒なしで水蒸気改質反応を起こすが，石油系ではほとんど反応せず，C はススとなる．バイオマスが触媒なしで水蒸気と反応する理由として，分子構造にO結合を持ち，この結合は高温の熱エネルギーのみで分離し，バイオマスのCが水蒸気H_2OのOと結合し，COとH_2を発生させ，一方，O結合を持たない化石燃料系原料ではこの現象はなく，触媒が必要になると考えられる．

7）バイオマスガス化生成ガスからの液体燃料合成

図17-3に示したように，バイオマスからH_2とCOを主組成とする合成ガスが生成し，これを原料とした液体燃料合成が可能となった．合成ガスの化学合成は合成触媒によって製品が異なってくる．考えられる製品としては，メタノール，エタノール，DME（ジメチルエーテル），自動車用炭化水素（ガソリン，軽油）があるが，市販触媒はメタノールのみである．そこで，当面，メタノール合成を目標として実用技術開発試験を行った．

天然ガスを原料にした実機メタノール製造プラント規模は年間生産量数十～百万t規模で，相当大きな所要動力を消費している．これは，バイオマスを原料とした小規模プラントでは成り立たない．所要動力削減のため，石油系燃料を原料としたメタノール製造プラントの合成圧力が大型機で10メガパスカル（MPa）であるのに対し，バイオマスの小規模メタノール合成では1～2MPaの低圧とし，収率低下を補うため，多段式メタノール合成装置を開発した．これは，ガス化で得た合成ガスを1～2MPa（約10～20気圧）にポンプ加圧し，メタノール合成触媒（銅・亜鉛）を備えた合成塔に送ると次反応でメタノール（CH_3OH）を合成する．

$$2H_2 + CO \rightarrow CH_3OH \quad (3)$$

この反応は反応温度200～250℃が適性で，発熱反応である．また，(3）の反応は圧力で平衡状態（H_2，CO，CH_3OH）が変わり，低圧ではメタノールガス組成が低くなる．ここで，合成ガス温度を60℃以下に冷却により，メタノールガスを液体にして系外に取り出し，(3）の反応を進行させる．

この実験装置（図17-5）はCOとH_2を含む合成ガスを触媒反応後に冷却し，未反応合成ガスと合成されたメタノールを気液分離する方式のメタノール合成装置である．5段式合成塔となっており，各段で合成したメタノールガスを逐次冷却液化して採取し，未反応ガスのみを次の触媒反応筒に送るようになっている．こ

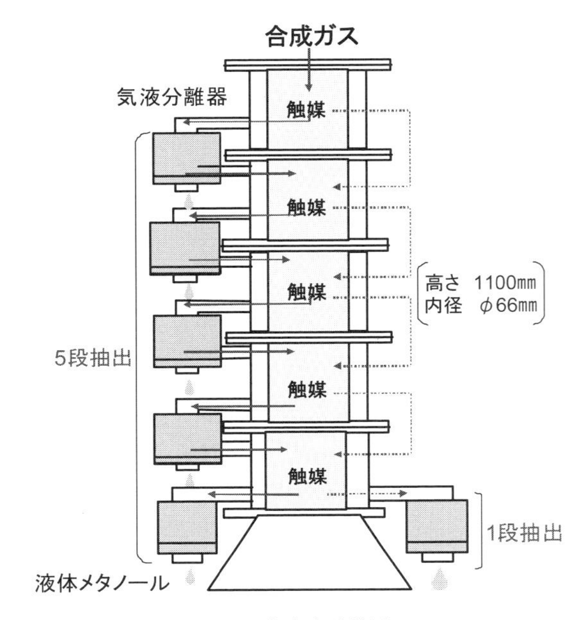

図 17-5　小型メタノール合成実験装置

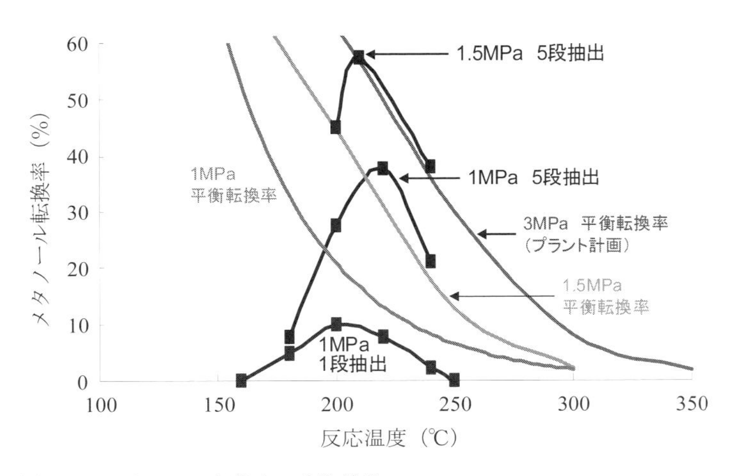

図 17-6　メタノール転換率・実験結果

の実験結果を図 17-6 に示す．5 段採取でのメタノール転換率（モル基準：合成メタノール/〔H_2，CO〕供給ガス）を従来法（中間抽出なし，1 段抽出に相当）と比較すると，合成圧力 1MPa（約 10 気圧）では約 4 倍，1.5MPa では約 6 倍に達し，平衡転換率を大きく上回る効率を得た．平衡転換率からみて，実用機を想定した合成圧力 2MPa ではメタノール転換率 70%を達成でき，所要動力は既存技術（10MPa）の 1/3 程度に低減できる見込となった．検討の結果，動力コストは約 1.5MPa が最小となったが，これは電力価格に大きく左右される．また，バイオマス合成ガス製造と低圧多段式メタノール合成法を組み合わせることにより，小規模メタノール合成プラントの実用機実現が可能になった．

5. 部分燃焼ガス化・メタノール合成試験プラント

1)「農林グリーン 1 号機（農林バイオマス 1 号機）」の概要

固体または液体燃料を高度利用する場合に，先ず必要となるのがガス化である．殊に草木バイオマスの場合，ガス化技術が基幹技術と言える．大半のガス化では，空気または空気・水蒸気混合ガスをガス化剤としているが，ここでは，液体燃料合成原料を得ることが大きな目標であり，高濃度の H_2・CO 生成が要求されるため，水蒸気に純酸素を混合したガス化剤を用いた．平成 12 年に部分燃焼ガス化・メタノール合成試験プラント「農林グリーン 1 号機（図 17-7)」が三菱重工業・長崎研究所内に設置された[1)]．規模はバイオマス使用量 240kg/日，部分燃焼ガス化・発電・メタノール合成を一貫プロセスで試験できる実証プラントである．主な結果は，

①図 17-8 に示すように酸素供給量は O_2/C＝0.35～0.4 が適正である．この時の発電効率は 30%を超える評価となった．

②直径 0.3mm 以下の微粉と 0.6mm 以下の微粉の 2 種について，生成ガス組成と煤塵量を比較した結果,生成ガス組成に大きな差異はなかったが，ススの発生量は 0.6mm の方が多く，この傾向は温度が下がると増えるが，900～1000℃の反応温度を維持すると実用機では問題ない．

図 17-7　「農林グリーン 1 号機」[2)]

③粉体の直径を 1mm とし，

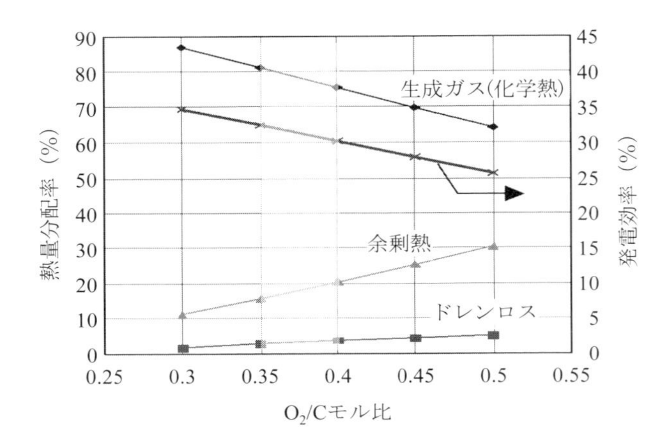

図 17-8　O_2/C と発電効率の関係

反応管中間部にセラミックスウールを設置し，セラミックスウール捕獲状態でチャーをガス化すると，スス量は大きく低減され，その効果が確認された．実用機ではセラミックスウールに代わりセラミックスフォームを使用することで 1mm 程度の粗粉を原料粉にできることが期待された．この場合の粉砕動力は②の場合の 1/5～1/10 に低減されることになる．

④メタノール合成試験では，実用機を想定した合成圧力 3MPa でメタノール転換率 70%を達成し，所要動力は既存技術の 1/3 程度に低減できる見込みとなった．また，メタノールに転換されなかったガスはガスエンジン等で燃料として利用できる．

⑤高効率メタノール合成にはガス組成が重要で，H_2:CO ＝ 2:1 で最大になる（$2H_2+CO \rightarrow CH_3OH$）．また，炉内ガス化温度の増加とともに H_2 収率は増加したが，これはシフト反応（$CO+H_2O \Leftrightarrow CO_2+H_2$）の温度依存性のためと考えられる．また，水蒸気投入量・投入位置・反応時間の最適化により，H_2 収率を増加させることが出来た．⑥低カロリーガス化ガスによるガスエンジン一貫連続発電運転に成功し，ガス化冷ガス効率 70%以上，1 メガワット（MW）以上実用システムの熱効率 28%以上が期待できる事を明らかにした．

6. 浮遊外熱式ガス化法・メタノール合成試験プラント「農林バイオマス 3 号機」[4)]

1）「農林バイオマス 3 号機」の概要

浮遊外熱式ガス化法の技術の実用性を実証するため，農林水産省プロジェクト研究として，バイオマスガス化装置，50 キロワット（kW）ガスエンジン発電およびメタノール合成装置をシステム化した技術実証試験プラントを建設し,「農林バイオマス 3 号機」と名付けた．浮遊外熱式ガス化法によりバイオマスを変換して得られる生成ガスはガス燃料としてだけでなく，化学原料となる合成ガスとしても利用できる．本試験プラントでは，1 時間当り乾物重 30kg のバイオマスガス化原料粉体と 20kg のチップを燃焼させた外熱を用いてガス化を行う．ここでガスエンジン発電の場合，50kW の電力が得られた．続いて，別途に開発を行った低圧多段メタノール合成法に目処がついたので，30 リットル（L）/日（全生成ガス量の 1/5 ガス量）の合成装置を付設し，技術実証を行った．

2）プラントの構成

浮遊外熱式ガス化法は，間伐材，おが屑，バーク，稲わら，ネピアグラス，スイートソルガムなど草本類・木本類すべてが原料利用できる．出力は，熱，電力，化学合成原料用ガスおよびこれらの組み合わせが可能である．このプラントのシステム概略（図 17-9）を大きく分けると，①チップ状燃料を燃焼し，1200℃～の

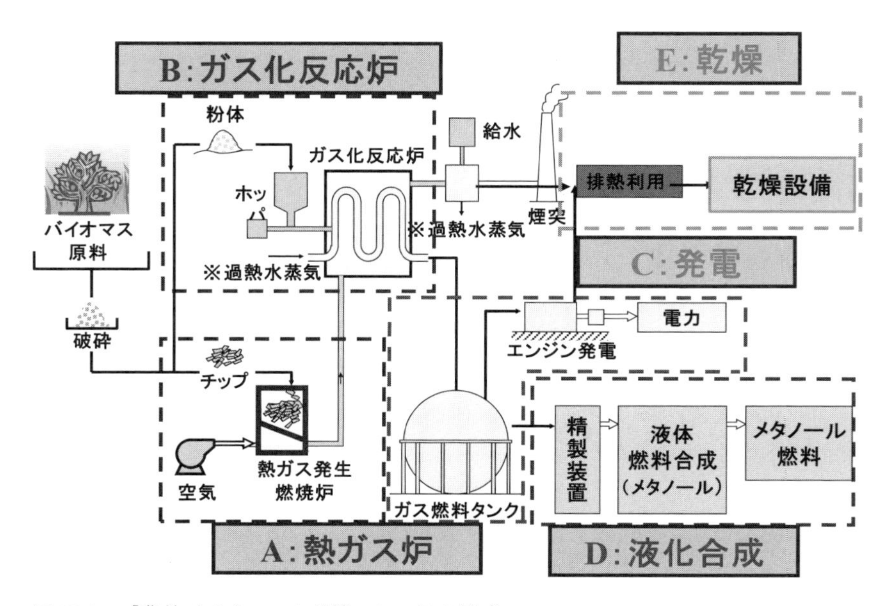

図 17-9　「農林バイオマス 3 号機」システム構成

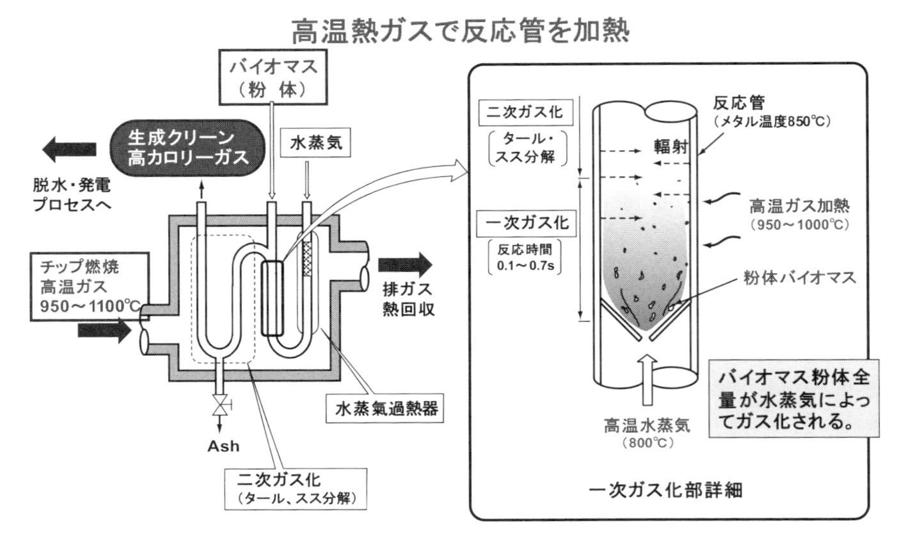

図 17-10　浮遊・外熱式高カロリーガス化反応炉

高温熱ガスを発生させる熱ガス発生燃焼炉；②熱ガスを導入して反応管を加熱し，反応管内に供給された水蒸気とバイオマス粉体から合成ガスを生成させるガス化反応炉（図 17-10）；③反応炉からの排ガス熱利用ボイラおよび排気；④生成ガス化ガス燃料タンク；⑤ガスエンジン発電およびガス燃料利用系から構成される．

3）浮遊外熱式ガス化法

浮遊外熱式ガス化法は従来にない技術であり，草本系・木本系の固体バイオマスを原料にして，現在の石油系から製造する合成ガス（H_2 と CO が主成分で化学合成の原料になる性状のガス）に匹敵する組成を持つガスを生成することができる．この浮遊外熱式ガス化法は必要な反応熱を反応管の管壁からの輻射熱で熱だけを供給するもので，熱の供給に他からの物質の混入はない．図 17-10 に反応炉内ガス化現象を模式的に示す．反応管は別途に燃焼させたバイオマス熱ガス発生燃焼炉からの 1000℃以上の高温ガスで加熱する．反応管内はガス化剤となる水蒸気に満たされており，供給された直径約 3mm 以下の微粉砕バイオマス原料は水蒸気と化学的に反応してガス化（水蒸気改質反応）する．原料は灰分を残すだけで，有機成分はほぼ全量がガス化し，クリーンな〔H_2，CO，CH_4，C_2H_4，CO_2〕を成分とする高品質・高カロリーガス燃料へ変換される．現在の浮遊外熱式ガス

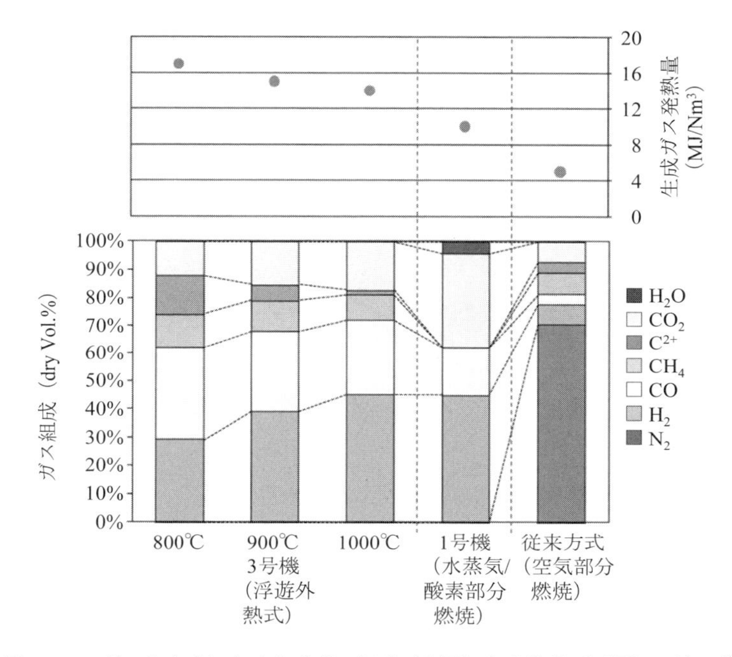

図17-11　ガス化方式による生成ガス組成（上図）と発熱量（下図）の違い[2)]

化法はプラント構成の容易さから，ガス化反応圧力は原則として常圧 0.1MPa を条件としている．

得られるガス組成を他のガス化方式と比較したものが図 17-11 である．従来方式は最も広く採用されている空気部分燃焼方式としたが，この場合の生成ガス発熱量は約 4.2MJ/Nm^3 と低いのが問題である．「農林グリーン 1 号機」の水蒸気・酸素ガス化では 10MJ/Nm^3 で 2 倍強の発熱量となる．一方，「農林バイオマス 3 号機」の浮遊外熱式ガス化では温度で変化するが，14～17MJ/Nm^3 と更に高カロリーとなった．高温反応で発熱量が低くなる原因は H_2 組成が多くなるからで，この場合，原料当たりのガス発生量が増えており，全体としての発熱量は増加する．

4) ガスエンジン発電

この生成ガス燃料の燃焼温度は石油系燃料より燃焼温度が高く，ガスエンジンやマイクロガスタービンによる発電やコ・ジェネレーション（熱電併給）に高効率で適用できる．

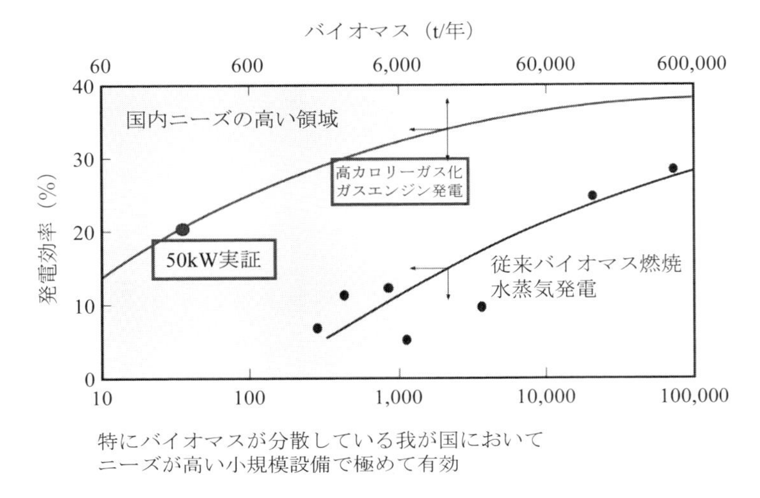

図 17-12　高カロリーガス化発電と従来方式の発電効果比較

数千 kW 以下の比較的小型の発電装置での発電効率は，高い順に，エンジン発電，ガスタービン発電，水蒸気タービン発電となる。しかし，浮遊外熱式ガス化ではガス性状から，直接ガスエンジンに使用できるため，高効率発電を達成できた．1 時間当り 50kg のバイオマス（乾燥重量，外熱原料を含む）消費で 50kW の電力が得られ，発電効果 21%を実証した．得られた発電効率は図 17-12 に示すように従来方式の発電効率を大幅に向上させ，とくに，数 kW から数百 kW の小型発電では最高クラスの発電効率を実現した．

5）低圧多段メタノール合成

上記低圧多段抽出式メタノール合成法が小規模装置に有効であることから，浮遊外熱式ガス化法によるバイオマス合成ガス製造と低圧多段式メタノール合成法を組み合わせることによって，小規模メタノール合成プラントが可能になった．「農林バイオマス 3 号機」に，上記 4 節 [7] の基礎実験結果を基本にして設計したメタノール合成量 24L/日の合成装置を付設した．この場合，石油系燃料を原料とした実用設計の合成圧力が 10MPa であるのに対し，本装置では低動力消費型の定圧多段式メタノール合成動力消費型の低圧多段式メタノール合成圧力 1MPa とした．

合成塔 5 段式では，1.5MPa が合成圧力として適性であるが，1MPa を超えると高圧規制に関わり装置の手入れが出来なくなるための処置である．試験では，バイオマス生成ガス（合成ガス性状）をPSA（Pressure Swing Absorption：不純物吸着除去装置）で精製した後，ポンプで1MPaに加圧し，メタノール合成触媒（銅・亜鉛）の入った合成塔に送りメタノールを合成する．合成塔に送られた合成ガスは，CO，H_2およびCH_3OHのガス平衡になるが，各段出口部で冷却し，メタノールガスを液状にして系外に取り出し，5段式で合成されたメタノールガスを逐次冷却液化して採取した．収量は原料2kgでメタノール約1Lであった．また，原料は杉材，ハンノキ，ソルガム，パーム材，建築廃材等のバイオマスが問題なく，メタノール原料となることを証明した．

7. 実用機・ガス化発電と低圧メタノール製造併用プラント完成

現在，「農林バイオマス3号機」を中心に開発した技術を総合して，発電容量250kW，メタノール生産量700kL/年の実用機・ガス化発電と低圧メタノール製造併用プラントを建設し（図17-13），2011年6月に試運転に入った．

これまでのバイオマスプラントは大半が発電主体であったが，発電のみでは夜間の需要が少なく，年間稼働時間が半減するため，設備償却費の負担が厳しかった．このプラントでは，昼間発電，夜間メタノール合成を計画している．ここで

図17-13　廃材等の廃棄物を原料とするバイオマスガス化実用プラント外観（長崎市西海町）

生産されるバイオメタノール（精製していない粗メタノール）の組成はメタノール純度98%以上で，炭化水素系燃料と水分を2%弱含んでいるが，火炎はきれいな青い炎を示す．バイオメタノールの期待される用途は，①自動車用燃料（ディーゼル，ガソリン），②DMFC（直接メタノール燃料電池）燃料，③バイオディーゼル油製造のためのメチルエステル交換剤，④ボイラ・ガスタービン・スターリングエンジン用燃料および⑤ハウス暖房用燃料等が挙げられる．

8. おわりに

今後のエネルギープラントとして，バイオマスプラントは必須条件と考えるが，コスト面から経済的に厳しい環境にある．しかし，本稿で説明した「ガス化発電と低圧メタノール製造併用プラント」はプラントの稼働率を高めることで，解決の糸口を示したものと考えている．現在は，メタノールのほか，BTL（Bio To Liquid）として，エタノール，炭化水素液体燃料への展開も期待され，外部企業からの委託研究では，「農林バイオマス3号機」生成ガスによるエタノール，ガソリン・軽油性状の合成に成功している．

なお，本研究のうち，プラントの実証試験は農林水産省の委託研究，基礎研究は文部科学省・私学大学学術フロンティア推進事業によるものである．

引用文献

1） Nakagawa, H. et al. (2007) Biomethanol production and CO_2 emission reduction from forage grasses, trees, and crop residues. Japan Agricultural Research Quarterly 41(2): 73-180.
2） Nakagawa, H. et al. (2011) Biomethanol production from forage grasses, trees, and crop residues. In “Biofuel’s Engineering Process Technology” ed. Marco Aurelio Dos Santos Bernardes. InTech: pp.715-732. (http://www.intechopen.com/books/show/title/biofuel-s-engineering-process-technology)
3） 日本エネルギー学会編（2002）「バイオマスハンドブック」．オーム社：422pp.
4） 農林水産省技術会議事務局（2004）プレスリリース「小型可搬式・低コスト高効率の新しい熱電エネルギー供給システム“農林バイオマス3号機”の開発」（2004.3.16）.
5） 坂志朗編（2001）「バイオマス・エネルギー・環境」．アイピーシー：536pp.
6） 坂井正康・村上信明（2002）草木バイオマスからの合成ガス製造と液体燃料合成．日本エネルギー学会誌 81（12）：1063-1068.

第３部　畜産バイオマス利用とマテリアル生産

第 18 章　畜産系バイオマス利用〔1〕
畜産系有機物資源の有効利用に関するバイオマス研究

〜*〜*〜*〜*〜*〜*〜*〜*〜*〜*〜*〜

田中康男

1. はじめに

日本における畜産は農業産出額の面で農業の基幹的部門の一つとなり，一方で，家畜排泄物発生総量は年間約 9 千万 t と，国内の生物系廃棄物として最も発生量が多い[16]．家畜排泄物の多くは従来から肥料として農業利用されてきたが，適正利用をより促進するため，「家畜排せつ物の管理の適正化及び利用の促進に関する法律」が 1999 年に施行された．この法律で，環境負荷の発生を防ぎ，排泄物の農業利用を促進する施設の整備と諸施策が推進された．

この行政の動きと併せて，家畜排せつ物を資源利用に資する技術開発の重要性も認識され，農水省の以下の 3 プロジェクト研究において多くの課題が推進された：「環境保全のための家畜排泄物高度処理・利用技術の確立（略称：排泄物プロ）」（平成 6〜11 年度）；「農林水産バイオリサイクル研究（略称：バイオリサイクルプロ）」（平成 12〜18 年度）；「地域活性化のためのバイオマス利用技術の開発（略称：地域バイオマスプロ）」（平成 19〜22 年度）．これらプロジェクトで実施した資源循環に係わる研究分野として以下が挙げられる：①堆肥需要の拡大を目指した高付加価値堆肥製造技術の検討，②堆肥の品質評価手法の検討，③メタン発酵技術の高度化および発生消化液有効利用技術の検討，④液状廃棄物中リンの回収・利用技術の検討．本稿では，これら 4 分野において実施された研究の概要を紹介する．

2. 研究成果の概要

1）堆肥需要の拡大を目指した高付加価値堆肥製造技術

一般に堆肥は，耕種農家にとってコストと労力に見合った利用の便益を見出し難いことが利用促進の障害となっている．農水省ホームページ[17]には，「堆肥利用に関する農業者の意識・意向についてのアンケート調査によると，農業者の約 9 割が今後は家畜排せつ物堆肥を利用したいと回答．しかしながら，取扱性（臭気，重量等）の面で問題があること，肥効性・成分が必ずしも明確でないこと，農業従事者の高齢化の進行により散布に関する労力が不足していること，などの事情から利用が十分に進んでいるとは言い難い状況となっている．このため，堆肥利用を促進するためには，耕種農家等のニーズに即した堆肥を生産・供給することが重要である」とある．また，同ホームページでは，耕種農家が堆肥に望む事項として，①顆粒やペレットなど散布しやすい堆肥，②価格が安い堆肥，③成分量が安定した堆肥，④成分量が明確な堆肥の 4 点を挙げている[17]．この要望に沿った堆肥を調製するため，「バイオリサイクルプロ」では，薬師堂・田中[26]が，成形機によるペレット化，油粕の混合による成分調整を試みた．栽培対象作物の特性に応じた成分組成および肥効特性を有する堆肥が供給できるようになれば堆肥の需要はいっそう拡大することが期待される．

排せつ物から一旦揮散したアンモニアを肥料分として有効利用することを目的とし，吸引通気式堆肥化システムが阿部ら[1,2]により（詳細は第 20 章），また堆肥脱臭システムが田中ら[20]により（詳細は第 21 章），各々「バイオリサイクルプロ」および「地域バイオマスプロ」で開発された．両技術とも堆肥化に由来するアンモニア揮散の抑制効果を有することから，畜産農家の悩みの種である悪臭対策にも有効であり，実施設も徐々に増えつつある．また，吸引通気式堆肥化で得られたアンモニア含有液を飼料米栽培用液肥に利用する試験も行われ，その可能性が確認された[27]．

堆肥中の特定微生物濃度を高めることで，作物の健全な栽培に資する堆肥を製造する技術については，「排泄物プロ」および「バイオリサイクルプロ」で土壌伝染性植物病原菌に対して拮抗性を有する微生物の分離と堆肥中での増殖法に関する検討がなされた[9]．さらに，「地域バイオマスプロ」では，植物病害性糸状菌に拮抗作用を有する *Bacillus* 属菌株と糸状菌株の堆肥中での高密度化とその施用効果に関する検討がなされた[12,15]．この *Bacillus* 属菌株を用いる手法は，堆肥原料への廃白土（食用油製造工程の副産物で油分を含む）の添加と，堆肥を敷料として循環利用する「戻し堆肥手法」を組み合わせ，堆肥原料に自生する有効菌株を高密度化するのが特徴である．この研究の中で，トマト根腐萎凋病菌等に対する拮抗作用が示唆された[13]．この技術は特許登録がなされており[11]，今後は拮抗効果をいかに安定して発揮させるかが課題となっている．

2）堆肥の品質評価手法

堆肥の品質評価は，安定した品質の堆肥を供給し，耕種農家が安心して堆肥利用できるようにする基盤として重要である．できるだけ簡易かつ迅速に堆肥の植害や肥効性，さらに衛生面での安全性を把握する技術が望まれている．そこで，「バイオリサイクルプロ」で，近赤外分光法による原料，未熟堆肥および完熟堆肥の判別の可能性が示された[3]．また，メチレンブルー呈色試験法[25]が，生物化学的酸素要求量（biological oxygen demand：BOD）測定に代わる簡易な腐熟度評価法として検討され，「堆肥腐熟度判定キット」として販売された．小柳・安藤[8]は，小型反射式光度計（RQ フレックス）を利用した肥料成分の簡易・迅速測定法を開発した．磯部・内山[7]は，根の研究用に米国で開発されたシードパック（種子成長袋）を用いた発芽，根長測定法を利用して堆肥を入れたパックと蒸留水のみのパック（対照）での根長を比較し，対照と同程度あるいは長ければ完熟堆肥，短ければ未熟堆肥と判断できることを示唆した．原ら[5]は，抽出法を改善した発芽試験法を提案し，基準量の安全性評価とともに，安全限界施用量も判断できるとした．また，これらを取りまとめたマニュアルも作成された[4]．

さらに，易分解性有機物を多く含む未熟堆肥は，施肥後に大腸菌が増殖して衛生上のリスクになる可能性があることから，大腸菌の増殖ポテンシャルを簡略に測定する手法が「地域バイオマスプロ」で検討された[2]．この手法は短時間で多数のサンプル測定が可能なことから，検査機関で多検体の評価を行う方法として一つの選択肢になる可能性がある．

堆肥の実用的評価法の改良・開発は，安定した品質の堆肥供給の基盤として重要であり，今後も継続的に取り組むべき課題である．

3）メタン発酵技術の高度化および発生消化液有効利用技術の開発

メタン発酵は，有機性液状廃棄物から容易にエネルギー回収が可能な技術であり，古くからし尿処理，下水汚泥処理および産業廃水処理に利用され，現在でも下水処理場や食品工場で多くの施設が稼動している．家畜排せつ物処理分野でも古くからメタン発酵が利用されてきた．メタン発酵技術の研究開発の詳細は本書第3部第19章に譲り，ここでは概要を記す．

「排泄物プロ」で，従来のメタン発酵のように糞尿混合の高濃度スラリーを液肥化する目的ではなく，田中ら[21,22,24]は畜舎汚水を省電力で浄化処理する目的で高速メタン発酵法の一種であるUASB法（Upflow Anaerobic Sludge Blanket：上向流嫌気性汚泥床法）の利用を検討した．この研究は「バイオリサイクルプロ」で継続され，UASB リアクターの後段で好気性後処理を行うことで放流可能な水質にまで浄化が可能であり，浄化処理の総電力費は通常の活性汚泥法の 2/3〜1/2 と見積もられた．

また，「排泄物プロ」および「バイオリサイクルプロ」では，消化液の発生しないことを最大の特徴とする乾式メタン発酵法を家畜排せつ物に適用する検討が実証規模プラントで行われた[10]．

「地域バイオマスプロ」においては，地域の廃棄物処理の中核としてメタン発酵を位置づけ，多くの周辺技術と組み合わせて，廃棄物リサイクルシステムを確立するための実証的検討が行われた[14]．さらに，メタン発酵に伴って発生する消化液の有効利用手法も，各プロジェクトで研究が実施された．

4）液状廃棄物中リンの回収・利用技術の開発

リン（P）は枯渇性の資源であり，その回収利用は畜産分野でも重要である．リン回収手法は，各分野で多くの技術が開発されているが，畜産農家が取り組むためには，簡易で低コストの手法が必要である．「バイオリサイクルプロ」では，豚舎汚水等の液状廃棄物から簡便にリンを回収する手法として，リン酸マグネシウムアンモニウム（Magnesium Ammonium Phosphate（MAP）: $MgNH_4PO_4 \cdot 6H_2O$）結晶化法が検討された[18,19]．この手法は，液状物に空気を送り込んで曝気することで，液中に溶存する炭酸を気中に放散させて pH を上昇させ，その結果として液中のリン酸イオン（PO_4^{3-}）を，アンモニウムイオン（NH_4^+）やマグネシウムイオン（Mg^{2+}）と結合させ，結晶物で回収することが特徴である（図 18-1）．汚水中にはある程度 Mg^{2+}が含まれるが，リン酸回収の観点からは不足するため，塩化マグネシウムを含む苦汁（にがり）添加が回収率向上のために効果的である．この MAP 結晶化法は，養豚関係の汚水処理施設に実用施設が導入され始めている．

図 18-1　ステンレスメッシュに付着した MAP 結晶

リン回収については，上記 MAP 結晶化法以外にも，「地域バイオマスプロ」において酪農雑排水を対象とし，軽量発泡コンクリート粒への吸着による回収法が検討され，この回収物を野菜育苗土用資材として活用する手法も検討された[23]．さらに，プロジェクト以外でも，非晶質ケイ酸カルシウム水和物資材による畜舎排水からのリン回収法が検討され[6]，回収効率の高い手法として期待される．この回収物（図18-2）は，普通肥料に匹敵する含有率でく溶性リン酸を含み，肥料利用が可能である．また，この資材でリン回収を行うと，付随的な効果として，排水の消毒と色度除去効果も発揮されるため，畜舎汚水処理において付加価値の高いリン回収法といえる．

図 18-2　回収された非晶質ケイ酸カルシウム水和物（く溶性リン酸を含有）

3. おわりに

家畜排せつ物は，各種有機性廃棄物の中でも量的に大きな割合を占めており，その動向は国内の資源循環に大きな影響を及ぼすことになる．再利用率は現状でも高い値を示してはいるが，その性状を十分に生かし，環境にも優しい利用を図る面では，必ずしも満足できる状況ではない．今後，研究開発面でも，さらに効率的利用を目指した検討が必要である．

引用文献

1）阿部佳之ら（2007）吸引通気式発酵処理技術の実証．農林水産省農林水産技術会議事務局．研究成果第440集「農林水産バイオリサイクル研究－畜産エコチーム－」: 20-23.

2）阿部佳之ら（2014）吸引通気式堆肥化による高窒素濃度有機質肥料製造技術の開発．農林水産省農林水産技術会議事務局．研究成果第501集「地域活性化のためのバイオマスの利用技術の開発（4）（バイオマス・マテリアルの製造技術の開発）」: 127-133

3）甘利雅弘ら（2007）近赤外分光法を用いた成分分析の迅速化・高精度化．農林水産省農林水産技術会議事務局．研究成果第440集「農林水産バイオリサイクル研究－畜産エコチーム－」: 138-140.

4）中央農業総合研究センター　関東東海総合研究部　総合研究第5チーム編（2005）家畜ふん堆肥（生ごみ堆肥）の品質・成分の簡易評価と利用．（独）農業・生物系特定産業技術研究機構中央農業総合研究センター：60pp.
5）原　正之ら（2007）堆肥の安全施用のための発芽試験改良法．農林水産省農林水産技術会議事務局．研究成果第 440 集「農林水産バイオリサイクル研究－畜産エコチームー」：151-156.
6）長谷川輝明ら（2014）畜舎排水の高度処理に適した非晶質ケイ酸カルシウム水和物（CSH）の開発．日本畜産学会報 85（3）：329-336.
7）磯部武志・内山知二（2007）シードパックを用いた堆肥の簡易品質評価．農林水産省農林水産技術会議事務局．研究成果第 440 集「農林水産バイオリサイクル研究－畜産エコチームー」：149-151.
8）小柳　渉・安藤義昭（2007）リン酸・カリ成分の肥効評価及び堆肥中肥料成分簡易測定法．農林水産省農林水産技術会議事務局．研究成果第 440 集「農林水産バイオリサイクル研究－畜産エコチームー」：144-148.
9）町田暢久ら（2007）植物病害抑制機能を有する機能性堆肥の開発．農林水産省農林水産技術会議事務局．研究成果第 440 集「農林水産バイオリサイクル研究－畜産エコチームー」：44-47.
10）三崎岳郎・安田雅一（2007）乾式メタン発酵による固形有機性廃棄物からの効率的メタン生成技術．農林水産省農林水産技術会議事務局．研究成果第 440 集「農林水産バイオリサイクル研究－畜産エコチームー」：131-132.
11）村上圭一ら（2006）土壌病害抑制材，脂質含有廃棄物再利用方法および脂質含有廃棄物再利用システム．特許第 3874120 号.
12）村上圭一ら（2014）油糧廃棄物バイオマスを活用した病害抑制能を付与した牛ふん堆肥製造技術の開発．農林水産省農林水産技術会議事務局．研究成果第 501 集「地域活性化のためのバイオマスの利用技術の開発（4）（バイオマス・マテリアルの製造技術の開発）」：152-155.
13）村上圭一ら（2012）トマト根腐萎凋病菌に拮抗作用を有するバチルス属菌の堆肥化過程における効率的増殖法．地域活性化のためのバイオマス利用技術の開発，バイオマス・マテリアル製造技術の開発－研究成果ダイジェストー．農林水産省農林水産技術会議事務局．（独）農業・食品産業技術総合研究機構：26-27.
14）中村真人ら（2009）メタン発酵プラントのトラブル記録と長期運転データの解析－山田バイオマスプラントを事例としてー．農村工学研究所技報 210：11-36.
15）中崎清彦（2014）堆肥化プロセスの制御による拮抗微生物高濃度含有堆肥製造技術の開発．農林水産省農林水産技術会議事務局．研究成果第 501 集「地域活性化のためのバイオマスの利用技術の開発（4）（バイオマス・マテリアルの製造技術の開発）」：157-160.
16）押田敏雄ら（共編）（2012）新編畜産環境保全論．養賢堂．東京：276pp.
17）生産局畜産部畜産企画課畜産環境・経営安定対策室，畜産環境をめぐる情勢．（http://www.maff.go.jp/j/chikusan/kankyo/taisaku/pdf/meguru_zyosei.pdf）
18）鈴木一好ら（2007）豚舎汚水中のリン結晶化回収技術．農林水産省農林水産技術会議事務局．研究成果第 440 集「農林水産バイオリサイクル研究－畜産エコチームー」：122-128.
19）鈴木一好ら（2008）豚舎汚水のリン結晶化回収技術．農林水産省農林水産技術会議事務局．研究成果第 463 集「農林水産バイオリサイクル研究－畜産エコチームー2005～2006 年度」：115-118.
20）田中章浩ら（2014）堆肥脱臭による高窒素濃度有機質肥料製造技術の開発．農林水産省農林水産技術会議事務局．研究成果第 501 集「地域活性化のためのバイオマスの利用技術の開発（4）（バイオマス・マテリアルの製造技術の開発）」：122-127.
21）田中康男ら（2007）UASB 法メタン発酵技術による畜舎汚水処理システムの評価・実証．農林水産省農林水産技術会議事務局．研究成果第 440 集「農林水産バイオリサイクル研究－畜産エコチームー」：120-122.
22）田中康男ら（2008）UASB メタン発酵技術による畜舎汚水処理システムの実証．農林水産省農林水産技術会議事務局．研究成果第 463 集「農林水産バイオリサイクル研究－畜産エコチームー」: 108-113.
23) 田中康男ら（2012）酪農廃水からのリン回収と放流水質向上．農林水産省委託プロジェクト地域バイオマスプロ（Ⅳ系）研究成果ダイジェスト．農林水産省農林水産技術会議事務局．（独）農業・食品産業技術総合研究機構 : 30-31.
24) 田中康男ら（2013）UASB メタン発酵プラントによる豚舎汚水処理性能の長期安定性の検証．日本畜産学会報 84 : 467-473.
25) 山口武則・生雲晴久（2007）メチレンブルー呈色試験法．農林水産省農林水産技術会議事務局．研究成果第 440 集「農林水産バイオリサイクル研究－畜産エコチームー」: 140-143.
26) 薬師堂謙一・田中章浩（2007）高機能性堆肥生産・加工システムの実証．農林水産省農林水産技術会議事務局．研究成果第 440 集「農林水産バイオリサイクル研究－畜産エコチームー」: 47-52.
27) 吉田宣夫・伊吹俊彦編（2009）飼料米の生産技術・豚への給与技術－新たな農林水産政策を推進する実用技術開発事業「飼料米」の成果－．畜産草地研究所技術リポート 7 号 : 34.

第 19 章　畜産系バイオマス利用〔2〕
畜産分野におけるメタン発酵技術の開発・研究

〜＊〜＊〜＊〜＊〜＊〜＊〜＊〜＊〜＊〜＊〜＊〜＊〜

田中康男

1. はじめに

メタン（CH_4）発酵は有機性液状廃棄物からエネルギー回収が容易に出来る技術であり，し尿，下水汚泥および産業廃水の処理に利用され，さらに，ビール工場等の食品工場廃水処理では，従来のメタン発酵より格段に処理時間の短い汚水処理用リアクターの普及が拡大している[25]．家畜排せつ物処理分野でも，限定的ながら古くからメタン発酵が利用され，平成 25 年 11 月現在の施設数は 96 カ所である[18]．また，平成 24 年以降，再生可能エネルギー固定価格買取制度（Feed-in Tariff: FIT）の開始に伴い，家畜排せつ物を利用した発電施設の整備が増加した[18]．

このように，古くから利用され，近年になって新たな関心を集めてはいるものの，畜産におけるメタン発酵技術の位置づけは，未だに定まっていない．本章では，畜産分野でのメタン発酵技術の動向を概観しつつ，最近 10 年間の農水省委託プロジェクトでの研究開発の展開を紹介する．また，畜産でのメタン発酵技術の今後についても，若干考察を行った．

2. 畜産分野におけるメタン発酵技術の動向

羽賀[5]は，以下のように畜産分野のメタン発酵技術には 3 回のブームがあったとした．第 1 次ブームは昭和 30 年代で，農家の生活改良普及事業の一環として，バイオガスを炊事など自家用燃料として利用した．その後燃料事情が改善し，また冬期のガス発生低下の問題もあり，施設は減少していった．第 2 次ブームは 1970 年代の石油ショックの時期であり，エネルギー問題の観点からメタン発酵が再度注目され，設置数が増加した．1981 年時点で養豚 23 件，酪農 11 件，養鶏 4 件，肉用牛 2 件が全国で稼動していたという．しかし，エネルギー問題の緩和と消化液利用上の難点からメタン発酵技術への関心は薄れていった．その後，21 世紀を迎える頃，第 3 次ブームとして資源循環の観点から再びメタン発酵が見直されるようになった．この第3次ブーム期には，1998年に京都府八木町で地域の家畜排せつ物や食品廃棄物を集中処理する大型プラントの稼働が開始し[9]，2005年には熊本県山鹿市でも地域共用型大型メタン発酵施設が稼働開始した[1]．第3次ブームの際に，北海道で設置された，共同利用型大型プラントの稼動状況と運用の問題点に関する報告[8]によると，2007年度までの北海道内でのプラント建設総数は47基であったが，2010年には稼動プラントは30基に減少した．その原因は，機械類や設備の老朽化に伴う修理費の増額が上げられている．一方，維持管理費の捻出手段として，家畜排せつ物以外の有機性廃棄物を有償で受け入れ，収入を確保することも有効としている．

第3次ブーム期には，技術的な選択肢が格段に増えて関心が高まる一方，メタン発酵で家畜排せつ物をすべてガス化できるといった過大な期待も生じ，技術評価の混乱が生じた．このため，技術指針の作成を目的として2000年に「家畜排せつ物を中心としたメタン発酵処理技術研究会」が発足し，翌年には「家畜排せつ物を中心としたメタン発酵処理施設に関する手引き」[2]が公表された．この手引きで強調されたことは，メタン発酵は消化液の液肥利用ができないとメリットが生かせないという点である．また，メタン発酵技術の普及において，バイオガスで発電した電力の買取単価を高く設定するなどの制度的支援が重要であることも指摘された．より実務的な手引きとしては，畜産環境整備機構の「家畜ふん尿処理施設の設計・審査技術」[3]にメタン発酵施設の設計手法が解説されている．

3. 畜産分野におけるメタン発酵技術の研究展開

以上に述べたメタン発酵技術に対する関心の推移に呼応して，研究・開発面でも各時期に多様な試みがなされてきた．第2次ブームの際に，神奈川県畜産試験場や大阪府農林技術センターをはじめ多くの都道府県研究機関でメタン発酵技術の効率化と改善が試みられた[5]．また，農水省研究プロジェクトとして昭和56年度から開始された「生物資源の効率的利用技術の開発に関する総合研究（バイオマス変換計画）」において，2相式メタン発酵，ヒートパイプ加温方式メタン発酵などが検討された[17]．

第3次ブームの際に，農水省プロジェクト研究「環境保全のための家畜排泄物高度処理・利用技術の確立（排泄物プロ）」において，消化液の発生が伴わない2種類のメタン発酵プロセスの検討が行われた．その一つは，畜舎汚水を省電力で

図 19-1　畜産草地研究所内に設置されたUASB法メタン発酵リアクター（左）と，リアクター由来バイオガスを利用する6kWコジェネレーション発電機（右）

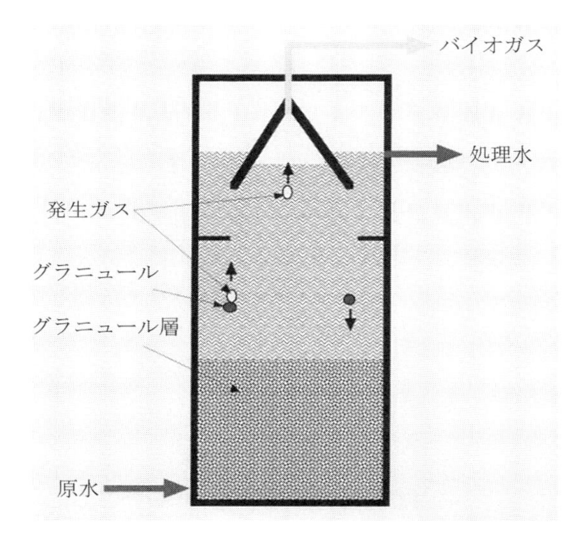

図 19-2　UASB法メタン発酵リアクターの基本構造

浄化処理することを目的としたUASB（upflow anaerobic sludge blanket）方式のメタン発酵である（図 19-1）．この技術は，好気性後処理と組み合わせて汚水浄化を行うため，いわゆる消化液の発生は無い．UASB法は，1970年代にオランダ，ワーゲニンゲン大学のG. Lettingaらによって開発された高速メタン発酵法であり（図 19-2），メタン細菌を高密度に含む直径数mmの弾力性のある顆粒（グラニュールと呼ばれる）を利用することで，従来法では10〜30日間要した処理時間を数時間～数日にまで格段に短縮できる[19].

プロジェクト研究開始当時には，すでにビール工場等の食品製造関連廃液の処理施設として世界的に普及していたが，畜舎汚水は浮遊物質濃度が高すぎて適用不可能とみなされていた．しかし，前処理として沈澱処理を行えば豚舎汚水でも滞留時間 1～1.5 日（通常のメタン発酵は 30 日以上）で安定したメタン発酵が可能であることが確認された[20,21,22]．また，UASB リアクターの後処理として好気性処理を行えば放流可能な水質にまで浄化可能である．後処理にポリエステル不織布を接触材とする好気性処理を行った場合（図 19-3），消費電力は通常の好気性処理（活性汚泥法）単独での浄化処理の 2/3～1/2 に低下すると見積もられた[21].

ただし，窒素除去の観点からは，メタン発酵段階で炭素（C）と窒素（N）の比（C/N 比）が低下し，後段での脱窒反応が進みにくくなる課題も残された．畜産分野での UASB リアクター実施設は九州に設置されたことがあるが，UASB 法のメリットが十分に生かしきれなかったように推察され，その後，国内で畜産分野での普及事例は無い．一方，中国では，大規模養豚用畜舎汚水処理技術の選択肢の一つとして UASB 法と好気性後処理を組合せたプロセスが農業部（日本の農水省にあたる）編纂によるメタン発酵の技術指針に掲載され，実際これに基づく大規模施

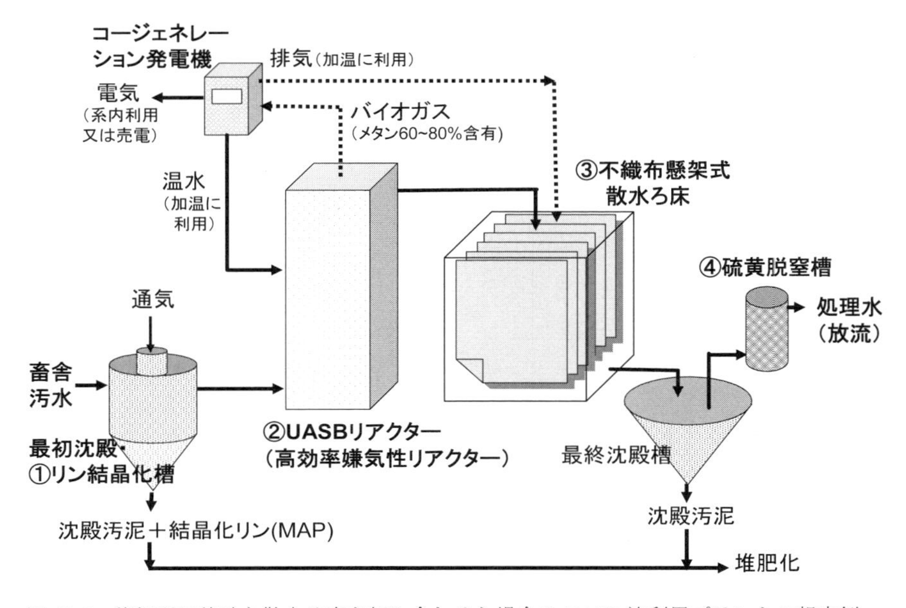

図 19-3　後処理に特殊な散水ろ床を組み合わせた場合の UASB 法利用プラントの想定例

設の導入事例がある[12]．日本では，浄化施設としてすでに活性汚泥法が広く普及しているため，設備構成が全く異なるUASB法の導入は容易ではない．しかし，温暖地域の大規模向け浄化処理施設として，将来の技術的選択肢の一つになる可能性も有る．

消化液の発生しないメタン発酵法の第二としては，「排泄物プロ」および「農林水産バイオリサイクル研究プロジェクト（バイオリサイクルプロ）」で，実証規模プラントを用いて検討された乾式メタン発酵法がある[11]．この技術は，通常のメタン発酵（湿式）の場合の液状物ではなく，水分60～80%程度の流動しにくい原料を，ピストン式ポンプで発酵槽に投入し，メタン発酵槽からは，半流動性の消化汚泥が発生する．この汚泥は，副資材を混合して堆肥化するか，または発生バイオガスを利用して炭化する．しかし，投入物が家畜排せつ物だけでは消化汚泥の含水率が充分下がらず堆肥化が困難になり，また熱収支的に炭化も不可能となる．そこで，家畜排せつ物に加えて，古紙や食品残渣等もリアクターに添加して含水率を下げると同時に，投入固形物当りのガス発生量を増大させる必要がある．この技術は，液肥利用の不可能な地域でも浄化処理無しにメタン発酵を導入できる長所がある一方，家畜排せつ物だけでは適用が難しいことと，流動性の低い投入物と発酵物を移送するための特殊なポンプが必要で設備費が高くなることが問題である．これらの特徴を勘案すると，地域の有機性廃棄物を合併処理する大型施設としての利用が適切と考えられる．

4. 消化液の利用手法の検討

一般に，メタン発酵技術の導入の適否を検討する場合，消化液を液肥として有効利用できるか否かが非常に重要なファクターになる．液肥利用のできない地域で通常のメタン発酵施設を設置すると，消化液の浄化処理に多大なコストとエネルギーを要することになり，メタン発酵技術の利点が大幅に減殺されてしまう．その意味で，メタン発酵技術と消化液の有効利用技術は不即不離の関係にある．

消化液の肥料利用について，国内外で多くの研究例がある．「バイオリサイクルプロ」では，コマツナ[7]，メロン・トマト・キュウリ・エダマメ・トウモロコシ[15]，キャベツ[23,24]，チャ[16]などへの施用試験が行われた．これらの内，キャベツ栽培で基肥として施用する消化液のうち，2/3を溝施用，1/3を表面施用して，消化液で化成肥料を全量代替したところ，生育量は化成肥料と同等であった[24]．

「地域バイオマスプロ」では，地域の廃棄物処理の中核に従来方式のメタン発酵を位置づけ，多くの周辺技術と組み合わせ，廃棄物リサイクルシステムを確立するための実証的検討が，千葉県山田町に設置された処理能力 5t/日の通称「山田プラント」で行われた[13]．詳細は本書第 4 部第 28 章に譲るが、発生バイオガスを，炭化用燃料，自動車用燃料，発電に利用し，消化液を各種作物栽培に利用するなどの多面的検討が行われ，26 種類の作物で消化液を利用した栽培実証試験の結果，畑作物の基肥として利用できるとした[14]．

稲作への消化液利用についても多くの検討がなされている．京都府八木町の大型メタン発酵施設では，消化液の浄化処理が経営を圧迫したため，消化液の水田への液肥利用が実施された[9]．この結果，収量性や食味等は慣行栽培並であり，実用化は可能であるが，水田の面積が大きくなると施肥が不均一になるため，施用技術の検討が課題としている．また，畜産環境整備機構[4]は，消化液の飼料稲栽培への利用を検討し，問題点として①消化液の運送や施用作業に手間がかかる，②消化液が水田に均等に広がらない，③消化液の施用量とタイミングが不明確などを指摘した．水田での利用を普及させるには，均一施肥法の確立が課題になるものと考えられる．

5. 畜産分野におけるメタン発酵技術の今後

北海道バイオガス研究会は，メタン発酵技術について以下のような指摘を行った：「技術的問題としては，①バイオガスプラント自体に本質的な問題はない，②プラントは寒冷地において重大な支障は起きていない，という肯定的な意見の他に，③消化液の利用法が不明，④バイオガス発生量が少ない，⑤ガスの利用先がない，⑥バイオガスの脱硫法が不完全，⑦消化液の衛生指標あるいは安全処理方法が不明などの問題があることが分かった．さらに大きな問題としては，⑧バイオガスシステムを支える社会システムを構築しなければ普及は望めない．」[10]．松田[10]は，メタン発酵が真に経済的に成立するための社会システム構築に関して，「初期建設だけの補助金は施設を大型化・豪華にするだけでその結果運転コストは高くなり，機械など故障の際には農家負担でそれを修理することすらできなくなる．同じ税金を使うなら，初期に薄くして，運転を継続するほど支援する政策に税金を使うべきと考える．ドイツやデンマークは建設時の補助金はないか低率であるが，その代わり売電価格を高額にしている．補助金を電気代に回すのである．この結果農家は安価な施設を建設して，ガスを沢山生産しようと工夫する．」と指摘している．干場[6]は，「消化液を肥料として有効利用できる農地のあることがバイオガスプラント導入の必要条件である．その上に，初期投資金額への補助措置や売電単価への措置が効果的に行われることで，電気や熱など代替エネルギーの生産が有効となり，その販売によって経済的に成り立つことでバイオガスプラントを総合的に環境負荷の少ない糞尿処理施設にできる．」と述べている．

畜産のメタン発酵技術が真に根付くためには，消化液が肥料として活用され，バイオガスから発電した電力が高価格で買取られるようになることが不可欠である．消化液の利用技術の一層の高度化と，再生可能エネルギーの優遇政策が一層強化・継続されるかどうかがメタン発酵技術の将来を左右すると考えられる．

引用文献

1）地域資源循環技術センター（2009）平成 21 年度版バイオマス事業便覧．社団法人地域資源循環技術センター．東京：316pp.
2）畜産環境整備機構（2001）家畜排せつ物を中心としたメタン発酵処理施設に関する手引き：172pp.
3）畜産環境整備機構（2004）家畜ふん尿処理施設の設計・審査技術：202pp.
4）畜産環境整備機構（2009）メタン発酵消化液を利用した飼料稲栽培技術の開発．畜産環境情報 44：33.
5）羽賀清典（2002）バイオガスシステム利用の現状と今後の展望－環境保全と資源化の両立を目指し実用装置の建設も進む－．畜産コンサルタント 2002.6：12-18.
6）干場信司（2002）バイオガスシステムによる家畜ふん尿の有効利用．酪農学園大学エクステンションセンター：pp.182-188.
7）石岡　厳（2007）メタン消化液の土壌施用後の肥効発現及び野菜生育への影響．農林水産省農林水産技術会議事務局．研究成果第 440 集．農林水産バイオリサイクル研究－畜産エコチーム－：204-206.
8）石田哲也（2010）バイオガスプラントが低炭素社会の一員になるためには．日本畜産環境学会誌 9（1）：1-6.
9）京都府八木町（2004）バイオマス等未活用エネルギー実証試験事業・同事業調査「バイオマス・メタン発酵設備からのエネルギー有効利用事業調査成果報告書」：189pp.
10）松田従三（2004）平成 16 年度家畜ふん尿処理利用研究会「環境 3 法施行後の課題と新技術の展開」．（独）農業・生物系特定産業技術研究機構．畜産草地研究所資料 16-4：75-82.
11）三崎岳郎・安田雅一（2007）乾式メタン発酵による固形有機性廃棄物からの効率的メタン生成技術．農林水産省農林水産技術会議事務局．研究成果第 440 集．農林水産バイオリサイクル研究－畜産エコチーム－：131-132.
12）森　隆ら（2004）日中農業科学技術交流考察団報告－農畜産廃棄物処理の実態調査及びエネルギー変換等の農畜産廃棄物の有効利用による調査－．農林水産省農林水産技術会議事務局：43pp.
13）中村真人ら（2009）メタン発酵プラントのトラブル記録と長期運転データの解析－山田バイオマスプラントを事例として－．農村工学研究所技報 210：11-36.

14）中村真人（2012）メタン発酵消化液の畑地における液肥利用－肥料効果と環境への影響－．独立行政法人農業・食品産業技術総合研究機構　農村工学研究所．http://www.naro.affrc.go.jp/nkk/introduction/files/ekihiriyou.pdf.
15）中野明正・上原洋一（2007）果菜類の溶液土耕栽培におけるメタン消化液利用技術．農林水産省農林水産技術会議事務局．研究成果第 440 集．農林水産バイオリサイクル研究－畜産エコチーム－：206-209.
16）野中邦彦ら（2007）チャにおけるメタン発酵消化液の利用技術．農林水産省農林水産技術会議事務局．研究成果第 440 集．農林水産バイオリサイクル研究　－畜産エコチーム－：215-217.
17）農林水産省農林水産技術会議事務局（1988）バイオマス変換計画研究報告第 13 号「農畜産物のローカルエネルギー化技術」：100pp.
18）生産局畜産部畜産企画課畜産環境・経営安定対策室．畜産環境をめぐる情勢．（http://www.maff.go.jp/j/chikusan/kankyo/taisaku/pdf/meguru_zyosei.pdf）
19）田中康男（2004）上向流嫌気性汚泥床法（UASB 法）による汚水処理．畜産環境対策大事典【第 2 版】．農山漁村文化協会：pp.384-389.
20）田中康男ら（2006）UASB リアクターと不織布懸架式散水ろ床を組み合わせたプラントによる畜舎汚水の処理特性．水環境学会誌 29（2）：107-113.
21）田中康男（2004）高効率嫌気性リアクターと不織布懸架式散水ろ床による豚舎汚水処理施設設計・維持管理暫定指針．畜産草地研究所研究資料 5：1-38.
22）田中康男ら（2013）UASB 法メタン発酵プラントによる豚舎汚水処理性能の長期安定性の検証．日本畜産学会報 84：467-473.
23）徳田進一・東尾久雄（2007）露地栽培の持続的生産のためのメタン消化液利用技術．農林水産省農林水産技術会議事務局．研究成果第 440 集．農林水産バイオリサイクル研究－畜産エコチーム－：213-215.
24）徳田進一ら（2010）キャベツの露地栽培におけるメタン発酵消化液の効果的な施用方法．日本土壌肥料学雑誌 81：105-111.
25）上木勝司・永井史郎（1993）嫌気微生物学．養賢堂．東京：323pp.

第20章　畜産系バイオマス利用〔3〕
吸引通気式堆肥化システムの開発

～＊～＊～＊～＊～＊～＊～＊～＊～＊～＊～＊～

阿部佳之

1. はじめに

1999年施行した「家畜排せつ物法」に対応し，畜産業では家畜糞尿を管理するための施設整備が進められた．農林水産省生産局[18]によると，法律施行10年後の2009年の段階で，対象農家56,184戸のうち99.96%が糞尿の野積み・素堀り貯蔵をしない適正な管理基準に適合した．この結果，年間8,700万トン（t）発生する家畜糞尿のうち，約90%という膨大な量が堆肥化に仕向けられており，堆肥化過程の臭気対策について，今後の取り組が一段と重要になっている．一方，家畜糞尿に含まれるアンモニア（NH_3）は臭気成分であるが，国内で入手できる数少ない肥料資源でもあり，堆肥化過程でNH_3を放出してしまうことは肥料資源の損失である．農林水産省生産局[18]によると，平成22年度における家畜糞尿に含まれる全窒素量70万t Nのうち，堆肥化・液肥化する過程で損失する窒素量は年間11万t Nに達し，これらの多くはNH_3として堆肥化過程で揮散すると考えられている[11]．この11万t Nは，処理量58万t Nの19%あるいは化学肥料として耕地に投入される窒素量48万t Nの23%にも相当する．つまり，日本では，家畜糞尿の堆肥化処理によって窒素資源の多くを環境負荷として放出していながら，一方で，作物生産に必要な窒素は化学肥料に依存するという，何とももったいない窒素の利用実態がうかがえる．

こうした背景を受け，畜産草地研究所（畜草研）は，堆肥化過程で発生するNH_3を効率的に回収・資源化するための吸引通気式堆肥化システムを開発した．吸引通気方式による堆肥化処理技術は，1970～80年代にアメリカ農務省で開発された「ベルツビル（Beltsville）方式」[20]が有名であるが，未解決のままであった堆肥原料の通気性の改善や高濃度に捕集されるNH_3対策も含めて[9,14]，日本の実情に即した要素技術の開発やそのシステム化を行った．さらに，回収したNH_3のリサイクル利用も加えて検討してきたので，その成果を紹介する．

2. 吸引通気式堆肥化システムの開発

1）堆肥原料の前処理　－堆肥原料のかさ密度調整－

家畜糞尿は含水率が高く空隙が少ないため，糞尿におが屑などの副資材を混合して通気性を改善する場合が多い．堆肥の底部から空気を送り込む圧送通気方式の場合，副資材を混合した堆肥原料のかさ密度を 500～700kg/m^3 に調整する前処理方法が一般的である[6,8]．しかし，堆肥底部を吸引して堆肥表面から空気を導入する吸引通気方式は，圧送通気方式と比べて堆肥原料の通気性が異なるとされるが[13]，吸引通気方式に適するかさ密度が検討された例は少ない．そこで，おが屑，籾殻，戻し堆肥を副資材として混合するケースを想定し，吸引通気方式で適切なかさ密度を 430 リットル（L）の堆肥化試験装置で検討した（図 20-1）．その結果，いずれの副資材も堆肥原料のかさ密度が 500～700kg/m^3 となるように副資材を混合すれば，高い有機物分解率を示し，圧送通気方式と同等の堆肥化処理が可能であった．このかさ密度は，前出の圧送通気方式でも採用されるものであり，圧送通気方式で堆肥化が可能な堆肥原料であれば，吸引通気方式でも同程度の堆肥化が可能と考えられる[3]．

2）吸引通気のための送風機と配管

通常の堆肥化施設では，塩ビ管に細かな孔を開けたものや，暗渠用のコルゲート管を通気口として採用するケースが多い．しかし吸引通気方式ではこれら配管の中央部が堆肥原料の粒子や水分ですぐに閉塞し，堆肥原料への均一な通気が困難になる[1]．そこで，通気を確実に行うことを優先し，物流用パレットなどの表面に約 5mm メッシュでカバーしたものを通気口にし，これらを堆肥原料底部にスポット配置する通気配管方法が考案された．この配管方法により目詰まりの少ない吸引通気が可能になった（図 20-2）．さらに，最近では高圧空気を別配管で通気口に噴出し，高圧空気の力で通気口表面に付いた汚れを物理的に取

図 20-1　430L の堆肥化試験装置

図 20-2　吸引通気用の通気配管
手前の耐熱塩ビ管は吸引通気用，中央のガス管はインパクトエアレーション用，この後，土間コンクリートを打って配管を埋設し，施設床面を仕上げた．

図 20-3　吸引通気用の送風機
昭和電機社製，U100B-26HT.

り除くインパクトエアレーションも開発された [5]．この操作で，配管の定期的清掃が困難な施設であっても，配管のメンテナンス労力を大幅に軽減できる．また，吸引した発酵排気には水蒸気と NH_3 が高濃度に含まれるため，通常の送風機で吸引すると送風機の腐食が問題となる．そのため，通常のものよりも 1.5～2 倍ほど高価ではあるが，モータとケーシング（羽が収まっているケース）が分離された構造で，ステンレス製の羽を片持ちで支持する耐熱仕様の機種の選定が望ましい（図 20-3）．

3）切り返し装置　－ホイスト懸垂型堆肥クレーン－

堆積方式の堆肥化施設では，通常はホイルローダなどの作業機を用いて人力で切り返す方法が一般的であるが，この作業を自動化する堆肥クレーンも普及している [12]．撹拌方式と異なり，堆積方式は切り返しの合間に配管の清掃作業が可能であり，しかも切り返しの自動化で大量の堆肥製造が可能となるため，吸引通気方式ではこの堆肥クレーンによる切り返し作業が採用されている．ただし，以前の堆肥クレーンはストローク長が約 2m の油圧シリンダーでグラブを昇降して堆肥原料を把持したため，対応できる堆肥原料の堆積高さに限界があった．また，切り返し装置がレール上を走行し，切り返し装置上部に油圧シリンダー用の 2m 以上のヘッドスペースを要したため，そのヘッドスペースを確保する分だけ建設コストが高額になる点が課題として残されていた（図 20-4）．そこで，小型電動

図 20-4　従来型の堆肥クレーン
左右の油圧シリンダーが突起しているため，天井まで高いスペースが必要であった．

図 20-5　ホイスト昇降型の堆肥クレーン
従来機種よりも天井までスペースが節約されて，低コスト化されるとともに，地下ピットでの原料貯留など，施設の機能が向上した．

ホイスト4基でグラブを懸垂して上下運動を行う新たな堆肥クレーンを開発した結果，建屋のヘッドスペースを最小限にすることができ，建設コストの削減が可能となった（図 20-5）．これにより堆肥製造の施設費を抑制すると同時に，油圧シリンダーの使用が困難な発塵を生じる環境でもクレーンでの作業が可能となった．また，ホイストのワイヤーロープの選定で昇降ストローク長を調節できることから，3〜6mの深さの地下ピットから堆肥原料を取り出す機能も加えられた[10]．

4）アンモニア（NH_3）回収装置

開発したNH_3回収装置は，堆肥原料から吸引された高濃度のNH_3を含む排気に対応し，20〜30%のリン酸や希硫酸を回収装置の内部で噴霧するスプレー塔に分類される[2]．この装置の特徴は，堆肥の発酵排熱で薬液温度が40〜60℃まで温められるため，NH_3と薬液との反応速度が常温時の4〜9倍に高まる点であり（アレニウスの法則，あるいはQ10則），小型でシンプルな構造でありながら，条件によっては99%以上の高効率でNH_3を回収できた（図 20-6）．

5）要素技術のシステム化

前出の検討結果を受けて，畜草研（那須研究拠点）と栃木県北の酪農家（搾乳牛120頭規模）に吸引通気式堆肥化処理システムを導入して実証試験を行った．本システムは，①好気性発酵槽の他，前出の②堆肥原料の切り返し装置（ホイス

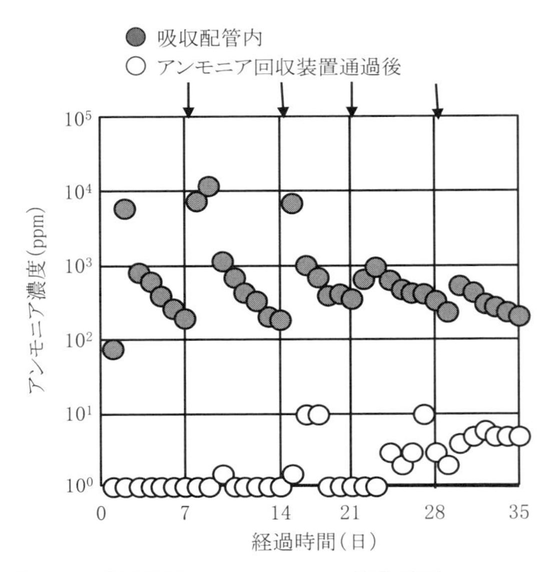

図 20-6　開発装置によるアンモニア回収事例
図中の矢印↓は堆肥原料の切り返しを示す.

ト昇降型堆肥クレーン), ③通気配管や送風機, インパクトエアレーションからなる吸引通気装置, ④NH_3 回収装置などから構成され, 副資材を混合した堆肥原料を日量約 15t 処理できる（図 20-7）.

吸引通気方式を圧送通気方式と比較した結果, 吸引通気方式は圧送通気方式と同程度まで堆肥の腐熟を促進し, 図 20-8 に示すように堆肥原料表面から揮散する NH_3 を 1/10～1/100 にまで低減できた [4]. 酪農家の堆肥化施設は稼動開始から 7 年以上経過するが, 大きなトラブルはなく, 2016 年現在も稼働を続けている.

3. 堆肥化過程で回収した NH_3 の利用

1）NH_3 回収液の特徴

NH_3 回収装置で回収した NH_3 は, リン酸を薬液とする場合にはリン酸アンモニウム溶液, 硫酸を薬液とする場合には硫酸アンモニウム溶液となる. NH_3 と反応して得たこれら薬液（以降は回収液と表記）の pH 値は, リン酸の場合 6 程度, 希硫酸の場合 7 程度であり, 飽和に達した回収液は NH_3 の回収能力が低くなるため薬液を入れ替える必要がある. また, 回収液の窒素濃度は 4～7%N で, スラリ

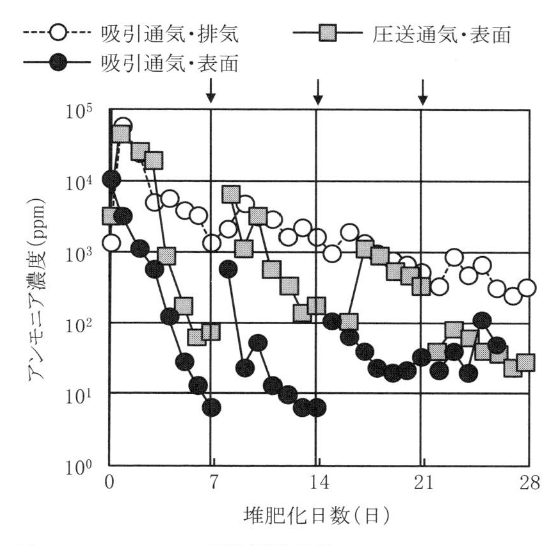

図20-7　アンモニア揮散低減効果
図中の矢印↓は図20-6と同様.

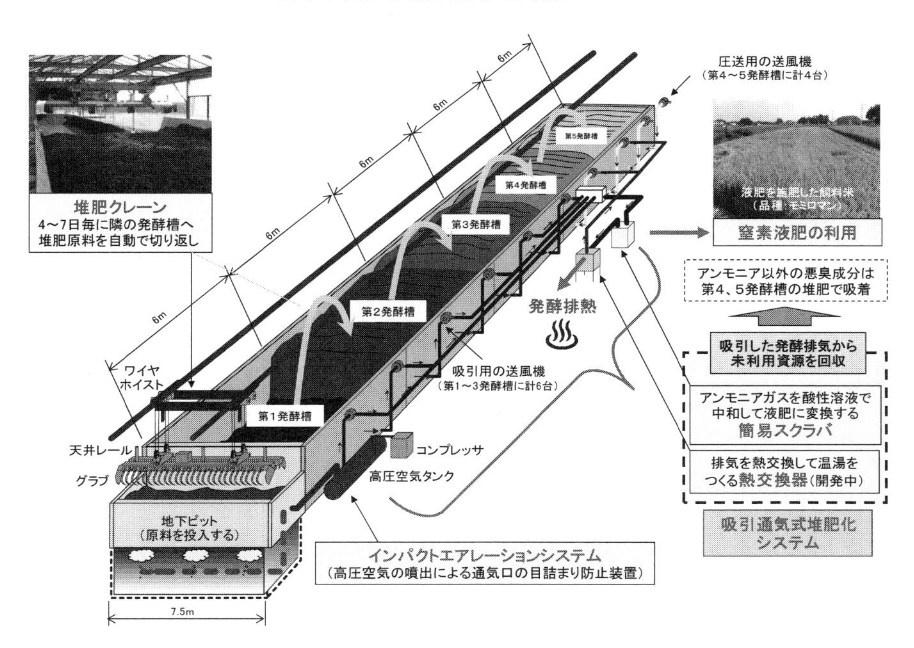

図20-8　酪農家で稼働中の吸引通気式堆肥化処理システムの概略

ーやメタン発酵消化液などの糞尿由来液肥に比べて窒素濃度が10倍以上になり，液肥よりも施肥作業を省力的に行うことができる（表20-1）.

表20-1　アンモニア回収液の肥料成分

回収液の種類	pH	N (%)	P_2O_5 (%)	K_2O (%)
リン安	6.6	6.3	18.9	nd
硫安	7.6	7.6	-	-

リン安：リン酸アンモニウム溶液，
硫安：硫酸アンモニウム溶液，nd：0.001％未満

2）液肥としての利用

これまでに，飼料用トウモロコシや飼料用米（水稲）など飼料作物用の肥料として回収液の利用を検討した．その結果，カリウム（K）や他の微量要素など不足する肥料成分は化学肥料による補完が必要であったが，作物生育への悪影響は確認されなかった．また，飼料用米のように，回収液の水口施用が可能であれば，現行の追肥作業の省力化が期待できる．

3）堆肥への添加

（1）堆肥の窒素濃度を高める効果

NH_3回収液を直接肥料として利用する試みに並行して，回収液を堆肥に添加することで堆肥の窒素濃度を高め，二次発酵を促進する効果について検討した．その結果，一度に多くの回収液を堆肥に添加した場合，二次発酵期間に堆肥の硝化が抑制されて窒素の再揮散が見られたのに対し，NH_3回収液を堆肥乾物当り0.5％Nを上限として添加すると，pH低下とNH_3の硝化が2～4週間という短期間のうちに行われ，堆肥の窒素濃度を高める効果が確認された[16]．

（2）堆肥の腐熟を促進する効果とペレット成型性の改善効果

回収液の堆肥添加の効果として，堆肥の二次発酵が促進されて有機物分解率が高くなることが確認された[16]．これはバーク堆肥に硫安や尿素など窒素を加えることで腐熟が促進される現象と同様に，回収液の添加によって堆肥のC/N比が改善され，腐熟促進材としての効果が得られた結果と考えられる．また，回収液（硫安）を堆肥に添加した場合，堆肥中の酸性デタージェント繊維（ADF）などの繊維成分と堆肥の内部摩擦角が減少し，ペレット成型速度が1.2～2倍に高まった．これは，回収液添加によって堆肥の物性が改善され，ペレット成型時の機械的な負荷が軽減された結果と考えられる．

4）実証規模での高窒素濃度ペレット堆肥の試作

酪農の生産現場で実施した堆肥化処理から，肥料工場でのペレット成型に至る一連の高窒素濃度ペレット堆肥の製造に必要な工程と原料フローを図 20-9 にまとめた．なお，堆肥化処理からペレット成型までの工程は薬師堂[21]の報告を参考にしたが，ここでは，堆肥の窒素成分を高濃度化する工程を加え，さらに堆肥の粉砕工程を省略するなどペレット堆肥の高品質化と省力化を検討した．その結果，ペレット堆肥の歩留りは，現物で約 10%，乾物で約 40%であり，ペレット成型の前処理で篩い分けされた粒径の大きな固形物は堆肥化の副資材として再利用した．肥料工場の成型工程では，造粒時に原料の摩擦熱で品温が 60℃まで昇温し，500ppm の NH_3 が再揮散して想定外の窒素損失となったが，これを除けば実証試

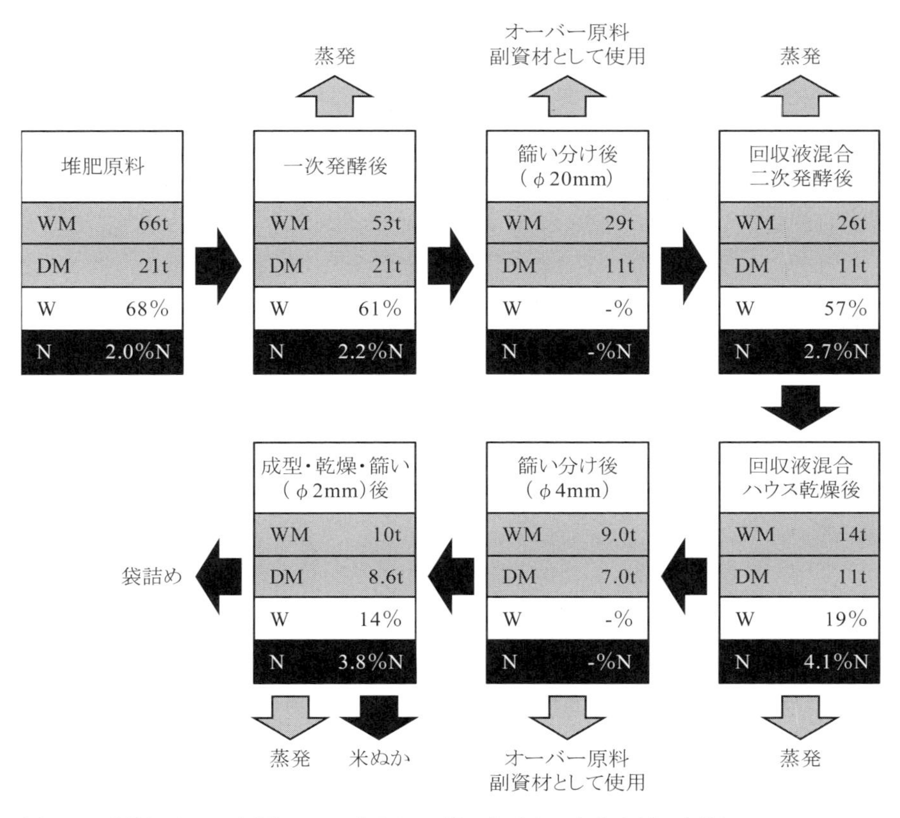

図 20-9　調製工程での原料フロー（2 回目の篩い分けまでを畜産側で実施）
WM：現物重，DM：乾物重，W：含水率，N：乾物当りの窒素濃度．

表 20-2　高窒素濃度ペレット堆肥を利用した飼料用米「モミロマン」の収量調査結果

試験区	年度	稈長 (cm)	穂数 (本/m^2)	1 穂籾数 (粒/穂)	籾重 (kg/10a)	粗玄米重 (kg/10a)	地際刈り乾物重 (kg/10a)
化学肥料	2010	92	217	199	1,025	832	1,656
	2011	94	226	199	921	707	1,507
ペレット	2010	92	224	188	1,047	889	1,714
堆肥	2011	93	246	165	917	713	1,560

験でほぼ計画通りの窒素濃度を有するペレット堆肥を試作することができた.

5）ペレット堆肥の利用

試作した高窒素濃度ペレット堆肥の肥効を確認するため，飼料用米（品種「モミロマン」）の栽培試験を行った（表 20-2）. 一般的な牛糞堆肥（乾物あたり窒素濃度が 2%N 程度）では肥効率を 10〜30%とすることが多いが [17,19]，試作した堆肥は牛糞を堆肥原料にして窒素を約 4%N にまで高濃度化したペレット堆肥であることから，ここでの肥効率は 50%と想定した. 対照の化学肥料区とペレット堆肥区の窒素施肥量は各々基肥で 8kg N/10a となるよう施用し，いずれの試験区でも出穂前に 2 回，粒状硫安等で 2kg N/10a ずつ計 4kg N/10a の窒素追肥を行い，栽培期間を通じて 12kg N/10a の窒素施肥量とした.

2 年間の調査では，ペレット堆肥区は化学肥料区とほぼ同じ生育過程を経て，飼料用米の収量はペレット堆肥区の 10a 当り粗玄米重が 2010 年 889kg，2011 年 713kg，稲わら含めた地際刈り乾物重が各々1,714，1,560kg/10a となり，化学肥料区と同等の収量であった. 2 年間の調査結果で，再現性や連年施用の影響を確認する必要があるが，回収液をうまく利用することで堆肥の窒素肥効を高め，高品質の堆肥を製造することが可能であった.

4. 吸引通気式堆肥化システムの今後の展開

1）吸引通気式堆肥化システムのコスト計算

吸引通気方式の稼動実績は, 本稿の堆肥クレーンで切り返す堆肥化施設に加え, ロータリーやスクープによる撹拌方式の堆肥化施設にも広まりつつあるが，ここでは 120 頭規模の酪農家に本システムを導入した際のコストを示す（表 20-3）. NH_3 を回収する薬液費用や吸引通気のための電気料金など，ランニングコストを

表 20-3　吸引通気式堆肥化システムの導入コスト

処理量（t/年）	5,475
施設建設費千円）	64,800
減価償却費（千円/年）*1	5,933
年間維持管理費（千円/年）*2	4,800
処理経費（千円/年）*3	10,733
処理経費（円/t）*4	1,960

*1：施設 20 年，機械 7 年の耐用年数で算出.
*2：電気料金，薬液費，副資材費合計で人件費は含まず.
*3：減価償却費に維持管理費を加えた経費.
*4：*3 の処理経費に対し，処理量当りで算出した経費.

含めた堆肥原料 1t 当りの処理経費は約 2,000 円となり，他の堆肥化方式の処理コスト 2,780～3,120 円[7] より 2/3 程度と安価であった．ただし，前出のように堆肥化過程で発生する NH_3 は回収液として毎日生産されるため，この回収液を有効利用する計画がなければ本システムの導入は難しい．また，堆肥クレーンを装備したシステムは中～大規模経営体で十分なスケールメリットを引き出せるため，例えば，地域でバイオマス生産の機軸を担う堆肥センターなどへの導入が期待される．

2）吸引通気方式の副次的効果（発酵排熱の回収・利用の可能性）

吸引通気式堆肥化システムの開発段階では，堆肥化過程で堆肥原料から発生する発酵排熱の回収に関して多くの知見や可能性が示され，発酵排熱を熱源にして温水を作るシステムが畜草研などで検討されている．本システムの特徴は，堆肥原料から吸引した空気を熱媒体にして発酵排熱を回収することであり，堆肥に熱交換用配管を埋設するなどした従来法よりも簡単に発酵排熱を回収できる．

また，特に関東以北の生産現場では冬季の家畜への飲水給与に頭を悩ませることが多く，飲水の凍結を防止するためにヒーターや化石燃料に頼らざるを得ない．また，家畜の健康管理の面からも，冬季の飲水温度を高くするメリットは生産現場でよく知られている[15]．もし，発酵排熱を利用して冬季の飲水を加温できれば，凍結によるトラブル回避や家畜の健康増進が期待され，経営体にとって大きなメリットになる．このような新たな切り口からも，吸引通気式堆肥化処理システムを軸にした発酵排熱の有効利用技術の開発が進められている．

5. おわりに

化石エネルギーや鉱物など，近年は世界的に資源争奪の様相を示しつつあり，化学肥料の窒素成分もこの例外ではない．NH_3 や尿素等は化石エネルギーを消費して生産されることを考えると，資源の乏しいわが国において，今まで通り安定的に窒素が供給され続けるとは限らない．そういった意味でも，窒素の賦存量が大きな畜産の中で，今まで捨てていた窒素を資源として積極的に回収し，有効利用するための技術開発と枠組み作りは今後いっそう重要になる．また，窒素だけではなく，条件に応じて堆肥の持つエネルギーを積極的に活用する視点もまた重要性を増すと思われる．吸引通気式堆肥化システムがより多くの利用場面に対応できるよう，技術のブラッシュアップを図っていきたい．

本稿で紹介した成果の多くは，農林水産省プロジェクト研究「農林水産バイオリサイクル研究」（2002～2006年）および「地域バイオマスプロジェクト」IV系（2007～2011）で得られたものである．

引用文献

1）Abe, Y. (2004) Eco-friendly method for making animal waste compost. Farming Japan 38(1): 17-24.
2）阿部佳之・福重直輝（2006）堆肥化処理に向けた簡易なアンモニアスクラバ．農業機械学会誌 68（4）：29-31.
3）阿部佳之ら（2003）吸引通気式堆肥化処理技術の開発（第2報）．農業施設 34（1）：21-30.
4）阿部佳之ら（2008）吸引通気式堆肥化処理技術の開発（第3報）．農業施設 38（4）：249-262.
5）阿部佳之ら（2009）高圧空気で堆肥原料の好気発酵を促進するインパクトエアレーションシステム．畜産技術 11：2-6.
6）畜産環境整備機構（2002）畜産環境アドバイザー養成研修会（堆肥化施設の設計・審査技術）．畜産環境整備機構．東京：pp.59-76.
7）畜産環境整備機構（2005）家畜ふん尿処理施設・機械選定ガイドブック（堆肥化処理施設編）．畜産環境整備機構：pp.76-95.
8）中央畜産会（2003）堆肥化施設設計マニュアル．中央畜産会．東京：pp.8-10.
9）Finstein, M. S. et al. (1983) Composting ecosystem management for waste treatment. Bio/technology 6: 347-353.
10）本田善文ら（2008）圧縮空気で堆肥原料の好気発酵を促進するインパクトエアレーションシステム．畜産草地研究成果情報．http://nilgs.naro.affrc.go.jp/SEIKA/2008/nilgs/ch08005.html.
11）寶示戸雅之・中島英一郎（2003）農業系（畜産）と人間系（生活排水）から発生するアンモニアのインパクト．資源環境対策 39（13）：60-67.
12）伊吹俊彦ら（1999）自動切返しと戻し利用を特徴とする牛ふん尿の堆肥化処理．草地試験場研究報告 58：38-57.
13）木村俊範・岩渕和則（1993）生物系廃棄物のコンポスト化におけるミクロ・マクロ現象

の解析とその照合. 地球環境研究 26：113-167.
14) Miller, F. C. et al. (1982) Direction of ventilation in composting wastewater sludge. J. WPCF 54(1): 111-113.
15) 三橋忠由ら（2011）冬場における原石症予妨のための肥育素牛の飲水量. 畜産技術 11：13-16.
16) 宮竹史仁ら（2010）窒素の添加が二次発酵堆肥化過程の肥料成分濃度に及ぼす影響. 農業施設 41（2）：79-86.
17) 西尾道徳（2007）堆肥・有機質肥料の基礎知識. 農産漁村文化協会：pp.137-154.
18) 農林水産省生産局（2010）畜産環境をめぐる情勢. 平成22年度家畜ふん尿処理利用研究会資料. http://www.naro.affrc.go.jp/nilgs/kenkyukai/files/kachikufunnyo2010_04.pdf
19) 牛尾進吾ら（2004）家畜ふん堆肥の成分特性と肥料効果を考慮した施用量を示す「家畜ふん堆肥利用促進ナビゲーションシステム」. 日本土壌肥料学会誌 75：99-102.
20) Willson, G. B. (1983) Forced aeration composting. Wat. Sci. Tech. 15: 169-180.
21) 薬師堂謙一（2000）乳牛ふんの堆肥化方式と堆肥のペレット化. 九州農業研究 62:19-24.

第21章　畜産系バイオマス利用〔4〕
成分調整成形堆肥と堆肥脱臭による高窒素濃度有機質肥料製造

〜＊〜＊〜＊〜＊〜＊〜＊〜＊〜＊〜＊〜＊〜＊〜

田中章浩

1. はじめに

九州には家畜糞尿として窒素（N）166,536トン（t）/年，リン酸58,556t/年，カリ685,687t/年が賦存している．家畜糞尿は肥料や土壌改良材として使用できる貴重な有機質資材であるが，畜産経営の規模拡大や糞尿の偏在化等により環境問題が生じている．特に，過剰施用に伴う水質汚染や作物の品質劣化が問題となっており，環境保全型農業を推進するためには，畜産農家で余剰の家畜糞尿を良質堆肥に加工し，耕種農家に活用してもらう必要がある．一方，畜産農家では耕種農家が安心して使える良質堆肥の生産を行う必要がある．近年，耕種農家も化学肥料主体の栽培が多くなり，堆肥の利用量が減少している．

耕種農家が堆肥を利用しない理由は，①化学肥料と違い肥料の効き方が異なり栽培管理がやりにくい，②コストがかかる，③労力がかかる，④機械散布の手段がない等である．堆肥は重量物であり，また圃場への施用量も多いため，その貯蔵，運搬，施用に多大なコストと労力を要する．したがって，堆肥利用は生産現場から近い地域で行うことが望ましい．すなわち，堆肥の流通化では①同一か隣接した市町村内での流通，②地域に過剰な場合，隣接郡内や県内，③県外流通の順に検討すべきである．九州は南九州に家畜飼養が集中化しており，県を越えた堆肥の広域流通も必要であり，耕種農家が使い易いように作物要求量に合せて肥料成分を調整し成型化することも利用促進・広域流通に有利である．

家畜糞尿の堆肥化過程では，好気的に堆肥化することで硫黄化合物や低級脂肪酸等の発生はかなり抑制できるが，アンモニア（NH_3）発生の抑制は困難であり，高濃度NH_3などの臭気を低コストで効率よく脱臭することが重要である．しかし，既存の脱臭方法は設備費やランニングコストが高額となり，農家が脱臭装置を導入する際の妨げになっている．九州沖縄農業研究センター（九沖セ）では，設備費やランニングコストが比較的安価な堆肥脱臭システムを開発した．このシステムは，臭気を完成堆肥に回収して高窒素濃度堆肥を生産し，肥料価値と見合った価格で販売することにより脱臭費の一部回収ができる「ローダー切返し方式」を対象とした堆肥脱臭システムである[4)]．

2. 成分調整成型堆肥

1）成分調整成型堆肥の特徴

成分調整成型堆肥とは，家畜糞堆肥やナタネ油粕などの有機質資材を，種々の作物について各々の肥料要求量に合わせて混合調整し，成型した減・無化学肥料栽培用の有機質資材である．平成11年度に施行された「家畜排せつ物の管理の適正化及び利用の促進に関する法律（家畜排せつ物法）」より，堆肥の供給量はますます増大し，九州では県外への堆肥流通も必要となっている．そこで，九沖セでは堆肥の散布手段を持たない耕種農家に対して，手持ちの機械を利用して化学肥料感覚で施肥できる成分調整成型堆肥を開発した．現在，牛糞堆肥を主体とした製造プラントが，熊本県合志市の「JA菊池」と農業法人「合志バイオX」で稼働している．成分調整成型堆肥生産のメリットは，①成型しているので肥効が均一，化学肥料換算の成分調整を行っているので化学肥料感覚で利用でき，化学肥料栽培と同等以上の作物生産が可能；②直径 5mm ペレット状で，耕種農家手持ちのライムソワー（石灰散布機）やブロードキャスタで散布可能；③重量，容積ともに堆肥の状態の約半分に減少し，貯蔵容積，輸送経費を半減できる．

2）成分調整成型堆肥生産システム

畜産農家で2ヶ月間程度強制通気発酵させた堆肥から成分調整型堆肥を製造する工程を図21-1に示した．

3. 堆肥脱臭システム

1）堆肥脱臭システムの特徴

堆肥化1次発酵は，強制通気方式では通常約4週間で終了する．牛糞とおが屑の堆肥化で1週間毎に切返しを行う方式では，「出来上がり堆肥」$1m^3$製造するのに約1kgのNH_3が発生する．「出来上がり堆肥」には臭気を吸着する能力があり，堆肥に臭気を通過させる簡単な方法で，低コストで脱臭を行うことができる．特

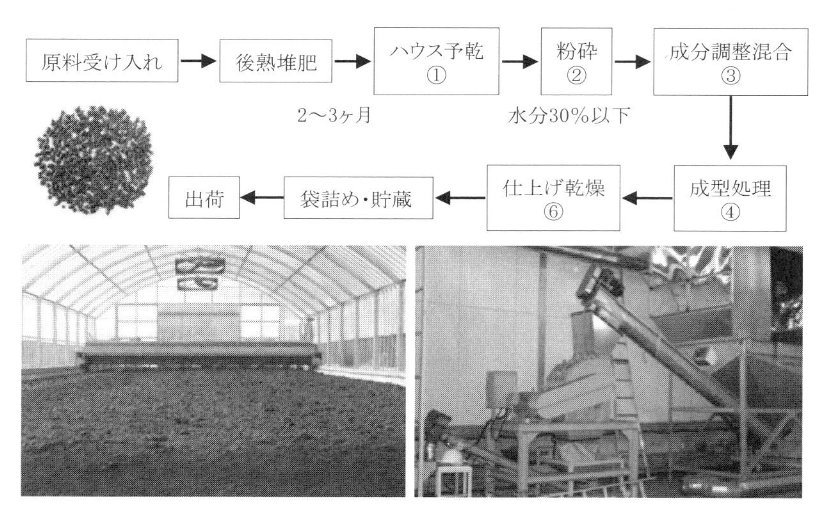

①ハウス予乾設備：後熟させた堆肥を成型するため水分20〜30%まで予備乾燥する.

②粉砕装置：材料中に含まれる石を破砕し，各材料の混合性や成型性を改善する.

③成分調整混合装置：畜種別の堆肥や油粕などの有機質資材を，栽培する作物の肥料要求量に合わせて混合する.

④成型装置：成分調整された材料を円筒状（ペレット）に成型する．ペレットの直径は3，5，および8mm.

⑤成型装置の構造：穴の開いたディスクダイ（成型盤）に歯車状のローラが材料を押し込み成型する.

⑥仕上げ乾燥装置：長期間安定して保存するためペレットの水分を15〜20%程度まで仕上げ乾燥する.

図 21-1　成分調整成型堆肥生産工程のフロー

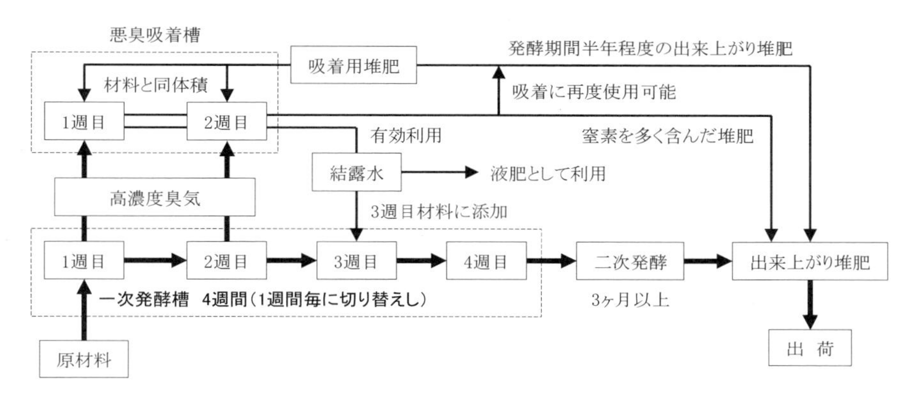

図21-2　堆肥脱臭システムのフロー

に最初の2週間で全体の9割のNH_3が発生することから，1，2週目に発酵槽からの臭気を処理することで，効果的に臭気を低減できる．堆肥に吸着したNH_3は，堆肥中の微生物によって硝化され無臭化される．硝酸態窒素は酸性であり，堆肥化過程臭気の主要成分であるNH_3と反応し，硝酸アンモニウム（NH_4NO_3）の形態でN成分が堆肥に回収される．脱臭に用いた堆肥はN濃度が増加するため，肥料的価値が高まり，速効性有機質肥料として減化学肥料栽培や有機農業用の堆肥として利用可能である．この高N濃度堆肥を肥料価値と見合った価格で販売することによって，脱臭経費の回収が一部可能となる（図21-2）．

2）脱臭方法

（1）半密閉構造とされた1，2週目発酵槽からの臭気を，発酵槽への入気量の約4～7倍の流量（密閉発酵槽の換気回数が10回/時間（h）程度）のターボファンで，1次発酵槽と同じ大きさの悪臭吸着槽に導入する．

（2）悪臭吸着槽には，堆肥化原材料と同体積（堆積高1.8m程度）で含水率50～60%程度の2次発酵済み「出来上がり堆肥」を入れ，臭気を床面から導入する．システム立上げ時には活性汚泥を約2%混合し，その後，吸着用堆肥の入替え時には，使用済み堆肥を5%割程度混合する．悪臭吸着槽への入気は飽和水蒸気状態であるが，脱臭用堆肥の水分は減少するので含水率が約45%になったら加水する．

（3）臭気を送る配管内は，発酵槽からの排気温度が高く，水分を多く含んでいるため，NH_3濃度800ppm程度の結露水が発生する．結露水は液肥利用できるが，

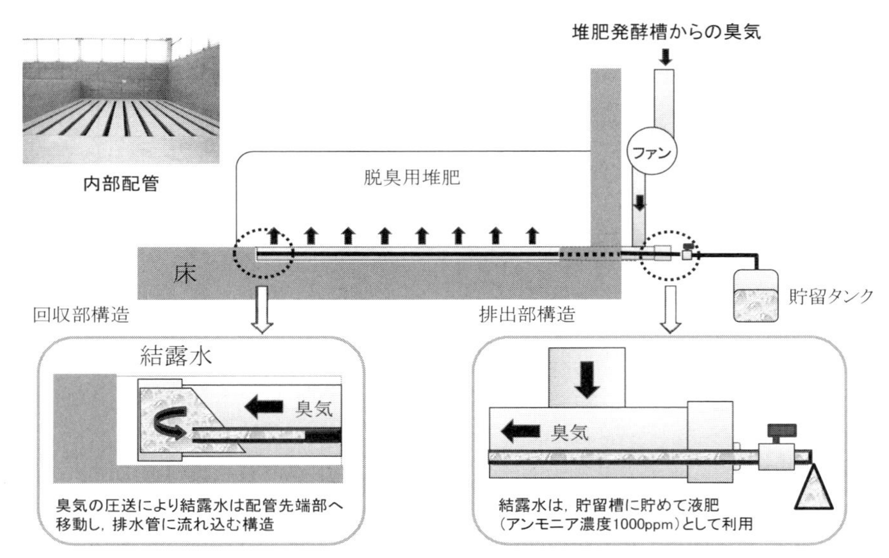

床面の通気配管（コルゲート管）の内部にVP13程度の塩ビ配管を先端まで通した二重配管構造で床面に溜まる結露水を回収する．

図21-3　配管中の結露水回収構造

利用できない場合には堆肥化3, 4週目の材料や悪臭吸着槽の堆肥に混合し有効利用する．結露水量は材料の初期重量1t当り冬期6リットル（L）/t/週，夏期2L/t/週程度であるが，配管の断熱施工により，各々1L/t/週，0.2L/t/週程度まで低減できる．

（4）古紙を炭素源として約5%混合して製造した堆肥は脱臭用堆肥に使用可能で，増加Nの約50%を有機態Nとして保存できる．

（5）配管内で発生した結露水は，臭気と共に床面の配管先端部へ移動する．床面配管先端部分では配管内の動圧が静圧に変換されるので，その静圧を利用し先端に集まった結露水を，配管先端から堆肥化施設外部まで貫通した細い配管を通して外部に排出する（図21-3）．

3）脱臭能力

堆肥脱臭は，NH_3および硫黄化合物に対して高い除去効率示し，NH_3の除去率は97%で季節による変動もなく，年間を通じて安定している．悪臭吸着槽への入気NH_3濃度は外気によって希釈されるので最高濃度600～700 ppm（週平均濃度約

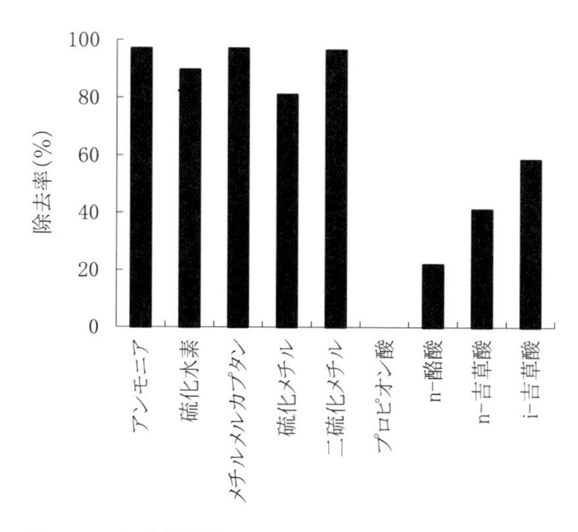

図21-4　各悪臭物質の堆肥脱臭による平均除去率

200ppm）であり，堆肥脱臭処理後の濃度は約20ppmになる．NH_3の次に排出量の多いメチルメルカプタン（methyl mercaptan）も95%程度除去できる．また，低級脂肪酸は，プロピオン酸を除き約50～60%を除去できる．プロピオン酸も堆肥化は好気発酵であるので大きな問題とならない（図21-4）．堆肥脱臭の脱臭能力は,吸着したNH_3を硝酸化成し無臭化と共に再揮散しないようにする必要があり,堆肥の状態が影響する.そのため,脱臭には出来るだけ完熟に近いものを使用し,活性汚泥水等で硝酸化成菌を添加することが重要である.

4）有機物添加によるN回収効率の向上と有機化促進

含水率50～60%の脱臭用堆肥に,古紙や鶏糞を添加したものを利用するとNの回収効率が向上する．古紙添加では堆肥化1次発酵時に古紙を約5%添加し，NH_3回収用堆肥を事前に製造する必要がある．鶏糞堆肥添加では混合堆肥をそのまま回収用堆肥として利用してもN回収が向上する．また，脱臭過程における回収NH_3の有機化では，古紙添加で促進され，増加Nの50%（5%古紙添加）～60%（10%添加）が有機態Nに変換された（図21-5）.

5）NH_3モニターによる高窒素（N）濃度堆肥の濃度予測

実際の脱臭用堆肥のN増加量は，NH_3モニターを用いて計測した入・排気濃度

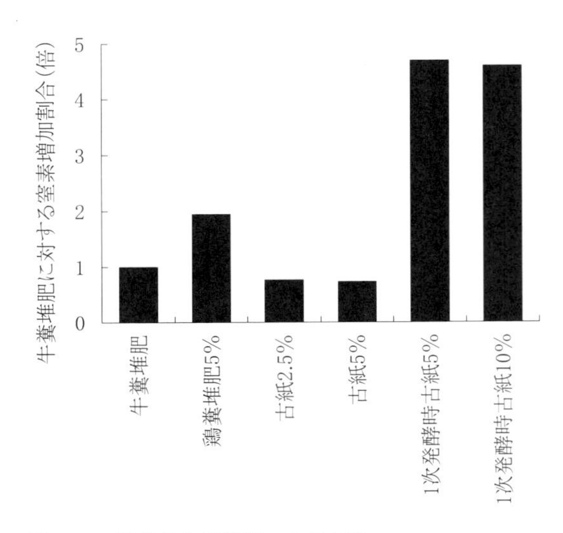

図21-5　脱臭用牛糞堆肥への添加物

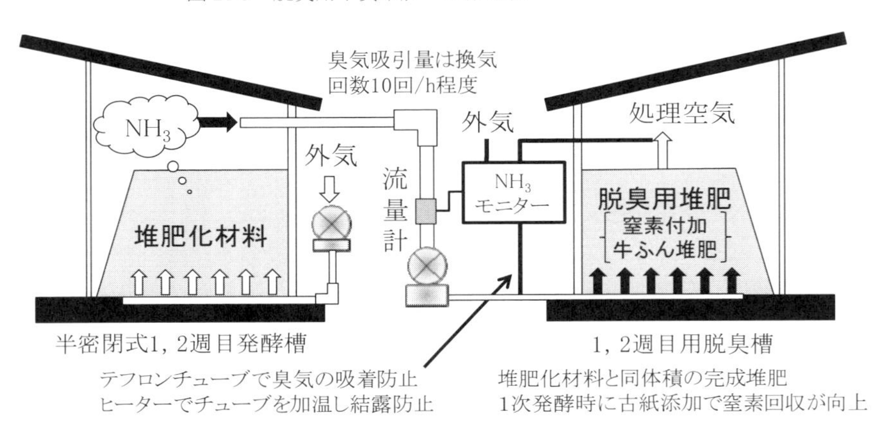

図21-6　アンモニアモニター（NH_3モニター）を用いた脱臭用堆肥窒素濃度予測システム

と外気濃度の濃度差を基に算出した値と悪臭吸着槽への通気量（通気量×(Δ 濃度入気－外気－Δ 濃度排気－外気)）から予測できる（図21-6）.

脱臭用堆肥約 35t を入れた悪臭吸着槽での窒素（N）増加量の実測値と予測値の関係は，Y（実測値）＝ 0.927X（予測値），決定係数 0.822 となった．堆肥の N 増加量の N 形態毎の割合は，有機態 N,14.0%，無機態 N，86.0%（内訳：アンモニウム態 N，20.6%，硝酸態 N，65.4%）であった．脱臭用堆肥の全 N 濃度（C）

とpH（P），EC（電気伝導率：Electrical conductivityで単位はS（ジーメンス）/m（メートル））（E）の関係は（$r^2 = 0.93$），$C = 0.134E + 1.22$となり，脱臭用堆肥のpH低下またはEC上昇によりN増加の判断ができ，堆肥脱臭システムの適切な管理ができる．ただし，全N濃度とpH，ECの回帰式は，各堆肥センター等で作成する必要がある．

6）高N濃度堆肥の貯蔵性

高N濃度堆肥のN濃度は，初期値の6月では，高N堆肥は3.8DM（乾物重）%，高N鶏堆肥が3.3DM%であった．一方，6カ月後（12月）のN濃度は，高N堆肥3.6DM%，高N鶏堆肥3.4DM%となり，減少はほとんどなかった．このようにペレット堆肥は，含水率 15%以下に乾燥してから袋詰めして保管することから，長期保存しても濃度変化がほぼないことが明らかになった．

7）高N濃度堆肥のN肥効特性

N無機化量は成型の有無，温度や培養期間に影響を受けず，極めて速効性で，化学肥料的な利用が可能である[3]．例えば，コマツナのポット栽培試験での高N濃度堆肥のN利用率は0.63で，同じ条件で化学肥料（硝安）のN利用率は0.90であることから，両者の比から高N濃度堆肥のN肥効率は0.70と計算される．土壌中での高N濃度堆肥からのNの溶出率は59～69%で季節，製造ロットを問わず安定している[2]．有機肥料として流通量の多いナタネ油粕との比較では，ナタネ油粕中のNが継続的に放出されるのに対して，高N濃度堆肥は速やかに土壌中に放出され，施用1ヶ月以降の溶出はほとんど認められず，肥切れが良いことが特徴である（図21-7）[2]．

8）高N濃度堆肥を用いたニンジンの有機栽培実証試験

地域有機農業推進事業モデルタウンである熊本県上益城郡山都町において，夏まきニンジンの有機栽培実証試験を行った．堆肥の価格を牛糞堆肥7円/DM（乾物）kg，高N濃度堆肥（N=3.82DM%）16.6円/DMkg，高N濃度堆肥に鶏糞堆肥を混合した堆肥（N=3.30%）13.0円/DMkg，成型化コストを3.3円/DMkgとすると，N施肥量12kg/10aでの施肥量は，牛糞堆肥2,151DMkg/10a，高N濃度堆肥416DMkg/10a，混合堆肥520DMkg/10aとなる．従って，肥料価格は，牛糞堆肥の22,151円/10aに対して高N濃度堆肥8,296円/10a，混合堆肥8,466円/10aと，高

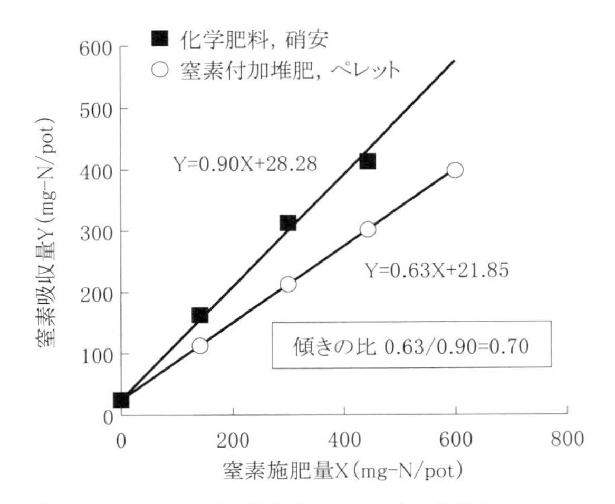

窒素施用量と吸収量の関係(コマツナポット試験)
品種は「楽天」，土壌は多腐植質黒ボク土を用い，3株立てとした(1/5000aポット)．2008年1月7日播種，2月28日収穫．

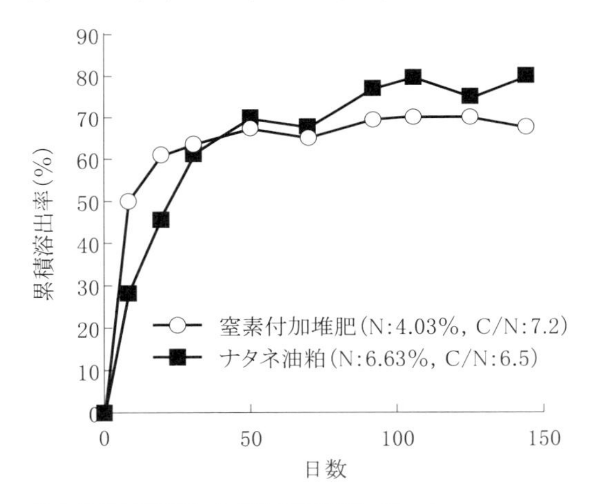

春人参栽培期間における窒素溶出パターン
ガラス繊維ろ紙埋設法により圃場に埋設(12月3日〜4月24日)．

図 21-7　高窒素濃度堆肥の窒素肥効特性 [1)]

N 濃度堆肥の方が牛糞堆肥より安価となる．実証試験の結果，高 N 濃度堆肥および高 N 濃度堆肥に鶏糞堆肥を混合した堆肥では商品化率が牛糞堆肥の 81%に比較して約 90%と高く，またニンジンの 1 本重が増加する傾向が見られ，商品量が多くなり，高N濃度堆肥および混合堆肥区で増収効果が認められ，有機農業における高N濃度堆肥の有効性が確認された．ただし，高N濃度堆肥の有機農業等の作物栽培への影響に関しては長期的な検討が必要である．

9）高N濃度堆肥のコスト

牛糞処理量21t/日の堆肥センターでの堆肥脱臭システムのイニシャルコストは約982万円である．減価償却費（補助金なし，建屋38年，堆肥脱臭システム8年）は178万円/年，また電力費は約126万円/年（12円/キロワットアワー（kWh））となる．化学肥料換算N 1kg相当，N濃度4%の高N濃度堆肥製造コストは，脱臭用堆肥として牛糞堆肥（7円/DM kg）を利用した場合594円/kg N（N重量kg）（材料堆肥を除く処理費344円/kg N），古紙5%添加（21円/DM kg）の場合517円/kg N（処理費279円/kg-N）と算出された．また，鶏糞堆肥5%添加（2円/DM kg）の場合，485円/kg N（処理費249円/kg N）と算出された．

引用文献

1） Arakawa, Y. et al. (2007) Evaluation of nitrogen- enriched compost produced by compost deodorization equipment in some vegetable cultivation. 10th International Symposium on Soil and Plant Analysis in Budapest, Hungary, June 11-15, 2007: 24.
2） 荒川祐介ら（2010）堆肥脱臭法により産生した窒素付加堆肥の利用に関する研究（第1報）：コマツナ栽培試験による肥料効果の検証．土肥誌 81（2）：153-157.
3） 原口暢朗ら（2008）砂カラムを用いた牛糞堆肥からの初期の水溶性成分溶出パターンの測定法．土壌の物理性 110：37-51.
4） 田中章浩（2009）出来上がり堆肥による悪臭の除去と堆肥の窒素成分調整．においかおり環境学会誌 40（4）：229-234.

第22章　畜産系バイオマス利用〔5〕
家畜排せつ物のエネルギー利用

〜*〜*〜*〜*〜*〜*〜*〜*〜*〜*〜*〜

薬師堂謙一

1. はじめに

家畜排せつ物は，本来有機系肥料として堆肥や液肥の形での有効利用が望ましいが，畜産経営の規模拡大や偏在化等により環境問題が生じている．家畜糞尿は全国で年間約9,100万トン（t）発生し，九州地域でその約2割の1,800万t，熊本，宮崎，鹿児島3県が九州全体の2/3を占める（第21章参照）[2]．また，堆肥の需要は春と秋に集中し，畜種で需要も異なる．その有効利用の現状は，まず，牛糞堆肥が土壌改良資材として，次いで豚糞堆肥と採卵鶏糞堆肥が化学肥料代替に使用されている．一方，ブロイラー鶏糞堆肥は，かんな屑など粒径の大きい木質資材が敷料に使用されていることや発酵品質上の問題もあり，使用量が相対的に少ない．そこで，これを有効利用するために直接燃焼し，高圧蒸気で発電する鶏糞火力発電所が宮崎県で3基（http://lin.alic.go.jp/alic/month/domefore/2010/aug/spe-01.htm など），鹿児島県で2基稼働し，各処理能力は300t/日以上と大型である．

一方，堆肥の成型処理などによる広域流通化も図っているが，家畜排せつ物のエネルギー処理への要望も強い．通常，燃焼発電は100t/日以上の大型システムでなければ発電効率が悪く，個別畜産農家の処理に適応できない．一方，熱分解方式は比較的小規模で発電ができ，発電残さは燃焼灰のみで堆肥流通に比べて輸送コスト低減が図れる優れた特徴がある．そこで，家畜糞を熱分解し，発生ガスで発電する新エネルギー化方式を開発した．本研究は農林水産省委託プロジェクト「地球温暖化が農林水産業に与える影響の評価及び対策技術の開発（2001〜2005年度）」と「地域バイオマスプロジェクト（2007〜2009年度）」で実施した．

2. 家畜糞の炭化･ガス化処理によるエネルギーシステム

本システム構築にあたり，家畜糞尿をガス化して高効率発電を行うと共に，廃熱で地域の食品残さを乾燥処理した飼料生産，焼却灰をリン酸・カリ肥料に利用するなど，バイオマスを総合的に有効利用するシステムを想定した．また，この処理で発生するアンモニア（NH_3），窒素酸化物（NO_x）および硫黄酸化物（SO_x）は回収して肥料利用する方式とし，環境負荷のない設計とした（図22-1）．なお，家畜糞をガス化する場合，そのまま高温で熱分解してガス化するとタールが発生し，発電機のエンジン故障の原因となるため，家畜糞は乾燥後に炭化処理（無酸素状態で蒸焼きにする処理）し，炭化材料を再度固形化してからガス化する方式とした．

材料の家畜糞尿は生牛糞堆肥とブロイラー鶏糞である．前処理部分，焼却灰肥料利用，食品残さ乾燥部分を九州沖縄農業研究センター（九沖セ）が分担し，炭化部分を（株）中国メンテナンス，ガス化と発電部分を（株）御池鐵工所が分担して共同開発を進めた．

1）前処理

材料の水分は牛糞堆肥65～70%，ブロイラー鶏糞30～50%である．エネルギー化の場合，材料に水分が含まれると乾燥に余分なエネルギーが必要となるので，発酵乾燥，太陽熱乾燥および炭化廃熱による通風乾燥で水分をほぼ0%まで低下させた．

発酵乾燥とは，堆肥化の際の微生物発酵熱を利用して水分を蒸発させるもので，約40%まで水分低下する．水分65%の牛糞堆肥の場合，約2週間の発酵で1tの材料が0.5tまで重量減少し，乾燥する．これより水分が多い場合はシュレッダー裁断した古紙を重量比で約5%入れることで，2週間で40%まで発酵乾燥ができた（図22-2）．なお，発酵処理中の切返しは週1回行う必要がある．発酵乾燥は通気のみで乾燥が進むので，火力乾燥や通風乾燥の数%の動力消費量ですむのが利点である．また，発酵途中発生するNH_3ガスは堆肥脱臭または希硫酸洗浄により肥料として回収する（第20章参照）[1]．しかし，発酵乾燥では微生物活性の関係で約40%までしか乾燥しないため，撹拌機付きの乾燥ハウスで20～25%まで太陽熱で乾燥させる必要がある．この所要乾燥期間は季節変動するが，5～14日で所定水分まで乾燥する．

2）炭化工程

炭化は予熱炉と炭化炉の2段階で行う．炭化炉には500℃以上の常圧過熱水蒸気を吹き込み，同時に外筒を加熱することにより，完全に酸素を遮断した状態で

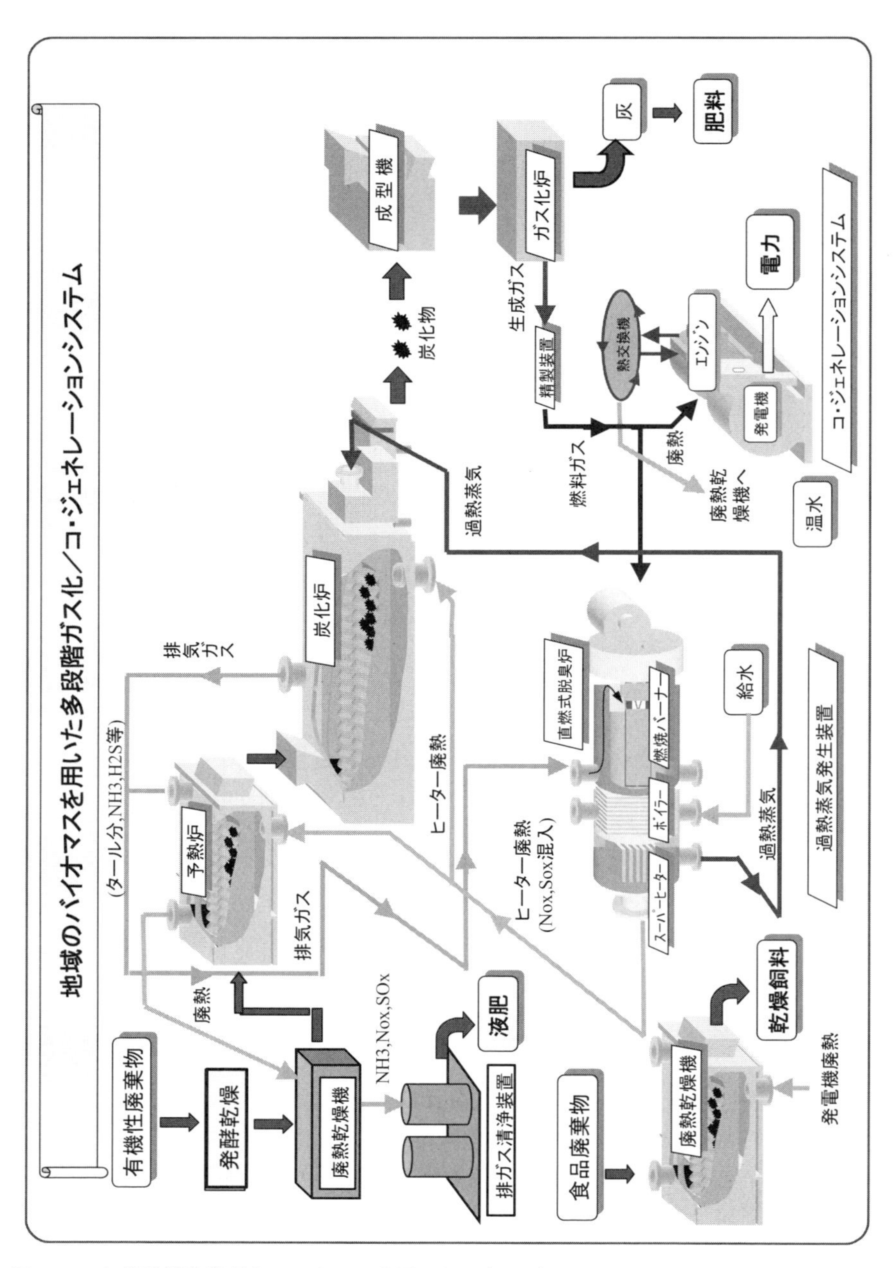

図 22-1　九州沖縄農業研究センターに設置したエネルギー化システム

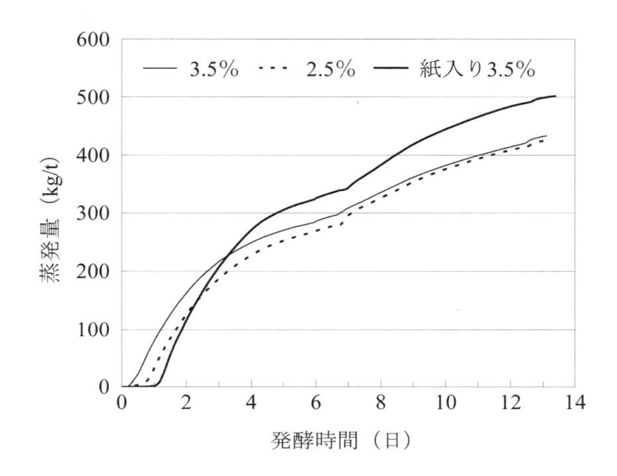

図22-2　牛糞の発酵乾燥による蒸発量の変化
図中の数値は排気中の炭酸ガス濃度（%）を示す.

炭化する. このため, ダイオキシン等の有害物質発生を抑制しながら炭化できる. 炭化段階でタール分が揮発するが，このタール分は脱臭炉で燃焼処理する際の助燃材となる．なお，木質系バイオマスの場合，炭化炉の排気を冷却凝縮させて木酢液も取れるが，家畜糞の場合，凝縮液の利用先が確保できないため，炭化炉の排ガスは加熱配管でそのまま脱臭炉に導く構造とした.

この研究のために開発したパイロットプラントの処理能力は乾燥堆肥で100kg/時（hr）である．また，炭化物の炭化程度は炭化温度と炭化炉の滞留時間を制御して調節した．炭化条件別の炭化物組成および歩留まりの関係の調査の後，この炭化段階でタール分を完全除去するとガス化炉でのガス発生量が減少するので，550℃以下で炭化させることにした.

3）ガス化/コジェネレーション工程

炭化処理材料は，粉砕後に転動造粒で直径約1cmの球状に成型した後，ガス化炉に投入する．ガス化炉では炭化材料を不完全燃焼させ，一酸化炭素（CO），水素（H_2），メタン（CH_4）などの熱分解ガスを発生させる．この熱分解ガスはガスホルダーに貯蔵後，エンジン用燃料として利用する．今回使用したガス化炉は，ある程度のタール分が含まれていても分解できる燃焼構造とした．このガス発生量は158Nm^3（1Nm^3（ノルマルリューベ）は，標準状態（0℃，1気圧）換算した

表 22-1　炭化物のガス化試験結果

吹き込み流量					ガス化炉各部温度				量		ガス濃度		
下部空気	上部空気	蒸気	水	蒸気＋水	燃焼部外側	燃焼部内側	中部	上部	炭投入	ガス発生	H_2	CO	CO_2
Nm^3/hr	Nm^3/hr	kg/hr	kg/hr	kg/hr	℃	℃	℃	℃	kg/hr	Nm^3/hr	%	%	%
低温炭化木炭													
16.4	81.8	0.00	0.0	0.00	1163	1115	167	132	36.0	187	6.3	19.3	7.3
16.4	81.8	6.98	0.0	6.98	1044	1024	147	155	36.0	194	8.6	19.4	8.1
16.4	81.8	9.30	0.0	9.30	1024	972	400	224	36.0	210	-	19.5	10.8
16.4	81.8	9.30	8.5	17.80	977	978	389	259	36.0	200	11.3	20.6	7.5
16.4	63.4	9.30	14.3	23.60	915	741	346	233	36.0	173	9.3	20.6	8.1
牛ふんオガクズ堆肥炭化物													
16.4	61.2	9.30	14.3	23.60	843	825	299	97	35.0	158	6.9	12.4	10.3

注：低温炭化木炭は 500℃以下で炭化された炭.

ガス量）/時，ガス組成は H_2 6.9%，CO 12.4%であり，低温炭化木炭より低かった（表 22-1）.

発生ガスの発熱量が低いため，発電用エンジンに A 重油と熱分解ガスの混合燃料方式ディーゼルエンジンを使用した．また，エンジンはメタンガス用で，A 重油単独での発電能力は 60 キロワット（kW），熱分解ガス併用で 40kW の発電能力がある．40kW 発電時には 8kW 分（発電量の 20%相当）の A 重油と発生ガスを 120Nm^3/hr 消費する．この稼働の結果，発電機の正味発電効率は 30kW 以上の発電量で 30%以上となった．冷却廃熱と排気廃熱は熱回収し（燃料発熱量の 40%相当分），食品残さの乾燥飼料化に使用する．

4）システム評価

本システムについて実用化のコスト評価を行った．堆肥化処理前の家畜糞処理量 34t/日規模（年 300 日稼働）の多段階ガス化/コジェネレーションシステムを設備するには最低 4 億 2 千万円程度かかり，70%補助でランニングコストを黒字にするには約 8,000 円/t で処理できる廃棄物を 7t 以上集める必要がある（表 22-2）．一方，施設整備補助がない場合，減価償却費が 2,905 万円/年の支出増になり，処理経費をまかなうため家畜糞堆肥材料の受入れ経費は 600 円/t から 3,450 円/t に増額となる．乾燥鶏糞や建築廃材の利用，売電から自家利用への変更と汚泥受入れなどにより 2,140 万円収支改善する可能性があるが，この場合でも家畜糞堆肥材料の受入れ経費は 600 円/t から 1,512 円/t に増額となる．以上のように炭化処理するとコスト負担が大きく，補助率を一般的な家畜糞尿処理施設並の 50%以下にす

表 22-2 多段階ガス化によるエネルギー化システムの収支試算

収入	単価	年収（千円）	支出	年経費（千円）
家畜糞尿処理料	600 円/t	6,120	減価償却費	9,524
食品残さ処理料	8,000 円/t	16,800	燃料費	9,910
売電収入	11 円/kWh	9,900	光熱水量費	480
乾燥飼料販売料	20 円/kg	9,600	通信費	240
焼却灰販売料	5 円/kg	2,550	定期点検保守料	1,300
			脱臭，成型等資材費	2,900
			機器消耗品費	1,200
			修理費	2,250
			人件費	14,500
収入合計		44,970	支出合計	42,304
			差し引き	+2,666

注：減価償却費は補助率 70%での圧縮計算.

る必要があるため，炭化処理を行わない直接ガス化方式についてエネルギー化システムの検討を行った.

3. 家畜糞の直接ガス化処理によるエネルギー化システム

炭化処理を省略して直接熱分解する場合，タール発生を防止してガス化する必要がある．炭化物のみの熱分解の場合はガス化温度約 900℃でもタール発生がなかったが，直接熱分解ガス化の場合，ガス化温度を高める，あるいはガス化処理時間を長くして発生タールを熱分解し，ガスに変換するなどの処置が必要である．一方，家畜糞にはナトリウム（Na）やカリウム（K）など，溶融しやすい成分を多く含む．そこで，溶融しやすい材料は，石灰添加を行って溶融温度上昇を図った．また，ガス化炉は，ガス化エリアが広い構造に改良した.

1）エネルギー化システム

開発したエネルギー化システムを図 22-3 に示す．家畜糞など高水分原料は発酵乾燥とハウス乾燥により水分含量を 25%以下まで乾燥させ，石や砂など異物を除去し，直径 20mm のペレット状に成型した材料を熱分解し，ガスはエンジンで発電，灰はリン酸，カリウム肥料として利用する．また，炭化の際と同様に，発電廃熱やガス化時の廃熱を利用して食品残さの乾燥などを行うシステムとした.

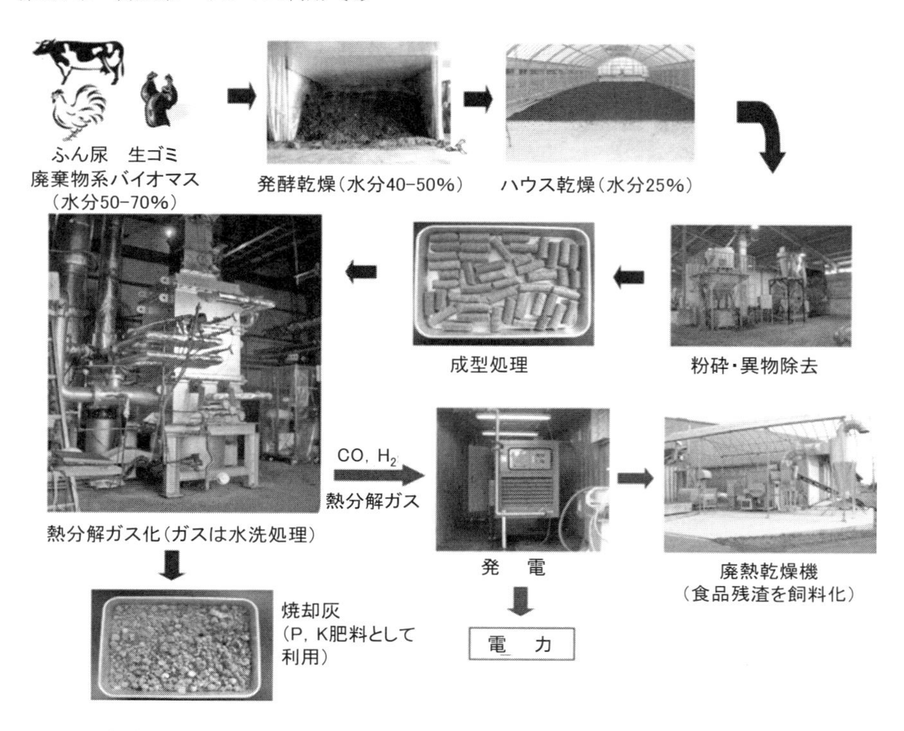

図22-3　家畜排せつ物の直接熱分解ガス化によるエネルギー化システム

2）燃焼原料の改質

原料別に，ペレットに加工後，管状電気炉を用いて800～1,350℃で10分間加熱し，溶融温度と消石灰添加による溶融温度上昇効果を調査した．また，採卵鶏糞など灰分が多い原料は着火不良を起こす危険性があるため，おが屑との混合による燃焼性改善効果を検討した．肉牛糞堆肥と採卵鶏糞堆肥および竹材について管状電気炉で燃焼試験を行った結果，竹材と採卵鶏糞堆肥は1,200℃以上の溶融温度であったが，肉牛糞堆肥は900℃で溶融した．そこで，乾物比で25%の消石灰を混合することで溶融温度を1,300℃に改善できた（図22-4）．また，採卵鶏糞堆肥の着火性の改善は，おがくずを鶏糞に対し乾物比20～60%混合することで燃焼時間が短縮でき，着火性が改善されることが明らかとなった．

3）ガス化試験

家畜排せつ物等を原料にし，空気酸化による不完全燃焼方式で CO，H_2，CH_4

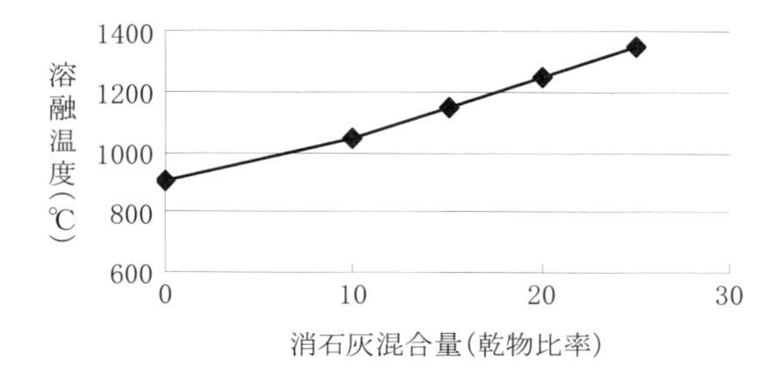

図 22-4　肉牛糞堆肥の消石灰混合による溶融温度変化

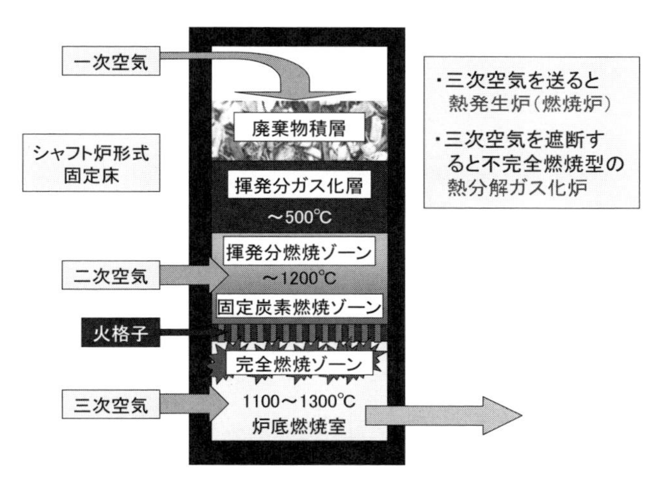

図 22-5　ダウンフロー型ガス化炉の構造図

など可燃性ガスを発生させるダウンフロー型ガス化炉（燃料，燃焼ガスとも下向きに流れる炉，図 22-5）を試作し，燃焼空気の入れ方，原料投入方式，燃焼灰排出方式の改良を図り，安定してガス化できるガス化炉内径 45cm，原料堆積高約 50cm の厚層燃焼方式を採用した．家畜排せつ物は直径 20mm ペレット状，竹材は 10mm 以上のチップ状でガス化試験を実施し，ガス化炉内部の温度変化とガス発生量，ガス成分を測定した．その結果，家畜糞堆肥ペレットと竹や木チップでは燃焼状況が異なり，ガス化炉への堆積高を材料で変更できる構造にする必要があることがわかった．そこで，ガス化材料の燃焼部高を高くするため，ガス化炉の 2 次空気吹込管は上下 2 段式とした．上段の通気管本数は 2 本，下段 3 本である．また，ガス成分を改善するため，1 次空気吹込管から水蒸気を添加できるように改良した．肉牛糞堆肥，採卵鶏糞堆肥＋おがくずおよび竹チップのガス化試験の結果，燃焼の中心となる下段空気吹込管下部の温度は安定して 900℃以上に維持でき，タール発生がないことが明らかになった．また，水蒸気吹込により，ガス中の水素量が増加する傾向が認められた．熱分解ガスの発生量は約 110Nm^3/時で，ガス発熱量は牛糞堆肥で 830〜890kcal/m^3，鶏糞堆肥＋おが屑混合物（混合比 10:6）で 730〜930kcal/m^{3}であった．一方，竹チップは，投入量 50kg/時，ガス発生量 110〜120Nm^3/時，発熱量 930〜1,050kcal/Nm^{3}であった．ガス化のための総通気量は理論燃焼空気量の 52%とした．また，1 次，2 次，3 次の通気量割合は各々 18，29，53%を目安とし，燃焼温度が 1,200℃を超える場合は 2 次空気を増量，3 次空気を減少させることによりガス化温度を維持できた．なお，材料投入間隔は中央部材料温度を基にし，1 分単位で材料温度が低くなれば投入間隔を長く，逆に，材料温度が高くなれば短くすることで一定したガス発生が可能となった．なお，竹チップや木チップは燃焼後に粉状の灰になり火格子から自然落下したが，家畜糞堆肥ペレットの場合は粉状にならずに収縮した形状になり，突起の付いた回転式火格子で強制排出する必要があった．

4）システム設計およびコスト試算

家畜排せつ物発酵処理→乾燥→ペレット加工→ガス化→発電ならびにガス化廃熱とエンジン廃熱を乾燥飼料生産に利用するシステムのコスト評価を行った．試算規模は，乾燥燃料ペレット処理量 12.5t/日，ペレット購入費 14,000 円/t，売電収入 17 円/キロワットアワー(kWh)，食品残さ処理量 25.7t/日で処理料 8,000 円/t，乾燥飼料販売価格 20,000 円/t，灰販売価格 10,000 円/t として試算した．ガス化材料はペレット加工設備を有する堆肥化施設等からの購入とし，日処理量 12.5t の場合，設備費合計は 2 億 4 千万円で減価償却費は補助金なしの場合が 1,640 万円/年，半額補助の場合が 729 万円/年となる（表 22-3）．実規模の場合のエネルギー収支は，投入エネルギーに対して発電 25%，熱利用 52.4%で総合熱効率 77.4%になると推定され，内部設備使用分を除いた場合，売電 20.1%，食品残さ乾燥の熱利用 45.4%，合計 65.5%のエネルギーが利用できる．売電総量は 8,199kWh/日で，年間総量で 246 万 kWh にのぼる．運営経費の試算では，年間支出費が約 1 億 2 千万円に対し，収入 1 億 5 千万円となり，補助金なしの減価償却費の計算でも約 3 千百万円の収益が得られると推定される（表 22-4）．なお，収入金額の内，食品残さ処理経費と乾燥飼料の販売額が約 1 億円を占め，廃熱利用での未利用廃棄物

表 22-3　実規模エネルギー化プラントの整備費

整備項目	金額 万円	耐用年数 年	圧縮減価償却費 万円	非圧縮減価償却費 万円
投入草地	400	10	16.0	36.0
ガス化炉本体	5,000	10	200.0	450.0
熱交換器	600	10	24.0	54.0
ガス冷却・水洗設備	600	10	24.0	54.0
洗浄水浄化装置	300	10	12.0	27.0
ガス圧送設備	350	10	14.0	31.5
ガスタンク	1,000	10	40.0	90.0
コジェネレーション設備	4,000	15	106.7	240.0
食品残さ乾燥機	5,250	15	140.0	315.0
運搬用機械類	500	4	50.0	112.5
建築工事費	4,200	31	54.2	121.9
設備工事費	1,800	15	48.0	108.0
合計	24,000		728.9	1,639.9

注：圧縮計算の減価償却費は 50%補助で計算，非圧縮は補助金を含まず，用地代及び用地整備費は含まない．

表 22-4　実規模エネルギー化プラントの整備費

支出の部	万円	備考
材料購入費	5,250	12.5t/日，1.4 万円/t
燃料購入費	1,028	571 リットル（L）/日，60 円/L
減価償却費	1,640	非圧縮減価償却費
設備保守費	300	
発電機保守費	1,069	3.5 円/kWh，オイル代含む
人件費	2,700	プラント管理 3 名/日 作業 3 名/日
支出合計	11,987	
支出の部		
灰販売	900	3t/日，1 万円/t
食品残さ処理	6,168	25.7t/日，8,000 円/t
乾燥飼料販売	3,840	6.4t/日，2 万円/t
売電収入	4,181	8,199kWh/日，17 円/kWh
収入合計	15,089	
差し引き収入	3,102	

年間稼働日数 300 日，24 時間連続運転の場合．

処理を組み込むことがシステムの成立要因といえる．

4. おわりに

ガス化発電は数百 kW 級に適した発電方式といわれ，大型燃焼蒸気発電に比べるとガス化工程が入る分複雑なエネルギー化システムといえるが，家畜糞堆肥などの低質な原料でも発電によるエネルギー利用ができる意義は大きい．ガス化発電ではタール除去が課題となっているが，本研究において厚層のダウンフロー炉によりタールをほぼ完全除去できることを確認した．ガス化発電システムでは，売電のみでは収支計算が赤字となるため廃熱利用が前提となる．このため，総合熱効率（原料の持つ熱量の内エネルギー利用された割合%）自体は大型燃焼蒸気発電の約 25%と比べ 3 倍程度の高い値となる．なお，想定した食品残さ乾燥飼料化は最も有利な廃熱利用方式であるが，畜産地帯といえども飼料化できる食品残さはどこでも手に入るものでもなく，他の熱利用先を検討する必要もある．また，本試験では家畜糞尿をエネルギー源としたが，構造上，生ゴミや汚泥バイオマス資源でも同様のエネルギー化が可能である．

現在，木質バイオマス利用が急速に進みつつあり，製紙原料用の生木木質チップを乾燥させて木質ペレット用の原料にできる他，そのまま乾燥木質チップ燃料として利用できる．乾燥木質チップの流通価格は 25 円/kg 程度であるが，価格の半分が乾燥経費である．しかし，チップ製造工場の多くは乾燥設備を持たないため，木質ペレット製造量が限られ，さらに乾燥木質チップ固形燃料化が進まないなどの問題を起こしている．ガス化発電の廃熱を木質バイオマス加工に組合せることで総合熱効率が上がるとともに，バイオマス利用が進む．バイオマス利用においても，複合的利用が検討されずに単品でのエネルギー変換を検討する場合が多いが，是非，複合的な利用を検討していただきたい．

引用文献

1）阿部佳之（2014）畜産系バイオマス利用〔3〕吸引通気式堆肥化システムの開発．農業および園芸 89（8）: 869-878.
2）田中章浩（2014）畜産系バイオマス利用〔4〕成分調整成形堆肥と堆肥脱臭による高窒素濃度有機質肥料製造．農業および園芸 89（9）: 927-934.

第23章　バイオマテリアル生産〔1〕
食品廃棄物を利用した生分解性素材および高付加価値素材の開発

〜＊〜＊〜＊〜＊〜＊〜＊〜＊〜＊〜＊〜＊〜＊〜

五十部誠一郎・岡留博司・楠本憲一・徳安　健・石川　豊

1. はじめに

農産物を加工する際には，製品を得るために副産物が発生する場合がほとんどである．食品産業では，副産物の効率的利用による廃棄物削減や生産コスト向上が求められ，利用が限定されている副産物は新たな利用用途開発が不可欠となる．副産物を含む有機性資源を生分解性素材として変換利用し，最終的に土に還元するための研究開発が行われているが，澱粉や蛋白質などを原料にした場合，汎用的な利用に不可欠な耐水性が低いこと，さらに成形コストが高く，成形物の形状の自由度が低いこと等が原因で利用が進んでいないのが現状である．そのため，我々は水不溶性のトウモロコシ種子蛋白質を多く含むコーングルテンミール（corn gluten meal：コーンスターチ製造時の副産物）に注目し，生分解性素材への変換技術を開発し，育苗ポットやキノコの容器利用を検討した．

さらにオカラ，澱粉滓等の一般的な食品製造廃棄物は，①均一性，②集約性，③周年性に優れ，④有機物含量が高い等の利点を有するものの，水分含量が高く腐敗しやすいという保存・流通上の重大な問題を有する．そのため，腐敗前に発酵処理することで原料保存上の問題を低減し，さらに発酵生産される微生物多糖や蛋白質等により，その後のペレット加工工程での脱水・成形処理効率や利用段階における取扱い効率を向上させ，それらを単独あるいは低価格添加物の配合により，押出し成形や射出成形，圧縮成形などの成形処理を検討した．これら循環型素材調製に関係する研究成果の一部を報告する．なお，これらの研究は農林水産省委託「地域バイオマスプロジェクト」（平成19-23年）において「食品廃棄物・加工残さを利用した高効率な生分解性資材および高付加価値素材の開発」課題で実施された．

2. 生分解性素材開発の現状

生分解性資材はポリ乳酸系プラスチックをはじめとして世界中で利用が進んでおり，これらの資材は，化学合成プラスチックと非常に似た特性を持ち，使用している自然界の環境では分解が極めて遅く，ある程度の熱を加えて加水分解処理を行う必要があるが，通常の使用中に劣化しないため，安定的に使用でき，かつ使用後の処理を行うことで，土壌へ還元できる意味で「環境保全型プラスチック」と言える．またこれらがバイオマスから生産されることでCO_2削減の意味からも大きく注目されている．稲わらなどの難分解性糖質を原料にした，未・低利用の資源からの変換技術についても微生物などの検索も含めて検討されている．さらにポリ乳酸系などの生分解性プラスチックにおいてはガラス繊維の代わりに竹繊維を添加してコスト低減と強度向上を検討した事例など，物性改善と製造コスト低減なども検討されている．繊維，不織布，フィルム，シート，射出成形品，ボトル，発泡成形品等の製品形態において，生分解性の必要な分野，例えば，自然環境下で使用される水産，農業，園芸，土木資材などの分野から，廃棄物処理が問題となる包装資材（包装フィルム，食品容器，買い物袋，緩衝材等）や生活資材（生ごみ袋，紙おむつ，トイレタリー（toiletry）用品等）が有力な対象となる．生分解性素材市場は一時停滞気味であったが，環境問題への関心が強まる中，現在では年々拡大している．素材変換コストも比較的安価な天然高分子材料の活用が農産・食品副産物の利用率向上にもつながり，期待されるが，澱粉や蛋白質などの材料を用いた素材は水に弱く，耐水性の付与が大きな問題である．

3. コーングルテンミールを用いた生分解性資材の開発[1,2]

我々は主要なトウモロコシ種子蛋白質の1つで，疎水性残基が多く，水不溶性の蛋白質であるゼイン（zein）を多量に含むコーングルテンミールに注目した．コーングルテンミールの多くは家畜飼料に用いられているが，必ずしも飼料としての付加価値は高くない．精製ゼインは医薬品や化粧品に用いられるが，精製コストが高く，利用が限られているのが現状である．そこで，コーングルテンミールを主原料にして，農産廃棄物であるオカラや農産物の茎葉，キノコの培地などの植物繊維成分を強度向上剤として添加した材料での射出成形法による固形素材化を行った．すなわち，原料をエクストルーダー（extruder）でペレット化し，そ

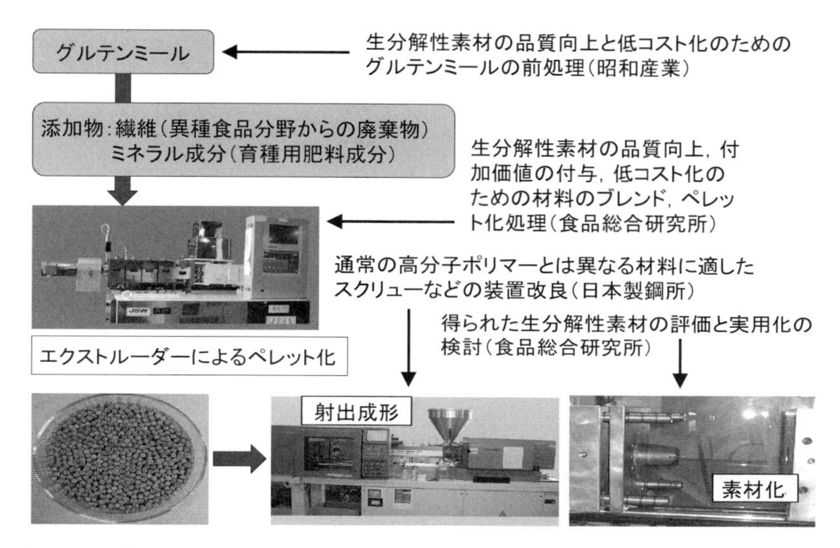

図 23-1　食品副産物からの生分解性素材の製造方法

のペレットを射出成形機で育苗ポットに成形した.

その結果, 生産性の利点 (コスト, 成形性, 成形物の形状の自由度) が多い射出成形法を用いることでコスト低減と実際の使用に耐える固形成形物を得ることが出来た. これまで, 蛋白質も他の高分子と同様な熱可塑性を有していることが知られていたが, 熱溶融時の物性が温度により容易に変化するため射出成形処理は実際には使われていなかった. しかし, 本研究において, 従来の高分子ポリマーの処理に比べて高い圧力の設定と厳密な温度設定, さらには射出スクリューの形状などを改良することで, 安定的な射出成形法を開発した (図 23-1). 得られた素材は, 育苗ポットとしての強度を保ち, また実際の苗を用いた栽培試験での苗への影響の確認やポットの生分解性 (崩壊性など) の検討を得て, 改善を行い, 実用化を目指している.

この技術では, コーングルテンミールの他, グリセリン (可塑剤), オカラ, 野菜等の残渣, キノコ廃培地などの食品副産物を直接用いること, さらに生産性の高い射出成形法を用いることから従来の生分解性素材よりも耐久性においては若干劣るが, 安価での素材製造が可能となった. これらは非常に高い生分解性を持つことから, 短期間使用する資材, さらに使用後の汚れがひどく回収等が困難な農業資材や食品容器などの使用が期待できる. 育苗ポットなどでは, 土壌中で生分解するにしたがって，肥料として利用できる成分が拡散溶出し，安定的に植物へ供給することも可能となり，農業での栽培管理の効率化や農地での過剰肥料の改善などの副次的な効果も期待できる．現在，これら資材利用時の評価や用途別資材の改良を進めている．

4. オカラの発酵処理による減容化と素材開発

生分解資材として前節では乾燥・粉砕し添加剤として利用した生のオカラを原料として，多糖等を産生する微生物を用いて発酵後にペレット化することにより，ペレット成形性を改善し，腐敗を抑制するとともに，保存・運搬性や利用性を大きく向上させることを目的として検討を行った．また，微生物の発酵熱で水分含量の低下を検討した結果，オカラ発酵時の悪臭発生問題が明らかとなったため，非生物的な酵素処理により悪臭を抑えつつ蛋白質を低分子化・可溶化し，水溶性画分を遊離糖の共存する富栄養性培地として回収し，分解性の低い繊維質を中心とする画分については，成形原料としての付加価値化を検討した．ここではオカラの減容化と富栄養性培地の液体成分と成形試料として期待できる固形成分の回収に関する成果を紹介する．

白色腐朽菌（*Irpex lacteus* NBRC 5367）の培養液を酵素液としてオカラを処理することにより，腐敗や悪臭を抑制しながら，オカラの加水時における膨潤性を大幅に低減し，付加価値を持つ液分と固形分を回収する工程を開発した．この粗酵素液でオカラを分解すると，培養7-10日目の粗酵素液を用いた際に固形分の可溶化率が最大になり，乾燥重量当り約75%以上が可溶化された．一方，湿重量ベースでは最大10%程度の重量減少に留まった．本粗酵素液は，市販の複合酵素製剤（Dricelase，協和発酵キリン）とほぼ同等のプロテアーゼ，ペクチナーゼおよびセルラーゼ活性を有し，乾燥重量当りの分解率も同等であった．オカラ酵素処理液の全窒素量を測定した結果，オカラの総窒素量の89%が溶液中に放出されていた．また，オカラ酵素分解後に得られる液体画分の微生物培地としての利用可能性を評価するため，既知の微生物培地とオカラ分解後の液体画分（酵素生産時を含め，湿重量1gのオカラから約3.5ミリリットル（mL）の液体画分を回収）について，全炭素量と全窒素含量を測定した．その結果，両試料では各々同レベルであり，オカラ分解後の液体画分を微生物培地として利用できる可能性を示した．また，発酵により食物繊維の割合は増大したが，乾重量が減少し，最終的な回収率低下が懸念された．悪臭の発生抑制を目的としたオカラの酵素処理工程における固形分の品質変化は，腐敗性改善の点から望ましいが，その際に起こる含水率上昇は，固形分の成形資材としての利用時におけるコスト要因となるため，水分低減技術の開発が必要となる．また成形資材に易分解性蛋白質が多く混入すると，生分解時に湿潤状態での嫌気分解を受けて腐敗臭を生じる可能性があるため，本酵素処理による当該成分の分解は成形資材の品質向上にも寄与すると期待される．

5. 糸状菌を用いた澱粉滓の高蛋白質化技術の開発

澱粉抽出残渣である馬鈴薯（バレイショ）澱粉滓は，排出時水分含量80%の高水分含量で腐敗しやすいため，輸送が困難である．そのため，低コストで腐敗を防ぐことが可能な程度に澱粉滓を乾燥させる技術が開発されれば，この農産未利用資源の利用範囲が大きく広がる．そこで，微生物発酵熱を利用した乾燥で馬鈴薯澱粉滓の水分含量を低減させ，かつ微生物蛋白質含量を増大させて成形性を高めることを試みた．本研究では，麹菌株の中から澱粉滓上で生育の良い菌株を選抜し，優良菌を取得し，馬鈴薯澱粉滓に対して麹菌の培養を行い，蛋白質成分の付加により蛋白質含量12%を目標とし，成形処理のために適した発酵処理物を作成した．以下にその成果を報告する．

北海道の澱粉工場で産出，乾燥された馬鈴薯澱粉滓を試料として用いた．最終試料水分含量を実験条件に合わせ適宜調整するために水を加え，さらに尿素，リン酸第一アンモニウム（$NH_4H_2PO_4$）を各1%（w/w）添加した．これを成分調整試料として試験に供した．生育試験の結果，農研機構食品総合研究所保存麹菌株のうち *Aspergillus oryzae*, *A. sojae* および *A. tamarii* として同定されている44株の供試菌株のほとんどは成分調整試料上で生育できなかった．しかし，「1158」株と「1163」株が良好な生育を示し，25℃，5日間培養で直径3cm程度のコロニーを形成し，旺盛に胞子を形成した．また，これらの澱粉滓麹では麹菌が優占し，比較的他の雑菌の生育を抑制することが目視により観察された．特に「1163」株は旺盛な生育が観察されたので，以後「1163」株を供試して検討を進めた[4]．そして，小ロットで培養試験を行った結果，1週間で蛋白質含量が12%に達した（図23-2）．次に，スケールアップ培養として，オートクレーブ滅菌した馬鈴薯澱粉滓に麹菌前培養菌体を添加し，仕込み量338kg（水分含量64%）で，培養物温度が35℃付近，その水分含量が60%（w/w）となるように制御し，1週間の発酵処理

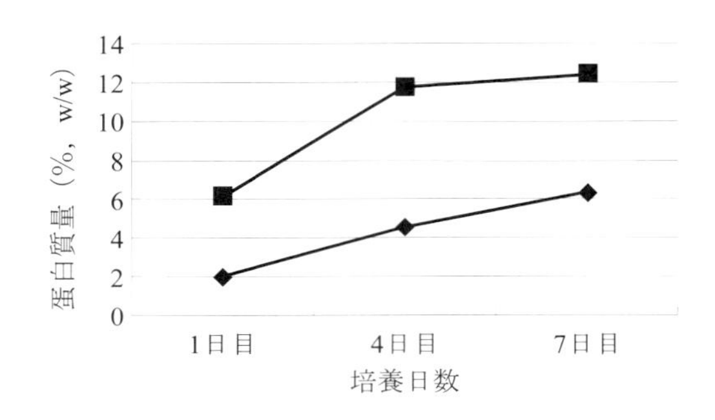

図 23-2　発酵処理物中の蛋白質含量の変化
■：純蛋白質量（重量当たり%），◆：純蛋白質量（対乾物%）．

を行った．この過程で，発酵処理により澱粉滓の乾燥が進むと共に，発酵処理物中の蛋白質含量の増大目標値 12%を達成した．発酵処理物を乾燥・粉砕処理（粉砕機に 8mm のスクリーンを取り付けて，粗粉砕）を経て 76kg（水分含量 9%）調整し，成形・加工の材料とした．なお，派生的に得られた成果として，ペクチン分解酵素高生産麹菌株を使用し，馬鈴薯澱粉滓を発酵させた結果，対照の小麦フスマ培地の発酵と同等のペクチン分解酵素が生産可能であった[5]．したがって，馬鈴薯澱粉滓は，麹菌の酵素生産の際に培地としての用途利用の可能性が考えられる．

6. 多水分系食品廃棄物の発酵・ペレット化・成形加工技術の開発[3]

多水分系食品廃棄物からの素材変換を効率的に行うため，発酵生産される微生物多糖や蛋白質等に着目して成形素材を加工する技術を検討した．ここでは，発酵処理した素材の成形性などの評価のために原料を金属板で挟み込んで加圧加温条件で材料を溶融させる装置であるホットプレス試験機を用いて実施し，さらに射出成形，発泡成形，圧空成形による成形素材化について検討した結果を示す．

ホットプレス試験機によるオカラおよび澱粉滓発酵処理物の成形性の予備検討を実施した．オカラは田畑土壌等から微生物を検索して良好に増殖するコロニーを用いて発酵処理を行い，澱粉滓は保有する菌株等から麹菌を選定して発酵処理を行い，発酵処理した試料はそのままでは水分が高すぎるため，成形前に定温通風乾燥機（約 40℃）を用いて水分含量 30%と 15%に調製した．ヒーター温度を 180℃に設定して成形性に係わる熱溶融性やペレットへの成形性を検討した結果，オカラの発酵処理試料では水分含量 30%で，ある程度含有成分が溶融し，一体化してシート状になり，さらに低水分の試料（15%）でも同様の結果が得られた．一方，澱粉滓の発酵処理試料は水分 30%では部分的な溶融しか認められなかったが，水分含量を 15%まで下げることによってシート状になることを確認した．なお，未処理澱粉滓でも水分調製して成形を試みたが，成形物が粉っぽく，溶融が認められないことから，澱粉滓では発酵処理が有効であることが示唆された．

そこで，馬鈴薯澱粉滓を発酵させた試料を用いて水分調製後にペレット化し，育苗ポット用金型を装着した射出成型機により育苗ポットの試作を行った．すなわち，馬鈴薯澱粉滓に市販の生分解性樹脂と混合しながら育苗ポットの作製を試みた．馬鈴薯澱粉滓には澱粉が多く残っているため，ラピッド・ビスコ・アナライザー（Rapid Visco Analyzer : RVA）を用いて発酵処理の有無による残渣の糊化特性への影響を調べた（図 23-3）．市販の馬鈴薯澱粉に比べると残渣の加熱糊化時の粘度は著しく小さいが，滓の中では発酵処理滓は未発酵処理滓より粘度が著しく低下しており，発酵による粘度への影響が確認できた．澱粉滓発酵処理物を用いた生分解性育苗ポットの連続成形の安定化に必要な条件を検討した結果，造粒機によりペレットを作製して市販の生分解性樹脂（ポリブチレンサクシネートアジペート：polybutylene succinate adipate（PBSA））との混合により，発酵処理物の混合比が 7 割程度までは育苗ポットの連続成形が比較的安定していることを確認し，また製品重量の変動係数も 1%未満に抑えることができた．なお発酵処理物

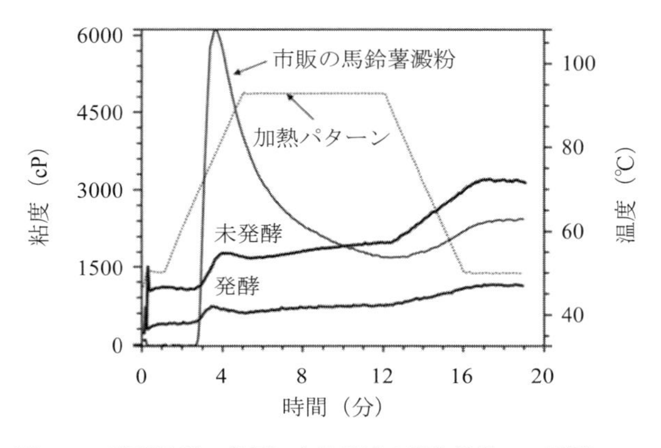

図 23-3　発酵処理の有無による残渣の糊化特性への影響

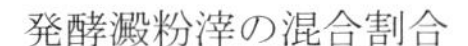

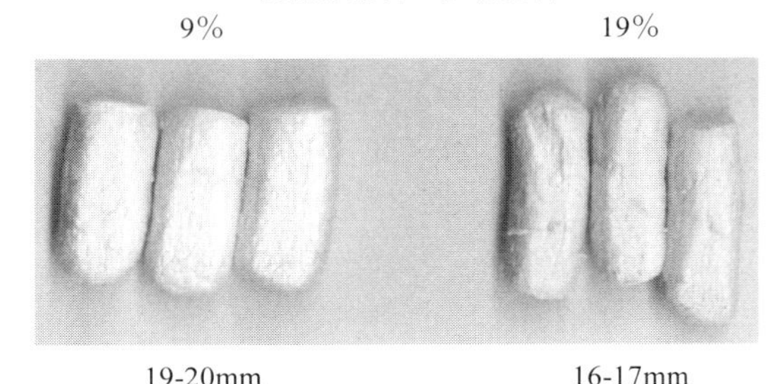

緩衝材の直径

図23-4　発泡成形により試作したバラ緩衝材

100%では成形性が不安定（硬化が遅い）で不良品の発生が多かった．

澱粉滓発酵処理物の育苗ポット以外の新規用途を見出すために発泡成形および圧空成形用の原料としての適性を検討した．発泡成形ではコーンスターチとポリプロピレンに発酵処理物を混合したバラ緩衝材の検討を行った．圧空成形では市販生分解性樹脂 PBSA またはポリエチレンと混合して作製したマスターバッチ（成形処理を行うために各種原料を所定の割合で配合して混合した粒状の原料）を用いて検討した．発泡成形ではコーンスターチとポリプロピレンに発酵処理物を混合したバラ緩衝材を試作した結果，発酵処理物の配合が20%までは連続的な発泡成形が可能であったが，処理物の混合割合の増大に伴いバラ緩衝材の直径が低下した（図23-4）．圧空成形では市販生分解性樹脂PBSA，またはポリエチレンと混合後のマスターバッチを基に検討した結果, PBSAの場合，溶融粘度が低く，シート製造が困難であると共に容器成形時のドローダウン（樹脂が自重で伸ばされてしまい，厚みが薄くなったり，不均一となるためすること）が大きく，広い幅での製造は不可であると判断された．

射出成形による生分解性育苗ポットの試作では澱粉滓の配合が少ない方が製品重量の変動が小さいことから，製品品質の安定化には澱粉滓の配合が少ない方が適当と考えられる．また発泡成形によるバラ緩衝材の試作においても発泡倍率を増大させるには澱粉滓の配合割合が少ない方が適当である．

この澱粉滓を用いた成形加工技術の開発は特定の澱粉滓を用いた試験結果である．従って，澱粉滓の品質性状はロット，品種，季節や工場の相違によって変動することが考えられ，実用化に向けてはこれらを考慮しながら，連続成形の安定化や最終製品の品質安定化に向けた検討が必要である.

7. 樹脂混合処理による成形加工技術の開発と緩衝素材としての評価

澱粉滓や焼酎粕等の高水分系食品廃棄物を，農作物の輸送容器等に再資源化することにより資源循環システムを構築する技術は重要である．このため，高水分系食品廃棄物の低コスト乾燥処理技術を開発すると共に，食品廃棄物に含まれるバイオマス繊維と植物由来の生分解性熱可塑性ポリマーとの混合技術や発泡技術ならびに，成形技術を開発した．生分解性資材の混合・発泡・成形処理については，ポリ乳酸とコーンスターチの混合比や成形条件を変え，平板，薄型トレイ，イチゴトレー各々に適した成形条件を検討した．またコーンスターチを主原料とした環境に優しいバラ緩衝資材が市販されていることから，コーンスターチの代替原料としてサツマイモ(カンショ)澱粉滓を配合した緩衝資材の作製を試みた．乾燥した粉カンショ澱粉滓は粒度が不均一であるため，ハンマーミルで粉砕して

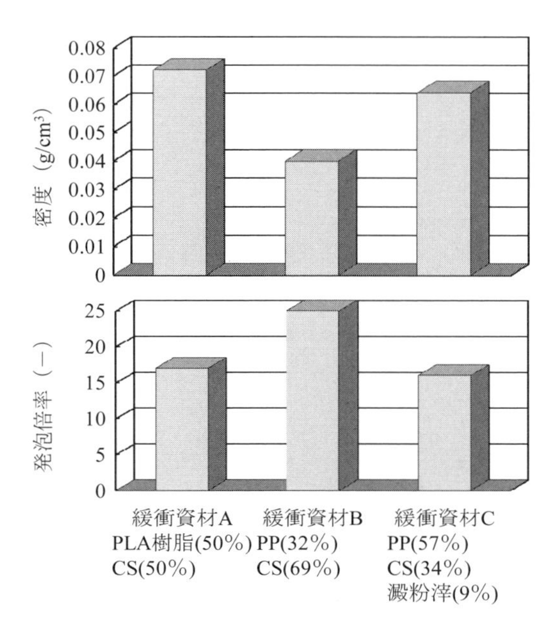

図23-5　板状緩衝資材の発泡倍率と密度
PLA：ポリ乳酸樹脂，PP：ポリプロピレン，
CS：コーンスターチ．

粒度を調製した．また，緩衝資材の主原料にポリ乳酸樹脂（PLA），ポリプロピレン（PP）やコーンスターチ（CS）を用い，副原料としてカンショ澱粉滓を混合した．2 軸エクストルーダーにより板状の緩衝資材を作製した．この板状の緩衝資材について特性評価を行うとともに加温・冷却プレス法によりプレス成形してイチゴ輸送用緩衝トレイを試作した．PLA，PP や CS を原料として作製できた板状の緩衝資材の特性として発泡倍率と密度を図 23-5 に示す．図中の数値は原料の配合割合を示す．発泡倍率は PP と CS を混合した緩衝資材 B が最も大きく，25 倍程度まで発泡しており，澱粉滓を 9%程度加えた緩衝資材 C では 15 倍程度で，PLA 樹脂と CS を混合した緩衝資材 A と同等の発泡倍率であった．一方，密度は緩衝資材 B が最も小さいのに対して，他の緩衝資材はその 1.5 倍以上であった．目視や手の感触で PP 系発泡資材は表面に適度な弾力があり曲げにも強い軟質性状を示したのに対して，PLA 系発泡資材は弾力がなく曲げに弱い硬質性状を示した．また作製した板状の発泡資材を用いたホットプレス試験では金型のクリアランスを調製しながら成型することにより，イチゴ輸送用緩衝トレイを試作した（図 23-6）．

試作した緩衝材（配合は図 23-7 と同様）についてオウトウ（桜桃）果実および

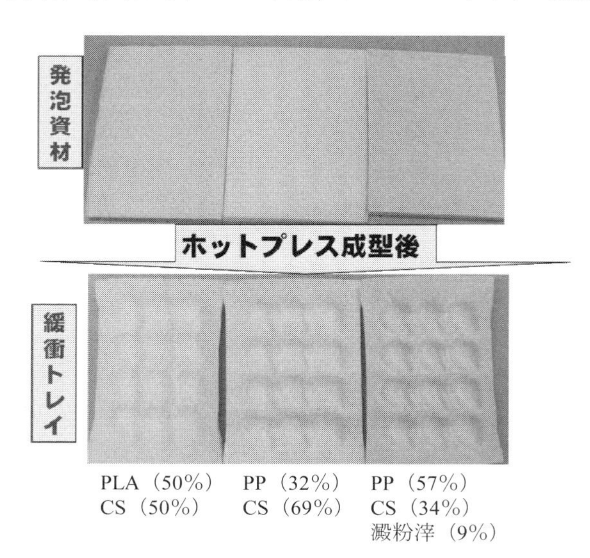

図 23-6　試作したイチゴ用緩衝トレイ
PLA：ポリ乳酸樹脂，PP：ポリプロピレン，
CS：コーンスターチ

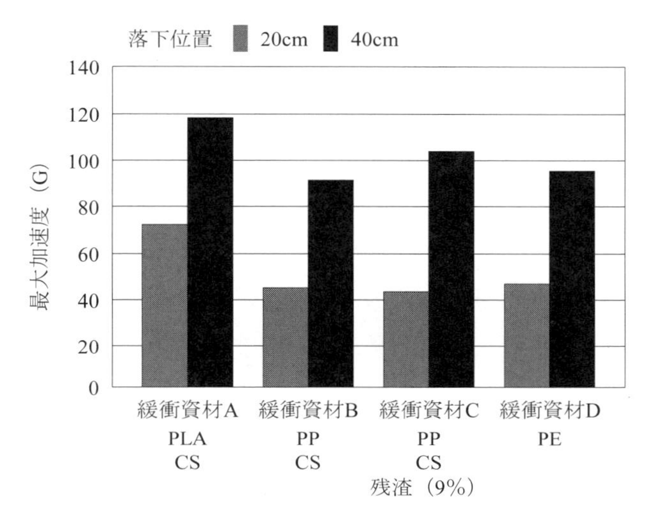

図23-7　モモ果実段ボール箱底面緩衝材の緩衝効果

モモ果実段ボール箱底面の緩衝材として落下試験を行った．図の最大加速度が小さいほど，緩衝効果が高いことを示す．なお，緩衝資材Dは対照となる市販の発泡ポリエチレン（PE）である．PLAの発泡資材では緩衝材なしに比べれば衝撃を緩和することができたが，PPをベースにした他の緩衝材に比べると十分な緩衝効果が得られなかった（図 23-7）．次にイチゴ用緩衝トレイにイチゴを配し，20，30および40cmの高さからの落下試験を行いイチゴが受ける衝撃加速度を計測した．その結果，発泡資材B，Cともに，従来の発泡素材緩衝材と遜色ないか，むしろ高い緩衝効果を持つことが確認できた．

8. おわりに

農業・食品産業から発生する副産物（廃棄物）の再利用率向上は我が国での資源の利活用，環境保全の観点から喫緊の課題である．ここでは廃棄物に含まれる澱粉や蛋白質などの高分子や植物繊維を原料として資材化するために，射出成形や押出成形技術を適用して，その有効性を検討した成果について報告した．これらを循環型資材として実用化するためには，各々の研究においてコスト面や品質面でもなお課題が多い．特に育苗ポットなどの農業資材として利用する際には植物の生長への影響を十分確認することも必要である．3節の成形資材については，奈良県農業技術センターの協力で栽培挙動も確認され，実証試験も行われているが，依然，これらの資材の現場普及には十分な検討が望まれる．

引用文献

1）五十部誠一郎ら（2005）耐水性に優れた生分解性成形品とその製造方法．特許第3697234号（平成17年7月8日）．
2）五十部誠一郎ら（2005）食品副産物を用いた低コスト耐水性生分解性素材の開発．日本食品工学会誌 6（3）: 181-187.
3）岡留博司・五十部誠一郎（2011）多水分系食品廃棄物を活用した環境に優しい生分解性素材等の開発．農業機械分野におけるバイオマス研究最前線．農業機械学会 : pp.146-150.
4）鈴木　聡ら（2009）．生馬鈴薯デンプン滓上にて生育可能な麹菌株．食品総合研究所研究報告 73 : 47-52.
5）Suzuki, S. et al. (2010) Production of polygalacturonase by recombinant Aspergillus oryzae in solid-state fermentation using potato pulp. Food Science & Technology Research 16 (5): 517-521.

第 24 章　バイオマテリアル生産〔2〕
木質バイオマスのマテリアル利用技術

〜＊〜＊〜＊〜＊〜＊〜＊〜＊〜＊〜＊〜＊〜＊〜

木口　実・山田竜彦

1. 最近 10 年の研究動向

1）バイオリサイクル研究

木質系バイオマスの有効利用技術に関する研究は,「バイオマス変換計画」,「バイオルネッサンス計画」,「農林水産バイオリサイクル研究」,「地域活性化のためのバイオマス利用技術の開発」と続く一連の農林水産省の大型プロジェクトを中心に行われてきた. 最近 10 年の研究動向としては, 平成 12 年から開始された「バイオリサイクル研究」からとなる. 当時のバイオマス利用研究は, 廃棄物系バイオマスのリサイクルによる有効利用技術が中心となっており, 木材廃棄物からの土木・建築資材等の開発およびバイオマテリアルの開発が行われた[8].

この「バイオリサイクル研究」では, 物理的および化学的手法を用いて木質系残廃材を再資源化する技術を開発するものであった. 物理的手法では, 残廃材の細片化がキーテクノロジーであり, そのため水蒸気処理, 爆裂処理, 爆砕処理などの技術が開発された. これらの技術は, 現在, 建築廃材からのパーティクルボードやファイバーボードの製造技術として利用されている. 化学的処理では, セルロース, ヘミセルロース, リグニンからなる木質廃棄物の各化学成分を有効に分離する技術が重要であり, このために超臨界流体の利用が研究された. そして, 超臨界流体として超臨界水, 亜臨界水, 超臨界メタノールが検討された. 超臨界水および亜臨界水は高温・高圧の流体であり, 短時間で木材の化学成分を分解, 分離することが可能であることがわかった. これにより分離された糖類は, バクテリア・セルロースの製造へ, リグニンは新規プラスチックの製造へ利用された. また, 超臨界メタノールを用いてメタノール可溶部の燃料化, 不溶部からの化成品化が検討された. さらに, 木質廃棄物の炭化処理による活性炭の製造, 炭化過程で生じる木酢液の品質向上技術などが行われ, これらの技術の一部は次の農林水産省委託プロジェクト研究「地域活性化のためのバイオマス利用技術の開発（地域バイオマスプロ）」へ引き継がれた.

2）地域活性化のためのバイオマスの利用技術の開発

平成 19 年から開始された「地域バイオマスプロ」では，林地残材等地域に存在する未利用バイオマスの有効利用技術について，バイオエタノールを中心とするエネルギー利用とマテリアルとしての利用技術に関する研究開発が行われた．

我が国では，現在，製材工場廃材や建築発生木材等の廃棄物系バイオマスの利活用は進んでいるが，林地残材等の利用は十分とは言えない．一方，世界的にはバイオマス輸送燃料の導入が進んでおり，我が国でも国産バイオマス由来燃料の利用促進を図る必要性が求められた．また，未利用バイオマスを中心としたバイオマスの利活用拡大のためには，新たな生分解性素材等の機能を有する材料の開発が望まれるとともに，新用途として高付加価値を生み出す技術の開発が求められた．

この「地域バイオマスプロ」の中のマテリアル分野では，林地残材としての切り株などの未利用バイオマスの有効利用技術として「木製単層トレイの製造技術」，建材として利用できない残廃材と廃プラスチックとを複合化させる「木質複合プラスチック（混練型 WPC）の開発と性能向上技術」，木材の化学成分のうち燃料以外にほとんど利用されていないリグニンやタンニンの有効利用技術として，「機能性プラスチックの開発」，「リグニン両親媒性高分子製造技術の開発」，「樹皮タンニンの樹脂化技術」などに関する研究開発が行われた．

2. 木製単層トレイの製造[2)]

本課題では，林地残材のうち切り株などの大径で短尺の材から単板を切削により取り出し，これを湿熱加工によりトレイを成形して，石油を原料とする発泡トレイの代替を目指すものである．我が国では，かつて経木（きょうぎ）や折り箱など多くの木製包装用品が使われていたが，近年はそのほとんどがプラスチック容器に代わってしまい，さらに駅弁の折り箱などは木製時代の名残か木目調の印刷を施すものもある．プラスチック容器は成型の容易さなど便利な点も多々あるが，それらの原料には化石資源が使用され，製造や廃棄には多くの二酸化炭素（CO_2）が排出されている．たとえば，食品売り場でよく利用されている発泡ポリスチレン製トレイの成型前の原料であるポリスチレンペーパー（PSP：シート状のもの）は，これを 1kg 製造するのに約 3kg の CO_2 を排出している．そこで，カーボンニュートラルな木材を用いた木製単層トレイを製造し，プラスチック食

図 24-1　原料となる林地残材(タンコロ)

図 24-2　木材をスライスして製造した単板

図 24-3　製造した各種形状の木製単層トレイ

図 24-4　連続式木製トレイ製造装置（プロトタイプ）

品容器の一部を代替することにより，地球温暖化防止対策に貢献するとともに，地域産木材の新たな需要の創出に寄与できる．

本研究では，トレイ原料として建築用材等に使えない樹木の根に近い部分（通称：タンコロ（端ころ）; 図 24-1）を用いた．これから角材を切り出し，スライサーで 1～2mm に薄くスライスして製造した木材単板（図 24-2）を熱と水分で可塑化し，金型成型することにより接着剤なしに 1 枚の単板からなるトレイ（図 24-3）を製造する 3 次元成型技術を開発した．

現在では，木製単層トレイの量産化を可能とするため，長尺スライサー，回転式連続トリミング装置，熱ロール絞り機，成型プレス装置等を開発し，日産 3,000～5,000 枚の製造能力を持つ製造ラインを設計し，最大で 4,800 枚/日の生産が可能であることを確認した（図 24-4）．また，密閉プレスの開発により高度な深型の成型が可能になり，厚さ 2.5mm の単板を用いて深さ 30mm，曲げ角度 60 度の形状の木製単層トレイが製造できる．さらに，成型時に金型と単板の間にシリコン製シートを挟んでプレスすることにより，木目に沿って表面に凹凸を付けた製品の製造条件を検討し，凹凸の程度（高低差）を制御する技術も開発した．

原料の木材は，たとえカーボンニュートラルであっても木製トレイ製造にはもちろんエネルギーが必要であるが，トレイ製造に必要なエネルギーの測定，算出の結果，原料輸送から製品の取り出しまでのトレイ製造エネルギー消費量は32.4MJ（メガジュール）/kg，CO_2排出量は2.06kg CO_2/kgであった[1]．

一方，このような新材料を市場に出すためには，これら木製トレイの量産化技術の開発の他にスーパーマーケット等の利用者や流通業者に対する市場調査が不可欠であり，モニタリング市場調査を行った．その結果，消費者の多くは環境配慮型製品として木製トレイの使用に好意的であった．一方，流通業者へのヒアリング調査の結果，衛生面，匂いおよび価格等で実際の使用には否定的な意見も見られたが，消費者，流通業者共に木製トレイの質感と環境に対する貢献への評価が高いことから，実用化のためには新規材料である木製トレイに適した用途開発と環境性能のアピールが重要であることが明らかとなった．

3. 木質複合プラスチック[4]

木粉とポリエチレンやポリプロピレンなどのオレフィン（olefin）系熱可塑性プラスチックを加熱下で混練し成型させた木質複合プラスチック（木材・プラスチック複合材（Wood-plastic Composite；混練型WPC），以下WPC）は，建築廃材や林地残材などの木材と廃棄されたプラスチックを原料にできることから，環境型資材として，あるいは未利用バイオマスの有効利用技術として近年注目されている．WPCの用途は，デッキ材などの屋外製品と玩具や文具，日用品などの汎用プラスチック製品の代替を目指した製品に大別される．本課題では，①屋外で長期間性能が保持できるエクステリア用WPCの耐久性向上技術の開発，②木質含有率が高く射出成型が可能な木質高充填WPCの製造技術を確立し，汎用石油系プラスチックを代替しCO_2排出を低減させる新成形材料の開発を行った．

1）木質複合プラスチックの性能向上

（1）木質複合プラスチックの耐久性

木粉とポリプロピレン（PP）等熱可塑性プラスチックをほぼ等量で混合したWPCは，疎水性のプラスチックが木粉を包み込むカプセル効果により高い耐水性

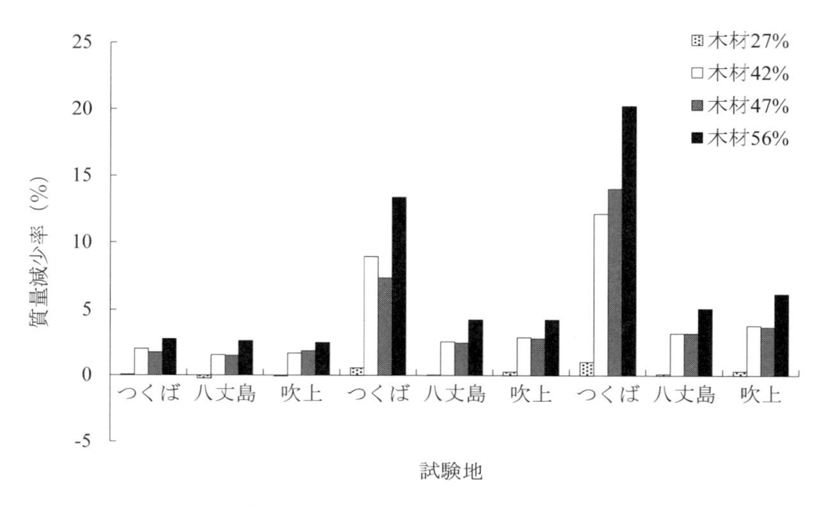

図 24-5　つくば，八丈島，鹿児島での 3 カ年にわたる土中埋設試験による質量減少率（%）
木材%は，各々木粉含有率 27%，42%，47%および 56%を示す．

や耐久性を示し，デッキ材等のエクステリア分野で期待される材料である．しかし，屋外での使用で表面の変色や粉ふき（白亜化：チョーキング（chalking））等の問題が生じることが報告され，最近では腐朽などの生物劣化例も報告される等，耐久性の面で懸念が生じている[7]．木粉含有率を 26%から 56%の間で変えたエクステリア用 WPC について，土中埋設試験により耐朽性を評価した結果，腐朽によると思われる質量減少は木粉含有率の増加とともに増大し，つくばでの試験 3 年後では木粉含有率 40%以上の試験片は 12～20%の減少率を示したが，木粉含有率 30%以下ではほとんど質量減少は生じなかった（図 24-5）[6]．このことは，木粉含有率 40%以上の WPC は，地面に接するような過酷な使用条件では表層部の耐朽性に留意する必要があることを示す[3]．

（2）木質複合プラスチックの耐候性向上

筆者らは，複合化する木粉の耐光性の向上を図り，撥水剤や光安定化剤，塗装処理等により高い耐候性を持つエクステリア用の WPC の製造技術を開発するとともに，リサイクル性やライフサイクルアセスメント（LCA），コスト評価等を行い，低環境負荷型の複合材の開発を目指した．チョーキング現象に関しては，木粉含量が高い程チョーキングが増加する傾向を示し，逆に木粉含有率を 30%程度に低くすることでチョーキングを大幅に抑制できることが分かった．また，数

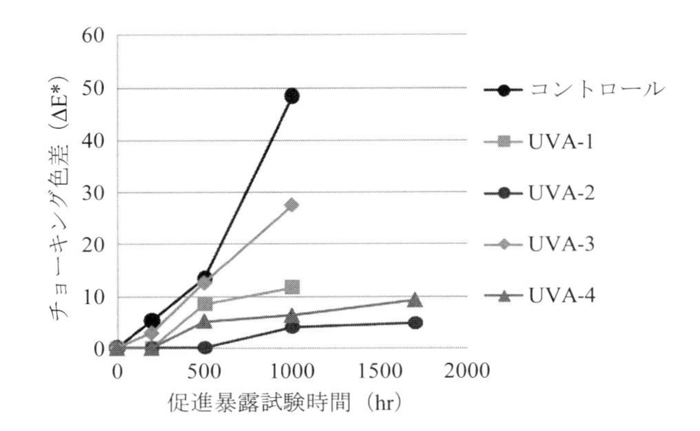

図 24-6　紫外線促進暴露時間と紫外線吸収剤の添加によるチョーキング抑制効果（色差が大きい程チョーキングの発生が大きい）の相違
コントロールは紫外線吸収剤(UVA)添加無し, UVA-1, UVA-2，UVA-3，UVA-4 は各々異なるオレフィン用紫外線吸収剤を示す.

種の紫外線吸収剤（ultraviolet absorber：UVA）およびヒンダートアミン系光安定化剤（hindered amine light stabilizer：HALS）の添加を検討した結果，UVA の種類によってチョーキング抑制効果が異なる結果が得られた (図 24-6)[4]. 一方, HALS はオレフィン用の製品を用いることで抑制効果が認められ，更に UVA と HALS とを組み合わせることによって相乗的にチョーキング発生が抑制できた．現在，さらなる組合せの検討により最高の性能を発現するシステムを検討している．実際にエクステリア用 WPC デッキを製造する工場を調査して LCA 評価を行った結果，木粉とプラスチックがほぼ等量のエクステリア用 WPC デッキの社会コストを算出したが，その値はポリ塩化ビニル（PVC）デッキ材より約 10%程度環境負荷が少ない結果となった.

2）木質高充填複合プラスチックの開発

世界中で年間約 1 億トン（t）以上生産されるプラスチックは，原料が石油に由来する化石資源である. WPC は含有木材の量に応じて化石資源の使用を低減できる．しかし，木粉量の増加と共にプラスチックとの混合物であるコンパウンドの熱流動性が低下し，成型性が著しく低くなることが問題である．本課題では，木粉の湿熱処理や膨潤処理によって熱可塑性を向上させ，木粉含有量が 80%以上のコンパウンドによる射出成型可能な WPC を製造し，木質バイオマスから石油系汎用プラスチックに代替する天然物系素材の開発を目指した．

（1）熱流動性の高いコンパウンド製造技術

木粉含有率が 75%を超えるとコンパウンドの熱流動性が急激に低下する．コンパウンドの熱流動性は木材の熱可塑性に依存するため，木粉の熱流動性向上のための前処理技術を検討した．その結果，湿熱処理として混練時の水分添加や高温高圧下の湿熱処理，あるいは木粉の膨潤処理で木粉の熱流動性が向上することがわかった（図 24-7）．この前処理技術により，射出成型が可能な木質含有率 80%以上の高木質充填コンパウンドの製造が可能となった．木粉以外にも竹粉，スギ樹皮等とポリプロピレンとの複合化を検討した結果，特にスギ樹皮の熱流動性が高いことが明らかとなり，樹皮単体あるいは樹皮と木粉との混合により高い熱流動性を持つ高木質充填コンパウンドが製造できた．

（2）木質高充填 WPC の性能向上技術

木質含有量 80%のコンパウンドに酸変性した相溶化剤を数%添加することで，曲げ強度と引張強度が 2 倍（図 24-8），衝撃に対する強さ（靭性）を評価するアイゾット（izod）衝撃強度は 1.7 倍に向上した．射出成形で作製した試料の吸水率を比較した結果，相溶化剤の添加で WPC の吸水率が 50%程度低減することが認

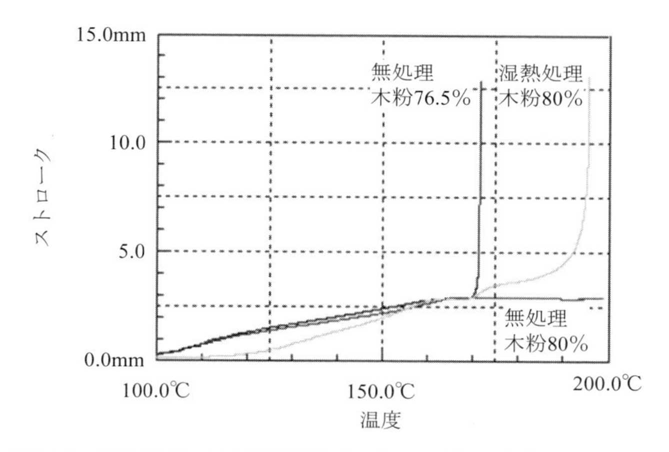

図 24-7　湿熱処理による熱流動性（ストローク）の向上
試験条件：荷重 100kg/cm^2，ノズル径 3mm，昇温速度 5℃/分．木粉 80%でも 250℃60 分湿熱処理によって熱流動が起こる．

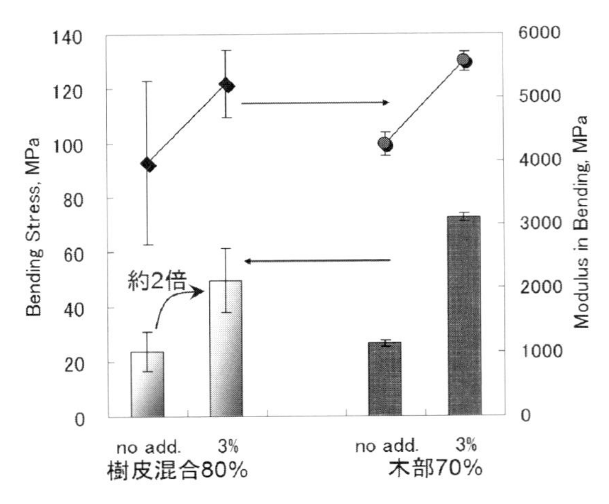

図 24-8　相溶化剤添加による曲げ強度の向上
棒は曲げ強さ（Bending Stress：メガパスカル（MPa）），線は曲げヤング率（Modulus in Bending：MPa）を示す．

められた．現在，エクステリア市場では，木質材料はコンクリートや金属材料等に押され使用量は非常に少ないが，WPCに高い耐候性，耐久性が得られることで今後の需要増大が見込まれる．一方，複合材への木質含有率が80%程度のコンパウンドによる連続射出成型が可能となることで，汎用のプラスチック製品に代替するバイオマス系プラスチックという新市場が生まれると期待される．また，汎用プラスチックに木粉を 10〜20%程度添加することで自動車部品や家電製品などの産業用プラスチックへの適用が可能となり，ガソリンにバイオエタノールを3%あるいは10%添加したE3やE10と同様のCO_2削減効果が期待できる（プラスチック版E3，E10技術）．このWPCの産業資材化技術で，林地残材等の木質バイオマスの安定的な市場の確保が可能となる[5]．

4. リグニンのマテリアル利用

木材は，糖系の成分であるセルロース（約50%）とヘミセルロース（約20%）に加え，「リグニン（lignin）」と呼ばれる芳香族成分（約 30%）で構成され，糖系の成分からはバイオエタノールや紙パルプ等の生産が可能である．しかし，リグニンの利用法は明確でないため，バイオエタノール生産や紙パルプ生産で副産するリグニンを高付加価値製品に変換する技術開発が進められた．もし，極めて高付加価値な製品がリグニンから生産されれば状況は逆転し，木質バイオマス利用において，リグニン製品が主産物（バイオエタノール等が副産物）となる．

1）リグニンとは

リグニン物質の基本特性について，マテリアル利用において重要な事項をまとめると以下のようになる[9)]：①植物系バイオマス3大主成分（セルロース，ヘミセルロース，リグニン）の一つの天然高分子．；②地上の有機化合物中で2番目に多い物質（1 番はセルロース）．；③基礎骨格が芳香核で構成される（一方，セルロースやヘミセルロースは糖骨格）．；④水との親和性が比較的弱い（一方，セルロースやヘミセルロースは水との親和性が比較的高い）．；⑤針葉樹，広葉樹，草本系植物で化学構造等が異なるので，材料特性が異なる．；⑥植物体に存在するオリジナルの構造のままで取り出すことはできず，取り出すための分解の方法や度合いに応じて材料特性が異なる．リグニンを材料として利用する際に，その起源で構造が大きく異なる点やどのような分解処理を経て取り出されたのかに留意する必要がある．例えば，広葉樹リグニンは，構造上，針葉樹リグニンより分解が容易であり，広葉樹材に効果的な技術でも針葉樹材に応用できない例が多い．例えば，米国のバイオエタノール製造では希硫酸を用いた前処理が主流であるが，この手法は広葉樹材に効果があるが，針葉樹材には効果が低い．一方，我が国はスギなどの膨大な針葉樹資源を保持するため，針葉樹材に応用できる技術開発が必要である．森林総合研究所（森林総研：現国立研究開発法人森林研究・整備機構森林総合研究所）では，スギ材に適用できる技術を独自に開発し，前述の木質バイオエタノール実証事業（林野庁事業）につなげた（本書第6章参照）．同様に，マテリアル利用の際も，リグニンを石油化学の合成樹脂のように単一特性を持つ材料と認識すると多くの誤解が生じる．繰り返しになるが，原料の起源とどのような手法で分解して取り出されたのかは重要である（図24-9）．

2）リグニンからの機能性ポリマー材料の開発

木質バイオエタノール製造では，材中のセルロースを露出させ，糖化酵素が作用できる部位を増加させるためにリグニンの除去が望ましく，一般に前処理として脱リグニン処理が行われる．森林総研では，苛性ソーダ水（水酸化ナトリウム水溶液）でスギチップを処理し，材中のリグニンを分解し分離している（アルカ

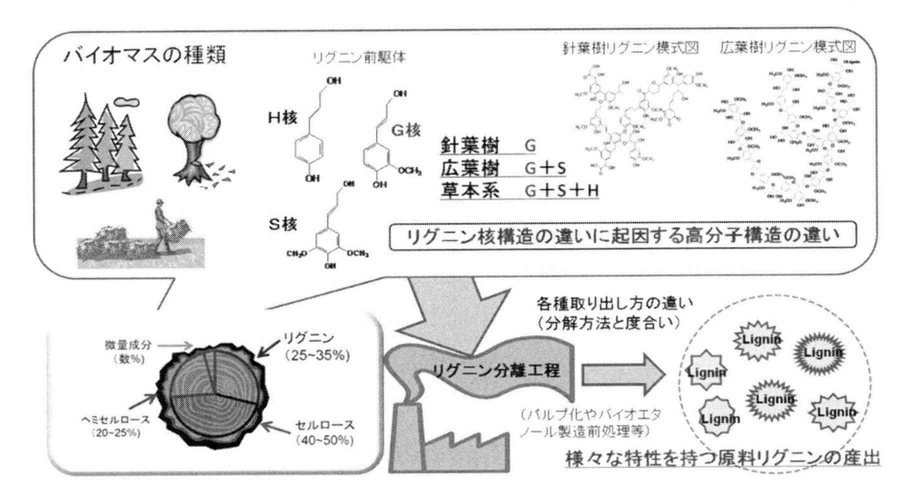

図 24-9　リグニンの特性は「起源」や「取り出し方法」により千差万別

リ処理法). ここで副産するリグニンは苛性ソーダ中に溶解した黒色の液体(黒液)として産出し,「アルカリリグニン」と呼ばれる. また, 多くの紙パルプ製造で脱リグニンを行う際も副産リグニンはアルカリ性の黒液中に溶解している. 汎用されるパルプ化法にクラフト (Kraft) 法があり, 副産する黒液中リグニンは「クラフトリグニン」と呼ばれる. これらのリグニンはアルカリ溶液から精製して取得できるが, そのままのリグニンは, 残念ながらポリマー原料として使い易いものではなく, 何らかの処理で改質する必要がある. 森林総研と北海道大学のグループは, アルカリに溶解したリグニンを黒液中で直接機能性材料に変換する手法を開発した. 目的とする機能性は「両親媒性」である.

3) 両親媒性リグニンの開発とその機能性

「両親媒性」とは水と混ざらない部分 (疎水基) と水と混ざる部分 (親水基) を併せ持つ物質の性質であり, 身近なものに石鹸などの界面活性剤がある. リグニンは芳香核をその主構造に持ち, それ自身, 基本的には疎水性 (水に溶けない) である. よって, 両親媒性リグニンを調製するには, 何らかの方法で親水性 (水に溶ける性質) を付与する必要があり, 我々は, 親水性高分子グリシジルエーテル (glycidyl ether) 系化合物を用いて, 親水基をリグニンに容易に導入することに成功した. 親水基を導入したリグニンは水に溶解するようになり, 両親媒性を

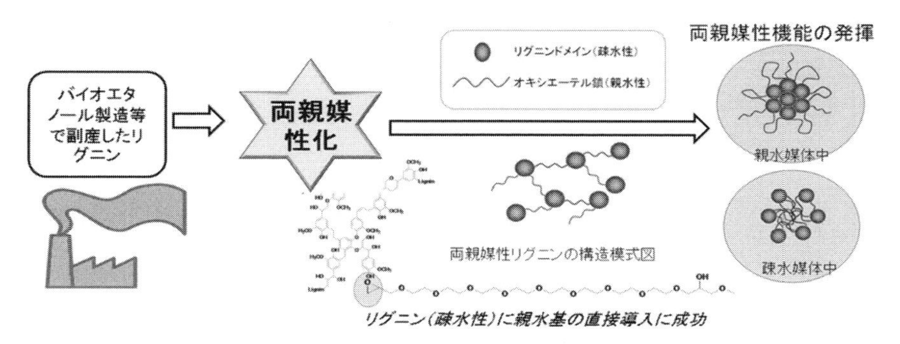

図 24-10　両親媒性リグニンの製造

示すと共に導入親水基の種類を変えることでその性能を制御できるようになった（図 24-10）.

(1) 両親媒性リグニンを用いたコンクリート用化学混和剤

この手法を用いて，調製した両親媒性リグニンをコンクリート用化学混和剤として利用することを目指して開発を進めた．コンクリート用化学混和剤とは，少量の添加でコンクリートの施工性等を改質する化合物で，代表的なものに「減水剤」がある．減水剤とは，コンクリートの粒子を分散させ，流動性を与えて，施工性を高める混和剤である.

我々は，開発した両親媒性リグニンを用いて減水剤評価用に行われるコンクリートのフロー試験（流動性の試験）を実施した．アルカリリグニンから調製した新規リグニン系コンクリート混和剤は市販の混和剤と比較して，圧倒的に高い流動性の付与能を示した．流動性の改善はコンクリート施工で最も重要で，ほぼすべてのコンクリートには混和剤が使用されており，市場規模は年間約 400～500 億円と言われている．当成果は大量に副産するリグニンの有効利用法として大いに期待できる.

(2) 両親媒性リグニンの酵素安定化剤としての利用

木材等のセルロース系バイオマスから酵素糖化発酵法でバイオエタノールを調製する場合，最もコストのかかる工程は酵素糖化工程にあり，特に，酵素のコストがキーポイントと言われている．基本的にリグニンは酵素活性を低下させるので，糖化に先立って除去することが望ましいとされる．アルカリ処理法においても，針葉樹材から大部分のリグニンを除去できたが，すべては除去できずに残留リグニンが存在し，酵素活性に影響を与えていた．しかし，リグニンから調製した新たな両親媒性リグニンを用いると，酵素活性の低下を抑制できた．さらに，酵素反応後の酵素活性を調査すると，酵素の約7割が活性を保ち，糖化処理に用いた酵素の再利用が可能であることが示された．酵素にかかるコストがセルロース系バイオエタノール製造で最も大きいため，本技術はバイオエタノール製造コスト低減に大きく貢献すると期待される．一般に酵素活性の低下は，残留リグニンが酵素に吸着することにより生じると考えられ，当技術は，酵素のリグニンへの吸着をリグニンで阻止する方法でもあり「リグニンでリグニンを制御する」という逆転的発想の成果であり，新規性の高い知見である．

4）針葉樹リグニンからの炭素繊維の開発

炭素繊維は我が国で開発された先端材料であり，現在も日本が品質，生産量共に世界一の実績を誇っている．通常，炭素繊維は化石燃料由来の原料から紡糸した繊維を炭化する．これをバイオマスで代替する場合，バイオマス成分の中で最も適した物質は，炭素含有率の高いリグニンであると言われている．

炭素繊維の調製には，原料から糸を引くこと（紡糸）が必要である．紡糸にはいくつかの手法があるが，最も工業化が容易で汎用されている方法は，加熱して押し出しながら紡糸する「溶融紡糸法」である．リグニンで容易に溶融紡糸ができれば，リグニン系炭素繊維の実用化に近づくが，これまで針葉樹リグニンで直接溶融紡糸に成功した例はなかった．

森林総研では「加溶媒分解法」を応用することで，針葉樹材から溶融紡糸可能なリグニンを直接取り出すことに成功した．この「加溶媒分解リグニン」は，針葉樹リグニンであるにもかかわらず熱成形性に優れ，容易に溶融紡糸することができる（図24-11）．

図24-11　炭素繊維製造のためのスギ加溶媒分解リグニンの溶融紡糸

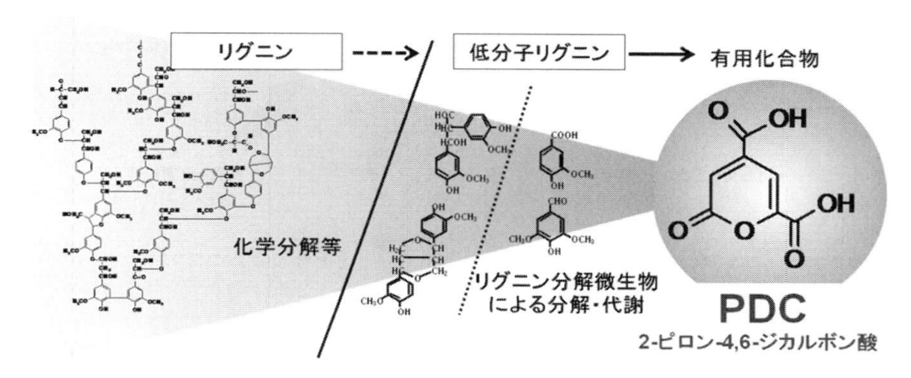

図 24-12　リグニンからの有用化合物 PDC の製造

5) リグニンからの有用化合物の開発

上記リグニン系機能性材料は，あくまで高分子のリグニンを高分子材料として利用する技術である．一方，リグニンを低分子に分解した後，微生物の代謝を用いて有用な単一化合物に変換する技術も検討された．我々は，リグニン分解微生物のリグニン分解・代謝遺伝子を操作した組換え微生物を用いて，低分子のリグニンから，均一で単一な化合物である，2-ピロン-4,6-ジカルボン酸（2-pyrone-4,6-dicarboxylic acid：PDC）への変換に成功した（図 24-12）.

PDC は，分子内に 2 つのカルボキシル基を保持し，典型的な重合反応を応用することにより，様々なポリマー合成の原料として利用可能である．これまでに，PDC からエポキシ誘導体を合成し，強力な金属接着性を示す接着剤の合成に成功している．当技術で，ステンレス同士の接着で最大 90 メガパスカル（MPa），鉄同士の接着では 115MPa の接着強度を示す高性能な接着剤が得られた．この強度は，市販の石油系エポキシ接着剤の接着強度（約 30MPa 程度）の約 3 倍である．また，PDC を用いたポリウレタン樹脂等の合成にも成功し，様々なポリマー合成への展開を精力的に進めている.

6) リグニン利用を主目的とした木質バイオマス総合利用のすがた

上記のリグニン高度利用技術を用いた，バイオマス総合利用の姿を図 24-13 に示す．図の上段のスキームは木質バイオエタノール製造工程であり，リグニンは前処理の段階で黒液中に産出する．例えばこれを両親媒性リグニンに変換する場合は，黒液を中和せずにそのまま用いることができ有利である．この場合，親水

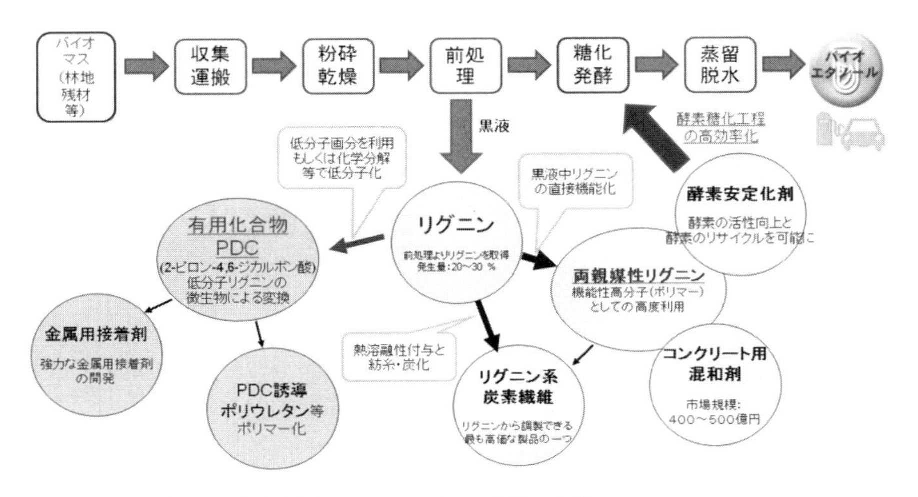

図 24-13　リグニンの高度利用によるバイオマス利用の促進

基の構造を分子設計することにより，コンクリート用混和剤，もしくは酵素安定化剤として利用することができる．コンクリート混和剤は大きな市場性が期待され，一方，酵素安定化剤はバイオエタノールの価格を低減することが期待される．

一方，PDC のような有用ケミカルスを得るには，最初から低分子画分のリグニンを使用した方が有利と考えられる．また，PDC からは高付加価値な合成ポリマーを目指すことが重要と考えられる．今後，熱溶融性の付与により炭素繊維も製造可能であり，例えば，活性炭素繊維の市場価格は 1～2 万円/kg であり，こうなれば，木質系バイオマス利用において，バイオエタノールの製造目標である 40～100 円/L のレベルとは違った展開が開けてくる．

繰り返しになるが，ここで構築した木質バイオエタノール製造とバイオマテリアル利用を組み合わせたバイオマスの総合利用システムは，今後，きわめて有効な木質系バイオマスの利用技術として期待される．

引用文献

1）藤本清彦ら（2012）木製単層トレイの製造におけるエネルギー消費量および CO_2 発生量（第 2 報）－製造機械の改良・開発によるエネルギー消費量および CO_2 発生量の削減－．日本木材加工技術協会年次大会第 30 回年次大会：33-34.
2）秦野泰典ら（2010）木質バイオマスからの新規成型材料の開発．1．木製単層トレイの製造技術の開発．独立行政法人森林総合研究所　イノベーションでリードする木材需要の創出－国産材・木質バイオマス利用拡大戦略のための研究開発－要旨集：63-66.
3）木口　実（2007）木材・プラスチック複合材（WPC）の現状と問題点．接着の技術 27（1）：49-55.
4）木口　実（2010）木材・プラスチック複合材（混練型 WPC）の耐久性と耐候性．塗装工学 45（6）：223-230.
5）木口　実（2011）木材・プラスチック複合体の技術動向と評価，植物由来ポリマー・複合材料の開発．サイエンス&テクノロジー社．東京：121-132.
6）木口　実ら（2010）木粉・プラスチック複合材（混練型 WPC）の耐久性（2）土中埋設試験による耐朽性評価．木材保存 36（4）：150-157.
7）木口　実ら（2010）木質バイオマスからの新規成型材料の開発．2．木材・プラスチック複合材（混練型 WPC）の高性能化．独立行政法人森林総合研究所　イノベーションでリードする木材需要の創出　－国産材･木質バイオマス利用拡大戦略のための研究開発－要旨集：67-72.
8）農林水産技術会議事務局（2006）農林水産バイオリサイクル研究　－林産エコチーム－．農林水産省農林水産技術会議事務局　研究成果 No.439：1-89.
9）山田竜彦（2010）ポリマー原料用リグニンの製造，未利用バイオマスの活用技術と事業性評価．サイエンス&テクノロジー社．東京：124-132.

第４部　地域利活用モデル

第 25 章　地域バイオマス利活用システム〔1〕
バイオマスタウンの構築と運営

〜＊〜＊〜＊〜＊〜＊〜＊〜＊〜＊〜＊〜＊〜＊〜

柚山義人

1. はじめに

地域でのバイオマス利活用推進には，ここ十数年で大きな動きがあった．紆余曲折はあるが，バイオマス・ニッポン総合戦略[4]に基づく「バイオマスタウン構想」策定，バイオマス活用推進基本計画[6]に基づく「市町村バイオマス活用推進計画」策定，および「バイオマス産業都市」[1]構築の流れは一貫している．そこには新ビジネス創出や環境保全とともに地域活性化を期待するコンセプトがある．地域の現場では安定した低コスト実用化技術を組み込んだビジネスとして成立する事業が選択される．廃棄物系バイオマス処分を資源化に置換える事業では環境保全への貢献と従前との比較でコスト低減が求められる．これまでの調査研究による要素技術開発だけでは地域貢献は不十分であり，各々の地域特性を踏まえて地域経済活性化に資する計画策定と事業運営への提案が重要である．

筆者は，農水省技術会議事務局の委託プロジェクト研究「農林水産バイオリサイクル研究（施設・システム化チーム）」[10]と「地域活性化のためのバイオマス利用技術の開発（地域バイオマスプロ）のバイオマス利用モデルの構築・実証・評価」[12]に参画し，地域バイオマス利活用の設計・評価手法の開発や地域実証を担当し，産学官連携で進めた[3,13,15]．

本章では，まず，バイオマス利活用に関わる政策と事業の動向を整理する．次に，各省庁や関連団体のバイオマス関連委員会活動を通じ，市町村や民間事業者と情報交換を密にする研究者の立場で，健全なバイオマスタウンの計画と運営に資する方法論を要約する．なお,「バイオマスタウン」という呼称は使われなくなっているので,バイオマス産業都市に置き換えて読んでいただいて差し支えない．

2. 政策と事業の動向

1）バイオマス・ニッポン総合戦略

バイオマス・ニッポン総合戦略（2002 年 12 月閣議決定，2006 年 3 月改訂）[4] は，様々なバイオマス利活用の取組の起爆剤となった．この戦略の具体的行動計画の 1 つとして，地域バイオマス資源を総合的かつ効果的に利活用するバイオマスタウン構想の策定を奨励し，2010 年までに全国約 300 の市町村等でのバイオマス利活用推進を目標に設定した．ここで，バイオマスタウンは，「域内において，広く地域の関係者の連携の下，バイオマスの発生から利用までが効率的なプロセスで結ばれた総合的利活用システムが構築され，安定的かつ適正なバイオマス利活用が行われているか，あるいは今後行われることが見込まれる地域」と定義され，数値目標は，「廃棄物系バイオマスの 90%以上または未利用バイオマスの 40%以上の活用」を基準とし，提出構想書が基準に合致する場合はホームページで公表し，2011 年 4 月 28 日時点の公表数は 318 地区となった．

2）食料・農業・農村基本計画

2015 年 3 月閣議決定の食料・農業・農村基本計画 [7] は，バイオマス利活用に係わる事項として，バイオマスを基軸とする新たな産業の振興，農村における地域が主体となった再生可能エネルギーの生産と利用，農業の自然循環機能維持増進とコミュニケーションを記した．

3）農林水産研究基本計画

2015 年 3 月決定の農林水産研究基本計画 [11] は，バイオマス関連の重点目標として，地域資源を活用した新産業創出のための技術開発，資源循環型の持続性の高い農林漁業システムの確立とバイオマスの地域利用システム構築を記した．

4）行政刷新会議の事業仕分け，総務省政策評価

2010 年，行政刷新会議による事業仕分けが行われ，バイオマス利活用に関わる多くの事業が廃止あるいは削減された．また，総務省はバイオマス利活用の政策評価を行い，2011 年 2 月に結果を公表した [18]．これらは，税金を投入して実施する価値のある事業を厳選して行うことを求めている．

5）バイオマス活用推進基本計画

2009 年 9 月バイオマス活用推進基本法が施行し，同法に基づき 2010 年 12 月策定（2016 年 9 月変更）のバイオマス活用推進基本計画 [6] がバイオマス利活用の道

標となった．ここで「地域の主体的な取組の促進」を掲げ，バイオマス利活用の施策毎に達成目標と評価指標を明示し，2025年までに600の市町村バイオマス活用推進計画策定が設定されている．

6）食と農林漁業再生のための基本方針・行動計画

2011年10月に「食と農林漁業の再生推進本部」（内閣総理大臣が本部長）は，「我が国の食と農林漁業の再生のための基本方針・行動計画」[8]を閣議決定した．これは，2011年3月11日発生の東日本大震災後に示した行動計画で，持続可能な力強い農業を育てるために策定された．この「戦略3」でエネルギー生産へ農山漁村資源の活用促進を掲げ，バイオマス利活用も一翼を担うこととした．

7）バイオマス利活用の事業

農林水産省や環境省は交付金の形で地域のバイオマス利用事業を支援してきた．一方，総務省は，「緑の分権改革推進事業」で，バイオマスを含む再生可能エネルギー利用を念頭においた地域づくりを推進した．研究開発やモデル事業として，「地域バイオマスプロ（モデル）」，バイオ燃料地域利用モデル実証事業，農村振興再生可能エネルギー導入支援事業，（独）新エネルギー・産業技術総合開発機構（NEDO）の「バイオマスエネルギー地域システム化実験事業」，などが関係深い．

8）バイオマス産業都市

「バイオマス産業都市」は，「経済性が確保された一貫システムを構築し,地域の特色を活かしたバイオマス産業を軸とした環境にやさしく災害に強いまち・むらづくりを目指す地域」と定義され，平成30年までに約100地区での構築を目指し，予算に，「地域バイオマス産業化推進事業」等を準備した．

9）地域バイオマス利活用の計画手法の公開情報

地域バイオマス利活用の計画策定には多くの人が携わり，各々にノウハウがある．農水省はバイオマスタウン構想の策定を円滑に進めるためにマニュアルを作成した[5]．また，バイオマスタウン構想が市町村バイオマス活用推進計画に置換わる段階で農村工学研究所[16]と農水省[9]は各々策定に役立つ手引きを発行した．また，農水省・NTCコンサルタンツ株式会社は事業実施効果の検証方法のマニュアル案を公表し[14]，日本有機資源協会は，ハンドブック[2]を発行するとともに人材養成に務めた．

3. バイオマスタウンの計画と運営

本格的なバイオマスタウン構築のための計画と運営に資する方法[16]を以下に紹介する．

1）PDCAサイクルマネジメント

地域でのバイオマス利活用施策は，PDCA（Plan-Do-Check-Act）サイクルマネジメント導入により，実現可能性の高い計画策定と着実な事業推進が可能になる（図25-1）．プロジェクトサイクルは，地域診断と計画策定，事業の実施，評価とこれらを受けた改善と新施策準備に区分され，1サイクルは主要再資源化（変換）施設の耐用年数にあたる，7～20年が多い．図25-1中（*）印は，外部経済効果の発掘・評価の事項で，具体的には，中核事業主体，関係主体，市町村担当者，内部監査担当者，公募市民や有識者で構成されるバイオマス利活用推進協議会で適切な地域診断や社会実験を経て計画策定する．後述するSWOT分析は課題解決の方向性解明に有効で，事業実施中はモニタリングで毎年度点検を行いつつ運営する手順が適切である．これにより，保守・点検や適期修繕で施設や機器の長寿命化が図られる．

2）市町村バイオマス活用推進計画の策定

策定のため，システムを構成する原料バイオマス生産（発生），収集・運搬・貯蔵，資材やエネルギーへの変換，変換で生成する再生資源（資材，エネルギー）の貯蔵・運搬，利用，廃棄をトータルに捉えた「現状把握」と「（複数）計画案作成」で計画を固め，さらに，バイオマス利活用の役割を担う各組織を繋ぐことが重要である．バイオマス利活用の構想・計画づくりや事業主体は多様で多くの組織が関わる．計画は地域の問題解決の重視や未来の創造を目指す場合など，対象バイオマスの種類や変換方法も千差万別である．このように，バイオマス利活用は地域特性に大きく依存し，地域独自の創意工夫や合意形成を図るプロセスが重要である．特に構想策定初期段階で地域での目的と手段を明確にし，あるべき地域の姿を描いた確固とした理念がないと，目的と手段を取り違える．単なるバイオマス利活用と本格的バイオマスタウンを作ることには大きな差がある．市町村

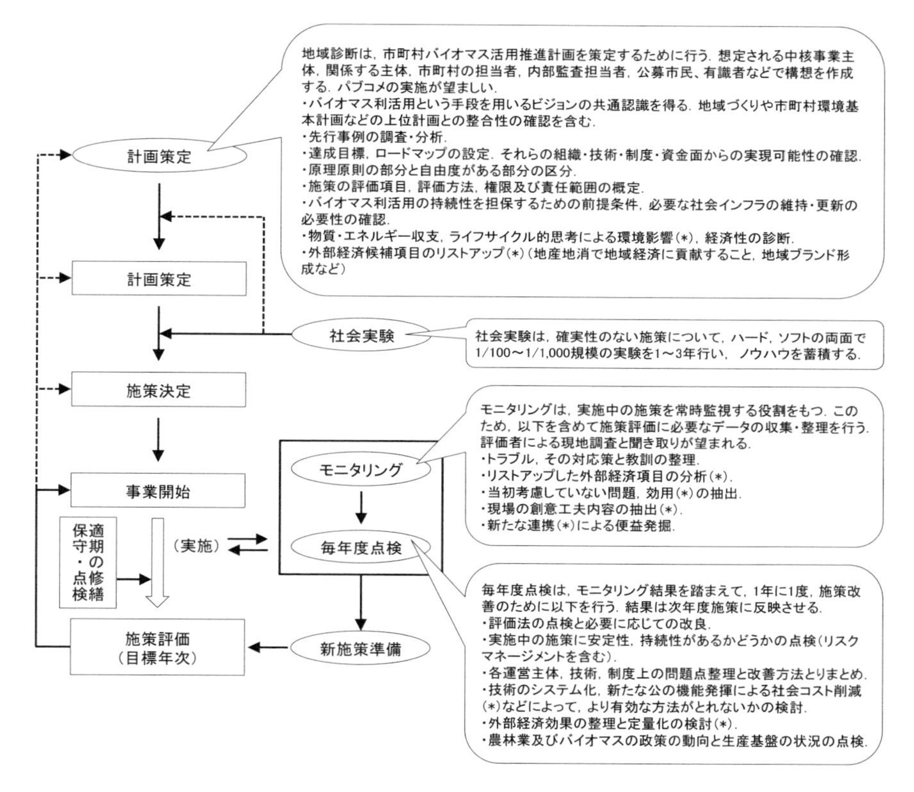

図 25-1　バイオマス利活用の PDCA サイクルマネジメント[16)]
（注）点線矢印は必要に応じての手順．

が中心的役割を果たす市町村バイオマス活用推進計画策定の方法として，①市町村担当者が情報収集と分析を踏まえた素案を作り，協議会でブラッシュアップ，②中核事業者の提案を軸に組み立て，③市民協働を目指し，ヒヤリングやワークショップを踏まえることが考えられる．市町村担当者が研修でノウハウを習得したり，アドバイザーの力を借りる場合もある．策定過程では，①バイオマス利活用を将来の地域像への位置づけ，②地域内で何が化石資源に代替するかの見極め，③現状把握，複数計画案の診断とスクリーニング，④適用技術，変換施設の規模・配置，運営組織の検討が重要事項であり，先行利益取得を目指すビジネス化と地域内の資源配分最適確保のバランスをとる必要がある．公的資金を使う場合，計画内容を市町村民に説明し理解を得る必要がある．公的資金を使わなくても，上位計画や関連計画との整合性をとり，事業推進に効果があり，マイナス影響がないことを確認するため，市町村議会での議論や住民に対する広報広聴を行い，様々な場で外部経済効果（波及効果や副次的効果）や事業推進のリスクを議論する必要がある．

3）SWOT分析

SWOT分析は，事業導入や展開を検討する際，内部要因を強みと弱みに，外部要因を機会と脅威に分け，事業の方向性を見出すための手法である．SWOTは，Strengths（強み），Weaknesses（弱み），Opportunities（機会），Threats（脅威）の略である．

地域実証研究対象の都市近郊農畜産業地域で，豚糞尿を水処理する現状をメタン発酵に切り替える場合のSWOT分析を行った例を表25-1に示す[20]．本地域がメタン発酵導入に優位な点として，①気象条件に恵まれ，様々な農作物生産が可能，②農作物市場の距離が近い，③若い農業経営者が多く，チャレンジ精神が旺盛，④専門的技術を使える人材確保が容易などがあげられる．メタン発酵で生成

表25-1　SWOT分析による豚糞尿のメタン発酵導入の評価[16]

		外部要因	
		機会 ・放流水質基準の改訂 ・再生可能エネルギーへの注目 ・周年栽培可能な畑地の存在 ・第2次，第3次産業との近接	脅威 ・家畜排せつ物の地域内余剰 ・高収入原料の争奪 ・不安定なエネルギー，農業政策 ・高レベルの新技術との競合
内部要因	強み ・若い耕畜専業農家集団 ・土壌診断技術保有 ・消費者とのつながり	〔強みを活かす〕 ・農畜産物の品質向上，ブランド化 ・堆肥と消化液の組み合わせ促進 ・地域（経済）活性化	〔縮小〕 ・適正規模の再検討 ・ネットワークの再構築 ・広域の強化
	弱み ・高額の建設費負担 ・プラント管理能力 ・搬送・散布労力確保	〔弱みを克服〕 ・各種補助制度の活用 ・シルバー人材活用，若手人材養成 ・低コスト化，省エネ化	〔撤退〕 ・新技術システムへの転換

する消化液の農地利用は主要検討事項である．すなわち，消化液利用の弱みを克服し，強みを活かす方向性として，消化液の品質向上，運搬・散布コスト低減を図りつつ，土壌診断技術をベースに堆肥利用と連動させ，適正施肥による環境保全貢献を含む消化液利用農作物のブランド化促進が有効である.実施のためには、周到に計画を練る必要がある．

4）評価指標の設定と進捗度管理

バイオマス利活用施策の実施は，物質収支，エネルギー収支，環境への影響，安全性，経済性，運営組織からみた妥当性，地域社会・経済への波及効果などから総合的に判断する．また，施策開始後は，進捗度，達成度の定量的評価が求められ，目的や比較対象と手順を明確にする．バイオマス利活用目的は地域で異なるため，各地域に適した施策の効果が把握できる指標と算出方法（表25-2）を設定し，毎年度点検し，柔軟に改善を図る．さらに，達成目標は，技術革新，資金調達，国レベルの制度・規制の動向を踏まえて設定し，外部要因や前提条件を付記し，目標に対する実績評価の説明性を高める．

施策評価で何を外部経済効果とするかの議論の余地は大きい.表25-2で最下欄に内容を例示したが，上欄の内容も外部経済効果とする場合がある．バイオマス利活用推進による地域経済発展を考える場合，施設経営だけでなく利活用システムの各工程で，地域住民・企業の関わり，キャッシュフロー，地域の収入増減を評価する必要がある．環境保全の面では，現状の地域内活動で環境負荷の大きいものを，活動を通して改善できるならば積極的に評価する．表25-2には，地域バイオマス利活用診断ツール，LCA（ライフサイクルアセスメント：Life Cycle Assessment）と仮想評価法等の活用を指標の算出方法として記した．

これを専門家に委ねる方法もあるが独自で使いこなせない算出方法は採用しない方がよく，指標，算出方法，算出のためのモニタリングと記録を同時に考えていくのが重要である．

取組効果検証の手順と方法は以下を推奨する．

（1）現状（基準年次）の認識

取組効果の評価には，比較対象基準が必要である．通常，計画策定年次のバイオマス利活用状態を現状とする．これは，変化しないが認識確認を行う．新施策（取組内容）の評価で比較状態の情報が無い場合は推定または仮定する．特に原料バイオマス毎に現状賦存量，仕向け量（利用量）推定は必須である．

表25-2　地域バイオマス利活用の施策評価指標と算出方法[16)]

指標	内容	算出の方法等	評価の視点**)			
			①	②	③	④
バイオマス利用率	地域で発生（生産）する原料バイオマス毎の賦存量に対する利用率（重量，C，N，P）.	市町村バイオマス活用推進計画の直接的なモニタリング．最終廃棄処分の削減量の計測．ツール*) の活用.		A		
化石資源代替量	バイオマス由来のマテリアル・エネルギー利用による化石資源使用の削減量.	地域内での利用量を積算し，代替化石資源量を熱量換算．ツール*) の活用.		A	B	
地産地消率	地域で発生（生産）する原料バイオマスを変換して地域内で利用する率.	上記2指標を当該地域に限定して適用．ツール*) の活用.	C	A		
新資源創出量	食料生産と両立できる方法での資源作物等の生産によるマテリアルおよびエネルギーの創出量.	ナタネ，ススキ，早生樹，微細藻類などの栽培・培養により産み出される利用可能な資源量を算出.	C		A	B
GHG排出削減量	新たなバイオマス利活用の取組による削減量.	LCA，バイオマス由来マテリアル利用，省エネ，節エネ，吸収・貯留源の増進による効果もカウント.	C		A	
水質負荷削減量	バイオマス変換施設・土地からの地表排水および地下排水の水質負荷量.	地域内での窒素収支を比較．ツール*) の活用.	B	B		
地域経済効果	当該施策により地域にもたらされる収入，雇用の維持・創出，新産業の創出，業務内容の変更.	地域産業連関表による分析．イベント開催による経済効果算出方法を参考にする.	A			B
外部経済効果	コミュニティー活性化による地域づくり，農林業の発展，6次産業化への貢献，耕作放棄地対策，鳥獣害防止対策，健康，食育，福祉などとの相乗効果.	仮想評価法，経済環境統合勘定，デルファイ法など．定量化が困難な項目もリストアップする．外部不経済解消効果を含める.	A			B

*) 地域バイオマス利活用診断ツール，バイオマスタウン設計・評価支援ツール．第150回農林交流センターワークショップ（2010年10月）でβ版が公開されている.
**) ①地域活性化，②循環型社会形成，③温暖化対策，④新産業創出．視点の重みは，A＞B＞Cの順.

(2) 取組内容，目標，スケジュール，評価指標（式）および算出方法の確認

計画策定時に定めておき，各々の確認を行う．情勢変化やよりよい方法への改善，前提条件や外部要因変化に対応し，改訂する.

(3) 取組内容の状態確認

各取組内容が，策定計画で，表 25-3 の A（建設），B（運営），C（廃棄）のステージを工程別に整理する．表 25-3 は全建設終了・運営中の例で，担い手情報を加えた．担い手が持続的にビジネスとして取組を継続可能かどうかの確認は重要である．

(4) 物質，エネルギーフローの算出

バイオマス利活用による物質・エネルギーフロー算出は様々な評価の基本となり，必須である．この労力のいる作業を通し，説明責任を果たし，節約方法を見出し，環境保全効果の評価につなげ，人・組織の新たな連携をまちづくりに活かすインセンティブを持ちたい．

(5) キャシュフローの算出

経済性はライフサイクルとして表 25-3 の①～⑤の担い手毎に支出と収入を整理する．これは地域経済への影響の明示に必要な作業で，補助金，交付金等の税金投入は明記する．

(6) 取組効果の計算方法

具体的計算は，次の 2 項目となる : a) 進捗度の計算（スケジュール，予算・決算額，原料供給量，変換量，需要量，廃棄量）; b) 取組効果の計算（対評価指標）: 指標の例として，「バイオマス地産地消率」を示す．図 25-2 で，ある原料からある製品を製造して利用する場合，原料が地域内の物で，製品が地域内消費される

表 25-3　取組状況の確認（例）[16)]

	①発生 or 生産	②収集・搬送	③変換・貯蔵	④搬送	⑤利用	備考
A 建設	済（2012）	済（2012）	済（2012）	済（2012）	済（2012）	P，Q 社
B 運営	進行中	進行中	進行中	進行中	進行中	最下欄
C 廃棄		（2020？）	（2025？）	（2020？）		予定
B 担い手	R，S，T 団体	U 株式会社	U 株式会社	U 株式会社	Y 生産法人	

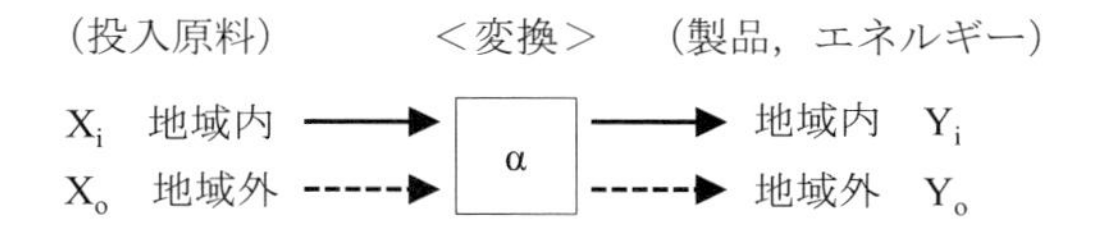

図 25-2　バイオマスの地産地消率を説明するフロー[16)]
Xi : 地域内投入原料，Xo : 地域外投入原料，Yi : 地域内消費製品，Yo : 地域外消費製品．α : 変換率．

場合を地産地消とすると，「$(X_i+X_o)\ \alpha = Y_i+Y_o$」($X_i$：地域内投入原料（重量）；$X_o$：地域外投入原料（同）；$Y_i$：地域内製品（同）；$Y_o$：地域外製品（同））という連続条件のもと，地産地消率は，地産地消率 $= Y_i / (X_i+X_o)\ \alpha$ となる．

地産地消率の目標は運営段階や現状からの上昇率などが設定されているので，その計算を行う．

4. 担当者のための実務のヒント

1) 立ち位置

まず,「あなた」の立ち位置を考える．担当者になった経緯，在職年数，年令，性別，性格は様々であるが，バイオマス利活用推進には周到な計画と適切な運営が必要である．担当者になると事業化に結びつけたくなるが，冷静な分析を踏まえ，事業化しない選択肢を残すべきである．本格的バイオマスタウンを作る意志と覚悟を持ち，仲間とともに粘り強く取り組み，何を独自でやり，何を外注するかをよく見極めたい．身内の組織の尊重を心がけ．人材を無視して外部に頼るのはチームワークに反する．さらに地域の若者の発想をとりこみ，外部指摘から地域の強みと弱みに気づくことは重要である．積極的な情報発信には必ずリアクションがある．

2) 外部有識者の活用

外部有識者に支援を求める場合がある．この際，得意分野の異なる 3 名程度に声をかけ，期待する役割を伝えることが大切である．先行地域の現場を動かす実務者（プラント場長など）から率直な意見をもらうことを勧める．全国でバイオマス利活用がうまく進んでいる市町村には共通して魅力的な担当者がいる．その担当者は与えられた職務に対し，立ち位置を考え行動するというより，立ち位置を作り上げ，多くの人を巻込み，まちづくりにバイオマス利活用を使っている．

3) 効率的な情報収集

収集情報は多岐にわたるため，目的を明確にし，絞り込む．以下に，効率的情報収集法を整理した：(1) 情報収集目的の再確認：収集すべき情報は，構想や計画の煮詰まり具合による．可能性検討段階と複数アイデア評価段階では異なる．ネックとなる事項抽出，先行事例調査，組織・人脈・意志決定者・利害関係者リストアップ，法制度（諸手続き）理解，利用可能事業スキームなど目的を絞った情報収集を行う段階もある．モノに関する情報は，潜在的バイオマス賦存量，発生・生産量，利用可能量，需要見込量，安全性，変換技術評価および経済性が重要となる．これら情報は現時点と計画目標年次について整理する．;(2)諸手続き：手続きは極めて煩雑で，方法は各バイオマス利活用システムで異なり，必要手順を具体的に示した資料はない．何の法規制に該当し，どのような手続きが必要かについては解釈・運用の違いもあり，県や市町村で運用が異なる場合がある．バイオマス利活用推進者には煩わしい諸手続きであるが，基本的に現行法規は必要で原則は守らなければならない．一方，バイオマス利活用推進の視点からは歯痒い点も多い．現実の事業の手続きに2年以上の時間を要するため，早めに情報収集し，スケジュールをしっかり組むことが重要である．近年，食の安全，環境保全の重要性が強く意識され，トレーサビリティー，HACCP（危害分析及び重要管理点：Hazard Analysis and Critical Control Point），適正農業規範（GAP：Good Agricultural Practice），農業環境規範への取り組みが進みつつある．;(3)段取り：効率的に情報を集めるためには，情報収集の戦略が必要である．効率的情報収集の基本は，まず全体像をつかみ，重要度で分けることである．組織力を活用し，「全体」→「詳細」→「補強」の流れが望ましい．また，再生資源需要量ポテンシャルと実際利用可能量に大きな差がある場合が多く，需要量予測は慎重に行う．また，収集情報の精度を理解し，情報収集後，情報と共に情報源や信頼性も記録する．

4）プロポーザル方式導入の検討

市町村からの事業発注で，バイオマス変換プラント設計・建設・運営を一貫して行う競争的プロポーザル方式の採用で相当なコスト削減ができる．的確な業務仕様書を作成する必要があり，バイオマス利活用推進協議会に，専門部会を設置して進めるのが効果的である．

5）税金を節約する取組へ

今後のバイオマスタウン構築と運営は，市町村がまちづくりの一施策として展開し，公的資金をあまり使わず，良い取組を進める必要がある．予算がないときは知恵を出し合い，汗を流して一歩を踏み出すことが大切である．先行事例から学び，独自色を出す余地は十分にある．地域資源を発掘し，まず始めることが重要である.

6）ソーシャルシフトによる取組推進

ソーシャルシフトとは，ソーシャルメディア（Facebook，Twitterなど）が誘起するビジネスのパラダイムシフト（マーケティング，リーダーシップ，組織構造）で，斉藤[17]はその変化を規律から自律，統制から透明，競争から共創，機能から情緒，利益から維持へ，と表現した．今，情報化のための基盤充実と価値観の変化が社会を変えようとしている．バイオマス利活用による地域活性化の効果は，雇用拡大や環境保全を通して定住人口の維持・増加と住民満足度の向上に帰着する[19]．ソーシャルキャピタル（Social capital（SC）；人々の協調行動が活発になることで信頼，規範，ネットワークが強まり，社会の効率性を高めるという社会的仕組みの重要性を示す概念）については，①SCの存在で地域内協力が必要なバイオマス利活用のきっかけが生まれ，円滑な運営に資する，②バイオマス利活用が新たな人間関係や信頼関係を生み出してSCを高める，③高まったSCがバイオマス利活用の水準を向上させる，との仮説がたてられる．図25-3はバイオマス利活用を豊かな地域，コミュニティー創造に役立て，育まれたSCでバイオマス利活用の取組水準を上げる戦略の構図である．図中の●印は，ソーシャルシフトによ

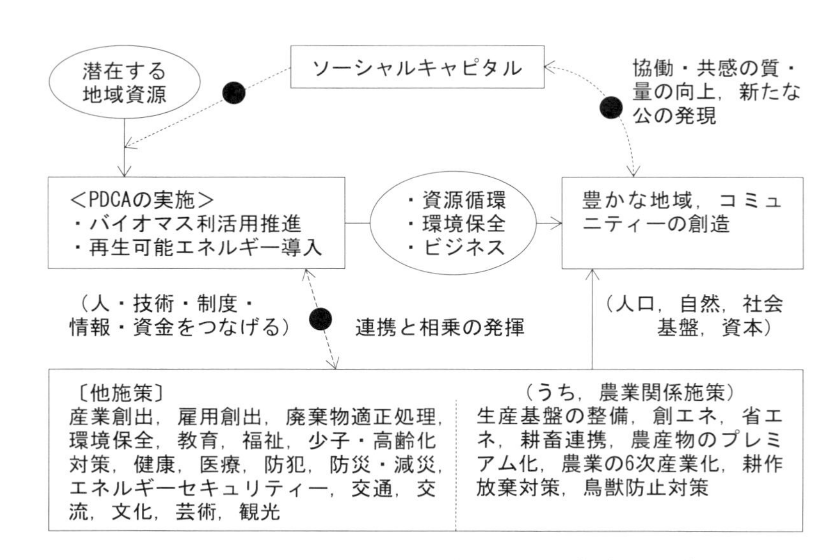

図25-3　ソーシャルシフトによるバイオマス利活用の取組推進による豊かさの創造[16]

るSNS（ソーシャルネットワーキングサービス：Social Networking Service）活用の場を示す．オンライン（ネット上のつながり）活動と共に，頻度は少なくともオフライン（直接出会うつながり）活動による信頼がベースとなる．地域づくりの観点では，すそ野を広げる取組，環境コミュニティビジネスとしての展開が望まれる．従来のやり方で展望が持てない場合，ソーシャルシフトを強く意識し，新組織体制で共創する方法を選択するべきである．

5. おわりに

地域バイオマス利活用システムを成立させるためには,地域の中で,人(組織),技術，制度，情報，資金を適切に組合せてバイオマス利活用の全プロセスで各々担い手の経済性が持続的に確保されることが条件となり，環境保全的で，できるだけエネルギー利得が大きいことが必要である．バイオマス利活用，さらには他の再生可能エネルギー利用との組合せにより，農業・農村をエネルギー生産型に回帰させることが重要であり，これらを通して地域経済活性化が図られるよう，PDCAサイクルマネジメントを行いたいものである．

本章には，農林水産省のプロジェクト研究「地域活性化のためのバイオマス利用技術の開発（モデル）」の成果が含まれている．

引用文献

1）バイオマス産業都市関係府省連絡会議（2014）バイオマス産業都市について．http://www.maff.go.jp/j/ shokusan/biomass/b_kihonho/pdf/zentai.pdf.
2）日本有機資源協会編（2013）バイオマス活用ハンドブック，環境新聞社：273pp.
3）農業工学研究所（2006）農林水産バイオリサイクル研究「システム化サブチーム」編．バイオマス利活用システムの設計と評価（ISBN 4-9902-6830-x）．農業工学研究所：269pp.
4）農林水産省（2006）バイオマス・ニッポン総合戦略．http://www.maff.go.jp/j/biomass/.
5）農林水産省（2008）バイオマスタウン構想策定マニュアル：80pp.
6）農林水産省（2016）バイオマス活用推進基本計画．http://www.maff.go.jp/j/press/shokusan/bioi/160916.html.
7）農林水産省（2015）食料・農業・農村基本計画．http://www.maff.go.jp/j/keikaku/k_aratana/.
8）農林水産省（2011）我が国の食と農林漁業の再生のための基本方針・行動計画．http://www.maff.go.jp/j/ kanbo/saisei/pdf/shiryo1.pdf.
9）農林水産省（2012）都道府県・市町村バイオマス推進計画作成の手引き：77pp.
10）農林水産省農林水産技術会議事務局（2008）農林水産バイオリサイクル研究（施設・システム化チーム）研究成果 466：152.
11）農林水産省農林水産技術会議事務局（2015）農林水産研究基本計画．http://www.s.affrc.

go.jp/docs/kihonkeikaku/new_keikaku.htm.
12）農林水産省農林水産技術会議事務局（2014）地域活性化のためのバイオマス利用技術の開発（バイオマス利用モデルの構築・実証・評価）研究成果 500：241.
13）農林水産省農林水産技術会議事務局・農研機構（2012）地域活性化のためのバイオマス利用技術の開発　－バイオマス利用モデルの構築・実証・評価－．研究成果ダイジェスト：230pp.
14）農林水産省・NTC コンサルタンツ株式会社（2012）市町村バイオマス活用推進計画検証マニュアル. http://www.maff.go.jp/j/biomass/saigai_taio/pdf/2_5_1.pdf, http://www.maff.go.jp/j/biomass/saigai_taio/pdf/2_6.pdf.
15）農村工学研究所（2007）農林水産バイオリサイクル研究「システム実用化千葉ユニット」編．アグリ・バイオマスタウン構築へのプロローグ（ISBN 978-4-9902838-4-1）．農研機構農村工学研究所：163pp.
16）農村工学研究所（2012，2013 改訂）バイオマスタウンの構築と運営（手引き書）: 92pp.
17）斉藤　徹（2012）BE ソーシャル！　日本経済新聞出版社：365pp.
18）総務省（2011）バイオマスの利活用に関する政策評価書．http://www.soumu.go.jp/main_content/000102165.pdf.
19）柚山義人ら（2012）：豚ぷん尿を原料とするメタン発酵システム導入による地域活性化戦略，農業農村工学会資源循環研究部会論文集 8：45-54.
20）柚山義人ら（2011）：外部経済効果の積極的評価によるバイオマス利活用の推進，資源循環研究部会論文集 7：67-79.

第 26 章　地域バイオマス利活用システム〔2〕
バイオマスタウン構築のための支援ツール

〜＊〜＊〜＊〜＊〜＊〜＊〜＊〜＊〜＊〜＊〜＊〜

柚山義人・中村真人・迫田章義・望月和博

1. はじめに

バイオマス利活用は，地域の自然条件，社会基盤，産業構造を色濃く反映する．原料と再生資源の種類にもよるが，運搬や地縁・生活圏の問題から概ね 10〜30km 以内の空間規模で議論が進むことが多い．どのような構想や計画提案についても，バイオマス利活用の現状を正しく認識した上で，効果や正負の影響を把握する必要がある．この作業を，筆者らは「地域診断」と呼ぶ[6]．地域診断はバイオマス利活用のための PDCA サイクルマネジメントの「P (計画)」策定に不可欠である．その目的は，バイオマス利活用の持続的健全性を見極め，深刻な問題に対して別の方法の検討に切りかえることにある．このため，現状分析，複数計画案の比較，対象地域範囲の検討，再資源化（変換）方法や組合せの検討，再資源化（変換）施設の規模・配置と機能分担の検討，需要供給の量と時空間バランスの確認などを行う．

本章では，バイオマスタウン構築支援を目指した地域バイオマス利活用の設計や評価のために開発した 2 つのツールを紹介する．農研機構農村工学研究所（現農村工学研究部門）が中心になって開発した「地域バイオマス利活用診断ツール」と東京大学生産技術研究所が中心になって開発した「バイオマスタウン設計・評価支援ツール」である．前者は農業を軸とするバイオマス利活用について物質循環の観点から診断・評価し，後者はパソコンと対話型で地域に適したバイオマス利活用をバイオマスリファイナリー[4] の観点から設計する．目的に応じてどちらかを選ぶ，あるいは併用して地域バイオマス利活用の計画策定に利用できる．本章は公表物[3,9] に加筆し，編集したものである．

2. 地域バイオマス利活用診断ツール

地域を主として物質循環の観点から診断するモデルとモデル構築を支える各

種情報からなるツールを開発した[2,7,8]．ツールの概要を以下に示す．

1）開発コンセプト

①開発理念：適切なバイオマス利活用による持続的農業の推進，環境保全や資源の地産地消を目指す
②想定ユーザ：市町村，県，バイオマス活用アドバイザー，コンサルタンツ，広域行政組合，農業改良センター，農業研究センター，土地改良調査管理事務所，水土里ネットおよび農業団体等の担当者
③対象地域：1～10 市町村の空間
④対象バイオマス資源：家畜糞尿，農作物残さ，食品残さ，林・水産廃棄物，生ごみ，生活系廃水汚泥，資源作物など
⑤評価物質と要素：窒素(N)，リン(P)，カリウム(K)，炭素(C) および生重量

2）使用する市販ソフトウェア

①表計算ソフト：Microsoft Office 2000 以上
②フロー図作成ソフト：Microsoft Visio 2002（Standard 以上）

3）モデルの基本構造

モデルは，移動物質量（生重量，成分）を計算するワークシートと物質移動状況を表すフロー図をリンクさせて作成する（図 26-1）．モデルで物質循環は，「発生・生産」量，「フロー」（移動）量，「バランス」（流入－（マイナス）流出）量および「賦存量」で構成し，「賦存」量は初期値として与えるが，定常状態では変化しない．地域「ストック」（貯留）量は「バランス＋（プラス）賦存量」であり，ストック発生部門を複数の枠で区切り，これを「コンパートメント」と称する．「農地」，「畜産施設」，「森林・林業・製材所」，「人間の居住空間」，「食品加工・マーケット」，「再資源化施設」，「水域」および「大気」が基本コンパートメントである．ほとんどの発生・生産量やフロー量は，原単位と統計データによるフレーム値の積として求める．

4）解析の手順

解析手順は図 26-2 に示す．フロー図は，図 26-1 を利用して修正し，表計算で求めた物質量の収支計算をフロー図から制御する．これにより複雑な物質移動計

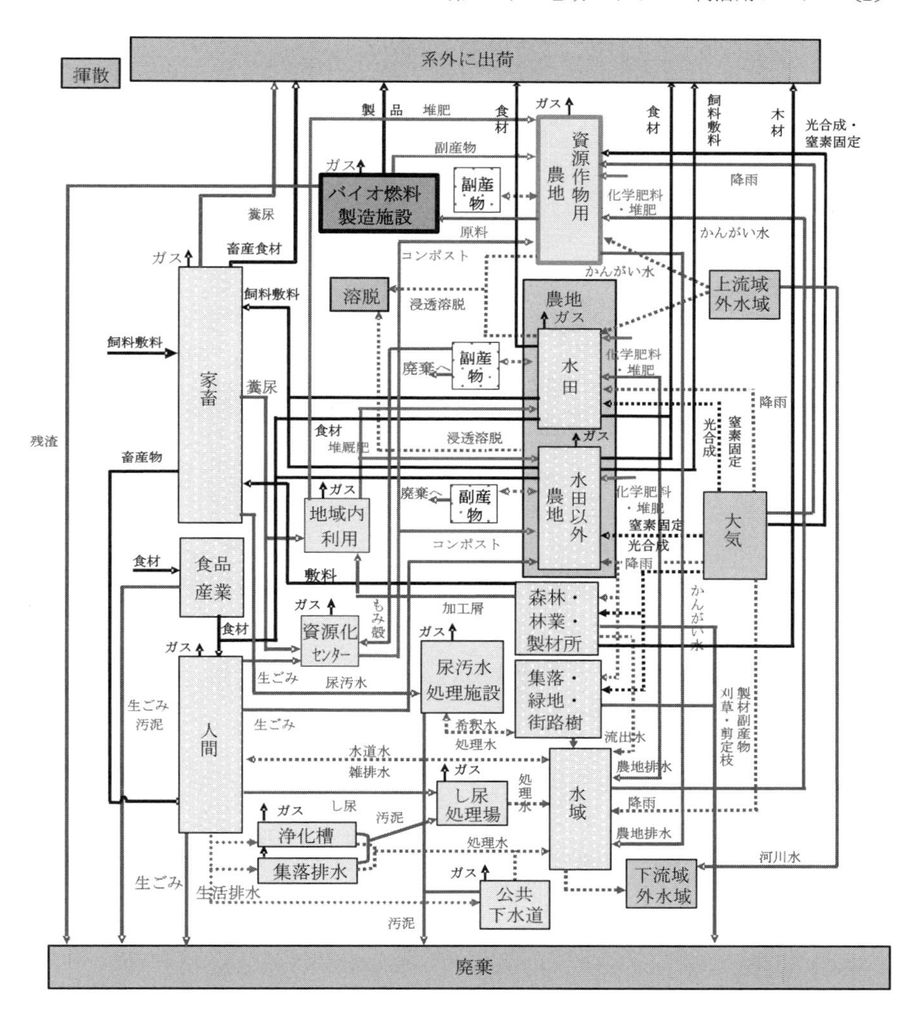

図 26-1　モデルの基本構造 [3,9]

算を自動化し，結果を視覚的に表現できる．さらに，フロー図を変更・追加した時も，変更・追加後のフローで収支計算を自動的に行える．

5）必要データ

①解析対象地域のデータ：面積，人口，家畜頭羽数など

②物質量算定に必要な原単位データ

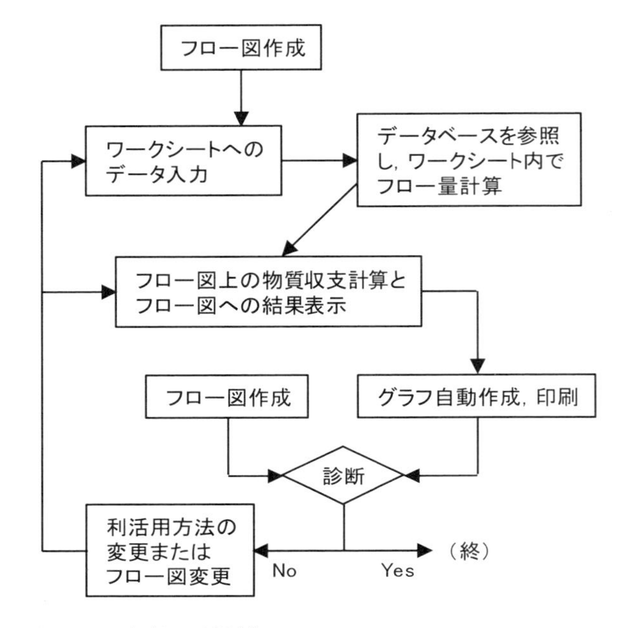

図 26-2　解析の手順 [3,9)]

③成分量データ：N 率，P 率など
④月別の発生・移動量割合データ

6）バイオマス由来農業生産資材の農地での動態

農地内での物質フローは，図 26-3 に示すように，バイオマス由来の農業生産資材である堆肥や液肥等の施用量を入力条件として，施用量の多少による作物収量と環境負荷量を計算できるようにした．

7）モデル構築を支える各種情報

準備した各種情報を以下に示す．①バイオマス成分：各種バイオマスの成分の情報；②バイオマス変換技術の性能・コスト：堆肥化，メタン発酵など 8 種のバイオマス変換技術について，規模別に物質・エネルギー収支などの性能および建設費，維持管理費や期待収入（原料受入費，生成物販売費）などからプラント設置による経済性を評価；③資源作物の生産特性：国内で栽培可能な 10 種類の資源作物栽培に必要な農業生産資材や農業機械によるエネルギー消費量，資材等につ

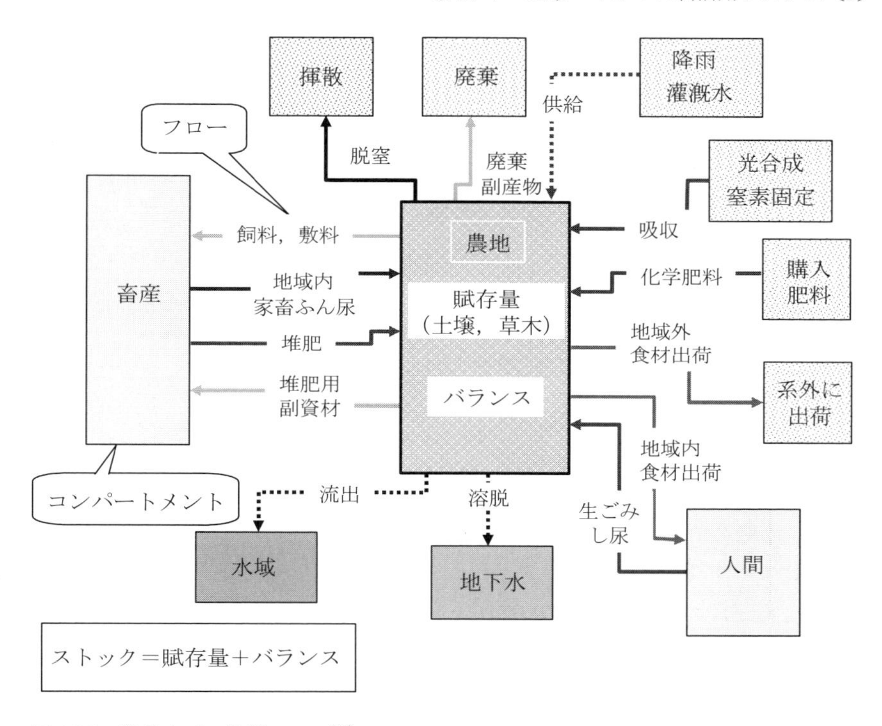

図 26-3　農地内での物質フロー[3,9]

いて，価格や労力，収量および成分．

8）留意事項

原料バイオマス供給量や再生資源需要量ポテンシャルと実際の利用可能量に大きな差がある場合が多い．地域内で強引に循環を進めるより，広域連携や一部原料と生成物の廃棄処分が望ましい場合がある．バイオマスエネルギーを効率的に獲得するシステム構築を目指す場合は，エネルギー源の C とともに収奪される N，P，K，ケイ素（Si）を安全かつ有用な形で土壌に戻す方法を組み込む確認が必要である．堆肥やメタン発酵消化液（液肥）を農地施用する場合，N や P が過剰蓄積され環境へ負荷を与えない注意が必要であり，作物吸収に見合う量を供給することで環境負荷を小さくする．N，P，K の 1 つが必要量に達した時は成分を調整できない堆肥の供給は停止し，不足成分は化学肥料で補う．肥効率は堆肥の種類で大きく異なり，連用で変化することを認識する必要がある．

9）解析事例

筆者らはツール使用法の改良や精度向上のためにツール利用講習会を開催し，バージョンアップを進め，ユーザ獲得とともに適用事例を積み重ねてきた．千葉県香取市を対象とした事例では，①生ごみ・家畜排せつ物のメタン発酵，②家畜排せつ物の堆肥化，③資源作物栽培と収穫物のバイオ燃料化，④木質，紙ゴミおよび稲わらの分散型ガス化発電，⑤廃食用油のバイオディーゼル燃料化，⑥畑作副産物の飼料化，の計画案を診断した．

メタン発酵については様々なシナリオを想定した解析を詳細に行った. 例えば，各種原料バイオマスを総合的に利用するケースを次のように想定した：①乳牛糞尿の 30%（現状：堆肥化）をメタン発酵；②豚糞尿の 24%（現状：水処理と固分の堆肥化）をメタン発酵；③生活廃水汚泥 3,650 トン（t）/年をメタン発酵；④食品産業からの生ごみ 1,825t/年をメタン発酵；⑤家庭からの生ごみ 3,650t/年をメタン発酵；⑥製造消化液全量を地域内農地に施用.

この計算条件による原料バイオマス量は総生重量で 79,402t/年となった．メタン発酵による発生ガス量は 2,828,101 ノルマルリューベ（Nm^3）/年，余剰電力は 1,018 メガワット（MWh）/年，余剰熱は 5,882 ギガジュール（GJ）/年，メタン発酵消化液（液肥）量は 71,462 t/年となった．このメタン発酵システム導入効果を表 26-1 に示す．「自家堆肥」とは畜産農家が従来方法で堆肥化を行い農地利用す

表 26-1　メタン発酵システム導入効果[9]

項目		単位	現状	シナリオ
地区面積		ha	26,231	
農地面積（作付け）	水田	ha	7,130	
	水田以外	ha	3,625	
人口		人	87,837	
水田	自家堆肥	tN/年	150	116
	施設液肥・堆肥	tN/年	-	185
	化学肥料	tN/年	454	316
水田以外	自家堆肥	tN/年	404	314
	施設液肥・堆肥	tN/年	-	370
	化学肥料	tN/年	194	-
廃棄		tN/年	290	219
水域負荷		tN/年	1,120	989
揮散		tN/年	1,310	1,140

tN：トン窒素（N）換算したもの.

るもの，「施設液肥・堆肥」とはメタン発酵施設を建設し，生成液肥と堆肥を農地利用するものである．これにより，資源の地産地消が進み，廃棄量や環境負荷が小さくなり，導入効果は明らかである．そして，導入の可否は，ライフサイクルでの収益性に委ねられる．

3. バイオマスタウン設計・評価支援ツール

開発した地域レベルで望ましいバイオマスリファイナリーに資するバイオマスの利活用法を見出すためのツール[5]は，バイオマス利活用に関連する物資や要素技術のデータセットを格納するデータベースと，データベースからデータを読み込んでバイオマス利活用プロセスを構築して結果を出力するプログラムで構成される．このツールでは，地域データに基づき要素技術を選択し，バイオマス資源化プロセスを軸に，資源作物栽培や収集輸送に関するプロセスを含めた複合的プロセスを構築できる．また，そのプロセスに関わる物資収支，エネルギー収支，コストおよび環境影響に関する計算やデータの参照が可能である．ツールを用いて行う分析フローを図26-4に示す．

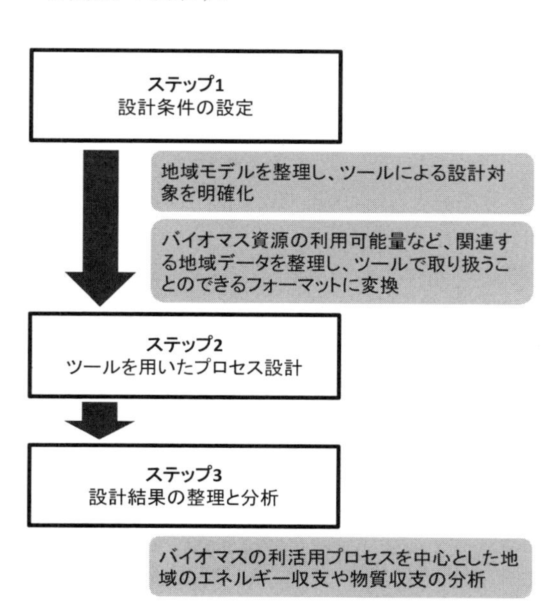

図26-4　ツールの分析フロー[3,5]

ツールには様々な活用法があるが，以下に代表的な例を示す．

①ステップ 1：ツールによる利活用プロセスを設計するための設計条件として，利活用対象のバイオマスの種類と量，適用する要素技術の設定を行う．さらに統計データや調査結果から得られた地域バイオマス資源の種類や量の情報を整理し，利活用プロセスにおけるバイオマス利用可能量を算出する．次に，得られたバイオマス資源データをツールで取扱うことのできるフォーマットに変換する．一方，地域モデルで記述される個々のバイオマスや資源化技術に対して，設計に含めることが適切かどうか，また，ツールで取扱うことができるかどうかを検討し，設計対象とする要素技術を設定する．

②ステップ 2：ツールを実行し，ステップ 1 で設定した設計条件に沿ってバイオマス利活用プロセスを設計する．例えば，資源作物の育成，バイオマスの収集輸送と資源化，バイオマス製品や副産物の地域内利用および資源化プロセスに関する熱源の各々に関する要素技術を，プロセスフロー上に順を追って配置し，利活用プロセスを構築する．ここで，要素技術の選択と配置は，利用対象とする物資を選択し，物資に関してツールが示す要素技術候補群の中から要素技術を選択し，物資利用量や生産量を設定する．さらに，配置した要素技術の物資に関してさらに要素技術を選択・配置することで，複合的プロセスを構築する．

③ステップ 3：設計結果を整理し，それを基に地域モデルを分析する．ここでは，設計結果として得られた各物資のエネルギー量を入力側と出力側の各々でまとめ，地域モデル全体でのエネルギー入出力を分析する．その上で，投入化石燃料に対するエネルギー利得の有無などに着目して地域モデルを評価する．

千葉県香取市を対象に，「資源作物からのバイオエタノール生産を軸としたバイオマスの利活用プロセスの導入」をバイオマス利活用の目的とし，種々のプロセスフロー案を作成し比較検討した例を紹介する．作成プロセスフローの中から，バイオ燃料生成量と化石燃料消費量に対するエネルギーの利得が最も大きい例を図 26-5 に示す．水田耕作放棄地（386ha）で資源米を生産すると想定し，玄米と稲わらを原料にしてバイオエタノールを生産した．バイオエタノール生産設備は，地域の家畜糞尿（乳牛，肉牛，豚）の 2 割（74,600t/年）を処理する大型メタン発酵施設と組合わせて設置し，籾殻（もみがら）発電設備を加えた．また，地域内で入手可能廃食用油（33.3 キロリットル（kL）/年）を原料としたバイオディーゼル燃料（BDF）生産設備も併設し，地域のバイオマス変換拠点としてプロセスを構築した．なお，メタン発酵が取扱う原料量は約 200t/日であり，実際に稼働する

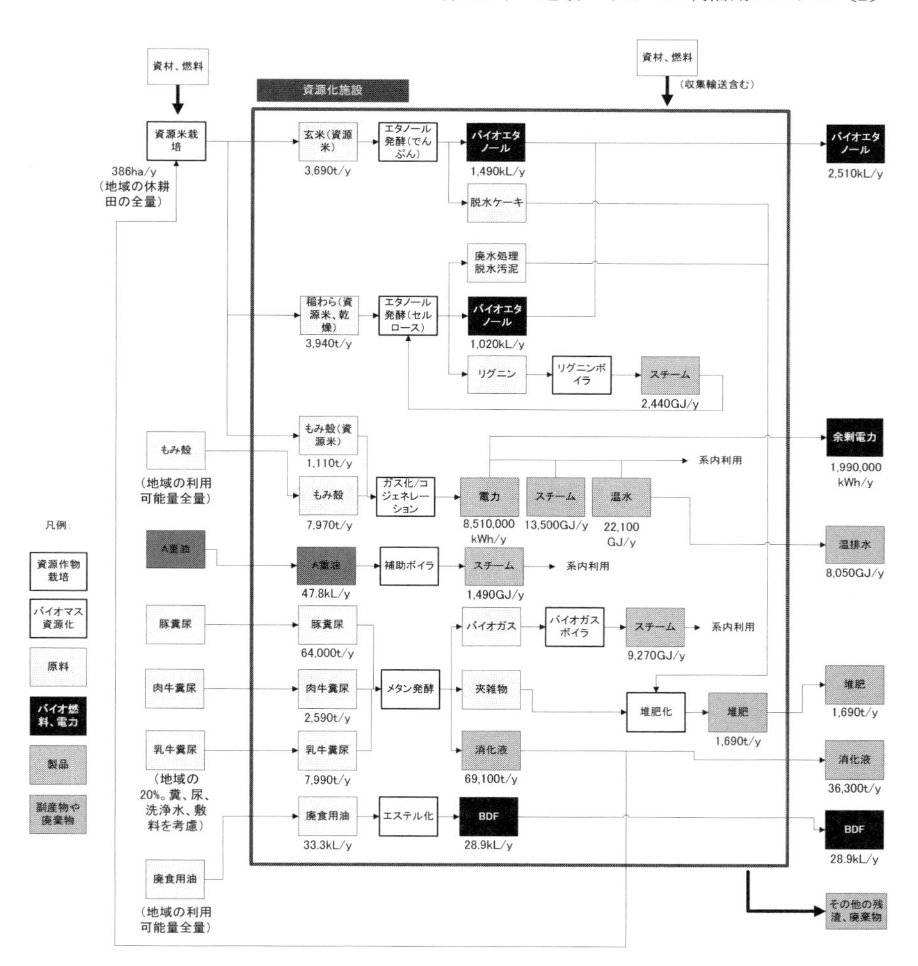

図 26-5　エネルギー利得の大きいプロセスのフローの例[3)]

設備と比較すると，鹿児島県鹿屋市の鹿屋畜産環境センターと同程度の規模である．籾殻発電では，資源米に由来する籾殻（1,110t/年）と地域で発生する籾殻の利用可能量（総発生量の 68%：7,970t/年）を最大限に利用し，電力と熱（スチーム，温水）を供給した．なお，この例では地域内で拠点を分散させず，1 か所のバイオマスの資源化プロセスで単位操作間でのエネルギーや物資のやり取りを行い，化石燃料消費量を最小にしてエネルギー利得をより多く確保する設計を目標とした．

構築したバイオマス利活用システムのエネルギー収支の分析結果を示す．このシステムでは，バイオ燃料としてバイオエタノールとBDFが得られた．このバイオ燃料の合計発熱量は59,500GJ/年で，余剰電力として7,100GJ/年が期待できるため，エネルギー生産量の合計は66,600GJ/年である．なお，スチーム必要量はプロセス内のバイオマス利用では若干の不足となったため，不足分はA重油焚き補助ボイラで賄うこととした．構築したシステムは，化石燃料のエネルギー投入合計17,000GJ/年に対するエネルギーの利得として，49,600GJ/年が期待できる試算結果が得られた．ここで，エネルギー収支を評価するにあたり，電力は，電力に関するエネルギー投入量をその電力生産過程で消費した一次エネルギーの投入量に換算する操作である「割り戻し」を行った．「割り戻し」の係数は，経済産業省資源エネルギー庁の総合エネルギー統計における「2005年度以降適用する標準発熱量の検討結果と改訂値について（平成19年5月）」に基づき，9.63MJ/kWh（キロワット）とした．余剰電力に9.63MJ/kWhを乗じると，19,200GJ/年となり，エネルギー利得合計は61,600GJ/年となった．このシステムの導入によるエネルギーの利得は，地域の農林水産業のエネルギー消費量の約14%に相当する．このシステムでは，エネルギーの利得を目指して利用可能な籾殻の全量を用いた発電と排熱回収を導入したが，推定利用可能籾殻すべてを利用できるかなど，具体的な利活用システム設計ではエネルギー源となるプロセスの検討や調整が必要である．

4. おわりに

開発した両ツールとも項目が多い計算を効率的に行っており，ツールを用いることにより，様々なアイデアを客観的に評価でき，選択の説明ができるようになる．一方，計算の数が多いので，常に必要な連続条件の点検が必要である．両ツールは，ツール利用講習会の参加者々や公表物閲覧者に一定条件をつけて利用してもらった．例えば，森本[1)]は，ツールを応用して経済性検討に踏み込んでいる．

本章は，農林水産省のプロジェクト研究「地域活性化のためのバイオマス利用技術の開発（モデル）」の成果の一部である．

引用文献

1) 森本英嗣(2014)バイオマス利活用による経済性と環境影響の評価. 農林統計出版:102pp.
2) 農林水産バイオリサイクル研究「システム化サブチーム」(2006) バイオマス利活用システムの設計と評価. 農村工学研究所：267pp.
3) 農林水産技術会議事務局 (2014) 地域活性化のためのバイオマス利用技術の開発 (バイオマス利用モデルの構築・実証・評価) 研究成果 500：196-204.
4) 迫田章義ら (2006) バイオマス利活用の展望, 講座「バイオマス利活用」(その 8). 農業土木学会誌 74 (1)：53-58.
5) 東京大学生産技術研究所 (2010)「バイオマスタウン設計・評価支援ツール」利用ガイドライン：22pp.
6) 柚山義人 (2005) バイオマス利活用のための地域診断, 講座「バイオマス利活用」(その 1). 農業土木学会誌 73 (6)：37-42.
7) 柚山義人ら (2010a) 地域バイオマス利活用診断ツールの開発. 農業農村工学会論文集 266：57-62.
8) 柚山義人・土井和之(2010b)「地域バイオマス利活用診断ツール」利用マニュアル Ver.1.0. 第 150 回農林交流センターワークショップ「バイオマスタウン設計・評価支援ツールの開発」. 筑波農林交流センター・農研機構農村工学研究所：309pp.
9) 柚山義人 (2011) 計画策定に役立つ地域バイオマス利活用診断ツール. 農研機構編「農業・農村環境の保全と持続的農業を支える新技術」. 農林統計出版：pp.180-183.

第27章　地域バイオマス利活用システム〔3〕ライフサイクルでの評価法

～＊～＊～＊～＊～＊～＊～＊～＊～＊～＊～＊～

柚山義人・林　清忠

1. はじめに

バイオマス利活用は，計画，設計，施設・設備・車両の建設・調達，運営（運転），廃棄という時間的プロセスを経る．この中で運営プロセスが最も長く，施設の耐用年数に応じて10～20年となる．施設には原料バイオマスを資材やエネルギー変換するためのものに加え，収集・輸送・貯蔵や法制度により義務づけられている付帯設備もある．

筆者らは，農林水産技術会議事務局委託「地域バイオマスプロ」の「バイオマス利用モデルの構築・実証・評価」[5]（以下，「プロジェクト」）で種々のバイオマス利用モデルのライフサイクル（LC）評価を行った．研究目標は，地域特性に応じたバイオマス利用モデルでLCでのコストと化石エネルギー消費量が従前より20%以上削減できるシナリオの提示と新たな環境影響評価手法開発であった．

本章では，LCでの評価に関わる研究成果のうち，プロジェクト目標に直接的に応えることになるLCでのコスト（LCC：Life Cycle Cost）と化石エネルギー消費量（LCFEC：Life Cycle Fossil Energy Consumption），ライフサイクルアセスメント（LCA：Life Cycle Assessment）による環境影響，トータルコストアセスメント（TCA：Total Cost Assessment）の解析事例を紹介する．また，地域バイオマス利活用を成功させる要因の分析結果に言及する．なお，本章は，公表物（例えば，農林水産技術会議事務局 2014）[5]に加筆し編集したものである．

2. ライフサイクルでのコストとエネルギーの評価

1）評価方法

バイオマス利活用計画は，図27-1に示す原料バイオマス生産（発生），収集・輸送・貯蔵，資材やエネルギー変換，変換で生成する資材やエネルギー（再生資源）貯蔵，利用場所への輸送と利用，および廃棄の全工程でLCCやLCFECの評

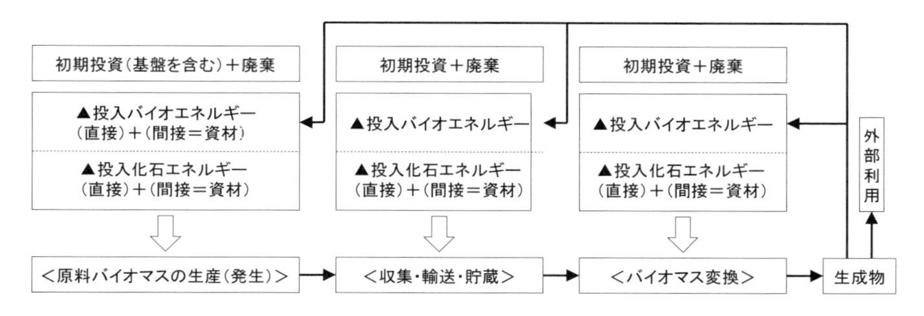

図 27-1　バイオマス利活用システムの全体構成 [5)]

価が望まれる [13)].

バイオマス利活用システムの LCC と LCFEC の計算では，まず，前提条件とシステム境界の設定を行う必要がある．コストやエネルギー消費は,「変換」の部分が中心となるが,「輸送」の部分も大きい．また, バイオマス変換プラントの性能, 総合耐用年数が大きな影響を及ぼす．許容される環境負荷量の上限や再生資源利用を現行法規の枠内で考えるか，あるべき環境像，資源循環像をベースに考えるかでも評価値が異なる．マンパワーの計算法, 求められる再生資源の製造効率（原料からの資材やエネルギー回収率や時間）および変換プラントの規模・配置の影響も大きい．さらに，対象地域外とのモノのやりとりも地産地消を考える場合に重要である．しかし，計算方法は確立されておらず，全体像を見失わずに取捨選択が必要である．以下は筆者らが合理的で現実的な評価と考えた方法である．

評価 [6,7)] にあたり，まず対象地域のバイオマス賦存量と利用状況を文献調査・ヒアリング調査等で把握する．次に，結果を踏まえ，対象バイオマスやそれを利活用する計画シナリオを作成し，さらに計画シナリオの原料バイオマスに対応した実態シナリオを作成する．その後，実態と計画の各シナリオで LC でのコストと収入，化石エネルギー消費量とバイオエネルギー生産量を算出する．実態シナリオと計画シナリオは，①原料バイオマス生産（発生），②収集・輸送・貯蔵，③バイオマス変換, ④生成物の輸送・貯蔵, ⑤生成物の利用の 5 工程で構成され, 各々において表 27-1 と表 27-2 の項目を算出する．なお，算出の際，実態と計画との間で変化ないもの（物量や処理量，方法と経費等）は，省力のために「neutral（ニュートラル)」として計算から除外する．最後に，実態シナリオと計画シナリオの LC でのコスト（評価項目としては「経済性収支＝収入－コスト」）と化石エネルギー消費（同「エネルギー収支＝エネルギー生産－エネルギー消費」）を比較評価

表27-1　各工程でのコストと収入の算出のための項目と入力データ[5)]

段階	算出項目	入力データ例
1（建設･製造）	初期コスト （円/使用年数）	建設費（建築土木，設備機器），車両・個別機器等購入費，使用年数
2（運営）	ランニングコスト （円/年）	光熱費，原料費・資材費，保守点検費，人件費，事務経費，サービスに対する手数料支払，廃棄物処分委託費
	収入 （円/年）	製品販売，サービス提供料金収入，受入･処理手数料収入
3（廃棄）	廃棄コスト （円/使用年数）	「建築土木」建設費の5%，「設備機器」建設費・車両等価格の3%（仮定），使用年数

表27-2　各工程でのエネルギー消費とエネルギー生産の算出のための項目と入力データ[5)]

段階	算出項目	入力データ例
1（建設･製造）	初期投入エネルギー （MJ/使用年数）	建設費（建築土木）または建設費（設備機器），車両・機器購入費，使用年数，原単位
2（運営）	ランニングエネルギー消費 （MJ/年）	（直接エネルギー）活動に伴い使用される電力，熱，化石燃料の量，各燃料等の発熱量およびWell-to-Tank*でのエネルギー消費量
		（間接エネルギー）資材調達，保守点検，事務，労務，廃棄委託等に対する支払額（円/年），原単位
	エネルギー生産 （MJ/年）	バイオマスを原料として生成された電力，ガス，化石代替燃料等の量，発熱量，または製品が代替する化石エネルギー
3（廃棄）	廃棄エネルギー （MJ/使用年数）	初期投入エネルギーの5%（建築土木），初期投入エネルギーの3%（設備機器および車両･機器等），使用年数

*一次エネルギーの採掘（Well）から燃料タンクに充填される（Tank）まで

する．

2）評価事例

千葉県香取市を対象に，まずバイオマス賦存量と利用状況を調査し，次に図27-2に示した賦存量が多い，利活用が不十分，地域活性化に資する等を考慮して，計画シナリオの対象原料バイオマスを，乳牛糞尿（シナリオ1），豚糞尿排水（同2），生ごみ・生活廃水処理汚泥・食品加工残さ（同3），規格外カンショ（甘藷）（同4）および休耕田（同5）とした．そして，香取市の協力で，収集，輸送，変換，利用の各工程で実現可能性を考慮した計画シナリオを作成し，また，これに対応し

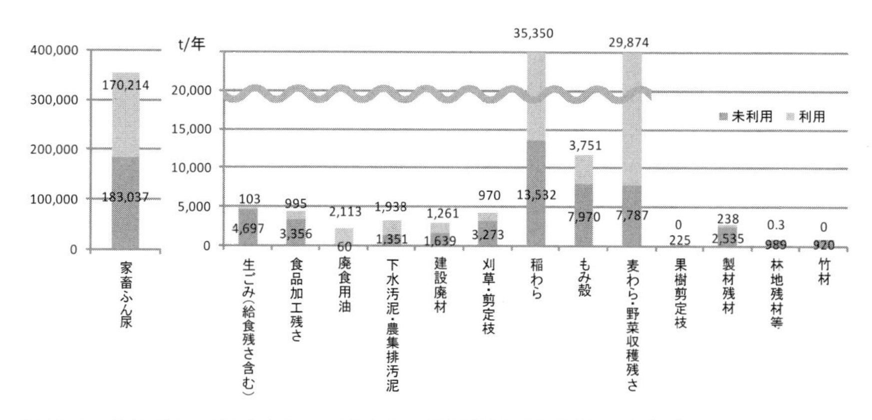

図27-2　香取市の年間バイオマス賦存量と利用状況（生重量：t/年）[5)]

た実態シナリオを作成した（表27-3）．この6対（シナリオ1は2ケース）の実態シナリオと計画シナリオについて，バイオマス生産（発生）－収集･輸送･貯蔵－変換－生成物輸送･貯蔵－生成物利用の各工程での建設･製造，運営，廃棄を含むLCでの収入支出およびバイオエネルギー生産量と化石エネルギー消費量を算出した．その際，シナリオの社会受容性を高めるため，各工程の担い手を丁寧に設定した．

このコスト評価の結果，計画シナリオ4を除く全ての実態・計画シナリオで，LCでの収支（収入－コスト）はマイナスとなった．しかし，シナリオ1のケース1と2, シナリオ3では, 収入が得られるかコストが削減されることによって, 実態よりも計画シナリオでのLCでの赤字が縮小し，プロジェクト目標を達成できるシナリオが示せた．一方，休耕田活用を目指したシナリオ5は，エタノール原料米の栽培とエタノール生成コストが大きく, コストが収入を大きく上回った．そのため，シナリオ5は，本地域で不適切で，バイオエタノール生成や原料前処理技術，原料資源作物の低コスト栽培技術の開発が大きな課題であると指摘できた．シナリオ2の外部経済効果の試算の結果，水質保全や雇用創出などの効果を加味すると，経済性収支は8%改善された（図27-3）．

エネルギー評価は，シナリオ1のケース1，2，シナリオ2，3，および4の計画シナリオは，LCでの化石エネルギー収支（エネルギー生産－エネルギー消費）が実態シナリオに比べて20%以上改善された（図27-4）．また，シナリオ5は計画シナリオでのエネルギー消費がエネルギー生産の約3倍となり，実態よりもエ

表27-3　香取市を対象とした5シナリオの概要[5)]

シナリオ＼段階		①バイオマス生産（発生）	②収集・輸送・貯蔵	③バイオマス変換	④生成物輸送・貯蔵	⑤生成物利用農作物栽培
1	実態	乳牛糞尿発生	輸送なし	堆肥化 ケース1：8.3t/日×3基 ケース2：25t/日×1基	堆肥輸送・散布	堆肥利用
	計画		ケース1：輸送あり ケース2：輸送なし	メタン発酵＋コジェネ（25t/日×1基）	消化液輸送・散布	消化液利用
2	実態	豚糞尿排水発生	輸送なし	汚水処理・処理水河川放流	なし	化学肥料利用
	計画			メタン発酵＋コジェネ	消化液輸送・散布	消化液利用
3	実態	生ごみ・生活廃水汚泥・食品加工残さ発生	業者が収集輸送	焼却・焼却灰埋立	なし	化学肥料利用
	計画			メタン発酵＋コジェネ	消化液輸送・散布	消化液利用
4	実態	食品加工残さ発生，カンショ鋤込	業者が収集輸送	食品加工残さ焼却・焼却灰埋立	なし	なし
	計画	食品加工残さ発生，カンショ分別	業者が収集輸送	食品加工残さと規格外甘しょの混合飼料化	なし	なし
5	実態	休耕田維持管理	なし	なし	なし	なし
	計画	休耕田バイオ燃料原料米栽培	籾輸送，乾燥調製，玄米輸送	バイオエタノール生成	なし	なし

ネルギー消費が大きくなり，エネルギー収支の観点からも，シナリオ5計画は適切ではない．これらの評価法と評価事例は，市町村の担当者向けにガイドとしてとりまとめた[4)]．本方法は丹念な手作業の積み重ねで実施できるもので，各市町村の実状に応じてシナリオを作成し，バイオマス利活用の妥当性が判断できる．特に，工程毎に計算結果が出るので課題が明らかになるとともに，地域の収益性やエネルギーの損得を理解するのに役立つ．

3. ライフサイクルアセスメント（LCA）

1）資源作物のLCA

まず，資源作物を用いたバイオ燃料生産のポテンシャルに関して，開発した資

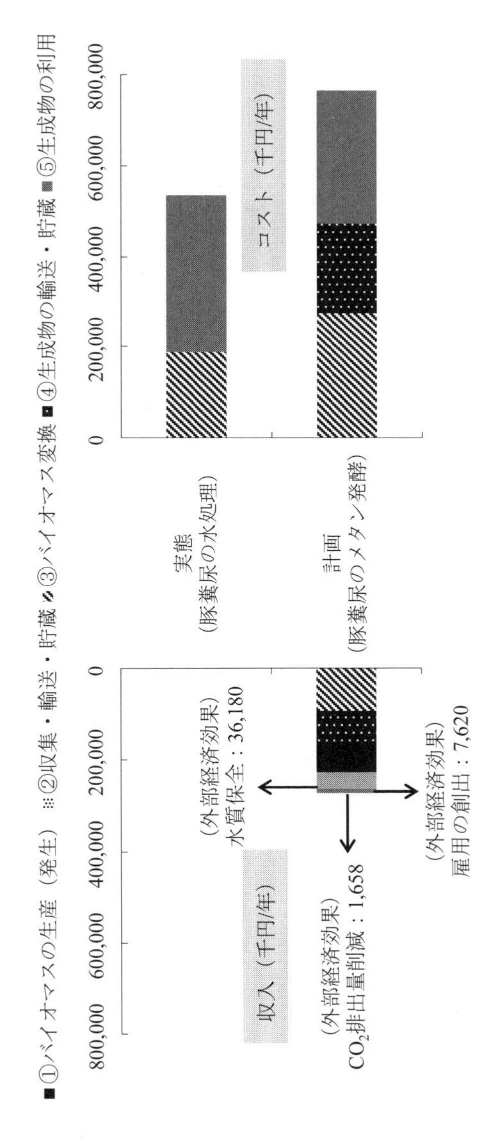

図 27-3　シナリオ 2 の計画における外部経済効果を含むコストと収入 [5)]

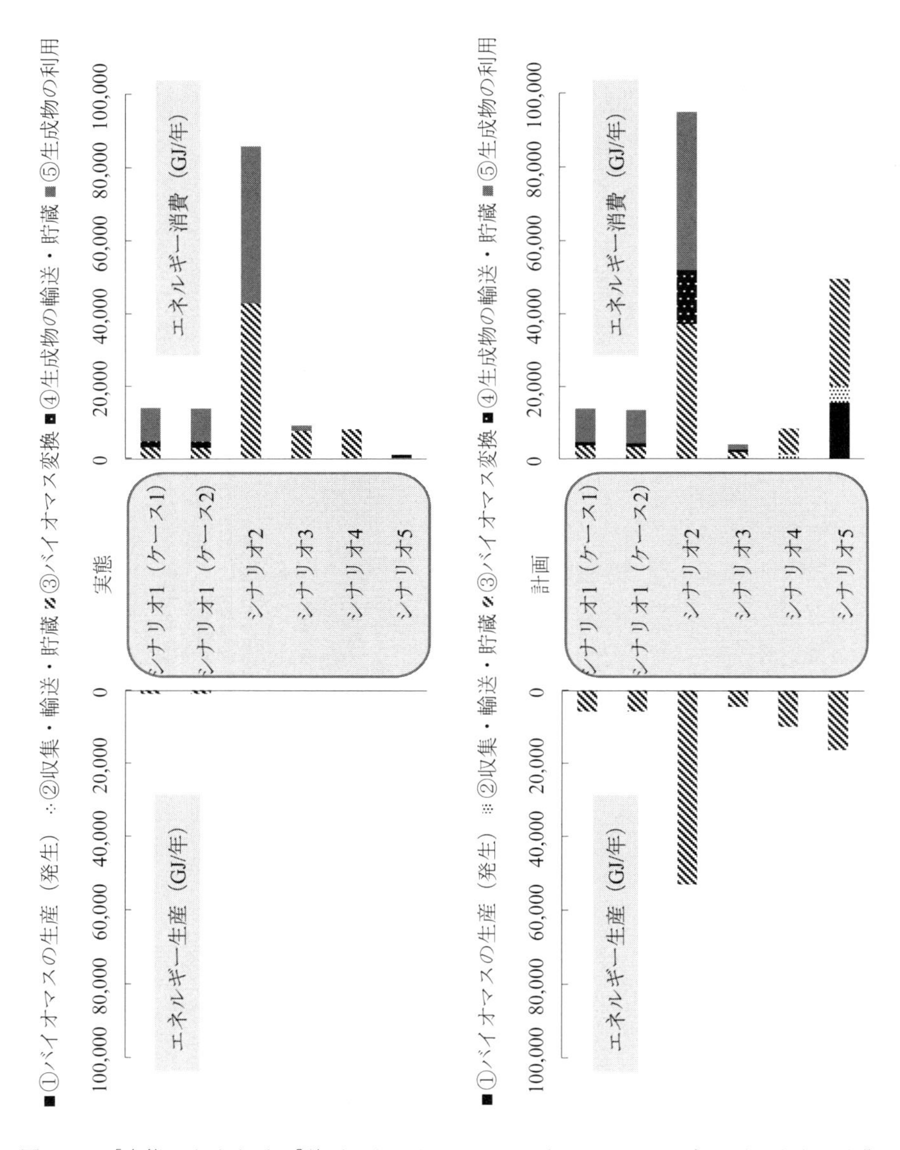

図 27-4　「実態シナリオ」と「計画シナリオ」のライフサイクルでのエネルギー生産と消費の比較[5)]

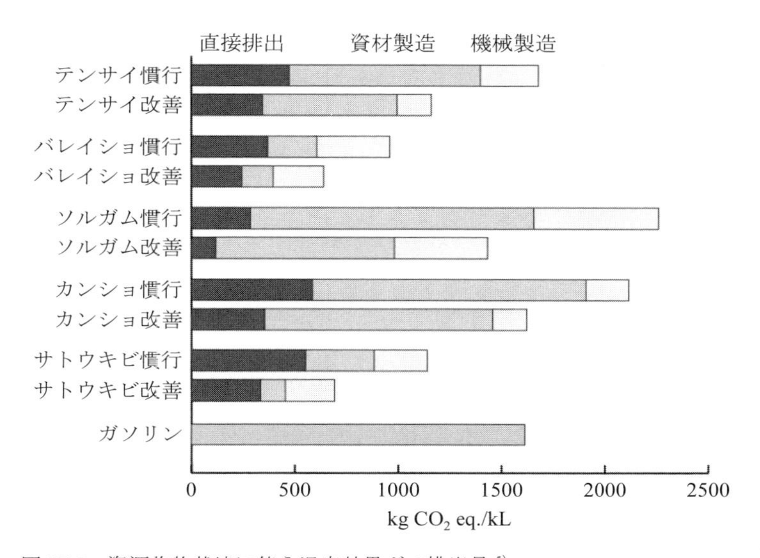

図 27-5　資源作物栽培に伴う温室効果ガス排出量[5)]
エタノール 1kL 当りの温室効果ガス排出量（二酸化炭素換算 : kg CO_2 eq./kl）.
慣行体系と改善体系の比較.

源作物栽培新技術の効果を慣行技術との比較で LCA 評価した．図 27-5 は，我が国の主要エタノール原料作物（テンサイ，バレイショ，ソルガム，カンショ，サトウキビ）の温室効果ガス排出量（直接排出，資材製造，機械製造）について，慣行体系と改善体系を比較したものである[8,9)]．改善体系は，栽培技術改善や品種改良を含み（詳細に第 31 章と第 32 章参照），作物からバイオエタノールへの変換プロセスや流通・販売プロセスはシステムに含めない．機能単位は最終製品のバイオエタノール 1 キロリットル（kL）とし，変換プロセスは文献値を用いた．この結果，新技術導入で各作物とも排出量は低下するが，テンサイ，ソルガム，カンショは改善体系で栽培に伴う排出量がガソリンの場合と大差ないが，バレイショとサトウキビは排出量がガソリンを下回る可能性が高い．なお，相対的に大きな内訳部分は，堆肥製造過程のメタン（CH_4）や亜酸化窒素（N_2O）発生と窒素肥料や耕起による土壌からの N_2O 発生である．他の影響領域は，文献[8)] を参照されたい．また，この評価は独自のライフサイクルインベントリ（LCI : Life Cycle Inventory）データベースに基づき計算したもので，詳細は関連文献を参照されたい[2,3,10)]．

2）地域バイオマス利活用システムの LCA

バイオマスリファイナリーを目指した地域バイオマス利活用システムの可能性の検討素材として，南九州畑作畜産地域の事例（第 32 章参照）を検討した．評価の枠組みは比較 LCA であり，従来のバイオマス利用モデル（図 27-6）と耕作放棄地を利用したバイオエタノール用カンショ栽培を中心に，畜産業や澱粉・焼酎産業とのバイオマス資源の相互利用が図る新利用モデル（図 27-7）を比較した．

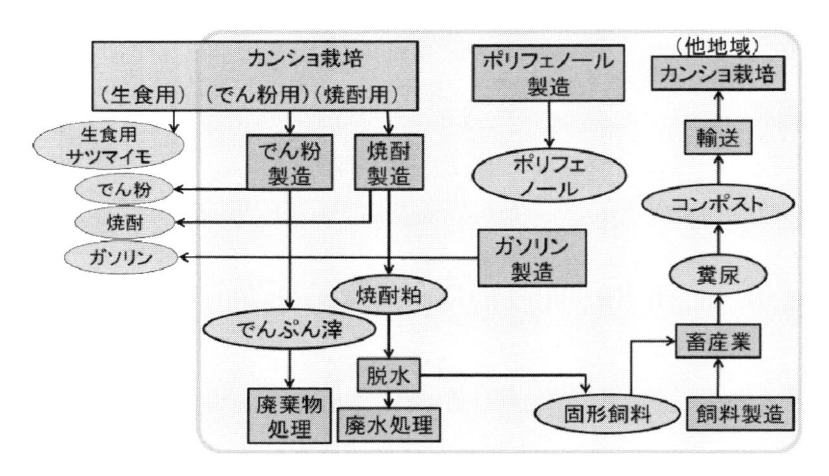

図 27-6　南九州における従来のバイオマス利用モデル [5)]

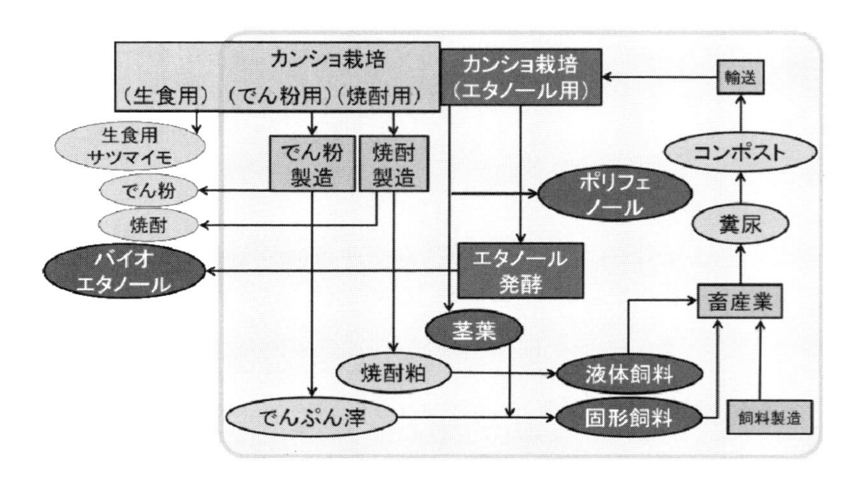

図 27-7　南九州における新たなバイオマス利用モデル [5)]

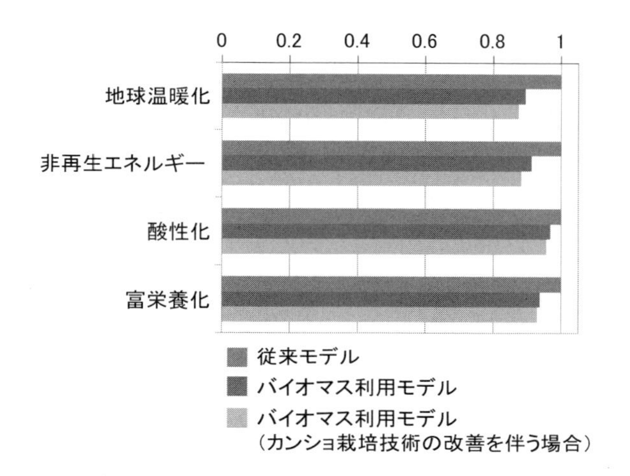

図 27-8　新バイオマス利用モデル導入による環境負荷の低減[5)]
数値は「従来モデル」の負荷を 1 とした相対的な値.

さらに，カンショの品種改良を含む栽培技術を改善したシナリオを新モデルの変種（第 3 のモデル）として検討した．ここで，二次利用での環境負荷の配分問題を回避するため，食肉生産などを含んだシステム拡張の考え方を採用した．インベントリデータはインプットの原材料，燃料等使用量，アウトプットの生産物・副産物製造量，環境負荷物質排出量等を評価して作成した[11)].

図 27-8 に示した LCA の結果によると，バイオマス利用モデルは多くの項目で環境負荷が低減する．また，栽培技術改善でさらに環境負荷低減効果が高まることが示唆された．図 27-9 は，バイオマス利用＋技術改善モデルと従来モデルの差を解析し，環境負荷低減の改善要因を調べた結果である．影響領域で大きな割合を占める要因は異なり，各要因が組合わさって全体の環境負荷を削減していることが示された[12)].

4. トータルコストアセスメント（TCA）

LCA による地域バイオマス利活用システムの評価枠組みを拡張し，環境影響以外に経済面や社会面の評価を加え，トータルコストアセスメント（TCA）手法により地域バイオマス利用モデルを評価した. TCA とは, ある時点での意思決定（新たなバイオマス利用モデル導入等）が，将来，いかなる結果をもたらすかをシナ

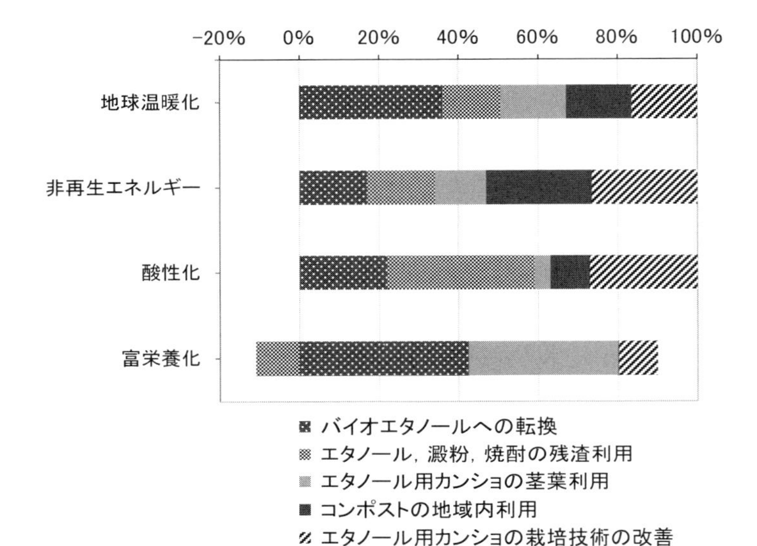

図 27-9　環境負荷低減部分の内訳 [5)]
「従来モデル」と「バイオマス利用モデル（カンショ栽培技術の改善を伴う場合)」との差（環境負荷低減部分）に占める各改善要因の割合.

リオ設定に基づいて検討する方法論である．この評価で，投資がもたらすリスクと便益を環境・経済・社会に関する広範な側面から，最良のケース，もっともらしいケース，最悪のケース等について示すことができ，ステークホルダー（stakeholder : 利害関係者）の違いも考慮できる．TCA では表 27-4 に示した多様なコストが評価対象となり，通常の直接・間接コストに加え，将来および偶発債務コスト，内部無形コスト，外部コストが含まれる．分析手順は，①目標と調査範囲の設定，②プロジェクトと方法論の事前説明（ワークショップの準備)，③ワークショップの開催，④分析（感度分析を含む)，⑤暫定的分析結果のフィードバック，⑥ワークショップ参加者による修正，⑦最終報告書の作成である．

上記①のステークホルダーからの各種情報収集は，ワークショップの際に収集した．ワークショップは，①北海道大規模畑作地域モデル（北海道芽室市，2009 年 12 月 3 日；詳細は本書第 31 章)，②関東都市近郊農畜産業地域モデル（千葉県香取市，2009 年 11 月 30 日；第 28 章)，③岐阜中山間地域モデル（岐阜県高山市，2010 年 9 月 7 日；第 30 章)，④南九州畑作畜産地域モデル（鹿児島県鹿屋市，2010

表 27-4　TCA におけるコストのタイプ [5)]

コストのタイプ	内容	例
Ⅰ　直接コスト	製造所等で発生する直接コスト	資本投資，労働費，原材料費，廃棄物処理費
Ⅱ　間接コスト	企業，製造所間で発生するコスト	報告コスト，調整コスト，モニタリング・コスト
Ⅲ　将来および偶発債務コスト	潜在的な罰金，違約金等将来発生する可能性のあるコスト	汚染物質の除去コスト，人身傷害や法規制違反による罰則金，業務災害コスト
Ⅳ　内部の無形コスト	企業内部の無形コスト（一般に測定が困難）	カスタマー・ロイヤルティ（顧客忠誠心），従業員のモラル，労働組合や地域社会との関係
Ⅴ　外部コスト	社会によって課されるコスト	操業が住宅費に与える影響，自然生息域破壊，環境汚染の人体への影響等の社会が負担しているコスト

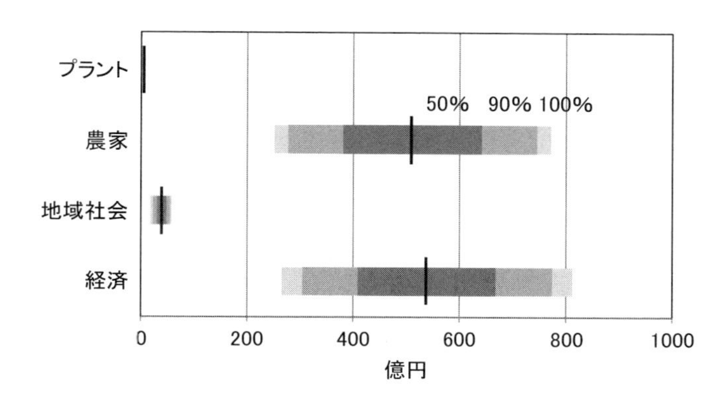

図 27-10　各ステークホルダーに対する割引現在価値（関東都市近郊農畜産業地域モデル）[5)]
色の濃さは濃い順から各々50%，90%および 100%の確率を示す.

年 9 月 9 日：第 32 章）を対象に実施した.

以下では,②と③のモデルでのステークホルダーごとに期待される利益分布（20 年後）を示す．図 27-10 は②において，実規模バイオガスプラントの導入を想定した場合の 20 年度の割引現在価値分布を示す．全ステークホルダーに対する割引現在価値は正（プラス）であるが，農家と経済全体に対する値が大きくなった．一方，③に関して，林地残材利用ガス化発電プラントの製材所への導入が与える影響を検討した結果，ガス化発電プラント導入により，地域社会は利益を享受し，

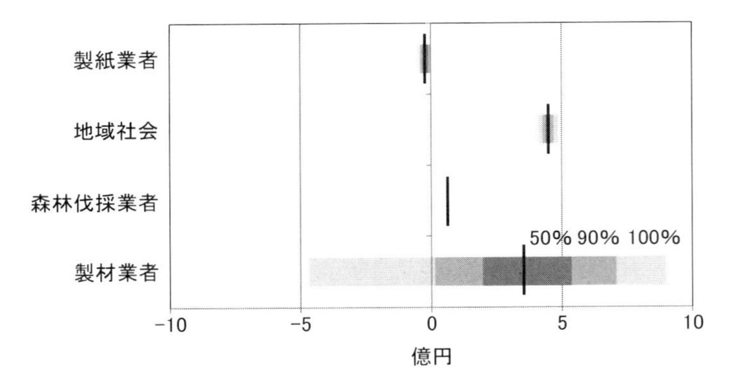

図 27-11　各ステークホルダーに対する割引現在価値（岐阜中山間地域モデル）[5]
色の濃さは濃い順から各々50%，90%および 100%の確率を示す.

製材業者も相対的に大きな利益を得るが，その変位幅は負（マイナス）から正まで広く，不確実性が大きいこと等が示された（図 27-11）.

5. 地域バイオマス利活用の成功要因

地域を活性化させるバイオマス利活用システムをどのようにすれば構築ができるかについて，成功要因を解析した [1]．まず，分析フレームワークとして，文献情報から潜在的成功要因を表 27-5 に抽出し，次に，プロジェクト各チーム代表者等を対象にアンケートを実施してデータを収集した．この分析結果から，技術以外の要因がプロジェクトのパフォーマンスと深く関わること，要因は経済や組織の問題に限定されず,「一般の人々の認識」と「ステークホルダー」等に関わることが明らかとなった．言い換えれば，技術を普及・定着させるために，技術以外の要因，いわば人間的要因の重要性が示された.

6. おわりに

バイオマス利活用は建設に補助金を使うことも多いが，他の再生可能エネルギー利用に比べて運営段階にかかる経費割合が大きく．変換とともに輸送，貯蔵，利用の工程を含め，LC を通して評価した上で事業化しないと行き詰まる危険性が高い．また，バイオマス利活用には支出とエネルギー消費を伴うが，得られる

表 27-5　文献から抽出されたバイオマス利用プロジェクトの潜在的成功要因[5)]

問題領域	潜在的成功要因
競争力	プロジェクト規模，技術成熟度，バイオ燃料に対する市場の存在
政策枠組	金融的インセンティブ（税制上優遇，直接支払等），有利な信用と保証，バイオ燃料等の競争力を高める制度（環境税等），バイオ燃料利用率を高める政策（ガソリン中への最低混合比率等），意思決定権限者からの明確なシグナル，官僚制的障壁がない，制度（枠組）の安定性，政府の直接投資（研究開発（R&D）等）
地域の整合性	現在のインフラやビジネスとの整合性（他産業での副産物利用等），気象条件と適合した原料の存在，原料供給の信頼性，流通距離が短いこと
一般の人々の認識	プロジェクトと共同体のイメージとの整合性（理解されやすさ），透明性（コミュニケーション，安全性の実証），既存のサクセスストーリーがあること
ステークホルダー	多数の多様なステークホルダーの関与，強固なロビー活動の存在，ステークホルダーとの濃密な共同作業，科学と実践との連携，リーダーの存在

収入や生産エネルギーが地域で支出を上回ることが重要である．少なくとも従来法と比べて収益性向上（赤字軽減）とエネルギー利得改善が必要である．

一方，エネルギーの評価では，メタンガスや電気のように直接的にエネルギー換算できるものの他，堆肥やメタン発酵消化液（液肥）などの資材を間接エネルギーとして適切に評価しないと間違った判断をする．本章で紹介した LC での評価法の活用に当っては，筆者らに連絡を頂き，各地域にあった評価を効率的に進めてほしい．

本章は，農林水産省のプロジェクト研究「地域活性化のためのバイオマス利用技術の開発（モデル）」の成果である．当時の共同研究者であった清水夏樹氏（現，京都大学准教授），内田　晋氏（現，茨城大学准教授）に感謝する．

引用文献

1） Blumer, Y. et al. (2013) Non-technical factors for bioenergy projects: Learning from a multiple case study in Japan. Energy Policy 60: 386-395.
2） 林　清忠（2011）農業の LCI データベースをめぐる世界動向と農研機構の取り組み，日本 LCA 学会誌 7：23-29.
3） Hayashi, K. et al. (2010) Modeling life cycle inventories for crop production in Japan: development of the NARO LCI database. LCA Food 2010: VII International Conference on Life Cycle Assessment in the Agri-Food Sector 1: 455-460.

4）農村工学研究所（2012）市町村のためのバイオマス活用計画の評価ガイド：152pp.
5）農林水産技術会議事務局（2014）地域活性化のためのバイオマス利用技術の開発（バイオマス利用モデルの構築・実証・評価）．研究成果 500：241.
6）清水夏樹ら（2013a）バイオマス利活用システムのライフサイクルを対象とした経済性の評価．農工研技報 212：53-96.
7）清水夏樹ら（2013b）バイオマス利活用システムのライフサイクルを対象としたエネルギー収支の評価．農工研技報 212：97-126.
8）Uchida, S. and K. Hayashi (2012) Comparative life cycle assessment of improved and conventional cultivation practices for energy crops in Japan. Biomass and Bioenergy 36: 302-315.
9）Uchida, S. et al. (2012) Life cycle assessment of energy crop production with special attention to the establishment of regional biomass utilisation systems. International Journal of Foresight and Innovation Policy 8(2/3): 143-172.
10）Uchida, S. et al. (2011) Construction of agri-environmental data using computational methods: the case of life cycle inventories for agricultural production systems. Hercules Antonio do Prado, Alfredo Jose Barreto Luiz and Homero Chaib Filho eds., Computational Methods Applied to Agricultural Research: Techniques and Advances. IGI Global: 412-433.
11）内田　晋ら（2010）農業生産システムのインベントリデータベースに基づくバイオマス地域利用シナリオの評価．日本地域学会第47回年次大会学術発表論文集：1-6.
12）Uchida, S. et al. (2010) A scenario-based assessment of regional biomass utilization using the life cycle approach: a case study on biorefinary systems founded on sweet potatoes in Southern Kyushu. Proceedings of the 9th International Conference on EcoBalance: 17-20.
13）柚山義人ら（2010）：ライフサイクル的にみたバイオマス利活用評価の論点．農業農村工学会論文集 266：71-76.

第28章　地域実証事例〔1〕都市近郊農畜産業地域モデル　山田バイオマスプラント

～＊～＊～＊～＊～＊～＊～＊～＊～＊～＊～＊～

柚山義人・中村真人・山岡　賢

1. はじめに

バイオマス利活用は全国各地で様々な技術を用いて進められている．新技術を取り入れて事業化を行う際に，信頼できる実証結果を各々の地域に応用するのが常套手段である．公的資金による地域実証はデータが公表されるので，実用技術として使える段階にあるのか，事業化における留意点は何かを見いだしやすい．

農林水産技術会議事務局委託研究「地域バイオマスプロジェクト（バイオマス利用モデルの構築・実証・評価)」では，以下の全国6地域を対象に，地域特性を活かしたバイオマス利活用システムのモデルを設計し，その一部を実証・評価した：①北海道十勝地域の大規模畑作地域，②岩手県内陸部農村地域の大規模水田地域，③千葉県香取市の都市近郊農畜産業地域，④岐阜県高山市の中山間地域，⑤鹿児島県鹿屋市の畑作畜産地域および⑥沖縄県宮古島市の南西諸島．本章では，筆者らが担当した上記③のモデルである「山田バイオマスプラント」を核とした地域実証の結果を紹介する．なお，本章は公表物[10,11]に加筆し編集したものである．

2. 山田バイオマスプラントを核とする地域実証

1) 地域実証の概要

千葉県香取市にメタン（CH_4）発酵を軸とするバイオマス・リファイナリー[14]を実証するための「山田バイオマスプラント」を試作・運転した．具体的には，バイオマス利活用システムの構想作成，推進・運営体制の整備，諸手続の実施，プラントの設計・試作・設置，運転・性能試験，物質・エネルギー収支の解析，環境への影響評価を行い，システムの有効性と課題およびその解決方向をとりまとめた[3,5,9,12,17,18]．全体構成を図28-1に示す[19]．要素技術は，メタン発酵と吸蔵，炭化，水蒸気爆砕，堆肥化，コジェネレーション等を用いた．投入原料は，合併

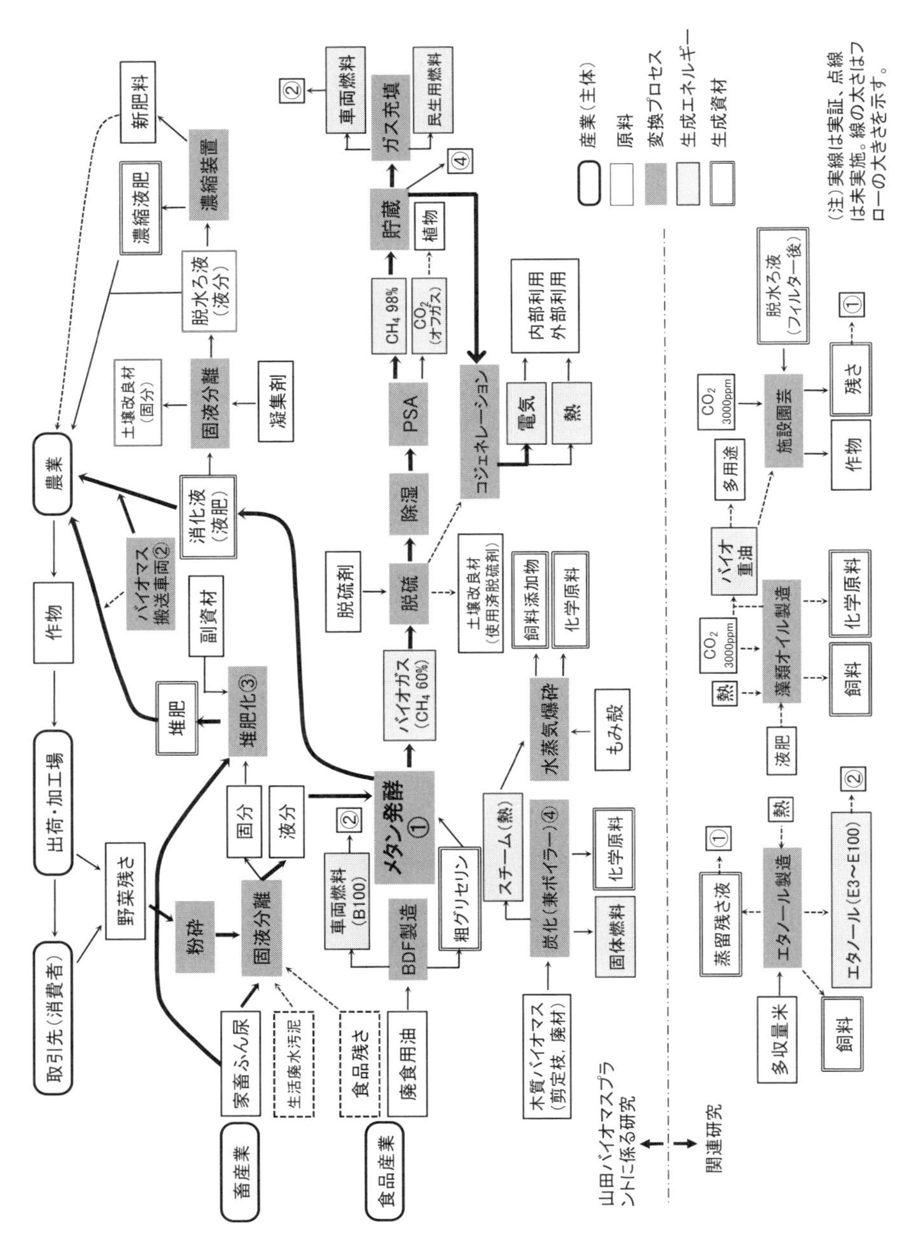

図 28-1　山田バイオマスプラントを核とするバイオマス利活用システム[19)]

表28-1　メタン発酵に関わる施設・設備の概要[9)]

施設・設備	概要
メタン発酵	135m^{3}発酵槽（単槽）での中温発酵（約37℃）で，滞留時間約27日．
メタン精製	PSAと呼ばれる吸着分離型のメタン濃縮装置で，細孔径を制御する吸着材（活性炭）を用いてメタンとCO_2の分子サイズの差により，選択的にCO_2を除去し，メタンを濃縮する技術．精製ガス（「製品メタンガス」）のメタン濃度は約98%．除去されたCO_2を主成分とするオフガス（メタン濃度10～15%）は大気へ放出する．バイオガスを1時間当り6.5Nm^{3}処理可能．
消化液固液分離	スクリュープレス式脱水機で，無機凝集剤（ポリ硫酸第二鉄）と高分子凝集剤が添加された消化液を脱水ろ液（液分）と脱水ケーキ（固分）に分離．消化液を1時間当り0.63t固液分離可能．
コジェネレーション	定格出力25kWh．ガスエンジン，発電機，インバータ，熱交換器から構成される．本研究ではPSAで精製したメタン濃度約98%のガスを燃料とする．また，メタン発酵槽加温の熱源は電気ヒーターで，コジェネレーションからの熱利用は量的には限定的．

で香取市となる前の旧山田町で発生する原料バイオマス量の約1/100である．なお，関連研究も記載した．

このメタン発酵部分は，2005年7月から運転を開始した．メタン発酵関連の施設・設備は，表28-1に示すメタン発酵，メタン精製，消化液固液分離等から構成される．このシステム構成を図28-2に示す．メタン発酵原料は乳牛糞尿，牛糞脱離液（乳牛糞尿を畜産農家で固液分離した液分），野菜汁（野菜の加工工場等から排出される加工屑や規格外品の搾汁液）で，投入量は合計約5トン（t）/日である．投入原料は夾雑物脱水機で固液分離し，液分を発酵槽に送る．固分（以降，「夾雑物」とする．大部分は乳牛飼養の敷料おが屑）は隣接する堆肥舎に送り堆肥化する．メタン発酵で得られたメタン濃度約60%のバイオガスは脱硫塔で脱硫，ガスドライヤーで水分除去した後，PSA（Pressure Swing Adsorption：圧力変動吸着法）によりメタン濃度98%に精製し（精製されたメタン濃度98%のガスを「製品メタン」と呼ぶ），メタン自動車（軽トラック，フォークリフトなど），コジェネレーション燃料等に利用される．原料バイオマスを5t/日投入すると「製品メタン」が65Nm^3（ノーマルリューベ）/日できる設計である．バイオガス精製過程で取り除いた二酸化炭素（CO_2）を主成分とするガス（以降，「オフガス」とする）は，大気へ放出する．メタン発酵過程で同時に生成する消化液は肥料成分の窒素（N），リン（P），カリウム（K）を多く含み，Nの約50%が速効性肥料成分のア

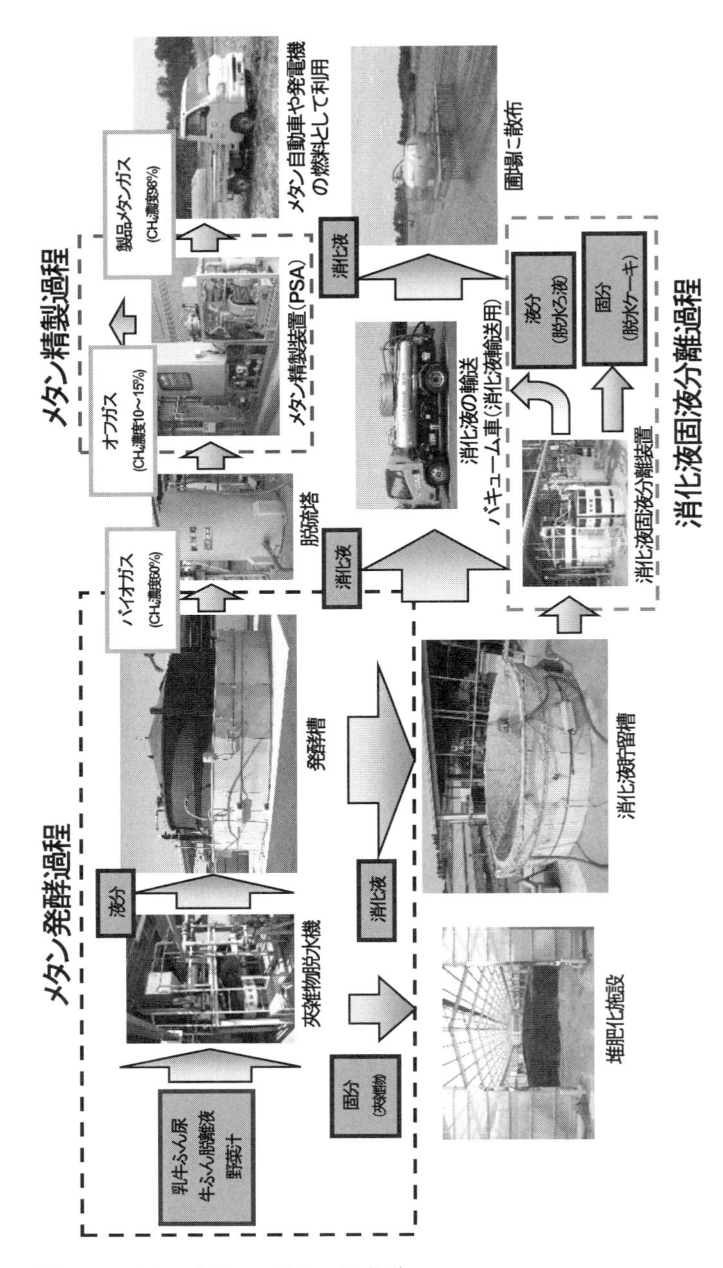

図 28-2　メタン発酵システムの構成 [11)]

表 28-2　メタンガスの貯蔵とメタン自動車での利用 [12)]

	容量 （リットル（L））	フィルター	圧力 （kgf/cm^2）[1]	貯蔵可能量 （m^3）	貯蔵能力 （倍）
貯蔵タンク	20,000L	活性炭	6	500	25
移動式ボンベ	120L（30L×4）	—	120	14.4 （0.12×120）	120
軽トラック	50L（25L×2）	—	120	6	120
フォークリフト	162L	活性炭	9.9	8.1	50
構内作業車	75.4L（37.7L×2）	活性炭	9.9	3.77	50
バイク	20L（14L+6L）	活性炭	9.9	1	50

1：kgf/cm^2：1cm^2 当りにかかる重さ（kg）を示す．

ンモニア態窒素（NH_4-N）であるため，化学肥料の代替として利用できる．消化液の一部は固液分離し，液分の脱水ろ液と固分の脱水ケーキに振り分ける．脱水ろ液は消化液中の固形分が取り除かれており，消化液と比較して散布時の取扱いが改善された液肥となる．一方，固液分離後の脱水ケーキは堆肥原料となる．メタンの貯蔵と利用の概要を表 28-2 に示す．

2）物質収支

物質収支は，メタン発酵過程（メタン発酵原料投入からバイオガスと消化液の生成まで），消化液固液分離過程（消化液を脱水ろ液と脱水ケーキに分離する過程），メタン精製過程（PSA 装置でバイオガスを製品メタンとオフガスに分離する過程）について算出した．なお，消化液貯留槽からの CO_2，メタンおよびアンモニア（NH_3）の揮散量は，今回の収支計算では考慮しなかった．メタン発酵過程の物質収支を図 28-3 に示す．原料 1t 当りに換算すると，バイオガス 17.1Nm^3（メタン：9.97Nm^3，CO_2：7.19Nm^3）と消化液 0.85t が生成する．発酵槽に投入したもののうち，原料から夾雑物を除去したものに含まれる C の 21％がメタンとして回収された．原料中の肥料成分 N，P，K は夾雑物として取り除かれるものとメタンとして揮散（未測定）するもの以外は，ほぼ全量消化液に振り分けられる．メタン発酵過程での消費電力は原料 1t 当り 8.6 キロワット（kW）であった．

メタン精製過程の物質収支を図 28-4 に示す．バイオガス 1Nm^3 は PSA 装置により精製され，「製品メタン」0.56Nm^3 ができ，残り 0.44Nm^3 がオフガスとして大気に放出される．その結果，メタンの回収率（バイオガスに含まれるメタンのうち，「製品メタン」として回収した割合）は，93％であった．

IN

	C (kg/原1t)	N (kg/原1t)	P (kg/原1t)	K (kg/原1t)	重量 (kg/原1t)
乳牛糞尿	32.26	1.84	0.54	1.59	0.48
牛糞脱離液	6.38	1.14	0.27	1.08	0.38
野菜汁	2.24	0.21	0.04	0.37	0.14
計	40.88	3.19	0.85	3.04	1.00

⇩

OUT

	C (kg/原1t)	N (kg/原1t)	P (kg/原1t)	K (kg/原1t)	重量 (kg/原1t)
夾雑物	17.03	0.67	0.17	0.39	0.13
CH_4（バイオガス）	5.35	0.00	0.00	0.00	0.01（9.97Nm^3/原1t）
CO_2（バイオガス）	3.85	0.00	0.00	0.00	0.01（7.19Nm^3/原1t）
消化液	8.33	2.88	0.46	2.73	0.85
計	40.88	3.19	0.85	0.85	1.00

図 28-3　原料 1t あたりのメタン（CH_4）発酵過程の物質収支 [11]

3) 山田バイオマスプラントの運転

プロジェクト実施当時，このプラントは化学プラントの運転管理経験がある場長1名と5～6名のスタッフ（3 名はシニア世代，一部スタッフはフォークリフト運転免許，危険物取扱者等の資格保持）で運営した．場長の業務は作業統括，対外調整，見学者対応等，スタッフの業務は原料運搬・投入，機材機器の点検・保守・清掃，消化液運搬・散布，運転データ記録等で，消化液運搬・散布を除いた施設・設備運転に関係する業務は，1 日当り約 1.5 人で行われた．このプラントを効率的に運転するために，地元企業やシルバー人材の活用により，低コストで効率的な運転に取組んだ．この取組みの留意事項等を表 28-3 にまとめた．プラントにおける維持管理作業のうち，大手プラントメーカーしか対応できない場面も多

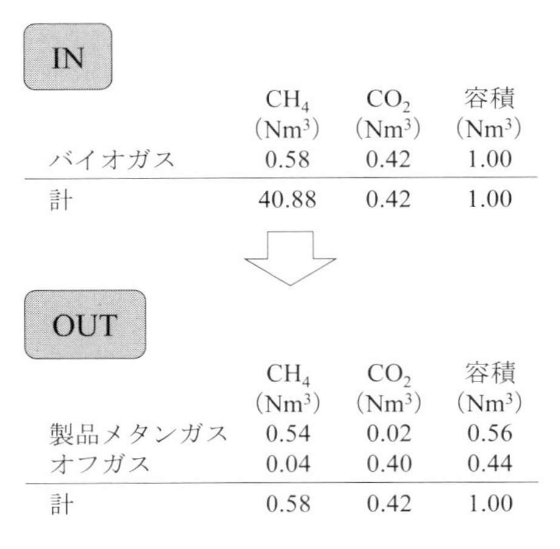

IN

	CH_4 (Nm^3)	CO_2 (Nm^3)	容積 (Nm^3)
バイオガス	0.58	0.42	1.00
計	40.88	0.42	1.00

⇩

OUT

	CH_4 (Nm^3)	CO_2 (Nm^3)	容積 (Nm^3)
製品メタンガス	0.54	0.02	0.56
オフガス	0.04	0.40	0.44
計	0.58	0.42	1.00

図 28-4　バイオガス 1Nm^3 あたりのメタン（CH_4）精製過程の物質収支 [11]

いが，配管工事や一般機器設置等の作業は，地元企業で十分対応できる．プラント作業者が自前でできること，地元企業でできること，プラントメーカーに依頼しなければならないことを分類し，作業の安全性に十分留意した上で，適切に使い分けることで，コストの削減や作業期間短縮ができた．また，プラント運転作業にはバルブやパッキン交換，フォークリフト運転，消化液輸送・散布作業等があり，これら作業経験が豊富な化学工場勤務経験者等のシルバー人材雇用により，安定したプラント運転と人件費削減が可能となった．

山田バイオマスプラントは運転開始以来，無事故で運転を継続してきた．しかし，重大事故に結び付いてはいないものの，トラブルは多数発生し，試行錯誤を繰り返しながら克服してきた．運転開始から起きたトラブル各々について，「事象・原因」，「対策とその結果」，「教訓」等を整理したトラブルリストを作成した[5,9]．この一例として，原料受入ピットに原料以外のものが混入した事例を表28-4に示す．トラブルリストは，失敗の未然防止策として，メタン発酵技術を用いた

表28-3　地元企業・シルバー人材の活用によるプラントの効率的運転のための留意事項[11]

項目	小項目	内容・例
地元企業活用	プラントメーカー依頼との差.	安価；納期が早い；注）価格や納期だけで評価できない側面もある.
	プラント作業者が自前でできる，地元企業でできる，プラントメーカーのみができることの分類.	プラント作業者：日常点検によるボルド増締，バルブ交換，パッキング交換，ペンキ塗り. 地元企業：溶接作業，一般的機器の製作，設置工事・配管工事. プラントメーカー：大型機器製作据付，特殊機器製作据付.
	地元企業活用上の留意点.	火気等安全管理に欠ける点：火気管理，劇毒物取扱いを充分教育し，安全監視；必要資格保有の確認；作業開始前にツールボックスミーティングを行い，作業の危険性に関して意識共有をはかること.
シルバー人材活用	メタン発酵プラントの作業.	消化液運搬散布作業；原料投入・生成物（夾雑物）搬出作業；設備運転作業；プラントの日常管理（点検，日誌の記入）
	どのような経歴が望ましいか.	労働安全の基礎知識；必要な資格；ボルド増締，バルブ交換，パッキング交換等の作業経験を有する
	必須資格と持つことが望ましい資格.	必須：自動車，フォークリフト免許，危険物取扱い主任者. 望ましい：高圧ガス取扱い主任者（乙類），玉掛け作業，劇毒物取扱い主任者，衛生管理者，酸欠作業主任者.
	適任者はどこで探せるか.	石油化学コンビナート関係会社の総務，人事部；地元の人材派遣会社

表 28-4　トラブルリスト（例）[5]

事例番号	25	2009.3	分類	部品の消耗・長期運転の影響
件名	受入ピットへの原料以外のものの混入．			
事象・原因	原料受入ピットの清掃を行った結果，原料以外の異物（手袋，石，釘，工具等）が見つかった．			
対策とその結果	・原料供給者に原料の管理の徹底を依頼する． ・定期的な清掃が必要．			
教訓	・原料供給者に原料の管理の徹底を依頼する． ・一方，ある程度の異物混入はやむをえないので，ピットの構造で異物を分離できるようにし，機器への致命的なダメージを避ける．			
備考	受入ピットは原料に混入する異物を分離する役割を果たしている．			
写真	左：原料受入ピット（写真は割愛） 中：受入ピット清掃の様子 右：受入ピットの底から出てきた異物（石，釘等）			

事業化を検討している担当者が活用できるよう配慮した事例集である．

4）地域活性化の効果

このプロジェクトは，バイオマス利活用を地域活性化につなげることを強く意識していた．研究に参画した農事組合法人和郷園からみた資源循環がもたらす地域経済活性化への貢献を図 28-5 に示す．自然循環型農業の促進，循環型社会形成，雇用創出，環境保全および都市と農村の交流などの効果がある．すなわち，バイオマス利活用という取組みによる支出が地域に収入をもたらす構造になっていることが要点である．本プロジェクト研究では，地域実証の展示効果の発揮が期待されていたが，訪問者は 2012 年 3 月時点で世界 64 ヶ国から約 12,000 人に達した．

3. メタン発酵消化液の利用

メタン発酵消化液を利用する技術[20]の開発と普及は農村地域のバイオマス利活用における大きな命題であり，全国各地で消化液利活用の取組みが進んできた．ここでは，山田バイオマスプラントで生成される消化液の利用事例から得られた知見を紹介する．この情報は冊子[13]の形でもとりまとめた．

1）消化液利用の実態

山田バイオマスプラントで生成されるメタン発酵消化液成分を表 28-5 に示す．

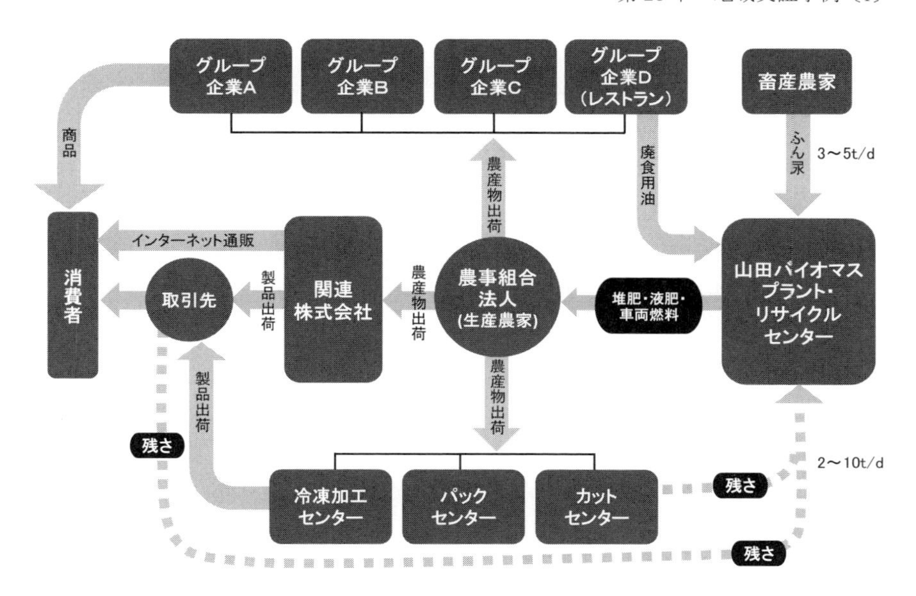

図 28-5　資源循環と地域経済活性化 [19)]

消化液は固形分を含む茶褐色の液体であり，成分はメタン発酵原料の成分組成を反映する．すなわち，このプラントでは乳牛糞尿が主原料であり，N や K に対して P の含有量が低い．また，N の約半分が速効性肥料成分のアンモニア態窒素（NH_4-N）であるため，化学肥料の代わりとして利用できる．しかし，消化液懸濁物質（SS）が 26,700mg/L で固形分が含まれるため，灌水チューブ等を用いた省力的な散布は難しい．このプラントで生成する消化液は消化液貯留槽で一時的に貯留された後，ほぼ全量（年間約 1,500t）が液肥として，年間約 200 筆，約 50ha の農地に施用される．消化液はバキューム車（タンク容量 3.7m^3）で農地に運ばれ，液肥散布車で散布される．また，液肥散布車（タンク容量 1.6m^3）の輸送には 2t トラックを用いる．プラントの周辺はほ

表 28-5　メタン発酵消化液の成分

項目	値
全蒸発残留物（TS；mg/L）	41,300
懸濁物質（SS；mg/L）	26,700
pH	7.7
EC（S/m）	2.0
全窒素（N；mg/L）	3,390
アンモニア態窒素（NH_4-N；mg/L）	1,740
硝酸態窒素（NO_3-N；mg/L）	<0.3
リン（P；mg/L）	536
カリウム（K；mg/L）	3,210
全炭素（C；mg/L）	9,790

EC：Electrical conduction（電気伝導；単位は S/m（ジーメンス/メートル））

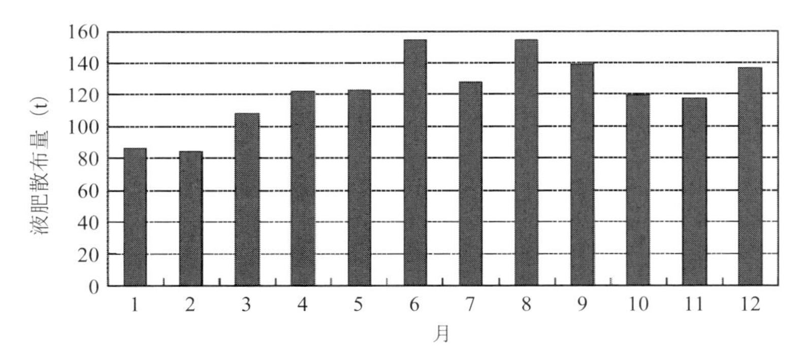

図 28-6　メタン発酵消化液の月別散布量（2007-9 年平均）

ぼ年中作付けが行われる畑作地帯であることから，年間を通して散布を行うことができる（図 28-6）．研究開始当初，消化液中固形分により液肥散布車の吐出部分で詰まるトラブルがあったが，網による粗大固形物除去や消化液貯留槽からの消化液採取位置の工夫でトラブルは解消した．その結果，効率的消化液の輸送・散布システムを確立でき，スケジュール通り輸送・散布作業が行えるようになった．

消化液は主に基肥として 30 種類以上の作物に利用され，使用農家から，「消化液の肥料成分を考慮して施肥量を決めれば，通常肥料と同様に活用できる．」との感想を得た．土壌診断技術を有し，消化液をうまく使いこなす故である．なお，このプラントで生成する消化液の成分濃度や量は研究ステージにより変化し，本報告の数値はその一例である．

2）消化液の利用可能量の解析

メタン発酵消化液を地域で使い切れるかどうかの見極めは大変重要である．ここでは，消化液の利用者であり，プロジェクト研究に参画した和郷園を仮想例として解析した．和郷園の約 90 戸の組合員農家は全て専業農家で，畜産農家は 1 戸のみで牛糞尿は堆肥化され組合員農家で使われていた．プロジェクト研究開始後は，その一部がメタン発酵の原料に回り，消化液が生成された．組合員農家が和郷園としての商品（野菜等）を栽培する畑や施設園芸の総面積は 134.3ha，筆数 810 である．メタン発酵を行うプラントを基点とする圃場分布を図 28-7 に示した．ここでプラントへ牛糞尿を持ち込み，消化液を生成し，それを農地で利用することを考えてみる．牛糞尿排出量は一頭当り 50kg N（窒素）/年とし，この N がそ

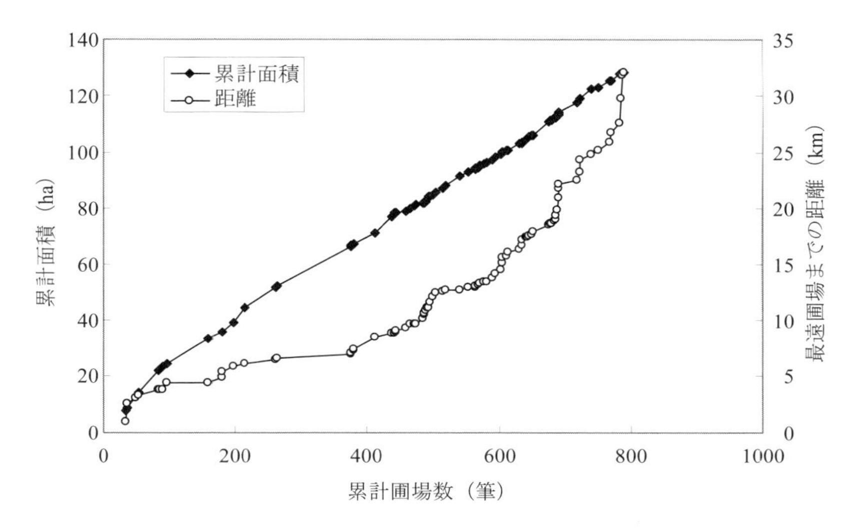

図 28-7　和郷園農家の累計面積（●）と圃場までの距離（○）の分布

のまま消化液へ移行するとする．また，消化液は，プラントから近い圃場（端数が出ない範囲内で字単位で計算）から利用されるとする．

図 28-7 の情報から，牛の飼養頭数分に見合う農地面積，必要な施用農地面積に見合う牛頭数および単位面積当りの消化液施用可能量の算出ができる．これら 3 観点から行った解析結果を図 28-8 に示す．〔A〕は，プラントを基点とする累計農地面積と最も遠い農地までの距離を表す．〔B〕は，消化液施用量 100kg/ha の場合の牛の頭数と累計農地面積の関係である．その農地面積と最も遠い農地までの距離が連動している．100 頭の牛糞尿に含まれる N 量は解析前提条件で 5t N/年となり，施肥設計を 100kg N/ha とすると，消化液施用する農地面積は 50ha になる．プラントを基点とすると 50ha の農地筆数は 249, 最も遠い農地までの距離は 6.4km となる．牛頭数が倍の 200 頭になると，農地面積は 100ha，筆数は 606，最も遠い農地までの距離は 15.6km となる．〔C〕は，牛頭数を 200 頭にした場合の消化液施用量（kg N/ha）と累計農地面積の関係を表す．これらから，畜産経営と農地面積規模のあるべきバランスが理解できる．和郷園の例では，100～200 頭規模の畜産農家が 1 戸あれば, 約 90 戸の農家の需要量とオーダー的にバランスすると言える．需要が時期的に集中すること，筆数が多いこと，プラントから距離が遠い圃場も多く，輸送に時間とコストがかかり環境負荷が高まる場合があることに留意する必要がある．このような生成消化液量と農地面積のバランスの概算は，バイ

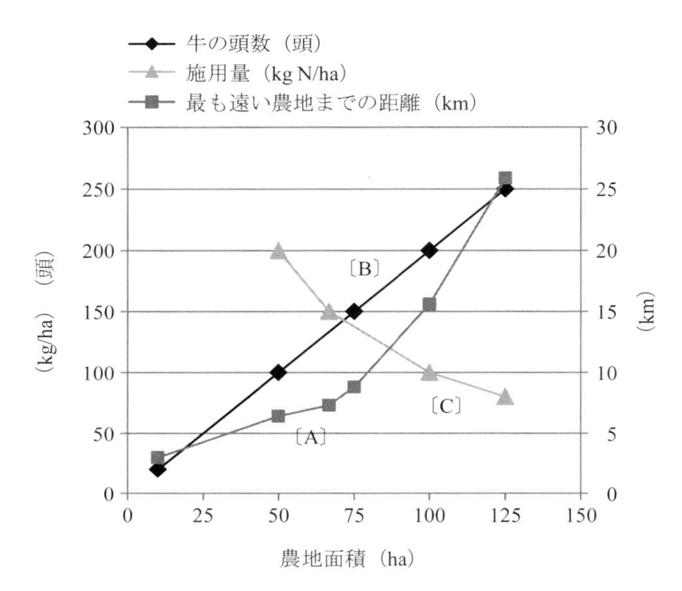

図 28-8　メタン発酵消化液の利用に関する解析

オマス利活用構想策定の初期に行っておく必要がある．

3）畑地におけるメタン発酵消化液の肥料効果

畑地においてメタン発酵消化液を環境保全的に液肥利用するために，NH_3 揮散，地下への N 溶脱特性等の一連の情報を整理した [7]．表 28-6 に示した検討項目の結果，①消化液を土壌表面施用すると，消化液中の NH_4-N の一部が揮散し，その量

表 28-6　メタン発酵消化液の肥料効果や環境影響に関する検討項目 [7]

検討項目	評価のポイント
アンモニア（NH_3）揮散量	消化液に含まれる有機態 N のうち，施用後にどの程度 NH_3 として揮散するか．
有機態 N の無機化量	消化液に含まれる有機態 N のうち，どの程度無機化するか．
地下への N 溶脱量	作物に吸収されずに下方へ移動する割合はどの程度か，地下水質に及ぼす影響はどうか．
土壌からの温室効果ガス発生量	消化液施用により，土壌からの温室効果ガス（メタン，N_2O）の発生特性は変化するか．
消化液連用による土壌への影響	消化液の連用により，消化液に含有する C や N はどの程度蓄積するか．土壌の物理性は変化するか．

は施用後 3 時間以内が多い．しかし，施用後速やかな土壌との混和などの NH_3 揮散を抑制できる施用方法（揮散抑制型施用方法）の採用で，NH_4-N の多くを肥料として利用できる．表面施用のまま放置すると，NH_4-N の多く（30〜60%）が揮散して失われるが，その量は環境条件に左右されるため予測が難しい；②揮散抑制型施用方法を用いることにより，有機態 N の無機化分（約 20%）を含め，消化液に含まれる N の約 6 割を速効性成分として利用できる（図 28-9）；③施用 N のうち土壌蓄積される N 以外の割合に着目すると，土壌に保持された消化液由来 NH_4-N の動きは，硫安等の化学肥料由来成分と大差はない（図 28-10）．作物による N 吸収量に対する溶脱量の割合が消化液・硫安で同等であることから，化学肥料を消化液で代替しても地下水への負荷は増加しない；④消化液施用した土壌からの亜酸化窒素（N_2O）の発生量は，消化液施用量の増加に伴い，N_2O として発生する割合が高まる傾向があるため，過剰施用は避ける（図 28-11）．一方，NH_3 の発生量はほとんどない；⑤消化液に含まれる炭素（C）の一部は安定的な形態で，施用後土壌表面に蓄積される（5 年間連用後の蓄積量は施用された C の 43%）．そのため，消化液の連用は一定の C 貯留効果があると言える．

以上より，消化液は施用方法による NH_3 揮散特性を考慮して施肥設計すること

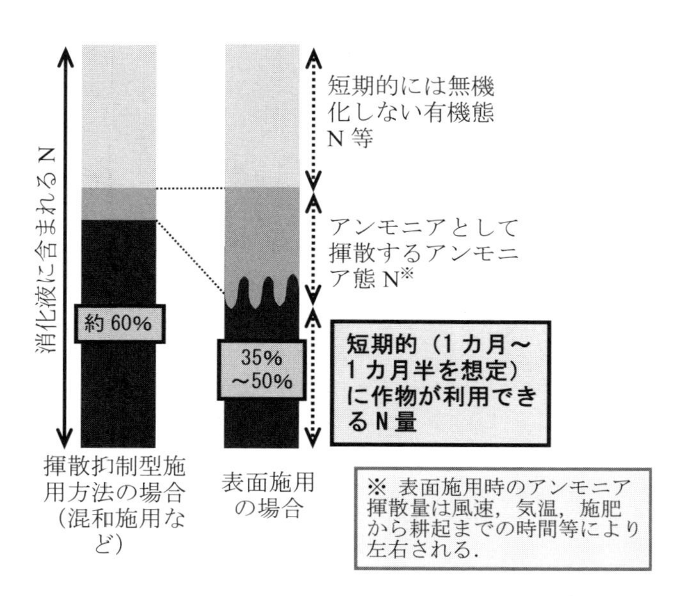

図 28-9　メタン発酵消化液由来窒素（N）の利用可能割合 [7]

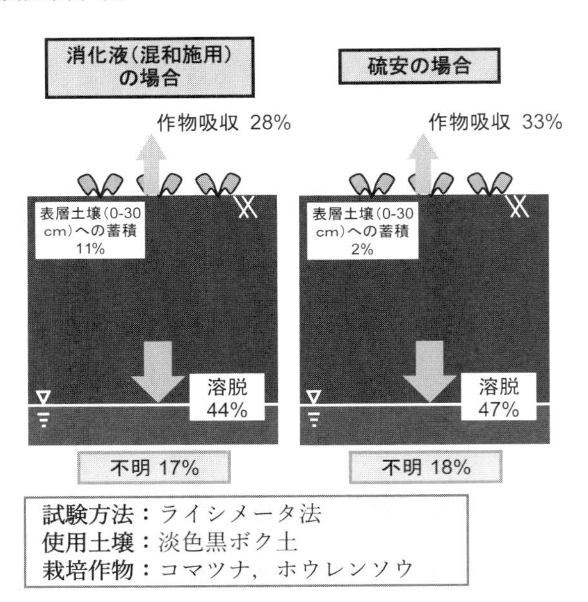

図 28-10　施肥された窒素（N）の動態（4 年間の窒素収支）[10]

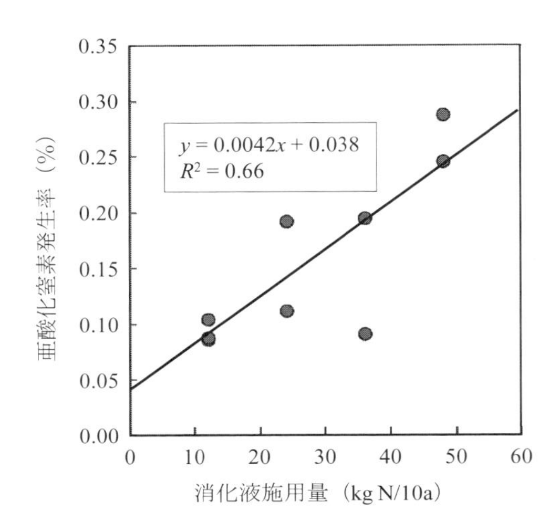

図 28-11　メタン発酵消化液施用量と亜酸化窒素発生率の関係[7]
使用土壌：表層腐植質黒ボク土.

により，環境負荷を増加させずに肥料効果を発揮できる．

4）温室効果ガス排出量の評価

ここでは，メタン発酵消化液の液肥利用過程における温室効果ガス（Green House Gas：GHG）排出量の評価[1-4,6-8]について紹介する．消化液を排水処理する場合，多大なコストとエネルギーを要し，それに伴いGHGが排出される．一方，液肥利用でも消化液の輸送・散布車両の燃料消費に伴いGHGが発生する．また，肥料施用した農地土壌からはGHGであるN_2Oが発生するが，消化液を散布した圃場の土壌からも同様にN_2Oが発生する．そこで，液肥利用がGHG排出に及ぼす影響を評価するために，消化液のほぼ全量を液肥利用する山田バイオマスプラントを対象として，消化液の液肥利用に伴うGHG排出量を算定し，既往の文献より求めた排水処理に伴うGHG排出量との比較を行った．

山田バイオマスプラントの消化液は，ほぼ全量が農地利用されているため，消化液の液肥利用に伴うGHG排出量は，プラントでの運転実績を基に，輸送・散布車両の燃料消費量，プラントから圃場までの距離および輸送に用いた軽油のGHG排出係数より求めた．消化液施用圃場からのN_2O発生量は，圃場での実測値の平均値とした．2008年のGHG排出量に関して，消化液散布圃場までの平均輸送距離は12kmであった．液肥利用に伴うGHG排出量のうち，輸送（バキューム車由来と散布車輸送2tトラック由来），散布，圃場でのN_2O発生割合は，各々62%，20%，18%であり，液肥利用に伴うGHG排出量の中では輸送車両からの排出割合が高かった．排出量削減のためには，近傍圃場への散布量を増やし，圃場までの輸送距離を短縮することが有効であり，輸送距離を5kmまで短縮すると，排出量は消化液1tあたり約5.2kg-CO_2 eq（CO_2に換算した値）まで削減でき，輸送距離を1km短縮する毎に，消化液1t当り約0.42kg-CO_2 eq削減できる（図28-12）．文献値から算定した消化液を排水処理した場合のGHG排出量は消化液1t当り約18kg-CO_2 eqであり，液肥利用を行った場合よりも排出量が多かった．

以上より，消化液の液肥利用は，メタン発酵プラント近隣圃場に散布できれば，肥料成分の有効利用や運転コスト削減に加え，GHG排出量を大幅に削減できることが示された．しかし，四季を通してプラント近くに散布圃場を確保することは簡単ではないため，プラント側と近隣農家，地元自治体等の関係者が密に連携することが重要となる．

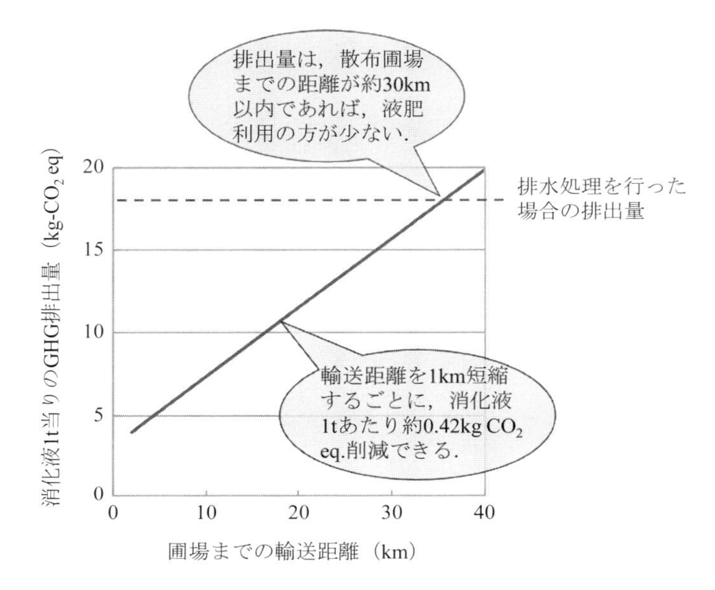

図 28-12　メタン発酵プラントから消化液散布圃場までの距離と温室効果ガス（GHG）排出量の関係

5. おわりに

メタン発酵を軸とするバイオマス利活用の地域実証の事例を紹介した．展示効果を意識してプロジェクトを実施したので，多くの方々に効果を直接見た上でアドバイスを頂きプロジェクトの成果につなげ，社会実装への一歩を踏み出せた．バイオマス産業都市構想ではメタン発酵を変換技術として用いる地域が多いのでこの成果を活用してほしい．

プロジェクト研究終了後も，食品廃棄物をメタン発酵の原料とした場合の評価，消化液の輸送･散布モデルの開発 [15,16]，藻類オイル製造の栄養源としての消化液利用などの研究を展開している．

本章は，農水省委託「地域バイオマスプロジェクト（モデル）」の成果である．前身プロジェクト研究「農林水産バイオリサイクル」の成果も含む．千葉県香取市を対象とした都市近郊農畜産業地域モデルの構築・実証・評価において，共同研究者である東京大学生産技術研究所の迫田章義教授，望月和博特任准教授，農事組合法人和郷園に所属し山田バイオマスプラント場長の故・阿部邦夫さんのご尽力なしにはプロジェクトは成立しなかった．

地域でのバイオマス利活用は現実的に利用可能な原料バイオマスの種類と量，様々な変換技術によって生成する資材やエネルギー需要，収益性等を考えて地域活性化につながるように全体システムを組立てて事業化する必要がある．プロジェクト研究は産学官連携の体制で推進されたので，公表してきた研究論文には現場に役立つノウハウが蓄積されている．バイオマス利活用の計画を策定中あるいは運営で苦労されている方，新たな価値の創造を目指したい方は，是非参照していただきたい．

引用文献

1）藤川智紀・中村真人・柚山義人（2008）メタン発酵消化液の施用による土壌から大気への温室効果ガス発生量の変化．農業農村工学会論文集 254：85-95.
2）中村真人（2009）バイオマス変換物質の農地利用における動態．水環境学会誌 32（2）：11-14.
3）中村真人（2011a）メタン発酵消化液の液肥利用とその環境影響評価に関する研究．農村工学研究所報告 50：1-57.
4）中村真人（2011b）メタン発酵消化液の液肥利用の環境影響評価，農研機構発　農業新技術シリーズ第 3 巻　農業･農村環境の保全と持続的農業を支える新技術．独立行政法人農業食品産業技術総合研究機構編．農林統計出版：pp.184-187.
5）中村真人・阿部邦夫・相原秀基・柚山義人・山岡　賢（2010a）メタン発酵プラントで発生するトラブルの時期的傾向と対策．農業農村工学会誌 78（10）：25-29.
6）中村真人・藤川智紀・柚山義人・前田守弘・山岡　賢（2009）メタン発酵消化液の施用が畑地土壌からの温室効果ガス発生と窒素溶脱に及ぼす影響．農業農村工学会論文集 264：17-26.
7）中村真人・藤川智紀・柚山義人・山岡　賢・折立文子（2013）畑地におけるメタン発酵消化液の肥料効果と環境影響．平成 24 年度農研機構農村工学研究所普及成果情報：15-16.
8）中村真人・柚山義人・山岡　賢・藤川智紀・清水夏樹（2008）消化液を液肥利用するメタン発酵システムによる温室効果ガス削減効果．農業農村工学会学会誌 76（11）：13-16.
9）中村真人・柚山義人・山岡　賢・折立文子・清水夏樹・阿部邦夫・相原秀基・藤川智紀（2010b）メタン発酵プラントのトラブル記録と長期運転データの解析　－山田バイオマスプラントを事例として－．農工研技報 210：11-36.
10）農林水産技術会議事務局・農研機構（2012）地域活性化のためのバイオマス利用技術の開発（バイオマス利用モデルの構築・実証・評価）研究成果ダイジェスト：230.
11）農林水産技術会議事務局（2014）地域活性化のためのバイオマス利用技術の開発（バイオマス利用モデルの構築・実証・評価）．研究成果 500：241.
12）農村工学研究所（2007）農林水産バイオリサイクル研究「システム実用化千葉ユニット」編．「アグリ・バイオマスタウン構築へのプロローグ」：163pp.
13）農村工学研究所（2012）メタン発酵消化液の畑地における液肥利用　－肥料効果と環境への影響－：20pp.
14）迫田章義・望月和博・柚山義人（2006）バイオマス利活用の展望，講座「バイオマス利活用」（その 8）．農業土木学会誌 74（1）：53-58.
15）山岡　賢・中村真人・相原秀基・清水夏樹・柚山義人（2011）メタン発酵消化液の輸送・

散布計画支援モデルの開発．農業農村工学会論文集 273：89-96.
16）山岡　賢・土井和之・柚山義人・中村真人・折立文子（2014）メタン発酵消化液の輸送・散布計画支援モデルの適用．農業農村工学会論文集 293：45-53.
17）柚山義人（2011）バイオマス多段階利用の都市近郊農畜産業型モデル．農研機構発　農業新技術シリーズ第 3 巻　農業･農村環境の保全と持続的農業を支える新技術．独立行政法人　農業食品産業技術総合研究機構編．農林統計出版：pp.176-179.
18）柚山義人・中村真人・山岡　賢・阿部邦夫・相原秀基（2010）資源の地産地消に資するメタン発酵システムの実証, 平成 21 年度農研機構農村工学研究所研究成果情報:19-20.
19）柚山義人・清水夏樹・中村真人・山岡　賢（2011）メタン発酵を軸とするバイオマス・リファイナリー．平成 22 年度農研機構農村工学研究所研究成果情報：13-14.
20）柚山義人・山岡　賢・中村真人（2007）メタン発酵消化液の利活用技術．農業土木学会論文集 247：119-129.

第29章　地域実証事例〔2〕南西諸島モデル 宮古島バイオマスプラント

〜＊〜＊〜＊〜＊〜＊〜＊〜＊〜＊〜＊〜＊〜＊〜

亀山幸司・塩野隆弘・宮本輝仁・凌　祥之・
上野正実・川満芳信・小宮康明

1. はじめに

各地域で営まれている農林水産業は各々の地域の気候・風土で大きく異なり，この農林水産業から排出されるバイオマス資源もまた地域性に大きく依存する．このため，バイオマスの利活用は各地域に適応していることが重要である．筆者らは，農水省委託研究「地域バイオマスプロ」の「バイオマス利用モデルの構築・実証・評価」において，南西諸島におけるバイオマスの地域内循環利用の促進を図るため，沖縄県宮古島市をモデル地域としたバイオマス利活用システムの構築・実証に関する試験研究を2007〜2011年度に行った．

本章では，まず，南西諸島モデルとして，沖縄県宮古島市に設置されたパイロットプラントを核とした地域実証試験の概要について紹介し，次に，南西諸島モデルの中で特徴的な，サトウキビバガスから生成された炭を農地で利活用するシステムの実証試験について紹介する．なお，本稿は公表物[9]等に加筆し，修正したものである．

2. 宮古島バイオマスプラントを核とする地域実証

宮古島は，南西諸島に位置する亜熱帯の島であり，透水性が非常に高い珊瑚石灰岩から構成され，表面は島尻マージと呼ばれる石灰岩由来の暗赤色土壌で覆われている．この土壌は，国頭マージやジャーガルとともに南西諸島に分布する物理化学的に劣悪なマージ土壌の一つであり[7]，粘土分が豊富であるが透水性は比較的高い．さらに，土壌の肥料保持能力は低く，作物生長有効水分量（作物が利用できる土壌水分量）も少ない[5]．また，表土や石灰岩層の透水性が高いため，降水は地下浸透し，島内に恒常河川が見られない．このため，宮古島では，飲料水源や灌漑水源を主に地下ダムの地下水に依存しており，地下水の水質保全に対する関心が極めて高い．

宮古島の主要産業は農畜産業であり，宮古島市の人口は約 5 万 6 千人，うち約 1 割が農畜産業に従事する．農畜産物品目は，サトウキビと肉用牛が多く，各々農業産出額の約 4 割および 3 割を占める[10]．また，農地の約 7 割でサトウキビが栽培され，製糖過程で排出するバガス（主成分セルロースの砂糖絞り滓）とミネラルや低濃度の糖が含まれる廃糖蜜が島の主要なバイオマス資源である[4]．宮古島の製糖工場でバガスが約 6 万トン（t）/年（含水率約 50%）産出され，うち約 8 割が製糖工場の燃料源として使われ，残りは堆肥化などを経て農地施用されている[11]．一方，廃糖蜜産出量は，約 6 千 t/年である[11]．また，肉用牛は宮古島市内で約 2 万頭飼養され[10]，さらに，1 戸当りの平均飼養頭数は増大を続け，飼養規模拡大により糞尿処理労力が増大している[4]．そこで，南西諸島の主要バイオマスである肉牛糞尿や製糖工場副産物（バガス，廃糖蜜）から有価資材やエネルギーを生産するための変換装置（メタン発酵装置，炭化装置，堆肥化装置）を現地に設置した（図 29-1）．

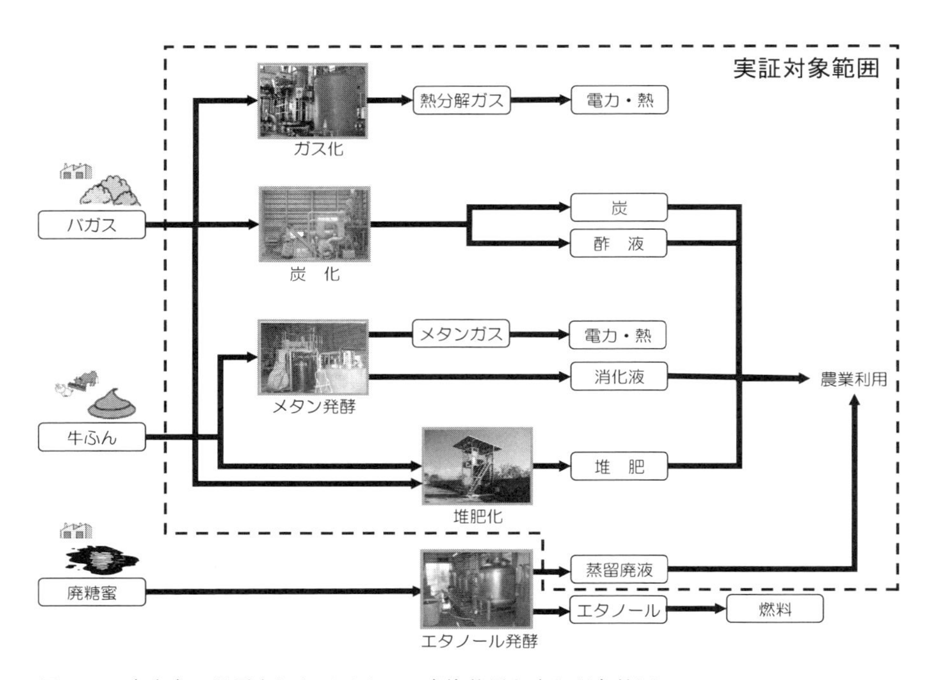

図 29-1　宮古島に設置されたバイオマス変換装置と実証対象範囲

これらバイオマス変換装置を活用し，①エネルギーや有価資材を効率的に生産するための装置稼働方法の検討，②変換装置で生産するバイオマス変換資材・副産物（炭，メタン発酵消化液，エタノール蒸留廃液など）を土壌改良資材・肥料代替資材として現地で農業利用するための農地施用方法確立，③バイオマス変換資材の農業利用が地下水窒素負荷の軽減に及ぼす影響の評価を行い，最終的に④これら一連の試験データを活用して化石エネルギー消費量やコスト（外部経済効果を含む）削減効果の高いバイオマス利活用システムを提案した．結果の詳細は既存の公表物（例えば，農林水産技術会議事務局[9] 参照）に記載した．

次に，南西諸島モデルにおける特徴的取組みとして，宮古島内で最も発生量の多いバイオマス資源のバガスを原料として炭化により生成した炭を農地で土壌改良資材として利活用するシステム（図29-7）実証の結果について記述する．

3. バガス炭を農地で利活用するシステムの実証

宮古島では，現在，バガスは堆肥化を通じて農地施用されているが[11]，高温多湿気候により，施用した有機物は直ちに分解されるため，土壌有機物含量の維持のためには頻繁に施用する必要がある．炭の特徴は，微生物分解に対して強い耐性を持つことである．このため，土壌中残存期間が長く，土壌改良効果を長期的に発揮できる．また，炭は保水性・保肥性に優れるため，農地施用によって保水性・保肥性が低い島尻マージの物理化学性を改善し，農作物の成長促進，地下水への窒素負荷軽減，農地での炭素貯留による二酸化炭素（CO_2）削減に寄与する可能性がある．そこで，バガス炭を土壌改良資材とする利活用するシステム（図29-7）を考案した．そして，システム実現に向けて検証が必要な，①炭化装置の効率的稼働方法の検討，②炭化装置稼働時のトラブル発生状況・解決方法の整理，③農地施用時の土壌改良効果・作物生長促進効果・地下水への窒素負荷軽減効果の確認および④ライフサイクルでのCO_2削減ポテンシャルを推定した検証結果の概要について紹介する．

1）炭化装置の概要

炭化装置は外熱式で，炭化に必要な熱は外部から灯油と熱分解ガスの燃焼で供給する（図29-2）．装置稼動ポテンシャル（設計値）は乾物重0.1t/時（h）で，コンベアで投入されたバガスはスクリュー・コンベアで移動する20-30分間に炭化

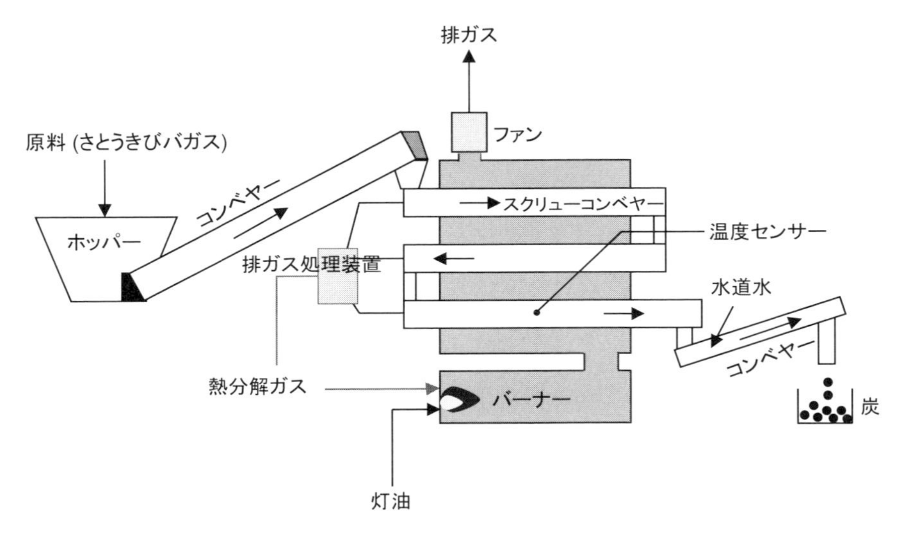

図29-2　炭化装置の概略図（Kameyama et al.[3] を改変）

する[12]．この過程で生じる熱分解ガスはすべて灯油代替燃料として炭化装置のバーナーで燃焼され，炭化炉内温度を維持するとともに灯油消費量を削減できる．また，炭の飛散防止と冷却のため，炭化炉から排出した炭に水道水を散布する．この結果，含水率約80%の炭が排出口から生成する．炭化過程での灯油・電力消費量と炭化炉中心部の温度変化を図29-3に示す．起動時に大量の灯油を使用し炭化炉を加熱する必要があるが，炭化炉が一定温度に達した後は炉内で発生する熱分解ガス利用で炉温度が維持され，炭化中はほとんど灯油を消費せず，長期間連続稼動で灯油消費量を減らすことができる．一方，電力は稼働中一定に消費する．

2）炭化装置の運転

バイオマス利活用の普及・推進の大きな阻害要因の一つは，変換装置が導入後に想定通りに稼働しないことである．そこで，炭化パイロットプラントで実証運転を行い，稼働方法とトラブル発生状況・解決方法を整理した[9]．また，炭化条件（炭化制御温度と原料含水率）はエネルギー消費量や炭化収率に大きく影響するので，炭化条件が炭化過程のエネルギー消費量，炭化収率などに及ぼす影響を調べるため，炭化過程の稼働データを収集した．なお，実証運転の炭化制御温度は500-700℃，原料含水率17.5～60%の範囲内であった．まず，炭化装置の4カ

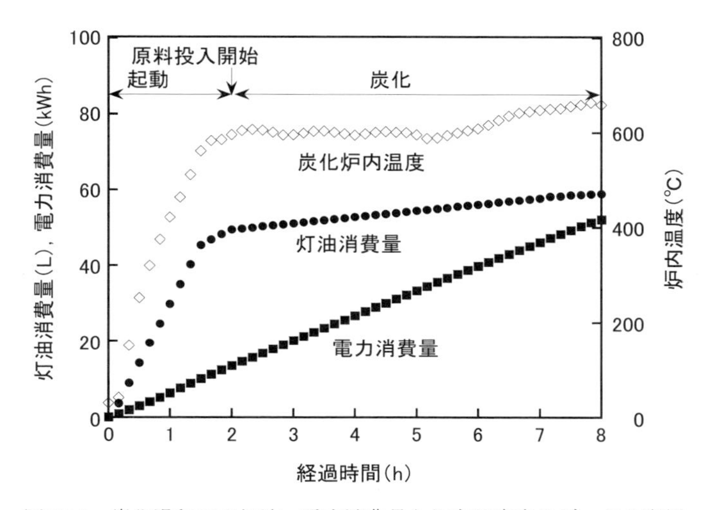

図 29-3　炭化過程での灯油・電力消費量と炉内温度変化データの実例（Kameyama et al.[3] を改変）

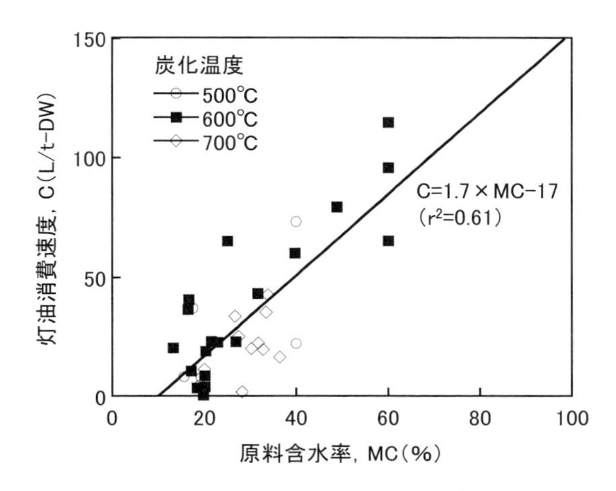

図 29-4　炭化過程における灯油消費速度（Kameyama et al.[3] を改変）

年実証運転の結果から，稼働方法とトラブル発生状況・解決方法などをマニュアルとして整理した．各炭化温度における炭化時灯油消費速度（C（L/t-DW（全乾物重当りの灯油量 L)））と原料含水率（MC（%)）の関係を図 29-4 に示した．灯油消費速度は原料の初期含水率に大きく影響されるのに対し，炭化温度の影響は小さかった．また，原料含水率が 20%未満のときには，炭化炉温度を維持するための灯油はほとんど必要とせず，原料含水率が 20%を超えると灯油消費量は増加した．これは，原料中の水分を蒸発させる熱量が必要なためである．しかし，電力消費量は炭化装置運転中ほぼ一定であり，炭化条件の影響を受けなかった．この原因は，電力消費は装置のモーターとファンに限られ，原料含水率や炭化温度の影響を受けなかったと考えられる．また，炭化収率（生産した炭乾物重/原料乾物重）は炭化温度が 500～700°C では，炭化温度による有意差はなく，平均炭化収率 0.21 となった．

3）炭の農地施用による作物成長促進・窒素負荷軽減効果 [1)]

現地の島尻マージ土壌へのバガス由来の炭（バガス炭）の施用がサトウキビの生育と窒素溶脱に与える影響を明らかにするため，ライシメータ試験で，バガス炭を重量比で土壌の 3%施用した場合のサトウキビ収量を測定した．同時に炭の農地施用が浸透水量や硝酸態窒素溶脱量に与える影響を測定した．この結果，バガス炭の農地施用により，土壌の乾燥密度や硬度が減少すると共に作物成長有効水分量が増加した．また，炭施用により，サトウキビの平均茎重や糖度（Brix）が増加し，サトウキビの生育が向上した（表 29-1，図 29-5）．更に，炭の施用により，サトウキビ（茎・鞘頭部＋枯葉）の窒素吸収量が増加し，その結果として，

表 29-1　バガス炭施用がサトウキビ生育に与える影響（Chen et al.[1)] を改変）

試験区	茎長（cm）	茎径（cm）	1 茎重（g）	SPAD	Brix	繊維分（%）
対照	205.0±22.3	2.35±0.19	618.4±93.8	36.1±3.26	16.9±0.42	15.1±0.1
炭施用区	218.4±16.9	2.55±0.21	801.5±69.5	33.2±3.40	17.9±0.71	15.3±0.9

図 29-5　サトウキビ栽培試験（右 3 列 : 炭施用区，左 3 列 : 無施用区（対照区））（Chen et al.[1)] を改変）

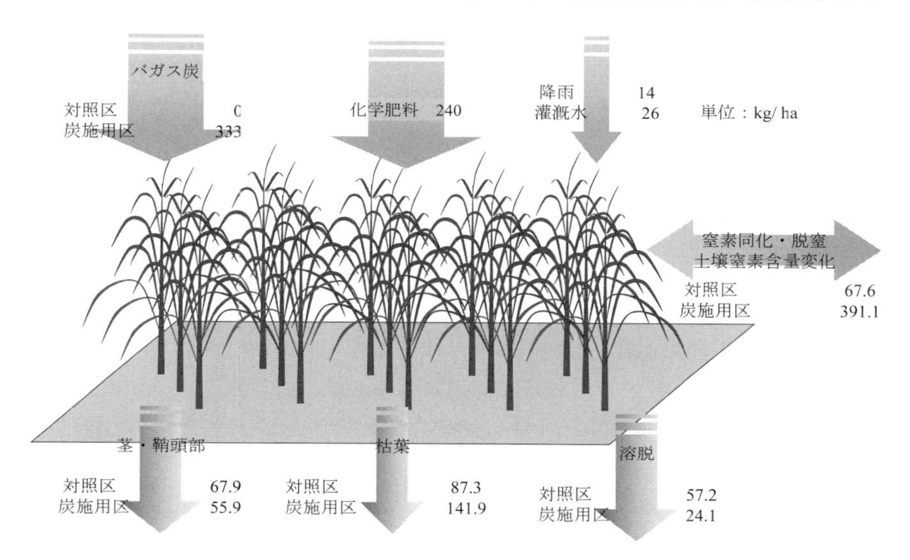

図 29-6　バガス炭の農地施用による窒素収支の変化（Chen et al.[1] を改変）

ライシメータ下端から排出される硝酸態窒素溶脱量が減少することが確認された（図 29-6）．すなわち，バガス炭施用により，土壌保水性の改善に加えて，土壌の乾燥密度や硬度が減少し,これによりサトウキビの根群域分布が拡大して吸水・吸肥範囲が広がり，サトウキビの水利用効率や窒素利用効率が向上し，生育の向上や硝酸態窒素溶脱抑制に影響したと推察された．

4）サトウキビバガスから炭を製造・農地施用する場合の二酸化炭素削減ポテンシャル[3]

図 29-7 のバガス炭製造・農地施用システムに示すように，炭を農地施用すると炭素として土壌中に安定的に貯留され，大気中 CO_2 削減に寄与することが期待される[6]．しかし，炭の製造，輸送および農地施用の過程では，逆に CO_2 が排出される[3]．このため，炭を農地施用する場合の CO_2 排出削減効果を評価するときは，炭の製造，輸送および農地施用など炭のライフサイクル（LC）全体の CO_2 排出量を考慮した正味の CO_2 排出削減ポテンシャルを推定することが重要である．そこで，炭化装置実証運転データなどを活用して，炭を製造し，農地施用する場合の LC での CO_2 排出量（以下，LC-CO_2）の解析を行った．なお，本解析で炭素残存率は，炭化物が含有する炭素のうち 75%が 10 年間土壌中に残存すると仮定する．

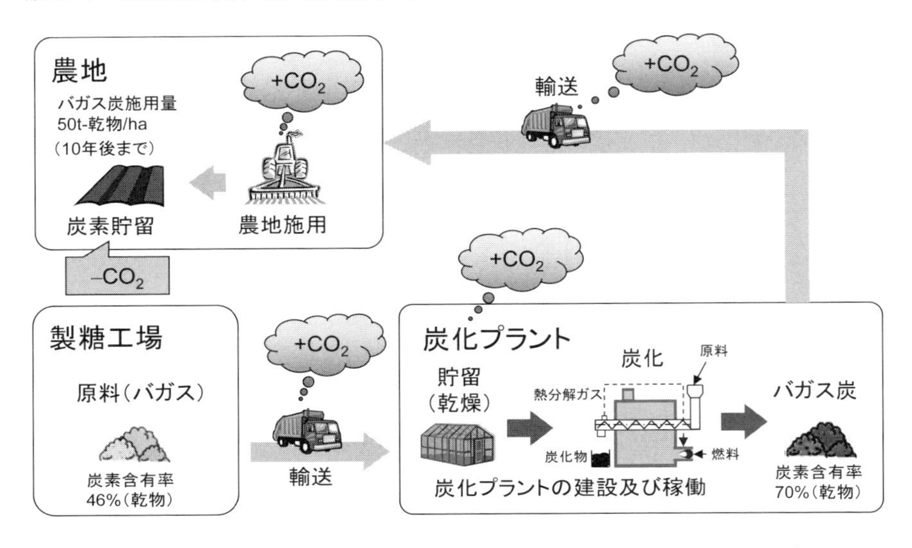

図29-7　サトウキビバガスからの炭の製造・農地施用システム（Kameyama et al.[3] を改変）

これは，平均残存時間（農地施用後に炭化物が土壌中に残存する平均時間）で115年に相当する．炭を製造・農地施用する場合のLCの中で，CO_2排出への寄与は炭製造時の灯油消費が最も大きい（図29-8上図（a））．さらに，炭製造時の灯油消費は原料含水率に大きく依存するため（図29-4），炭化の前処理として，原料含水率を十分に低減することが重要である．一方，サトウキビバガスからの炭の製造・農地施用によるCO_2削減ポテンシャル推定値は，原料含水率が20，50%の場合で，各々0.3，0.2t-CO_2/t（原料乾物重）であった（図29-8下図（b））．

4. おわりに

本章では，南西諸島で普遍的に存在するサトウキビバガス・廃糖蜜などの製糖工場廃棄物の地域内循環利用に関する実証研究を紹介した．

本研究において，バガス炭を現地土壌に施用することより土壌改良効果，土壌改良に伴う作物成長促進効果・水質保全効果などを確認できた．なお，炭の土壌改良資材としての活用は，プロジェクト研究終了後も，砂質畑における樹皮炭を活用した肥料溶脱抑制技術[2] などの研究を現在も展開している．

本章は，農林水産省委託「地域バイオマスプロ」の成果の一部および前身のプ

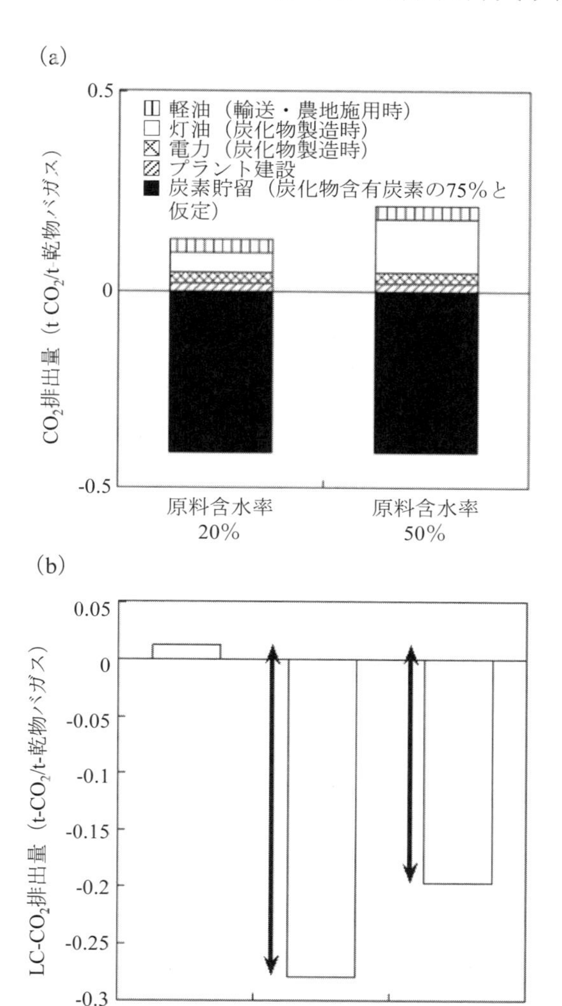

図 29-8　バガス炭製造・農地施用システムの LC-CO_2 解析結果（Kameyama et al.[3] を改変）
(a) バガス乾物重当りの CO_2 排出量，(b) バガス乾物重当りの LC-CO_2 排出量

ロジェクト研究「農林水産バイオリサイクル研究」[8)]の成果も含む．宮古島市，沖縄県宮古事務所などの関係自治体のご協力に感謝する．また，琉球大学，沖縄県農業研究センター，NPO亜熱帯バイオマス利用研究センターなど研究参画機関の研究者のご尽力に感謝する．特に，NPO亜熱帯バイオマス利用研究センターの故東江幸優氏のご尽力に改めて深謝する．

引用文献

1）Chen, Y. et al. (2010) Influence of biochar use on sugarcane growth, soil parameters, and groundwater quality. Australian Journal of Soil Research 48: 638-647.
2）岩田幸良ら（2014）福井県九頭竜川流域三里浜地区の畑地灌漑計画とバイオ炭による三里浜砂丘地土壌の保水・保肥性改善効果の検討．畑地農業 669：13-20.
3）Kameyama, K. et al. (2010) Estimation of net carbon sequestration potential with farmland application of bagasse charcoal: Life cycle inventory analysis through a pilot sugarcane bagasse carbonization plant. Australian Journal of Soil Research 48: 586-59.
4）東理　裕・凌　祥之（2006）宮古島における肉牛ふん尿の農地施用の実態把握．農工研技報 204：203-210.
5）Kubotera, H. (2006) The factors and assumed mechanisms of the hardening of red soils and yellow soils in subtropical Okinawa Island, Japan. JARQ 40: 197-203.
6）Lehmann, J. (2007) A handful of carbon. Nature 447: 143- 144.
7）農林水産技術会議事務局（1993）マージ土壌地帯における新規作物の導入・定着化技術の開発．研究成果 284：117.
8）農林水産技術会議事務局（2008）農林水産バイオリサイクル研究（施設・システム化チーム）研究成果 466：152.
9）農林水産技術会議事務局（2014）地域活性化のためのバイオマス利用技術の開発（バイオマス利用モデルの構築・実証・評価）研究成果 500：241.
10）沖縄県宮古農林水産振興センター（2011）宮古の農林水産業：121pp.
11）沖縄県農林水産部（2004）さとうきび及び甘しゃ糖生産実績：90pp.
12）Ueno, M. et al. (2007) Carbonisation and gasification of bagasse for effective utillisation of sugarcane biomass. International Sugar Journal 110: 22-25.

第 30 章　地域実証事例〔3〕中山間地域モデル
岐阜県中山間地域における木質バイオマス利活用

〜＊〜＊〜＊〜＊〜＊〜＊〜＊〜＊〜＊〜＊〜

陣川雅樹・高野　勉・伊神裕司・久保山裕史・藤本清彦・
吉田貴紘・西園朋広・古川邦明・臼田寿生・西山明雄・
田中秀直・福島政弘・谷口美希・笹内謙一

1. はじめに

バイオマスの持続的利活用のためには，その生産・収集・変換・利用等の各段階を有機的につなげ，地域活性化に貢献し，地域全体として経済性のあるシステムを構築する必要がある．そこで，岐阜県中山間地域を対象に，バイオマスをエネルギーやマテリアルとして利用する技術を適切に組合せたバイオマス利用モデルを構築するとともに，その一部を実証し，モデルの評価を行った．本稿は農林水産省委託「地域バイオマスプロ」で全国 6 地域を対象に行われた「バイオマス利用モデルの構築・実証・評価)」における，「④岐阜県高山市を対象とした中山間地域モデル」として実施したものであり，公表物[22]に加筆し編集した．

2. 木質バイオマス供給システムの構築

木質バイオマス利用モデルを構築するにあたって重要課題となる木質バイオマスの効率的生産・収集と原料バイオマスを安定的に供給するシステム構築について，発生量が季節で増減する林業・林産残材を安定供給するための収集・保管システム，残材を自動供給に適した形状に加工してプラントで利用可能な含水率に調整する前処理システムおよびプラント設置場所まで低コストで供給する物流システムを構築した．

1) 利用可能なバイオマス資源量

岐阜県高山市を対象として，木質バイオマス供給可能量推計ツールの開発を目的に，実際に利用可能な林業バイオマス量の試算に必要なパラメータを明らかにした[6,7]．まず，図 30-1 に示す高山市全域の森林路網図を作成した．路網の規格

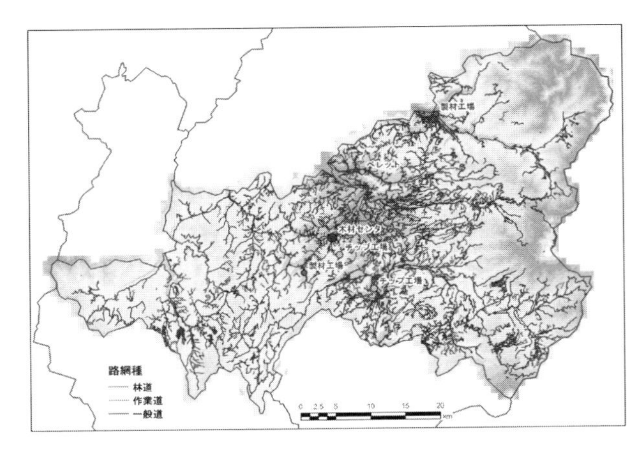

図 30-1　高山市の森林路網図

は，一般道，林道，作業道に区分し，地理情報システム（Geographic Information System：GIS）により各路線に，以下に示す調査したトラック走行速度を属性データとして与え，ネットワーク解析を実施することにより最短距離分布や運搬コスト分析が可能となる．次に，スギ・ヒノキ・マツ類の人工林の林小班毎（林班は森林の位置と施業の便を考え，字界・稜線等を境界として約 50ha になるように市町村ごとに設定した森林の区分単位で，林小班は，樹種，林齢別に細分した最小の調査単位）の平均樹冠高（立木の高さ）を航空機データと標高データから算出し，GIS 上に示した林小班毎に属性データとバイオマス分布（図 30-2）を作成した．高山市内で行われている間伐作業は，スイングヤーダ・プロセッサ作業システムが主流である．本システムでは，トラック走行可能な作業道から約 100m が間伐（かんばつ）生産して採算が合う範囲と考えられるため，森林管理の最小単位である林小班の面重心位置が路網から 100m 以内にある林小班を抽出した．この樹種や材積（木材の体積）は岐阜県森林 GIS のデータ，LiDAR（Laser Imaging Detection and Ranging：レーザー画像検出と測距）による 2mDSM から算出した平均林冠高（林冠（りんかん）は太陽光線を直接受ける樹木の枝葉が茂る部分），および Spot マルチバンド画像の解析結果等から推定した．その結果，北部はスギ，南部はヒノキが多く，利用施設から遠いほど蓄積量が多いことが明らかとなった[2)]．

2）プロセッサ造材による林業バイオマス発生量調査

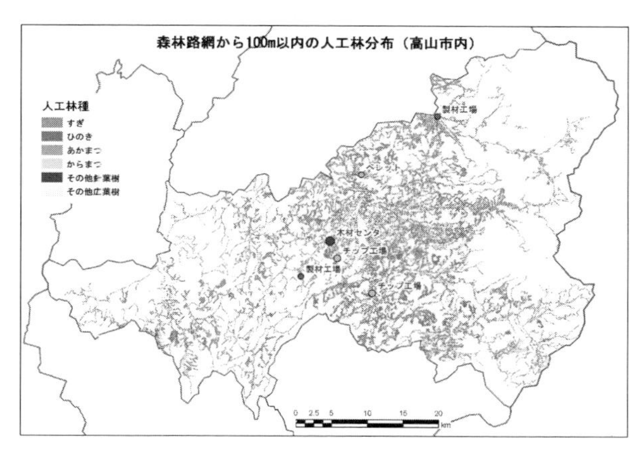

図 30-2　森林路網から 100km 以内の利用可能な人工林（スギ，ヒノキ，アカマツ，カラマツ等）のバイオマス分布

実際の森林作業で発生するバイオマス量を把握するため，高山市内等の全木集材とプロセッサ造材作業で発生する用材（建築，工事，家具に用いる丸太），端材（はざい：丸太を作る際に発生する切れ端や曲がった幹部），および枝葉重量を，1 本の立木毎に各々計測した．同時に，樹高（地面から樹木先端までの高さ），枝下高（地面から最も長い枝までの高さ），胸高直径（成人の胸の高さにおける樹木直径で地面から 1.2～1.3m の位置），ならびに各部位の含水率を計測した．立木の胸高直径とバイオマス（用材，枝条（しじょう：枝のこと），端材）発生量の関係を図 30-3 に示す．スギの枝条発生量と胸高直径に明確な正の相関は認められず，立木 1 本当りの枝条発生量は 1～44kg（平均約 21kg）であった．また，胸高直径 40cm 以下では胸高直径と端材発生量に関係は認められなかった．一方，ヒノキの胸高直径と枝条発生量には明確な相関関係があり，指数関数で近似させた際の相関係数は 0.941 と高く，胸高直径から枝条発生量の推定が可能なことが明らかになった．また，端材は胸高直径の増大に伴って若干増加する傾向があるが，明確な相関は認められなかった．また，端材は用材採材方法やその時の材価で発生量は変動するが，これまでの結果や他の研究成果を組み入れることにより，発生量を試算できる [1,4]．

3）バイオマス収集・運搬方法と保管・前処理システム

林業バイオマスのトラック輸送功程すなわち作業量と効率を解明するため，プ

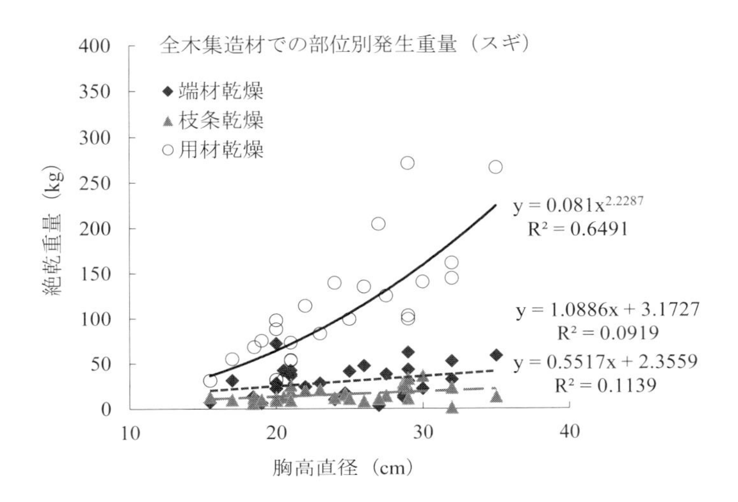

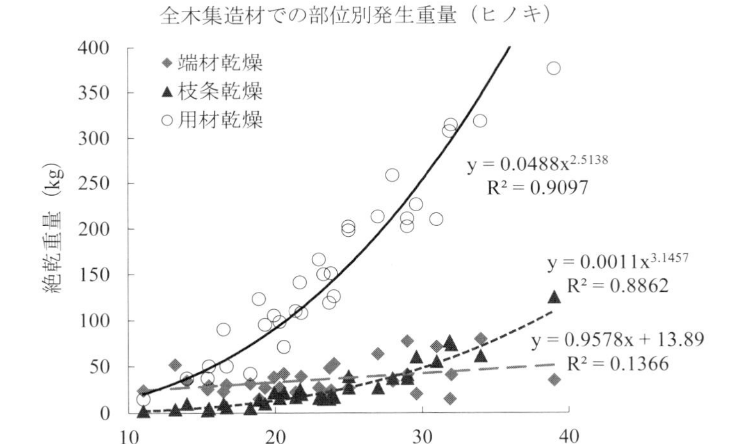

図 30-3　スギ（上）とヒノキ（下）における胸高直径と用材（○），枝条（▲），端材（◆）発生量の関係

ロセッサ造材時のバイオマス処理方法の違いによるトラック積込作業時間を比較した結果，造材時に枝葉と端材を仕分けした場合の作業時間は 309 秒/生重 1t（sec/wet-t）（1 時間当り 11.65 生重トン（11.65 wet-t/hr）），仕分けしない場合 564 sec/wet-t（6.38 wet-t/hr）で，仕分けした方が効率が良く，作業効率は約 1.8 倍向上した．

また，GPS とビデオ撮影で運搬トラック走行速度を計測した．路網は作業道，舗装林道，1 車線舗装道，郊外国道，市街地国道および自動車専用道に区分し，各々平均走行速度を算出した．その結果，路網規格の影響は大きく，走行速度は道幅が広いほど速く，市街地は信号待ちや交通量増で遅かった．なお，バイオマス積載時と空荷時の間に差はなかった．

4）かさ密度と含水率

林業バイオマスをトラック積載した場合の各部位の平均かさ密度は，枝条のみが 0.12 wet-t/m^3，枝条・端材混合 0.21 wet-t/m^3，チップ 0.26 wet-t/m^3，端材のみ 0.39 wet-t/m^3 であった [23)]．この結果，チップを基準に考えると，枝条を含む場合は破砕した方が有利，端材の場合はそのままトラックに積載した方が輸送に有利であると考えられた．

一方，枝葉とチップの自然乾燥による含水率推移をみると，枝葉は 100 日で 20%（dry：乾量基準含水率（全乾法））まで含水率が下がるが，チップにすると 200 日以上経過しても 30%程度以下にならなかった（図 30-4）．これは，一般に破砕した方が表面積は増えて乾燥しやすいが，堆積すると空隙がなくなり，乾燥が進まないことが理由と考えられる．

また，林業バイオマスのエネルギー利用を想定し，製材工場内で発生する工場残廃材の含水率を計測した（図 30-5）．計測は最も気象条件の悪い冬季に行ったが，ガス化プラントの主なバイオマス原料として検討している土場バーク（貯木

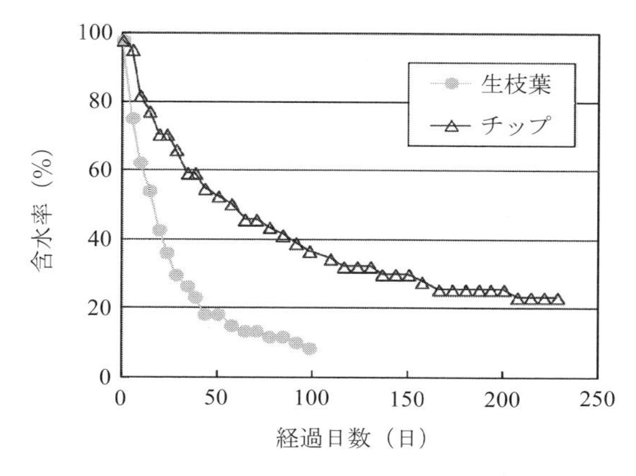

図 30-4　自然乾燥による枝葉とチップの含水率の変化

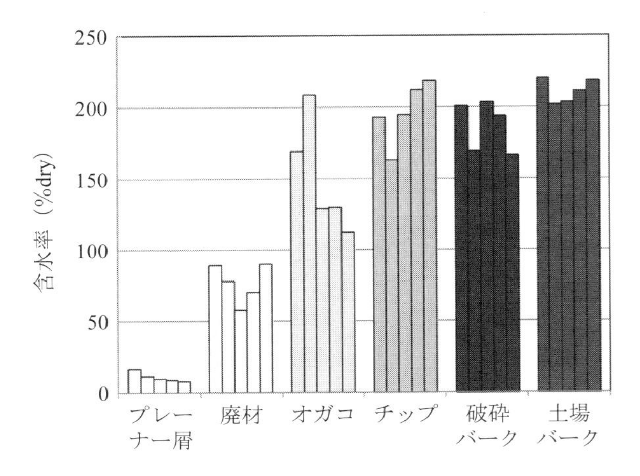

図 30-5　工場で発生する残材（プレナー屑，廃材，おが粉，チップ，破砕バークおよび土場バーク）の含水率

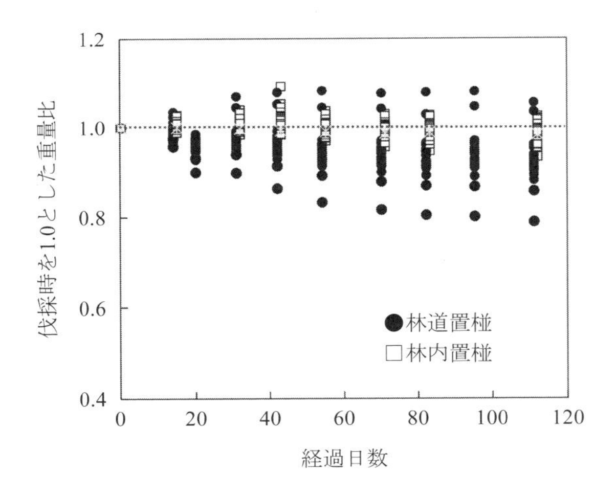

図 30-6　林道と林内での林業バイオマスの重量変化

場で発生する樹皮：図 30-18）だけでなく，破砕バークやチップも約 200%（dry）の高い含水率であり，ガス化プラント投入までの前処理工程で含水率を低減する必要がある.

木質バイオマスのエネルギー利用では乾燥経費の削減も大きな課題である．そこで，収集運搬過程で乾燥を進める保管方法を検討した．まず，林業バイオマスを林道脇や集積土場など舗装路面に積んだ場合と，林道脇の林内に積んだ場合の，各々の重量変化を図30-6に示す．林内の椪（はえ：丸太を積上げた状態）では重量変化は少なく，重量が若干増加したものも約半数あった．一方，舗装面の椪では材の位置の差はあるが，重量が平均約1割減少し，重量減少の少ない高含水率の材では約2か月経過後に腐朽が認められた[3)]．このように，林業バイオマスは林内ではほとんど乾燥しないため，乾燥経費削減のために早い段階で搬出し，林外の土場で，雨滴を防いで集積し自然乾燥させることが望ましい．

5）木質バイオマス供給システムの開発

ここでは，得られたパラメータを用いて木質バイオマス供給システムを構築した結果を示す．高山市で主に行われている10t積みトラックとグラップルローダによる作業システムについて，端材を収集運搬する作業では10t積みトラックへの平均積載量が8.7 wet-t/台であった．次に，林業バイオマスが路側等に集積されている場合，木寄せ（林内で伐採・玉切りされた丸太を各所に集める作業）無と，散在して木寄せ作業が必要な場合（木寄せ有）とで比較した結果，木寄せ無の場合の収集運搬作業は毎時5.1 wet-t，木寄有は毎時2.3 wet-tであった．研究時，高山市内でペレット月バイオマスの工場着単価は4,000円/tであった．この場合，

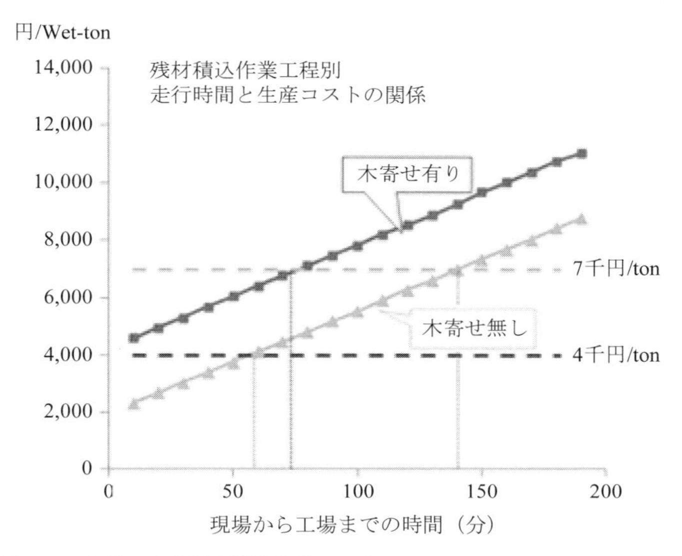

図30-7　トラック走行時間と収集コスト

木寄せ無作業システムでは，現場まで片道約 60 分の範囲内で採算が取れるが，木寄せ有では採算が取れないことが分かった（図 30-7）．また，バイオマス買取り単価を 7,000 円/t で試算すると，木寄せ無の場合で片道約 140 分以内，木寄せ有の場合で片道約 70 分以内であれば採算が取れる結果となった．この結果，高山市の「高山木の里団地」に木質バイオマスの加工拠点を設けた場合を仮定し，木の里団地から 60 分以内と 140 分以内の箇所を，作成した高山市全域の森林路網データに基づいて，GIS（ArcMap10）によりネットワーク解析を行った．路網データには各路線の属性値として，トラック走行試験で得た道路規格毎の平均走行速度毎時 6～60km が入力してある．

なお，図には示してないが，隣接する市村内の道路を経由した方が時間短縮となる可能性も含めて解析するため，国道や主要地方道の幹線も路網データに加えた．さらに，ネットワーク解析により，木の里団地までの最短到達時間を道路区間毎に解析し，所要走行時間の閾値をバイオマス単価として設定した 4,000 円/wet-t，7,000 円/wet-t の損益分岐点である所要時間 60 分および 140 分を閾値として設定し，到達圏を抽出した（図 30-8）．その結果，高山市全域のトラック走行可能路網の総延長は，GIS で作成した路網データでは 5,320km で，そのうち，単価 4,000 円/wet-t で採算限界の 60 分到達圏内にある路網延長は 2,981km（約 56%），単価 7,000 円/wet-t の採算限界の 140 分到達圏内にある路網は高山市全域の

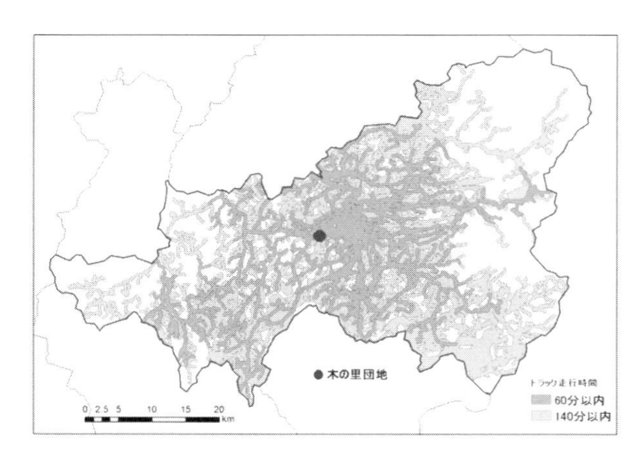

図 30-8　トラック走行時間分布
地図中の●は木の里団地，濃い色はトラック走行距離 60 分以内，淡い色は 140 分以内の地域を示す．

5,320km 全てが到達圏となった．また，到達圏の面積は，140 分到達圏の森林面積 44,771ha に対し，60 分到達圏では 22,039ha と半減することが明らかとなった．

3. 木質バイオマスタウン構想策定支援ツールの開発

木質バイオマスのエネルギー利用を拡大するためには，地域の特性を考慮して，バイオマスの供給と需要を一致させた利用システムを導入する必要がある[10]．そこで，高山市を対象に，木質バイオマスで代替可能な地域のエネルギー需要を把握するため，「エネルギー消費実態アンケート」を実施し，エネルギーを多く消費する事業体を把握した．次に，この需要を木質バイオマスで代替できるか否かを判断するための採算性評価ツールを開発し，経済性を評価した．さらに，開発した「木質バイオマス供給可能量評価ツール」による木質バイオマスのコストと供給量の関係評価を実施し，地域における木質バイオマス利用の実行可能性を検討した．

1）地域のエネルギー多消費事業体の把握

化石燃料をバイオマスで代替するためにはバイオマス燃料の熱単価（価格/発熱量）を化石燃料のそれより安く供給する必要がある．理由は，バイオマスエネルギープラントは同出力の化石燃料プラントよりも大幅に設備コストがかかり，同じ熱単価では対抗できないからである．安い熱単価で高いプラント建設コストをカバーするには，多量の化石燃料をバイオマスで代替する必要がある．つまり，地域で化石燃料を大量消費している事業体がバイオマスプラント導入に適すると判断し，そのような事業体を把握するために，岐阜県高山市において「エネルギー消費実態アンケート」を実施した．調査対象の選定にあたり，化石燃料を大量消費していると考えられる事業体（公共施設，滞在型施設，工場等店舗型施設）から，地域での聞き取り調査，電話帳や市のパンフレット等の資料に基づいて 155 事業体を選定し，調査票配布を行い 68 件から回答を得た．

アンケートの結果を図 30-9 に示す．バイオマスエネルギー機器の導入可能性については，利用を「考えていない」事業体が 60%以上を占め，検討の余地がある事業体は 28%にとどまった．また，導入を考えない理由は，「資金がない」が多く，更新・追加（設備投資）の時期にないことが主因であった．この結果は，バイオマス機器導入を考えていない事業体でも，設備の更新時期が来れば，検討余

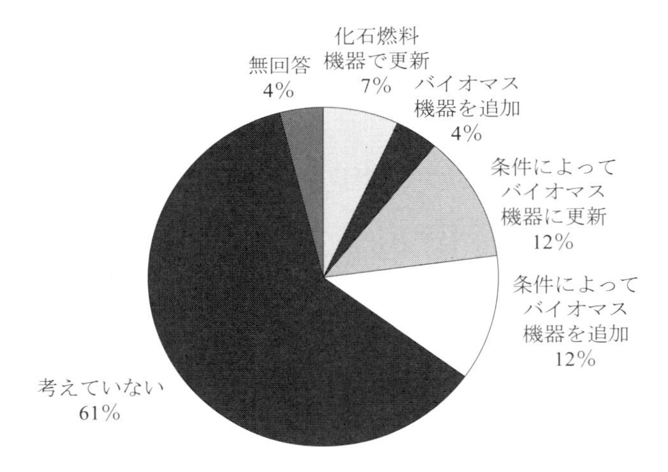

図 30-9　バイオマス機器の利用可能性

地が生じる可能性を示している．さらに，導入検討の意志を示した 19 事業体に導入条件を選択してもらった結果，化石燃料と比べて「30%くらい安ければ」という回答が半分以上を占めた．同様に，経済性以外の条件では，「安全性」が最も多く，「故障がない」,「管理が簡単」,「燃料供給の頻度」,「静音性」と続いた．

表 30-1　出力評価結果

ボイラー出力（kW）	事業所数
～100	48
200	6
300	5
600	5
1000	1
1000 以上	3
合計	68

次に，エネルギー消費量からバイオマス機器の出力を概算することで，バイオマスエネルギープラントの導入可能性の高い事業体の一次選定（16 時間運転/日，熱消費量の 80%を代替すると仮定）を行った結果，100 キロワット（kW）未満の小規模な機器が適当な事業体が 48 か所に上った（表 30-1）．しかし，小規模ボイラーは，ある程度乾燥し，サイズの小さく揃った燃料供給が前提となるため，高含水率，不定型の燃料チップを燃焼可能な高性能チップボイラーが対応可能な 100 kW 以上をバイオマス機器導入可能性の判断基準として事業体を選定した．該当事業体は 20 か所あることが分かったが（表 30-1），このうち導入意志を示したのは，8 か所だけであった．

2）採算性評価ツールの開発

実際にバイオマスエネルギープラントを導入して採算がとれるか否かを評価するために，各々の事業体に適したバイオマスエネルギープラントの設備コストを推計する必要がある[12]．そこで，チップボイラーとペレットボイラーの導入事例（温水・蒸気利用の別，出力，ボイラー本体・燃料サイロ設置費込みの設備費）に基づき，設備コストについて定格出力を説明変数として図 30-10〜13 のように指数関数回帰計算により推定した．次に必要となるのは，評価対象の事業体に適したプラントの規模を推定することであり，アンケート結果の灯油・重油・LPG（プロパンガス）年間消費量から総エネルギー消費量を計算し，その 80%をバイオマスで代替できるものとして，年間運転日数と 1 日当りの運転時間で割った値を定格出力とした[11,13]．この値を上記関係式に代入することにより設備費用を推計した．また，設備費用から減価償却費と維持費を計算し，入力設定したバイオ

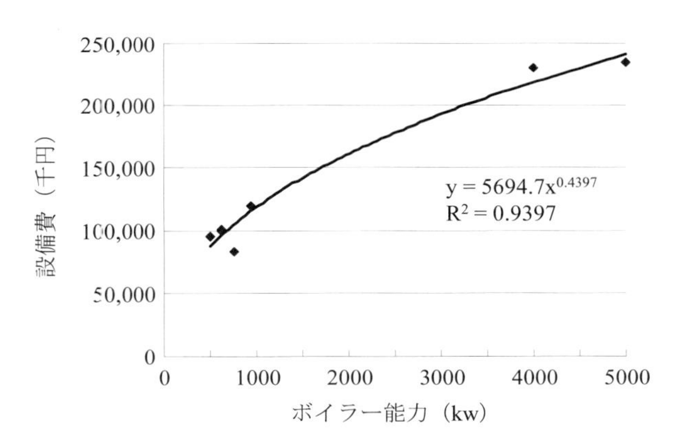

図 30-10　蒸気チップボイラーのコストと出力の関係

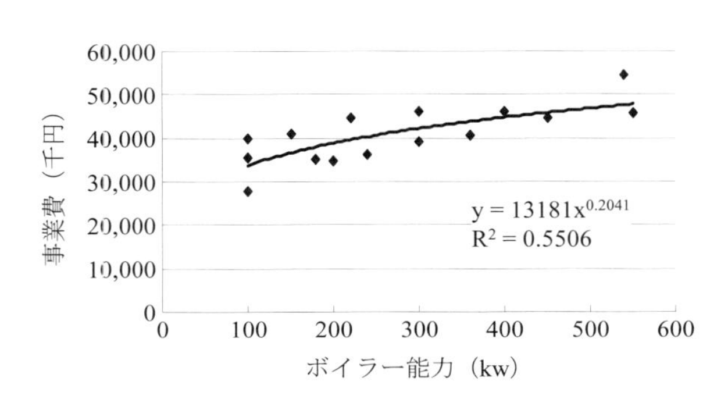

図 30-11　温水チップボイラーのコストと出力の関係

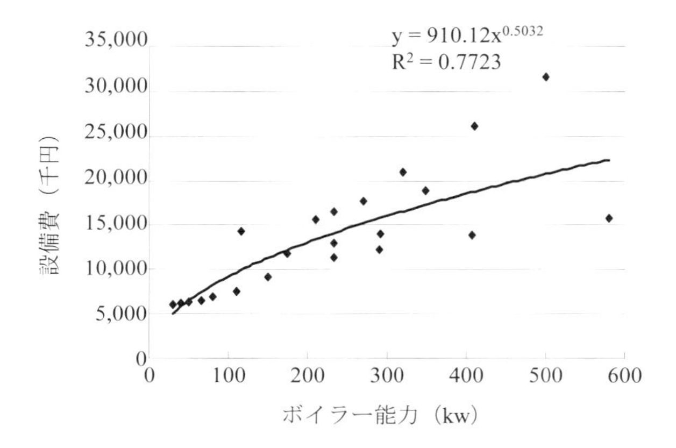

図 30-12　温水ペレットボイラーのコストと出力の関係

事業形態		温浴施設・温水プール	
熱需要形態		温水	
導入前の化石燃料	種類	A重油(L/年)	
	使用量	684,000	(L/年)
	単価	65	円/L
ボイラ等稼動状況	運転日数	330	日/年
	運転時間	20	時間/日
燃料代替率		80	%
バイオマス燃料単価	生チップ	7	円/kg
	ペレット	35	円/kg
補助率		50	%
投資回収年数		10	年
サイロ貯蔵日数		7	日
灰の処理費用		0	円/t

クリア　計算開始

図 30-13　採算性評価ツール入力画面

燃料単価から燃料費を足しあわせて，バイオマス導入コストを求めた．他方，従来利用していた灯油などの燃料単価を設定した代替化石燃料費を計算し，これからバイオマス導入コストを差引いて採算性（導入メリット）を評価した．

実際に「採算性評価ツール」を適用した入力画面を図 30-13 に示す．この事業体は年間 330 日，1 日 20 時間の温水利用によって年間 684 キロリットル（kL）の A 重油を消費し，その 80%をバイオマスで代替すると仮定した．また，投資回収年数 10 年，燃料単価は生チップの場合 7 円/kg，設備補助 50%，サイロの燃料貯蔵 7 日分として推計した結果を図 30-14 に示す．バイオマスプラント導入の出力

化石燃料価格	**65**	**円/L**
導入前の化石燃料費用 (a)	**44,460**	**千円/年**

出力項目	チップ利用	
導入規模	1,139	kW
概算導入費	91,193	千円
(補助率 50%)	45,596	千円
化石燃料削減量	0	L
バイオマス必要量	2,985	t/年
バイオマス価格	7	円/kg
サイロ容量	253	m3
年間必要経費 (b)	**41,554**	**千円/年**
内訳　減価償却費	9,119	千円
内訳　バイオマス燃料費	20,898	千円
内訳　バックアップ燃料費	8,892	千円
内訳　保守管理費	1,824	千円
内訳　灰処理費	0	千円
内訳　金利	182	千円
内訳　固定資産税	638	千円
導入メリット (a)-(b)	**2,906**	**千円/年**
CO2削減量	1,483	t-CO2/年
バイオマス採算分岐価格	8.0	円/kg

図 30-14　採算性評価ツール出力画面

は 1,139kW と推計され，チップボイラー導入の場合年間 290 万円以上の導入メリットがあり，生チップは 8.0 円/kg（8,000 円/wet-t）でも採算がとれる結果となった[16]．

表 30-2　高採算性施設の燃料チップ需要

事業体	燃料チップ需要 (生 t)	採算分岐価格 (円/生 kg)
1	8,702	7.8
2	20,315	7.7
3	4,592	7.5
4	3,370	7.2

一方，アンケート結果で一次選定したバイオマス機器導入の可能性の高い 20 事業体に対して，採算性評価ツールを適用したところ，4 事業体でチップボイラー導入が経済的に可能であった．表 30-2 に，4 事業体（工場の蒸気利用 1 件，滞在型施設の温水利用 3 件）がバイオマス利用を行った場合の燃料チップの需要量と採算分岐価格を整理した．

3）供給可能量評価ツール

前節で，木質バイオマスによって代替可能なエネルギー需要を推計したが，次に，この需要に対してどれだけ木質バイオマスが供給可能かということが問題となる．そこで，4 シートからなる「供給可能量評価ツール」を開発した．それは，

基本パラメーター

	容積密度	含水率	拡大係数
針葉樹	0.35 t-dry/m3	100 %:ドライベ	1.23
広葉樹	0.6 t-dry/m3	100 %:ドライベ	1.27
バイオマス利用率	0.8		

針葉樹

主伐	端材	1750 生t	主伐材生産量	10,000 m3	造材歩留まり	80 %
	枝葉	2,013 生t				
利用間伐	端材	11,308 生t	間伐材利用量	30,000 m3	造材歩留まり	65 %
	枝葉	7,431 生t			蓄積間伐率	30 %
保育間伐	切り捨て間伐木	1722 生t	平均蓄積	200 m3/ha	保育間伐面積	100 ha/年
					蓄積間伐率	10 %

広葉樹

主伐	枝葉	1,182 生t	主伐材生産量	2,000 m3	造材歩留まり	67 %

林地残材が山土場で発生する割合：フォワーダ搬送が必要でない割合

針葉樹	主伐	60 %
	利用間伐	20 %
広葉樹	主伐	80 %

図 30-15　林地残材発生量推計シート

表 30-3　木質バイオマスの供給コストと発生量

種別		発生場所	発生形態	供給コスト 円/生 t	供給可能量 生 t/年
林地残材	針葉樹	集材路	枝葉・端材	7,323	3,379
		林内	枝葉・端材	11,262	10,874
		山土場	切り捨て間伐材等	14,119	9,970
	広	山土場	枝葉	7,323	1,182
製材残材	針葉樹	工場	バーク	4,311	1,862
			鋸屑・プレーナー屑	6,311	6,493
			製紙用チップ	8,311	6,804
			端材	4,311	1,421
	広葉樹	工場	バーク	4,311	960
			鋸屑・プレーナー屑	6,311	605
			製紙用チップ	12,311	7,872
			端材	4,311	151

市町村役場の職員等が林業関係者から容易に入手可能なパラメータに基づいて林地残材発生量を推計する「林地残材発生量推計シート（図 30-15）」，製材工場等の木材加工業関係者から容易に入手可能なパラメータに基づいて工場残材発生量を推計する「工場残材発生量推計シート」と「製材残材の価格設定シート」，および林業事業体の聞取り等で容易に得られるパラメータを入力してバイオマス供給コストを推計する「供給コスト推計シート（図 30-16）」である[8,9,14,17]．

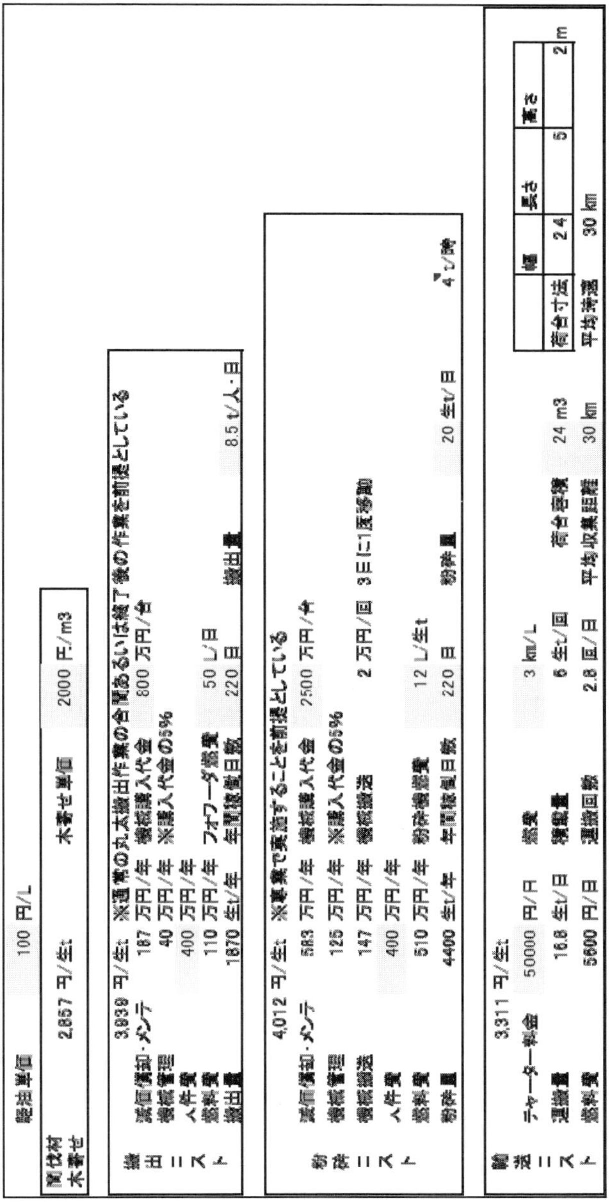

軽油単価	100	円/L						

間伐材木寄せ	2,857	円/生t	木寄せ単価	2000	円/m3

搬出コスト		3,939	円/生t	※通常の丸太搬出作業の合間あるいは終了後の作業を前提としている					
	減価償却・メンテ	187	万円/年	機械購入代金	800	万円/台			
	機械管理	40	万円/年	※購入代金の5%					
	人件費	400	万円/年						
	燃料費	110	万円/年	フォワーダ燃費	50	L/日			
	搬出量	1870	生t/年	年間稼働日数	220	日	搬出量	8.5	t/人・日

粉砕コスト		4,012	円/生t	※事業で実施することを前提としている						
	減価償却・メンテ	583	万円/年	機械購入代金	2500	万円/台				
	機械管理	125	万円/年	※購入代金の5%						
	機械搬送	147	万円/年	機械搬送	2	万円/回	3日に1度移動			
	人件費	400	万円/年							
	燃料費	510	万円/年	粉砕機燃費	12	L/生t				
	粉砕量	4400	生t/年	年間稼働日数	220	日	粉砕量	20	生t/日	4 t/時

輸送コスト		3,311	円/生t						
	チャーター料金	50000	円/日	燃費	3	km/L			
	運搬量	16.8	生t/日	積載量	6	生t/回	荷台容積	24	m3
	燃料費	5600	円/日	運搬回数	2.8	回/日	平均収集距離	30	km

	幅	長さ	高さ	
荷台寸法	2.4	5	2	m
平均時速	30 km			

図 30-16　供給コスト推計シート

これら 4 シートへの入力が終了すると，形態ごとのバイオマス供給コストとバイオマス発生量を推計した結果が表 30-3 の通り出力される．表からは，7,323 円/wet-t 以下で供給可能な木質バイオマス量は対応する供給可能量を集計して 16,052 wet-t と計算できる．表 30-2 の 4 施設の採算分岐価格を見ると，この供給コストでチップボイラーが導入可能なのは施設 1，2，3 である．しかし，全 3 施設にチップボイラーを導入すると燃料チップ需要量は合計 30,239 wet-t に上り，供給量は不足する．また，施設 2 の需要量は供給可能量を超える 20,315 wet-t なので，これを除く 1 と 3 の 2 施設に導入可能と判断でき，需要量は 13,294 wet-t となる．もちろん，事業体の導入意欲の問題もあり，導入規模を落とすなど柔軟に対応する必要がある．また，供給コストは学習効果や高性能機械の導入によって将来の低減が期待できるので，そのことも導入是非あるいは導入順序の判断において考慮する必要がある [15]．

4. 木質バイオマス有効活用モデルの実証・評価

木質バイオマスを持続的に利活用し，地域活性化に貢献するには，要素技術の開発だけでなく，各要素を有機的につなげて地域全体として経済性がある有効活用モデルを構築する必要がある．そこで，岐阜県中山間地域を対象に，マテリアルとエネルギーを併産する木質バイオマス総合変換ステーションを核としたバイオマスタウンのモデルを策定した．さらに，実証試験として，ステーションにおけるエネルギー生産の中心となる小規模ガス化熱電併給装置（ガス化プラント）を製材工場内に設置し，多様な原料の適応性，出力可変性の実証を行った．また，実証研究成果とバイオマスマテリアル製造技術開発等の課題成果を取り入れ，他課題にて開発されたシステム・ツールの有効性を評価した．

1) 木質バイオマスガス化プラントの実証

実証試験を行ったガス化プラントの基本仕様を表 30-4 に，外観写真を図 30-17，システムフローを図 30-18 に示す [20,24]．ガス化プラントは原料バイオマス受入設備，

表 30-4　ガス化プラントの仕様

項目	計画仕様
原料（設計用）	樹皮（バーク）
原料消費量（dry ベース）	65kg/h
発電出力（連系端）	50kW
熱出力	65kW
発電効率（連系端）	20%
総合エネルギー効率	45%

図 30-17　ガス化プラント外観

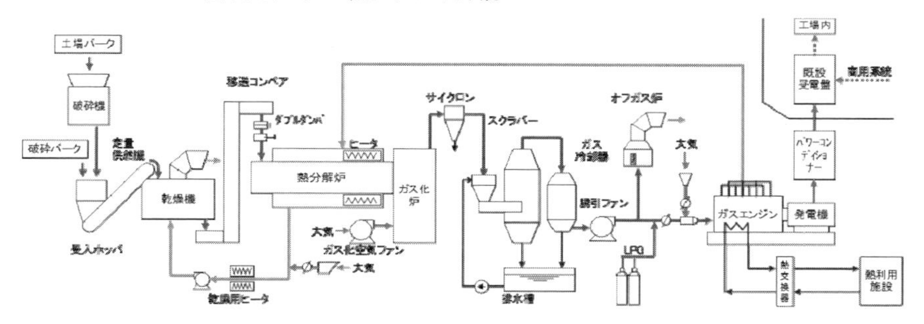

図 30-18　ガス化プラントのシステムフロー

破砕・乾燥の前処理設備，ガス化設備および発電・熱供給設備からなる．原料バイオマスは製材工場で発生する各種残材と林地残材で，破砕，乾燥後，ガス化炉に供給する．その際に要する破砕動力や乾燥熱源はプラントで発生した電力と排熱を利用する．また，ガス化設備はロータリーキルン式熱分解炉と空気吹きダウンドラフト式ガス化炉を一体化した 2 段階ガス化方式を採用した．ここで，ロータリーキルン式の熱分解炉を用いることで多様な原料への適応性が増す．また，ダウンドラフト式空気吹きガス化炉を併設することによりタール除去が簡素化し，冷ガス効率の向上を図ることができる．このガスエンジン発電装置は，市販の自動車用エンジンと同期発電機を組合せ汎用品で構築したシステムで，発電出力は最大 50kW である．また，エンジン排ガスは，ロータリーキルンの熱源とし，排熱は原料の乾燥に利用する．さらに，エンジン冷却水の熱は温水熱交換器を通して外部に 80℃の温水として供給できるよう計画した．

表 30-5　実証実験に用いた試料

種類	最大サイズ (mm)	形状	破砕機	含水率（wt%湿量基準） 乾燥機入口	乾燥機出口
木材チップ (dry)	50×50×10	切削状	不使用	20～25%	< 5%
木材チップ (wet)	50×50×10	切削状	不使用	60～70%	15～35%
工場バーク	L=100	ピン状，繊維状	不使用	55～65%	15～35%
土場バーク	L=100	ピン状，繊維状	使用	55～65%	15～35%
林地残材[1]	L=100	ピン状，繊維状	使用	25～35%※	< 10%

[1] 林地残材は予備乾燥（天日乾燥）にて 25～35%に予備乾燥したものを投入.

図 30-19　土場バーク

図 30-20　林地残材

実証試験に用いた原料を表 30-5 に示す. 通常, 入手時の木質バイオマスの形状, かさ密度, 含水率は様々であるが[23], 本研究では 5 種類の木質バイオマスを用いてガス化試験を行った. 木材チップは製材工程で発生する端材（wet）と建設廃材（dry）の 2 種類をチップ化した. さらに, 原木丸太の剥皮機から発生した樹皮を破砕したもの（工場バーク）と, 図 30-19 に示す原木ヤード土場の貯木・運搬過程で自然に剥離して生じる土場バークの 2 種類を使用した. また, 図 30-20 に示す林地残材も高山市内の土場で 1 次破砕し, ガス化プラントに輸送した後に 2 次破砕し, さらに予備乾燥（天日乾燥）して受入ホッパーに投入した. その結果, 多様な形態をもつ林地残材でも破砕することでホッパーからガス化炉本体へ閉塞なく安定供給できることを確認した. 一方, 各原料のガス発熱量は約 800～1,400kcal/Nm³（ノルマルリューベ：標準状態（0℃, 1 気圧）に換算した体積）であったが, 木材チップの 800kcal/Nm³ 程度の低カロリーガスでも現状のガスエンジンで発電できることを確認した. 原料の違いによるガス組成の差は顕著ではないが, ガス化炉入口で低水分の乾燥チップや林地残材の方が, 高水分原料より高

表30-6　発電設備の基本仕様

項目	仕様
発電出力	50kW（連系端）
エンジン形式	90°V型8気筒ガソリンエンジン
発電機形式	永久磁石式同期発電機
エンジン回転数	3600rpm
発電機回転数	3600rpm
電圧/周波数	190V/60Hz

カロリーガスが得られた[21,26]．また，効率良くガス化を行うためには乾燥機の性能向上が重要である[27]．さらに，林地残材や樹皮は木材チップに比べ灰分が多く，DSS試験（詳細は後述）を重ねるにつれ，灰の溶融によるクリンカー（灰の溶融固着物）が形成され，クリンカーによって空気吹き込み口が塞がれる問題が生じた．そのため，定期的にガス化炉内からクリンカーを除去する必要がある．

表30-6に発電設備の基本仕様を示す．ガスエンジンは自動車用で，バイオマス熱分解ガスとLPGでの運転が可能であり，商用電源が無い場合でもプラントの立上げ，立下げができるよう配慮したものである．小型のエンジンであるにもかかわらず，定格50kWで約30%の発電効率が得られ，50〜100%の負荷範囲で30%の発電効率が維持できた[19,25]．対象の製材工場では電力需要が日中のみであることから，1週間連続の日中起動停止（DSS）運転に向けたプラント運用試験を実施した．DSS運転では，毎日の起動停止に要する時間，電力等の削減および工場の電力需要への迅速な負荷追従性が大きな課題である．そこでプラント起動停止試験を実施し，これら課題の解決を図った．DSS試験の結果，LPGを起動燃料とすることで，発電電力とエンジン排ガスを併用した起動が可能となり，熱分解炉を短時間かつ省電力で起動できることを示した．また，工場の休憩時間を想定した発電機の負荷変化試験を実施し，良好な負荷追従性を確認した[20]．また，24時間運用へ向けた連続運転として，エネルギー需要の低下する夜間を想定し，破砕バークと木材チップを原料にガスエンジン出力を30%負荷までターンダウンして試験を実施した．その結果，木材チップで夜間約12時間安定したガス化発電運転を確認した[18,26]．

2）木質バイオマス有効活用モデルの評価

（1）対象製材工場における物質・エネルギーフローの現状

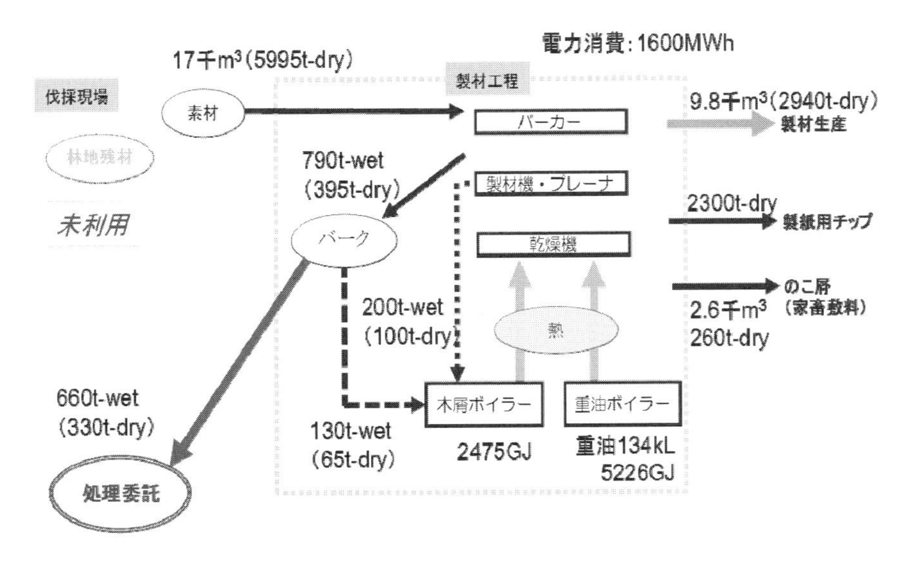

図 30-21　対象製材工場における物質･エネルギーフロー

実証試験対象の製材工場での製品生産量，エネルギー消費量および残廃材発生量の月別データを収集・解析し，物質・エネルギーフローを作成した（図 30-21）．原木消費量は年間約 17,000m^3（5,995t）で約 9,800m^{3}の製材品を生産していた．残材の用途は，背板をチップ加工して製紙用に外販（2,300t），のこ屑を敷料（家畜厩舎に利用）用に外販（2,600m^3），その他は木屑ボイラー燃料として工場内利用していた（200t）．また，剥離した樹皮は，一部木屑ボイラー燃料として利用しているが（130t），余剰が生じて産廃処分せざるを得ず，特に土場バークはほぼ未利用であった．主なエネルギー需要は，製材機用の電力需要の他，木材乾燥機用の熱需要が存在し，後者では熱供給用に木屑ボイラーと重油ボイラーが併用され，相当量の化石燃料（重油 134kL）が消費されていた [16]．

（2）ガス化プラント設置の場合のエネルギーコスト変化の試算

プラント設置と実証試験の実施に先立ち，この工場にガス化プラントを設置した場合を想定し，エネルギーコストと化石エネルギー消費量の変化を推定した（図 30-22）．ガス化熱電併給装置の燃料消費を毎時 50dry-kg，供給可能電力 35kW，同熱量 65kW（234 メガジュール：MJ）とし，装置の運転条件を 8 時間，年間 250 日とすると，燃料の必要量は 100dry-t となった．さらに必要量の全てを工場の樹皮でまかなう場合と（シナリオ 1），近隣の他 2 製材工場（B と C）の樹皮を用い

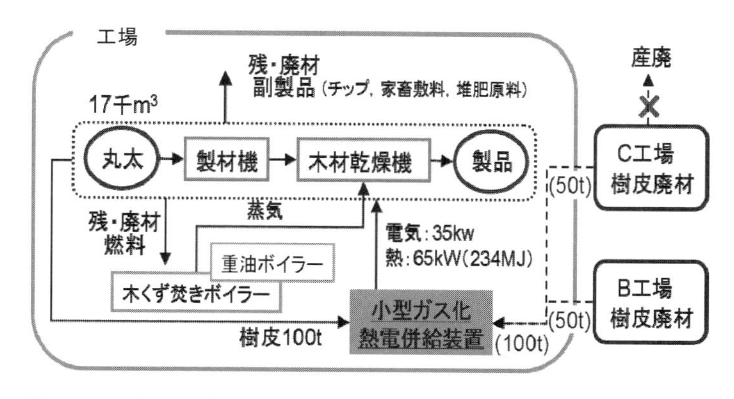

図 30-22　ガス化プラントを設置した場合のエネルギーフロー

る場合（シナリオ 2）を検討した結果，節約電力は 70 千キロワットアワー（kWh）で，年間消費電力 1,600 千 kWh に対して約 4%削減，節約重油量 9.6kL で，年間使用量 134kL に対して約 7%削減と予想した．熱電併給システム運用による節約費用はシナリオ 1 で 1,405,500 円，産廃処理費用削減効果を含めたシナリオ 2 は 1,411,750 円と試算した [16]．

3）木質バイオマスの有効利用モデル

これまでの実証試験や他の成果をもとに「木質バイオマスタウン構想策定支援ツール」を活用し，有効利用モデルを図 30-23 のように策定した．策定にあたり，ガス化プラント年間稼働日数は 275 日，24 時間連続運転，原料処理能力を毎時 50dry-kg として試算し，物質・エネルギーフロー値は，木質バイオマスタウン構想策定支援ツールで求めた．物質フローでみると，木質バイオマス総合変換ステーションでは，新たな木質バイオマス資源として 17,000m^3 の素材生産に伴い発生する林地残材（588t）と，従来，産廃処理してきた土場バーク（660t）を活用する．なお，林地残材の供給については「木質バイオマス供給システムの開発」による手法で試算し，ステーション内で破砕等の前処理を行い，燃料用チップ・マテリアル原料用チップとして 294dry-t を生産・外販する．また，土場バークはガス化発電と木屑ボイラー燃料として徹底利用を図り，ガス化プラントから発生する低位排熱を凍結丸太の解凍に活用する [5]．これにより，製材処理能力の低下が改善され，一年を通じて安定した製品生産が可能となる．

エネルギーフローでみると，ガス化プラントで発生する電気は 198 メガワット

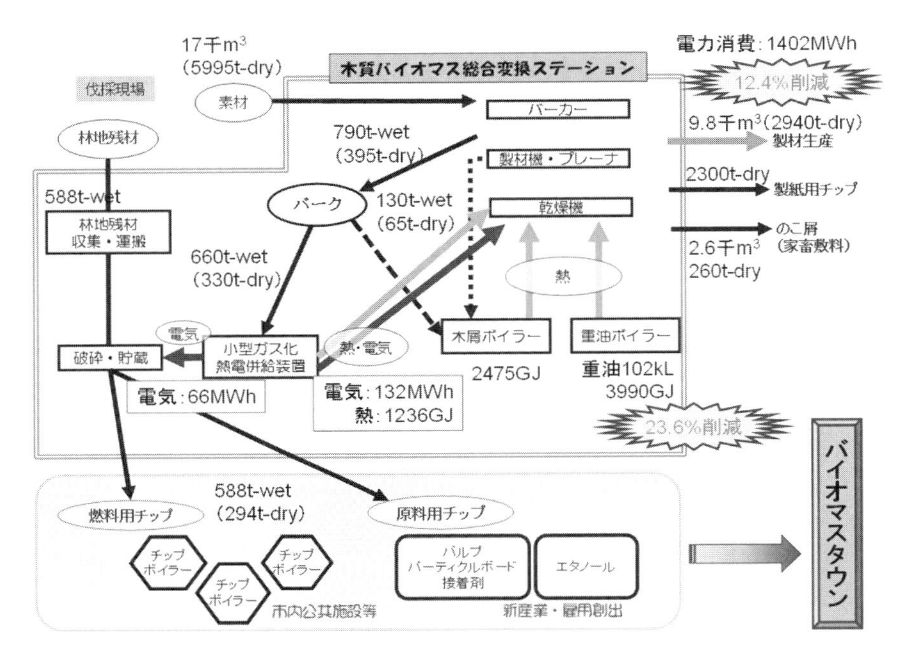

図30-23　対象工場を核とした木質バイオマスの有効利用モデル

アワー（MWh），熱は1,236ギガジュール（GJ）で，林地残材等の破砕・貯蔵用に電気66MWh，木材乾燥機や製材ライン用に電気132MWh，熱1,236GJに分配使用する．これにより，重油ボイラーの重油消費量は134kLから102kLとなり，23.6%の化石エネルギー削減が可能となる．工場全体での電力消費は，1,600MWhから1,402MWhとなり，12.4%の電力消費削減が可能となる．この結果，経費収支は，現状が1,940,000円の黒字に対して，作成シナリオでは7,946,000円の黒字となり，約600万円の大幅収入増となった．

このような木質バイオマス総合変換ステーションを核として，バイオマス資源を安定生産・供給し，地域内で木質バイオマスを有効活用できるバイオマスタウンを構築することが可能となった[26]．

5. おわりに

木質バイオマスを有効活用する利用モデルを構築するため，岐阜県中山間地域を対象として，木質バイオマスを安定的に供給できる供給システムの開発，需要と供給のバランスをコスト的に評価する採算性評価ツールの開発と実際の需給実態調査，さらにはガス化プラントによる実証試験を実施し，木質バイオマス有効利用モデルを示すことができた．しかし，現実には木質バイオマスをめぐる動向は大きく変化しており，特に 2012 年 7 月に始まった固定価格買取制度（FIT：Feed-in Tariff）による影響は大きく，FIT に認定されたプラントは稼働中や建設予定も含め全国 100 か所以上にのぼり，原料供給不足や価格高騰が懸念され，木質バイオマスを取り巻く状況は一変した．また，今回実証したガス化プラントは，様々な原料に対応できる利点がある半面，実証試験でも多くの問題点が確認され，実用化にはさらなるハードルを越える必要があることも明らかとなった．我が国の森林・林業，中山間地域における木質バイオマス利用は，「小規模分散型」，「熱電併給」がキーワードになると思われるが，本プロジェクトで得られた成果や反省点をたたき台として，機器開発はもちろんのこと，地域に根ざした取り組みが必要不可欠であろう．木質バイオマスに対する要望は多種多様を極めているが，バイオマス利用だけで成り立つものではなく，林業という生産活動に伴って発生するものが木質バイオマスである，という基本的な考えを常に意識し，総合的な視野を持って取り組まなければならない．

引用文献

1) 古川邦明（2012）間伐での林地残材の発生量調査．現代林業．全国林業改良普及協会 548：36-43.
2) 古川邦明ら（2010）最適ルート分析による林地残材運搬コスト分布図の作成．中部森林研究．中部森林学会 58：99-102.
3) 古川邦明ら（2012）林内に椪積みした林地残材の乾燥過程．第 123 回日本森林学会大会講演要旨集 123：Pa104.
4) 古川邦明ら（2010）岐阜県における林地残材収集運搬作業システムの検討．第 59 回日本森林学会中部支部大会研究発表会講演要旨集．中部森林学会 59：30.
5) 伊神裕司ら（2012）凍結材製材の製材効率の改善．第 62 回日本木材学会大会要旨集：F16-09-1645.
6) 陣川雅樹（2009）林地残材を低コストで利用するための収集・運搬システム．生物資源 33（2）：2-9.
7) 陣川雅樹ら（2010）木質バイオマスを山から集める．技会プロ「地域活性化のためのバイオマス利用技術の開発」研究成果発表会講演要旨：7-8.
8) 上村佳奈・久保山裕史（2009）東北地方における木質バイオマス供給可能量の推定．日本エネルギー学会第 4 回バイオマス科学会議発表論文集：8-9.
9) Kamimura, K. et al.（2012） Wood biomass supply costs and potential for biomass energy plants in Japan. Biomass and Bioenergy 36: 107-115.

10) 久保山裕史 (2007) 木質バイオマス利用の現状と利用拡大方向について．木材情報 198：1-3.
11) 久保山裕史（2007）林地残材チップのエネルギー利用についてコスト面から見た実現可能性を探る．現代林業．全国林業改良普及協会 522：21-27.
12) 久保山裕史（2008）欧州における木質バイオマスエネルギー利用拡大の背景．森林環境2008 草と木のバイオマス．森林文化協会：pp.51-60.
13) 久保山裕史（2009）木質バイオマスエネルギーの経済的な利用方法について．生物資源3（1）：pp.8-13.
14) 久保山裕史（2010）木質バイオマスの再資源化と評価．サイエンス＆テクノロジー社編「未利用バイオマスの活用技術と事業性評価」：pp.10-30.
15) 久保山裕史（2010）森林バイオマスエネルギーのロードマップ．化学工学会エネルギー部会編「実装可能なエネルギー技術で築く未来－骨太のエネルギーロードマップ 2」．化学工学社：pp.195-201.
16) 久保山裕史ら (2009) 岐阜中山間地域における木質バイオマス利用モデルの構築・実証・評価．農林水産省委託プロジェクト研究「地域活性化のためのバイオマスの利用技術の開発」中間成果発表会：III-5.
17) 久保山裕史・上村佳奈（2011）石炭火力発電所への木質バイオマス供給可能量の推計．日本森林学会大会発表データベース 122：271pp.
18) 西山明雄（2011）小型バイオマスガス化発電装置の開発．日本機械学会関西支部第 12 回秋季技術交流フォーラム：150-1.
19) 西山明雄ら（2010）自動車用汎用エンジンを利用した熱分解バイオマスガス専焼エンジン発電機の開発．日本エネルギー学会大会講演要旨集 19：90-91.
20) 西山明雄ら（2010）．木質バイオマスを上手にガス化して電気と熱に変える．技会プロ「地域活性化のためのバイオマス利用技術の開発」研究成果発表会講演要旨：5-6.
21) 西山明雄ら（2010）小型バイオマスガス化発電実証試験装置の運転状況．第6回バイオマス科学会議要旨集：20-21.
22) 農林水産技術会議事務局（2014）域活性化のためのバイオマス利用技術の開発（バイオマス利用モデルの構築・実証・評価）．研究成果 500：241pp.
23) 高野　勉ら（2008）木質粉砕物のかさ密度の推定．日本木材加工技術協会年次大会講演要旨集 26：75-76.
24) 谷口美希ら（2010）小型バイオマスガス化発電装置の開発．第5回バイオマス科学会議発表論文集：14-15.
25) 谷口美希ら（2010）小型バイオマスガス化発電実証試験装置におけるバークのガス化発電試験．日本エネルギー学会大会講演要旨集 19：92-93.
26) 吉田貴紘ら（2012）中山間地における木質バイオマス利用モデルの構築　～製材工場におけるエネルギー利用モデル～．第7回バイオマス科学会議要旨集：202-203.
27) 吉田貴紘ら（2009）バンド式乾燥機を用いたスギ樹皮の乾燥特性．第4回バイオマス科学会議：88-89.

第 31 章　地域実証事例〔4〕大規模畑作地域モデル 十勝地域におけるバイオエタノール生産を核とする地域実証

～＊～＊～＊～＊～＊～＊～＊～＊～＊～＊～＊～＊～

野田高弘・橋本直人・四宮紀之・古賀伸久

1. はじめに

北海道十勝地域は，全国有数の畑作地帯であり，輪作体系の下，秋播小麦，テンサイ，マメ類(アズキやダイズなど)，およびバレイショが栽培されていている．近年，輪作体系の維持を目的として，規格外小麦とテンサイ糖汁を原料としたバイオエタノール生産に関して様々な検討がなされてきた[2)]．この動きと連動する形で，実際に十勝管内の清水町においてバイオエタノール製造実証プラントが規格外小麦とテンサイ糖汁を原料として稼動している（図 31-1）．一方，地域内で小麦，テンサイに次ぐ面積に作付けされているバレイショを原料としたバイオエタノール製造に関する研究例は多くない．本研究は，農林水産省委託「地域バイオマスプロ」で全国 6 地域を対象に行われた「バイオマス利用モデルの構築・実証・評価」において，「①北海道十勝地域の大規模畑作地域を対象とした地域モデル」として研究実施したものであり，まず小麦からのバイオエタノール製造における前処理技術の応用によるバレイショからのバイオエタノール製造と副産物利用を検討した．

図 31-1　規格外小麦，テンサイ糖汁を原料としたバイオエタノール製造実証プラント（北海道上川郡清水町）

バイオエタノールの製造利用には，化石燃料を消費しないことによる天然エネルギー資源の保護や地球温暖化防止などの効果が期待されるが，実際にはバイオエタノール原料作物の栽培，輸送およびエタノール変換工程を通じて，化石燃料や化石燃料由来の農業資材などが投じられ，結果的に化石エネルギーを消費することになる．したがって，国産バイオエタノール生産と利用がこれら問題解決に役立つためには，エネルギー効率の観点から適した作物を選び，栽培方法も改良する必要がある．本研究では，北海道における高エネルギー効率のバイオエタノール生産システムを確立するため，十勝地域の輪作体系の下で栽培されている作物の中から，バイオエタノール生産に適する作物を選抜し，栽培技術の最適化を検討した．

2. バレイショを原料としたバイオエタノール製造とその副産物利用

1）バイオエタノール製造

小麦を原料としたバイオエタノール製造において，これまで培ってきた発酵法の前処理技術では，液化処理の際にα-アミラーゼと水が加えられている．そこで，バレイショを原料としたバイオエタノール製造を目的として，図 31-2 に示すバレイショの加水発酵試験をまず実施した．

バレイショは摩砕すると粘度の高いスラリーとなり，このスラリーは加熱糊化すると小麦粉懸濁液よりはるかに高い粘度になるため，実験用マグネチックスターラーでは撹拌不能となる．そこで，スラリー粘度を下げるために必要な加水量を検討した．その結果，重量比で約 1 : 1（バレイショスラリー500g : 加水量 540ml）の割合で混合すると撹拌が維持でき，澱粉糖化率・変換率ともに 90％を超え，良好であったが，加水により発酵液のエタノール濃度は 4.2％（w/v）と低かった（表 31-1）．したがって，もしバレイショを無加水で発酵できれば，水や蒸留によるエタノール濃縮に係る投入エネルギーの削減が期待される．そこで，バレイショ主要 2 品種（「紅丸（べにまる)」と「ホッカイコガネ」）を用いて無加水発酵に関する様々な検討を行った．

無加水処理で問題となる液化処理工程におけるバレイショ摩砕物の粘度上昇は，澱粉のみならずペクチン等も起因すると考えられている．そこで，従来は糖化発酵工程で添加されていたセルラーゼ複合剤（ペクチナーゼ含む）を図 31-3 の

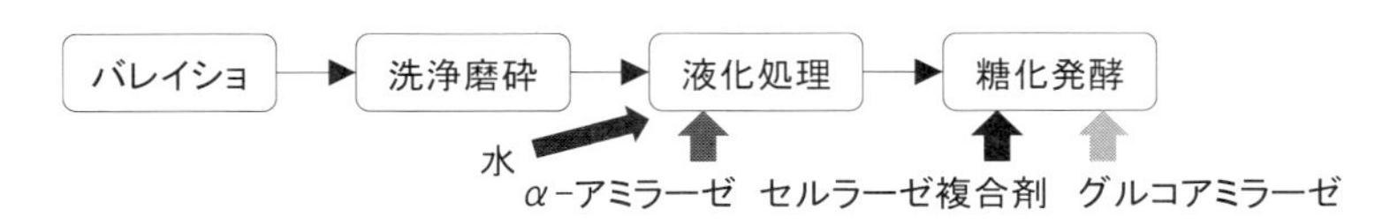

図 31-2　バレイショエタノール生産における前処理工程

表 31-1　バレイショ原料への加水量がエタノール生産性に与える影響

	原料重量（g）（原料澱粉割合（%））			
	500（17.9）	600（16.7）	700（16.6）	800（16.7）
加水量（mL）	540	500	365	255
澱粉含量（g）（全溶液量（ml））	89.5（1000）	100.2（1000）	116.2（1000）	133.6（1000）
資化性糖含量（g）（糖化率（%））	81.5（91.1）	84.7（84.5）	97.4（83.8）	107.4（80.4）
エタノール濃度（w/v%）	4.24	4.65	5.32	6.00
変換率（%）	92.9	91.0	89.8	88.1

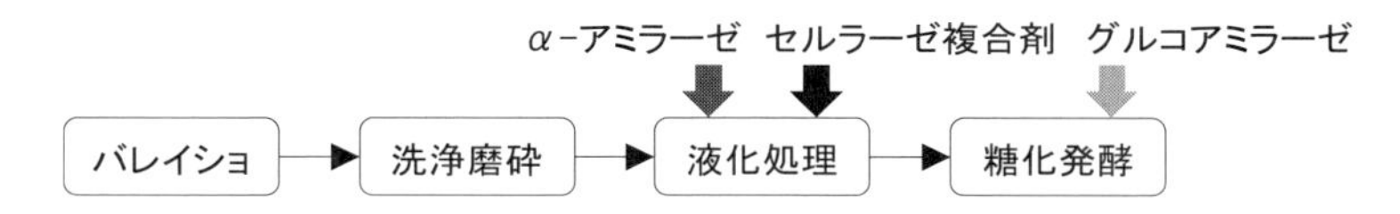

図 31-3　バレイショ無加水エタノール生産における前処理工程

表 31-2　液化処理によるバレイショ 2 品種の摩砕物粘度（ミリパスカル秒（mPa･S））の低下

	品種	
	紅丸	ホッカイコガネ
摩砕直後（25℃時）	1,100	870
液化処理後（40℃時）	670	530

B 型粘度計で Probe No.3 を用い，回転数 60rpm で測定．

ように液化処理工程で用いることで，バレイショ摩砕物の B 型粘度計による粘度は大幅に低下した（表 31-2）．実際に，実験室のマグネチックスターラーでも問題なく発酵試験が可能となり，特別な装置を付加することなく既存の 200 リットル（L）容発酵装置でも従前の方法と同様の変換率を示す発酵が可能であった（表 31-3）．この方法で得られた発酵液のエタノール濃度は約 9%（w/v：重量体積%）と高濃度で，小麦やテンサイ糖汁を用いた時とほぼ同等であり，蒸留工程でのエネルギー低減の意味からも有意義な結果が得られた．なお，この表でエタノール変換率が 100%以上となったが，変換率は澱粉含量を基準に計算しているため，バレイショに含まれるセルロースがセルラーゼによって分解されて生じた糖がエ

表31-3　200L容発酵装置を用いたバレイショ2品種の無加水並行複発酵試験の結果

	品種	
	紅丸	ホッカイコガネ
原料重量（kg）	49.7	50.0
原料澱粉割合（%）	13.7	16.1
澱粉含量（kg）	6.8	8.0
仕込み時液量（L）	48.5	50.0
発酵終了時液量（L）	45.5	48.7
エタノール濃度（w/v%）	8.8	9.2
変換率（%）	115.2	109.1

タノール発酵した分が加算されたと推定される．

2）バイオエタノール発酵副産物の利用

バレイショを原料としたバイオエタノール製造の実用化のためには，エタノール発酵副産物の多段階利用による高付加価値化が重要となる．そこで，バレイショ無加水エタノール発酵残渣の動物試験による脂質代謝改善効果に関する試験を実施した[1]．その結果，バレイショ発酵残渣（PER）やバレイショ澱粉粕（PP）添加食を6週間与えたラットは，対照と比較して，血液中LDL-コレステロール（LDL-Chol）と中性脂肪（TG）が低く，糞中コレステロール（Chol）が有意に高かった（表31-4）．一方，血液中HDL-コレステロール（HDL-Chol）は，PERおよびPP添加食と対照との間に有意な差異はみられなかった．本成果は，バレイショからエタノールを製造するにあたり，副産物の機能性食品利用による収益化

表31-4　バレイショ発酵残渣およびバレイショ澱粉粕添加食を摂取させたラットの血液中および糞中の脂質量[1]

摂取食	血液			糞
	HDL-Chol (mg/dL)	LDL-Chol (mg/dL)	TG (mg/dL)	Chol (μM/g)
CT	63.5±3.8	39.7±3.2[a]	169±12[a]	289±32[c]
PER	59.5±2.9	29.4±2.5[b]	141±21[ab]	538±67[a]
PP	61.5±7.3	25.6±3.5[b]	107±17[b]	401± 9[b]

CT：コントロール食，PER：バレイショ発酵残渣添加食．
PP：バレイショ澱粉粕添加食，Chol：コレステロール．
TG：中性脂肪．
a，b，c 異符号間に有意差あり（P＜0.05，各群6匹で6週間飼育）．

につながると考えられ，エタノール製造コスト削減のための有益な情報となった．

3. エネルギー効率の良い作物の選抜

現在，十勝地域で行われている秋播小麦，テンサイ，バレイショおよびアズキの輪作体系について，化石燃料や農業資材（化学肥料，農薬，農業機械）消費に伴うエネルギー投入量と収穫部および収穫残さバイオマスとしてのエネルギー生産量（燃焼熱量）との関係を調べた[3]．その結果，テンサイは，エネルギー投入量が 1 年間に 1 ヘクタール（ha）当たり 33 ギガジュール（GJ）と，これら作物中では最も大きいが，バイオマス生産に伴うエネルギー生産量が約 350GJ と圧倒的に大きく（図 31-4），収穫部バイオマスのみを考慮したエネルギー産出/投入比，正味エネルギー収量（エネルギー投入量とエネルギー生産（産出）量との差）は最も高い値を示し，バレイショはそれに次いで高かった（表 31-5）．さらに，エネルギー効率の点でバイオエタノール生産に適するテンサイとバレイショ各々の栽培技術の最適化について検討した．

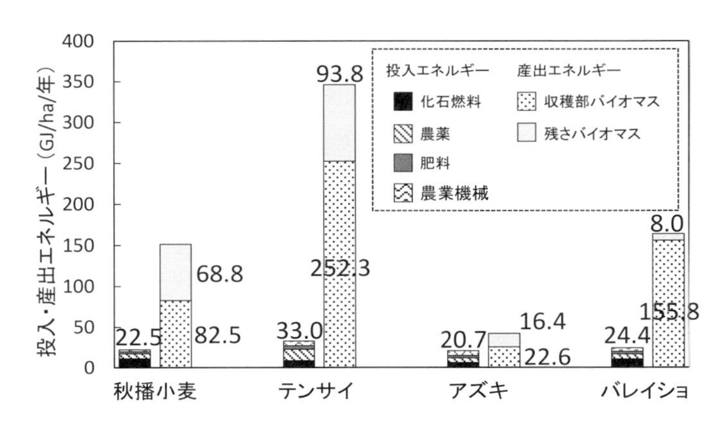

図 31-4　現行栽培体系におけるエネルギー投入・産出量

表 31-5　収穫部バイオマス生産におけるエネルギー収支

	秋播小麦	テンサイ	アズキ	バレイショ
エネルギー産出/投入比	3.67	7.65	1.24	6.37
正味エネルギー収量（GJ/ha/年）	60.0	219.3	4.9	131.4

4. テンサイ栽培技術の最適化

本来砂糖生産のために確立された現行のテンサイ栽培体系をバイオエタノール原料生産のための体系に変え，効率的なエタノール生産を実現するために，1）直播（現行：移植），2）省耕起（現行：プラウによる深耕），3）殺菌剤無施用（現行：施用），4）新たに多収テンサイ系統の利用，5）栽培期間延長（収穫期の 2 週間延長），6）根冠部（本書第 1 章表 1-2 参照；製糖原料の根部を切り取った残りの根の一部と茎葉）収穫（現行：根部のみ収穫）など，候補となる有望技術を評価した．各々の技術について，エタノール収量当りの栽培や原料輸送での化石燃料や農業資材の消費に伴うエタノール生産効率（メガジュール/リットル（MJ/L））を評価指標とした[4]．その結果，「直播」や「殺菌剤無施用」では，各々育苗や農薬使用のエネルギー投入量が減少したが，実証栽培試験では，それ以上にエタノール収量が低下したため，エタノール生産効率は現行体系より低下した（図 31-5）．一方，「省耕起」では，エタノール収量を維持しつつ，耕起省略で化石燃料消費量が減少した．また，「多収系統の利用」や「根冠部収穫」ではわずかにエネルギー投入量が増加したものの，それ以上にエタノール収量が上昇した．

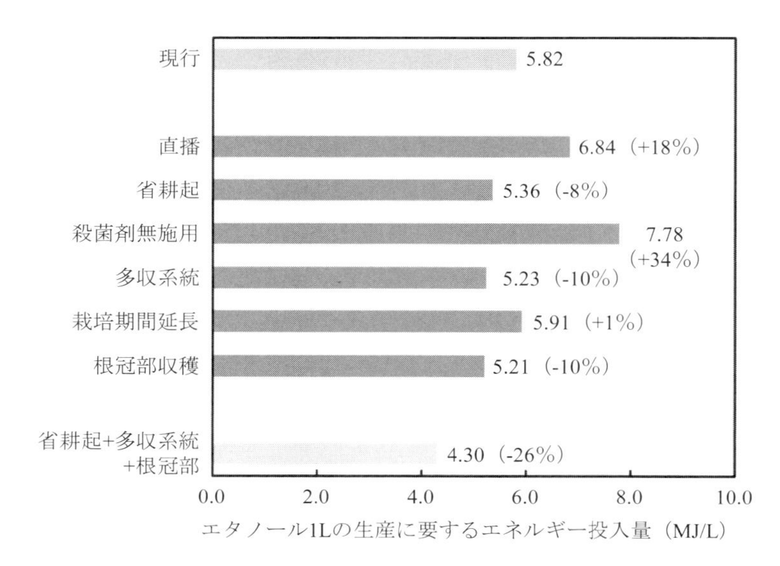

図 31-5　テンサイ栽培技術の導入がエタノール原料生産におけるエタノール生産効率（エタノール 1L の生産に必要なエネルギー投入量）に及ぼす影響

結論として，「省耕起」，「多収系統利用」，「根冠部収穫」を栽培体系に導入することにより，エタノール生産効率は各々8%，10%，10%改善されることが示された．さらに，「省耕起」，「多収系統利用」，「根冠部収穫」を組合せることで，エタノール生産効率はさらに改善し，現行技術に対して26%改善できると推定された[4]．

5. バレイショ栽培技術の最適化

現在，北海道で生産されるバレイショには，主に生食用，加工用および澱粉原料用の用途があり，各々の用途に対応した品種が存在する．澱粉原料用バレイショ品種は一般に晩生であるが，生育期間の長さから澱粉収量が高く，バイオエタノール原料として有利な特徴を有する．既述したように，バレイショはエネルギー効率からみてテンサイに次いで有利なバイオエタノール原料作物である．しかし，現在のバレイショ栽培体系はバイオエタノール原料用に最適化されているとは言えず，新たにバイオエタノール原料生産に適した栽培体系に変更する必要がある．そこで，バイオエタノール生産に適したバレイショ栽培体系を新たに構築するため，①無培土または低培土（現行：培土），②栽植密度低減（14または25%低下），③殺菌剤無施用（疫病抵抗性または疫病非抵抗性品種利用），④ジャガイモシストセンチュウ抵抗性の有望多収系統利用（「根育38号」）など有望技術導入がエタノール収量（キロリットル/ヘクタール（kL/ha））やエタノール生産効率（MJ/L，栽培と原料輸送工程で消費する化石燃料や農業資材が対象）に及ぼす影響の評価を行った[5]．

その結果，現行バレイショ栽培体系におけるエタノール収量とエタノール生産効率は，各々4.85kL/ha，5.86MJ/Lと見積もられた（図31-6）．「無培土」，「低培土」および「栽植密度低減」技術の導入では，トラクター作業の一部省略と塊茎収量のわずかな低下により原料輸送に係るエネルギー投入量が若干減少したが，澱粉収量も低下したためエタノール収量とエタノール生産効率は共に若干悪化した．また，「殺菌剤無施用」では，農薬消費量の減少でエネルギー投入量が減少したが，澱粉収量の低下が大きく，エタノール収量，エタノール生産効率は共に悪化し，その程度はジャガイモ疫病非抵抗性品種を用いた場合に大きかった．一方，「有望多収系統（根育38号）導入」は，塊茎収量増加により，収穫や原料輸送の工程でエネルギー投入量を増加させたが，それ以上に澱粉収量増加の影響は大きく，エタノール収量（6.26kL/ha，現行体系比+29%）とエタノール生産効率（4.63MJ/L，

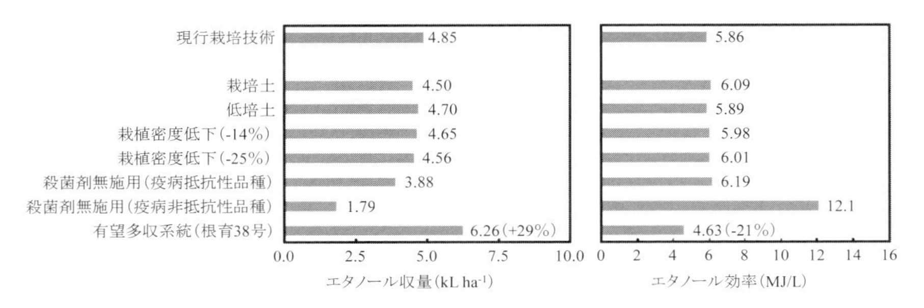

図 31-6　バレイショ栽培技術の改良がエタノール収量（左図）およびエタノール原料生産におけるエタノール生産効率（右図）に及ぼす影響

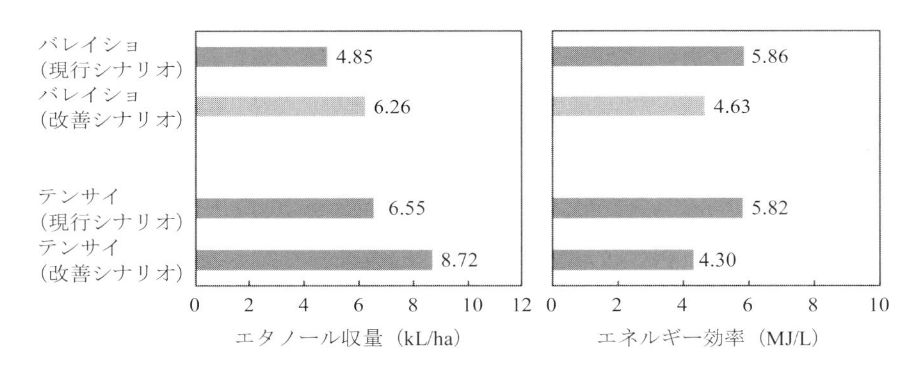

図 31-7　バレイショおよびテンサイを原料とするバイオエタノール生産システムのエタノール収量（左図）とエタノール生産効率（右図）
バレイショ改善シナリオ：有望多収系統の導入．テンサイ改善シナリオ：「省耕起」，「有望多収系統導入」，「根冠部収穫」の組合せ技術．

現行体系比-21%）は共に大きく改善した．以上，エタノール収量向上やエタノール生産効率の改善に大きく貢献する栽培技術は，「有望多収系統導入」であると結論した．

6．テンサイ，バレイショ原料の比較

テンサイを原料としたエタノール収量は，サトウキビに匹敵するほど世界的に見ても高い水準にあるが，図 31-7 に示すように，バレイショの改善シナリオ（「有望多収系統導入」）におけるエタノール収量（6.26kL/ha）は，テンサイの現行シナリオにおけるエタノール収量（6.55kL/ha）よりも若干下回る程度であった[5]．

また，バレイショの改善シナリオにおけるエタノール生産効率（4.63MJ/L）は，テンサイの現行シナリオのそれ（5.82MJ/L）よりも低かった．このことは，バレイショにおけるエネルギー投入量（主に肥料投入量がテンサイより少ないことによる）が小さく，バレイショの改善シナリオの方がテンサイの現行シナリオよりも少ないエネルギー投入量で同水準のエタノール収量が得られることを示している．バレイショの改善シナリオにおけるエタノール生産効率（4.63MJ/L）は，テンサイの改善シナリオ（「省耕起」，「有望多収系統導入」および「根冠部収穫」の組合せ技術）におけるエタノール生産効率（4.30MJ/L）よりも若干劣る程度で，極めて高いことが示された．ただし，バレイショを原料とするエタノール生産の場合，エタノールへの変換工程において澱粉の糖化とそれに関連する作業が必要となる．そのため，変換工程を含むすべての工程で，エネルギー利用効率の最終的な比較が必要となることに注意すべきである．

7. おわりに

北海道・十勝地域を対象として，地域に豊富に存在するバイオマス資源である畑作物を原料としたバイオエタノール生産を核とした地域実証試験について紹介した．これまでに先行研究が乏しいバレイショを原料としたバイオエタノールの製造法について検討し，無加水発酵法により糖化効率，エタノール変換効率ともに90%以上を示し，約9%の高濃度エタノール液を得ることができた．また，十勝地域の輪作体系で栽培される作物から，バイオエタノール生産に適する作物としてテンサイとバレイショを選定した．さらに，これら作物の原料生産（栽培）・輸送工程において，新栽培技術の導入により，エネルギー効率が20%以上改善できることを明らかにした．なお，これら作物のエタノール変換工程におけるエネルギー効率に関しては，さらなる検討が必要である．

引用文献

1）Hashimoto, N. et al. (2013) Effect of potato ethanol residue on rat plasma cholesterol levels. Bioscience, Biotechnology, and Biochemistry 77: 850-852.
2）勝田真澄（2013）糖質・でん粉作物の低コスト生産によるエタノール生産原料としての利用．農業および園芸 88（2）: 233-241.
3）Koga, N. (2008) An energy balance under a conventional crop rotation system in northern Japan: perspectives on fuel ethanol production from sugar beet. Agriculture, Ecosystems and

Environment 125: 101-110.
4）Koga, N. et al. (2009) Potential agronomic options for energy- efficient sugar beet-based bioethanol production in northern Japan. Global Change Biology Bioenergy 1: 220-229.
5）Koga, N. et al. (2013) Energy efficiency of potato production practices for bioethanol feedstock in northern Japan. European Journal of Agronomy 44: 1-8.

第 32 章　地域実証事例〔5〕畑作畜産地域モデル
南九州畑作地域におけるバイオマス利用モデル

～＊～＊～＊～＊～＊～＊～＊～＊～＊～＊～＊～＊～

相原貴之・久米隆志・嶋田義一・倉田理恵・金岡正樹・田口善勝

1. はじめに

南九州地域では，高齢化の進行等による急速な耕作放棄地の増加が予想される．この地域では夏季に栽培できる作物がほぼサツマイモ（甘藷：カンショ）に限られる所も多く，耕作放棄地を中心に新規用途となるエタノール用カンショを栽培することが農地維持に有効な手段と考えられる．そこで，鹿児島県鹿屋市を中心とした大隅半島を対象地域として，農地・労働力の動向予測とバイオマス資源賦存量調査を行うとともに，エタノール用カンショの大規模低コスト生産システムの確立に向け，コントラクター等の経営体のあり方や作付体系等必要な条件を明らかにした．また，エタノール発酵残渣等から高付加価値素材を抽出し，これを利用する技術開発を行うとともに，エタノール用カンショを核とし，地域バイオマスを総合的に循環利用する地域バイオマス利用モデルの策定を試みた．本稿は農林水産技術会議事務局委託「地域バイオマスプロ」で全国 6 地域を対象に行われた「バイオマス利用モデルの構築・実証・評価)」における，「⑤鹿児島県鹿屋市の畑作畜産地域モデル」として実施したものであり，引用文献に示した公表物[3,4] に加筆し，編集したものである．

2. 鹿屋市におけるカンショ生産農家のグループ化と新技術

本研究では，まず，鹿屋市のカンショ生産農家 21 戸の調査を実施した．エタノール用カンショ栽培はまだ導入されていないため，澱粉用カンショの位置付け，すなわち作付率によってグループ I, II, III の 3 グループを摘出した[6]．この結果，エタノール用カンショ生産導入のためには，カンショ露地野菜複合経営が多いグループ II をエタノール用カンショの中心的担い手として位置づけ，さらに高齢化農家が多いグループ III への支援システムの整備が必要であると考えられた（表 32-1）

表32-1　澱粉原料用カンショの位置づけによるグループ化と各グループの特徴

項目	グループI	グループII	グループIII
経営の特徴	畑経営耕地面積が6ha以上の大規模でその多くが借地；焼酎用を中心としたカンショ－露地野菜複合経営	畑経営耕地面積3～5haの中規模経営；露地野菜を基幹とし，カンショ作は副次的	鹿屋市の平均的畑経営耕地面積（146a：2005年農林業センサス）グループ；多くは高齢化で露地野菜作等を止め，澱粉原料用カンショのみ
澱粉原料用カンショの作付率	小	中	大
カンショに注目した経営の特徴	経営耕地面積大；大規模焼酎原料用カンショ生産	経営耕地面積中；野菜＋カンショ複合経営	経営耕地面積小 澱粉原料用カンショ生産
澱粉原料用カンショの位置づけ	焼酎原料用カンショ納期以外の雇用確保	野菜作付体系から焼酎原料用カンショの作付けが制限され，澱粉原料用カンショを生産	家族労働力に対応し，基幹作物化
澱粉原料用カンショの今後の動向	焼酎原料用需要次第，現状では大幅増は見込み薄	野菜の規模が拡大すれば増産の可能性あり	労働力の制約により生産力の後退が懸念

2005年センサスを利用した農地予測モデルから，2010年の鹿屋市の耕作放棄地は714ヘクタール（ha）と推計され，経営主年齢が65歳以上で経営畑面積が3ha未満および自給的農家等の数が全農家の88%を占める．これら年代層・規模層は，植え付けができる間はカンショ作付けを続ける意向が高いことがわかった．このため，カンショ生産を持続するためには，まず収穫作業支援体制の構築が最も必要であり，次いで，高齢化農家のリタイア期における耕作放棄地化を回避する対策が求められる．また，2010年時点での鹿屋市農業委員会の調査によれば，460haの耕作放棄畑が存在し，このうちエタノール用カンショ生産導入を想定している旧鹿屋市（合併前のエリア）には耕作可能農地と農業利用すべき耕地が計187ha程度存在し，エタノール用カンショを作付けする条件が整えば，耕作放棄地の減少が期待できる．

次に，2つの新技術－①新技術I：高単収で直播適性を備えた品種を用い，化学肥料を削減して地域のバイオマス資源である堆肥を活用した施肥改善で既存直播機械化を組み合わせた体系；②新技術II：さらに大型畦にして畝立て同時播種機

表 32-2　カンショ慣行体系と新技術体系の比較

	慣行焼酎用	慣行澱粉用	新技術 I	新技術 II
粗収入				
単収（kg/10a）	3,300	3,800	5,000	5,000
商品収量（kg/10a）	3,250	3,750	4,900	4,900
単価（円/10a）	45	35	13	13
小計（円/10a）	146,250	131,250	64,190	64,190
〈慣行澱粉用との比率〉	〈111〉	〈100〉	〈49〉	〈49〉
変動費（円/10a）	48,885	39,654	37,045	34,975
〈慣行澱粉用との比率〉	〈123〉	〈100〉	〈93〉	〈88〉
プロセス純利益（円/10a）	97,365	91,596	27,145	29,215
〈慣行澱粉用との比率〉	〈106〉	〈100〉	〈30〉	〈32〉
労働時間（時間/10a）	34.2	34	24.96	21.46
〈慣行澱粉用との比率〉	〈101〉	〈100〉	〈74〉	〈63〉
機械年償却額（円）	3,208,724	3,208,724	2,800,010	3,603,214
〈慣行澱粉用との比率〉	〈100〉	〈100〉	〈87〉	〈112〉

注 1）商品収量は単収から種芋を減じた数値.
注 2）慣行及び新技術比較の基礎資料は「鹿児島県農業経営管理指導指標」による.

と収穫機が開発されてそれを導入する体系を想定し，経済的条件を検討した．この結果，以下の点が明らかになった：①想定新技術による収量は，慣行の澱粉原料用カンショ利用の場合の 3,750kg/10 アール（a）と比較し，4,900kg/10a と約 3 割高くなる．②10a 当りの労賃等を除いた変動費用は，新技術 I，II 共に約 1 割の削減が期待される（表 32-2）.

エタノール用カンショ品種の目標販売単価は，2010 年時点の澱粉用カンショ専用品種の取引価格 9 円/kg に対して，13 円/kg と 4 円（約 4 割）高い．一方，10a 当り労働時間は，新技術 I で約 3 割，新技術 II では約 4 割減になると想定される．これらに基づき，新技術体系を従来技術体系（労働力 2 人，1 日 8 時間労働を前提）と比較すると，慣行挿苗体系では 2.5ha，慣行直播体系では 4.0ha が規模限界であったものが，新技術では約 2 倍に拡大する可能性がある．しかし，新技術では 10a 当たりの純収益が低いため，労働生産性と土地生産性は共に低下する．このため，既存技術による生産体系と同等程度の農業所得を得るためには，その他の収入として新技術 I は 2 万 3 千円/10a，新技術 II は 1 万 7 千円/10a が必要である．この解決策として，余剰労働力を利用した高収益輪作作物導入等の検討が必要である．一方，新技術導入にともなう経営耕地面積は，新技術 I，II 共に 3 割増加させることができる．そのため地域農業にとっては，貸借等による離農跡地や耕作放棄地の減少可能性が示唆される．

3. カンショ茎葉からのポリフェノール大量抽出技術の開発

カンショを地域バイオマス資源としてできる限り有効活用するためには，イモ部分だけでなく，加工残渣や茎葉に含まれる有用物質の抽出・利用技術の開発が必須となる．ここでは，カンショ茎葉から有用物質のポリフェノールを大量抽出する技術を概説する．本研究では実際に利用されている機械規模でカンショ茎葉からポリフェノール含有粉末を製造する工程を確立した．すなわち，茎葉 1,000kg から熱水でポリフェノールを抽出し，ろ過，カラム精製，濃縮および粉末化の工程を経て，ポリフェノール含有粉末を 4.6kg 製造した（図 32-1）．表 32-3 に示すように，茎葉 1,000kg から抽出した熱水抽出液 3,750 リットル（L）中にポリフェノールは 6.4kg 含まれ，その後の操作でポリフェノール量は減少したが，最終製品の粉末 4.6kg 中に，ポリフェノールが 2.7kg 含まれていた．この粉末中のポリフェノール含有率は 57.1%，抽出液からの回収率は 41.5%であった．

また，表 32-4 に示すように，ポリフェノール粉末の製造コストを①茎葉入手方法が自社収穫あるいは農家買い取りである場合の別，②噴霧乾燥委託の有無（すなわち，自社で行うか外部委託するかの別）でパターン毎に試算したところ，いずれの場合も粉末当り製造コストは 22.0～28.8 円/g，ポリフェノール当り，36.0

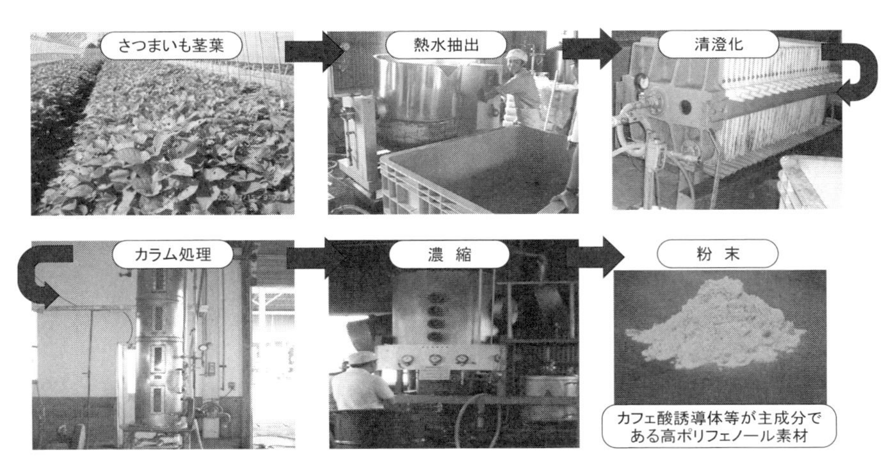

図 32-1　カンショ茎葉からのポリフェノール含有粉末製造工程の流れ

表32-3　プラントにおけるポリフェノールの回収状況

	量 リットル（L） またはkg	ポリフェノール (kg)	回収率 (%)
茎葉	1,000kg		
抽出液	3,750L	6.4	100
ろ過液	4,310L	6.0	93.4
溶出液	450L	4.6	71.5
濃縮液	67L	3.1	47.7
粉末	5kg	2.7	41.5

表32-4　プラント製造ポリフェノール粉末の製造コスト試算

	茎葉入手方法		噴霧乾燥の委託		粉末単価	ポリフェノール当り
	自社収穫	農家買取	自社乾燥	外部委託	(円/g)	(円/g)
ケース1	○	−	○	−	25.6	41.8
ケース2	○	−	−	○	22.0	36.0
ケース3	−	○	○	−	28.8	47.0
ケース4	−	○	−	○	25.2	41.2

〜47.0円/gと試算された．この結果，ケース2の茎葉入手方法が自社収穫で，噴霧乾燥を外部委託した場合の製造コストが最も低くなることが明らかになった．

さらに，大量製造した茎葉ポリフェノール含有粉末の安全性について，急性毒性試験を行った．5週齢中型ラット（Wistar種の雌雄各6匹）にポリフェノール含有粉末を食餌摂取限界量の5g/kg/日になるように食餌投与し，14日間飼育した．この期間死亡した個体はなく，所見変化もなかったため，急性毒性はないと判定した．また，高脂血症モデルラットに異なる含量（0-5%）のポリフェノール含有粉末を投与し，高脂血症の改善作用を評価した結果，食餌摂取量は試験区間で差異はなかったが，ポリフェノール含有粉末の摂取量依存的に体重増加（図32-2）と血中の中性脂肪量の軽減が認められた（図32-3）．

カンショは南九州の基幹作物であり，その塊根部は青果，アルコール原料，焼酎原料，澱粉原料，加工品など幅広く利用されている．一方，茎葉部は苗作りのための採苗後の苗床や塊根収穫時の圃場に大量廃棄され，他地域では機能性成分に富む家畜飼料として利用される場合があるものの，圃場に鋤きこむ以外に有効利用されていない．しかし，茎葉部に豊富なポリフェノールが含まれていること

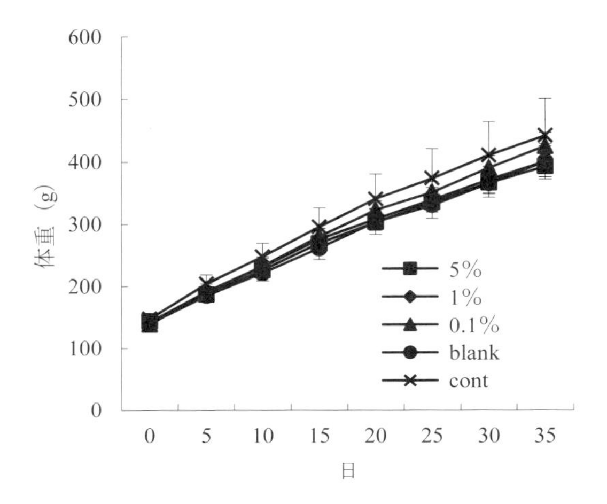

図 32-2　高脂血症モデルラットにおける茎葉ポリフェノール含有粉末の体重増加抑制作用

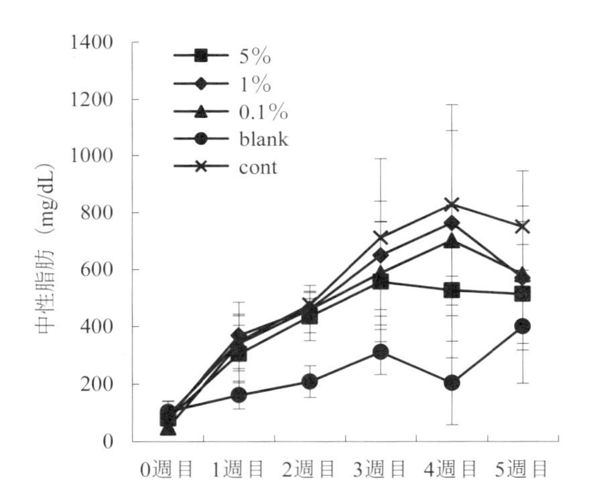

図 32-3　高脂血症モデルラットにおける茎葉ポリフェノール含有粉末の血中の中性脂肪量に対する影響

から[2,3]，この有効利用に着目し，茎葉部からのポリフェノール大量製造法の確立を目指した．そして，回収率が高く，かつ低コストで安全性の高い抽出方法や精製方法を検討し，比較的簡素な工程により，水とエタノールのみで抽出・粉末化できるように製造工程を改変・構築した．この結果，ポリフェノール含有粉末の製造コストは表 32-4 のとおり 22〜28.8 円/g と試算された．

一方，熱水抽出処理では時間や装置の償却費用が多くかかるため，その後，弱酸性水による抽出法を検討した．その結果，弱酸性水抽出は熱水抽出の回収率と同等以上であり，処理量を増やすことも可能と思われ，さらに，生産費も熱水抽出と比べて，1g 当り 4.7 円削減されると試算された．また，茎葉にはポリフェノール以外にもカロテノイドが豊富に含まれている．本研究では，加熱処理とエタノールによりルテインとポリフェノールを同時に抽出した素材の製造方法も実験室レベルで構築した．

これまで茎葉ポリフェノールは，抗糖尿病作用[7]や抗高血圧作用[1]を持つことが報告されている．本研究において，ラット試験で高脂血症軽減作用が示され，さらに，「高脂血症モデルブタ」の作出にも成功した．このモデルブタは，正常ブタと比較して，血清 LDL-コレステロール値が 10 倍以上高く，腎周囲脂肪量が高い．さらに食後血糖値も高い値を示す．もし茎葉ポリフェノール粉末の持つ抗高脂血症作用や抗糖尿病作用が高脂血症モデルブタで検証されれば，ヒトにおける効果もさらに期待される．残念ながら，本研究期間内に高脂血症モデルブタによる検証試験はできなかったが，今後，ポリフェノール粉末がメタボリックシンドロームの予防や改善のための素材として利用されることを期待したい．

4. エタノール用カンショの導入効果と地域バイオマス利用モデル

本課題では，エタノール用カンショ導入によるエタノール生産という新しい産業部門を新設するときに，鹿児島県経済に与え得る最大の効果を計測した[8]．すなわち，鹿児島県でエタノール生産用カンショを 20,000 トン（t）/年（栽培面積 400ha）生産し，これを原料としてエタノールを 3,333 キロリットル（kL）/年生産した場合の鹿児島県経済に及ぼす最大の効果を計測した．エタノール用カンショ生産額 2 億 6,200 万円（13.1 円/kg），エタノール生産額 6 億 8,388 万円（140 円/L：2010 年当時のガソリン価格準拠），間接効果を含む県内生産額の増加額は 12 億 4,000 万円となることが明らかになった（表 32-5）．また，エタノール用カンショ部門 28 人とエタノール生産部門 12 人（6 人 2 交代）程度の雇用を確保できると試算された．

最大の効果を計測するため，エタノール部門には，①茎葉の豚用飼料利用，②茎葉の化粧品原料利用，および③蒸留廃液の米部門への液肥利用を考慮し，各々

表 32-5　エタノール用サツマイモの導入効果

	平成 17 年値	推計値	差異
鹿児島県内生産額	9,553,970	9,555,209	+1,239
うちエタノール用サツマイモ		+262	+262
うちエタノール		+684	+684
鹿児島県内総生産	5,372,675	5,372,929	+254
うちエタノール用サツマイモ		+158	+158
うちエタノール		-12	-12

単位：百万円.
注 1）直接効果と間接効果の合計値.
注 2）総生産は付加価値額を表す.

の利用価値を副産物価額として生産額に含めた．しかし，この条件でも，エタノール部門が生産を行うためには，4,617 万円/年の経常補助金が必要である．（すなわち経常補助金がなければ，コストが生産額を上回る）．比較対象となるガソリン価格水準にもよるが，この生産規模でエタノール生産を継続することは大変厳しいと考えられる．

次に，エタノール 1L 当り生産コストを原料芋 78.6 円，電力 3.6 円，A 重油 38.76 円，水 1,992 円，酵素・酵母 4,998 円と試算した．また，副産物生産量・販売価格を，豚用飼料として茎葉 3,325t（乾物）利用規模で 46,971 円/t，化粧品原料として茎葉 1,000t 利用規模で 15 円/kg（原料としての販売価格），液肥としてエタノール蒸留残渣利用の場合，8,644 円/10a（肥料代替価値）と試算した．また，カンショ生産コスト（特に労働費）低減のため，多条大型直播（30ha 規模）技術を想定した．これは，畦幅 55cm，畦間隔 90cm の慣行様式に対し，畦幅 110cm，畦間隔 160cm の大型畦に 2 条植えとする新様式である．（詳細は，農研機構バイオ燃料変換技術開発 WG の Web サイト http://www.naro.affrc.go.jp/org/nfri/yakudachi/biofuel/kadai/2012/pdf/digest2012_38-39.pdf を参照）．さらに，カンショ茎葉の飼料化や苗床茎葉からの高付加価値化が見込めるポリフェノール抽出等，副産物を含めたカンショ利用フローを作成し（図 32-4），これらを組み込んだ資源循環システムのプロトタイプを策定した（図 32-5）．この LCA に関しては本書第 4 部第 27 章を参照されたい．

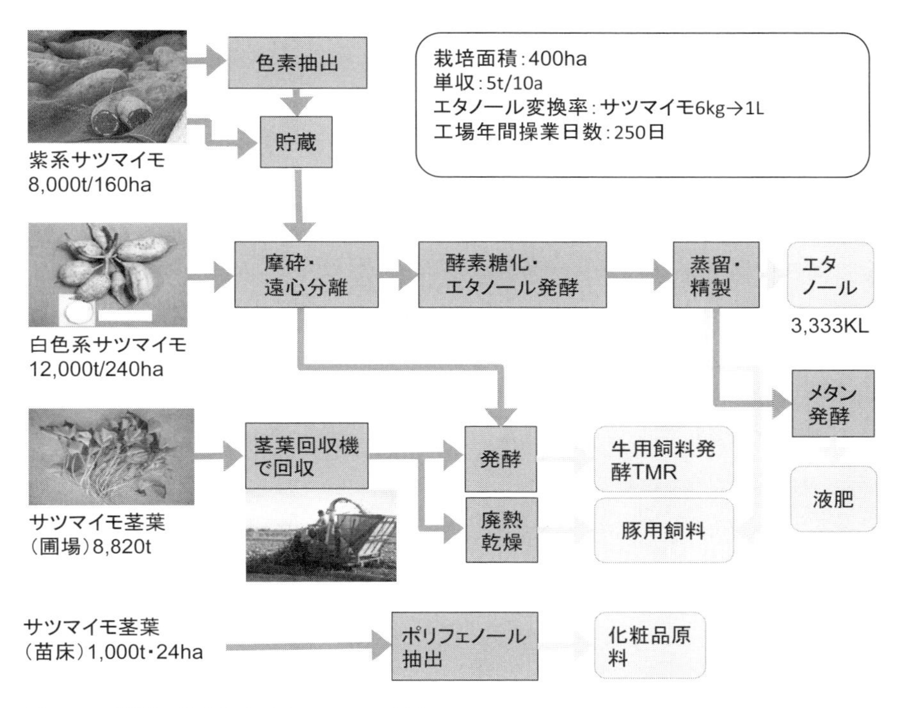

図 32-4　副産物利用を含めたカンショ利用フロー

5. おわりに

エタノール用カンショ導入には，今後予想される生産者の高齢化に伴う農業生産担い手減少による耕作放棄地の発生を防ぎ，地域の農地を守るという意義がある．南九州畑作地域には台風の襲来等で夏場にカンショ以外の作物栽培が困難な場所がある．当該地域で耕作放棄地を出さないためには，離農者の農地も集積しながら，カンショの低コスト大規模生産を行わなければならない．しかしカンショだけでは経営体としての存続が厳しいため，秋冬季に野菜を生産する等で利益を確保する必要がある．この体系の担い手は企業的大規模経営と考えられる．一方で，第 21 章と第 22 章でも指摘されているように南九州では増大する家畜排せつ物の処理が急務となっており，地域バイオマス資源の循環には畜産部門との連携が必須である．これによりカンショ茎葉や焼酎・エタノール蒸留廃液の肥料化や飼料化，家畜排せつ物のメタン発酵利用や堆肥化等の資源循環基本フレームが

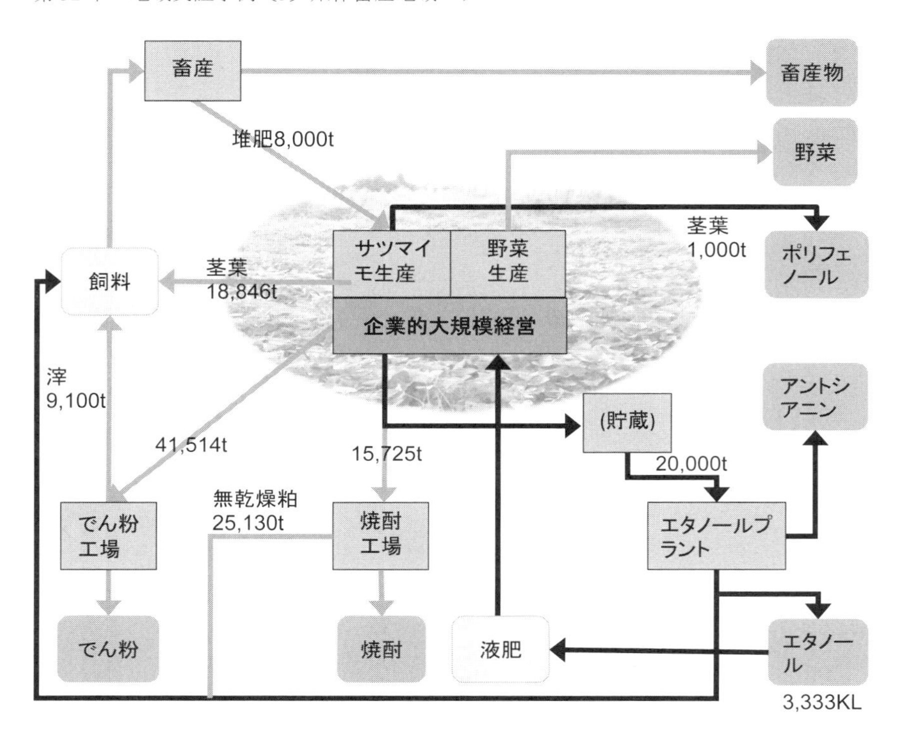

図 32-5　カンショ副産物の有効利用を組み込んだ資源循環システムのプロトタイプ

構築される．さらにバイオマスのカスケード利用を推進し，高価なポリフェノール，アントシアニン等の副産物生産および輪作等による野菜販売等で収益を確保し，資源循環を持続可能なシステムにすることが重要である．

2010 年当時の制度では澱粉用カンショには交付金が 26 円/kg 交付されるが，エタノール用カンショには交付金がない（農林水産省 Web サイト http://www.maff.go.jp/j/press/seisan/tokusan/131206.html によれば，2014 年時点も同様）．エタノール用カンショからのエタノール生産は，20,000t/年規模では 4 千万円/年程度の助成金が必要になる等の問題がある．残念ながら，今回策定を試みたモデルは実証には至らなかったが，今後，情勢や政策が変化したときのバイオマス地域利活用システムのシナリオの一つとして位置づけられよう．

引用文献

1）石黒浩二ら（2007）サツマイモ茎葉の血圧降下作用．食品科学工学会誌 54（1）: 45-49.
2）Islam, M. S. et al. (2002) Identification and characterization of foliar polyphenolic composition in sweetpotato (Ipomoea batatas L.) genotypes. J. Agric. Food Chem. 50: 3718-3722.
3）農林水産技術会議事務局（2014）地域活性化のためのバイオマス利用技術の開発（バイオマス利用モデルの構築・実証・評価）. プロジェクト研究成果シリーズ 500 : 147-165.
4）農林水産技術会議事務局・農研機構（2012）地域活性化のためのバイオマス利用技術の開発（バイオマス利用モデルの構築・実証・評価）．研究成果ダイジェスト：26-27.
5）嶋田義一ら（2010）サツマイモ茎葉からのポリフェノール大量抽出法と製品特性．日本食品科学工学会誌 57（4）: 143-149.
6）田口善勝（2010）でん粉用カンショ生産の実態と課題　－鹿児島県鹿屋市を対象として－．農業経営研究 48（2）: 54-59.
7）鍔田仁人ら（2004）甘藷若葉末の血糖値改善効果．食品と開発 39 : 57-58.
8）吉田泰治・田中紘一（2011）カンショのエタノール生産システム導入における波及効果の評価. 独立行政法人農業・食品産業技術総合研究機構九州沖縄農業研究センター委託調査報告書：19-31.

第33章　地域実証事例〔6〕大規模水田地域モデル
地域バイオマスとしてのナタネの利用実証

〜＊〜＊〜＊〜＊〜＊〜＊〜＊〜＊〜＊〜＊〜＊〜

小綿寿志・金井源太・澁谷幸憲

1. はじめに

本章では，既報[12]で提示された6つのモデルのうち，「②岩手県の内陸部農村地域を対象とした大規模水田地域モデル」の核となる技術として提案したナタネSVO（Straight Vegetable Oil：未変換植物油）利用の実証試験結果を紹介する．本稿は引用文献に示した公表物[7]を編集・加筆したものである．

2. ナタネを核とした地域バイオマス利用モデルの概要

バイオマスを持続的に利活用するためには，その生産・収集・変換・利用等の各段階を有機的につなげ，地域活性化に貢献し，地域全体として経済性があるシステムを構築する必要がある．筆者らは当該プロジェクトで，東北大規模水田地域を対象にバイオマスをエネルギーやマテリアルとして利用する技術を適切に組合せたバイオマス利用モデルの構築を目的とした（図 33-1）．そこで，この地域で発生する稲残渣の高付加価値化利用および転換作物として栽培するナタネのエネルギー利用を核として，コストと化石エネルギー消費量の20%削減を目標とするモデルの構築を目指した．このモデルで扱うバイオマスと主なプロセスの概要は次のとおりである：①稲わら・籾（もみ）殻：稲わらは腐朽菌の作用で糖化性を高めた後，TMR（Total Mixed Rations：完全混合試料）サイレージとして牛に給与し，排泄物ともみ殻を堆肥化し，有機質肥料として圃場に還元する．腐朽菌処理の詳細はYamagish et al.[11]および山岸[10]を参照．；②ナタネ：転換畑や耕作放棄地の一部で栽培管理の容易なナタネ[6]を栽培し，子実から食用油を搾油する工程で発生する低品質油をバイオディーゼルに変換せず，SVOナタネ油として直接農業機械の燃料として利用する．本稿ではナタネのエネルギー利用に係わる実証実験の結果を報告する．

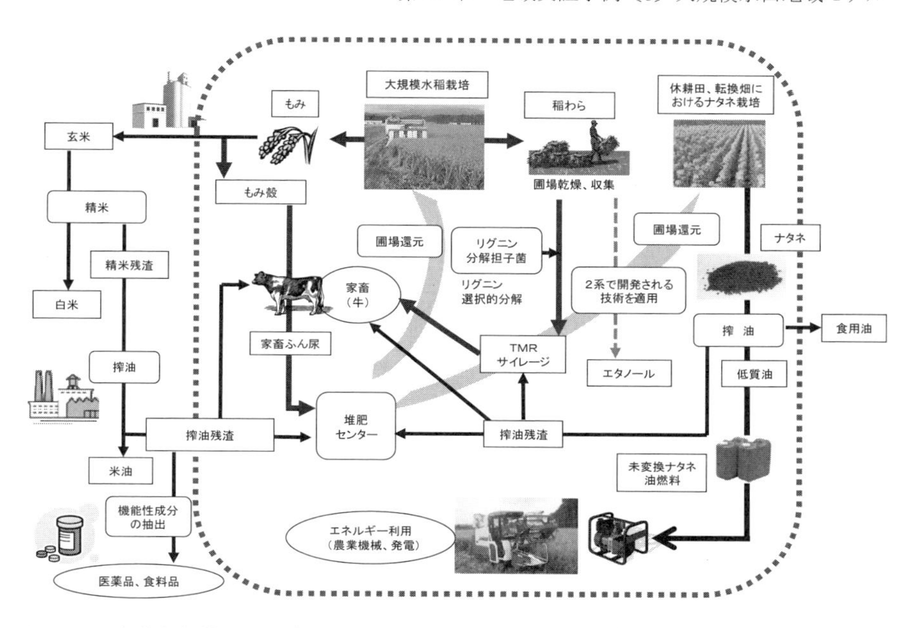

図 33-1　東北大規模水田地域におけるバイオマス利用モデル[12)]

3. ナタネのエネルギー利用に関する実証データの整備

澁谷ら[9)]は，ナタネ油を未変換の SVO としてコンバイン燃料に用いる技術を実証した．ここでは，ドイツの Elsbett 社（現 ANC/GREASEnergy 社，http://www.anc.me）のキットを利用してディーゼルエンジンをナタネ油の SVO 仕様に改造したコンバイン（クボタ製 27.9 キロワット（kW））を収穫に用いた場合，軽油とナタネ油燃料の違いが作業性に与える影響等を検討した．また，SVO ナタネ油（以下ナタネ油）の燃料性状の詳細な分析を行った．さらに，ナタネ油仕様に改造したディーゼルエンジン発電機（デンヨー製，発電容量：7.5 キロボルトアンペア（kVA））の運用試験を行った．コンバイン改造では軽油用タンクを温存したままナタネ油用タンクを付加し，切替えバルブで燃料切替えを可能としたが，発電機の改造では軽油用タンクにナタネ油を給油することとした．コンバイン改造の概要は図 33-2 に示す通り，高粘度のナタネ油の粘度を下げて安定的燃料供給を確保するために，燃料系統を加熱して粘度を下げる仕組をとった．

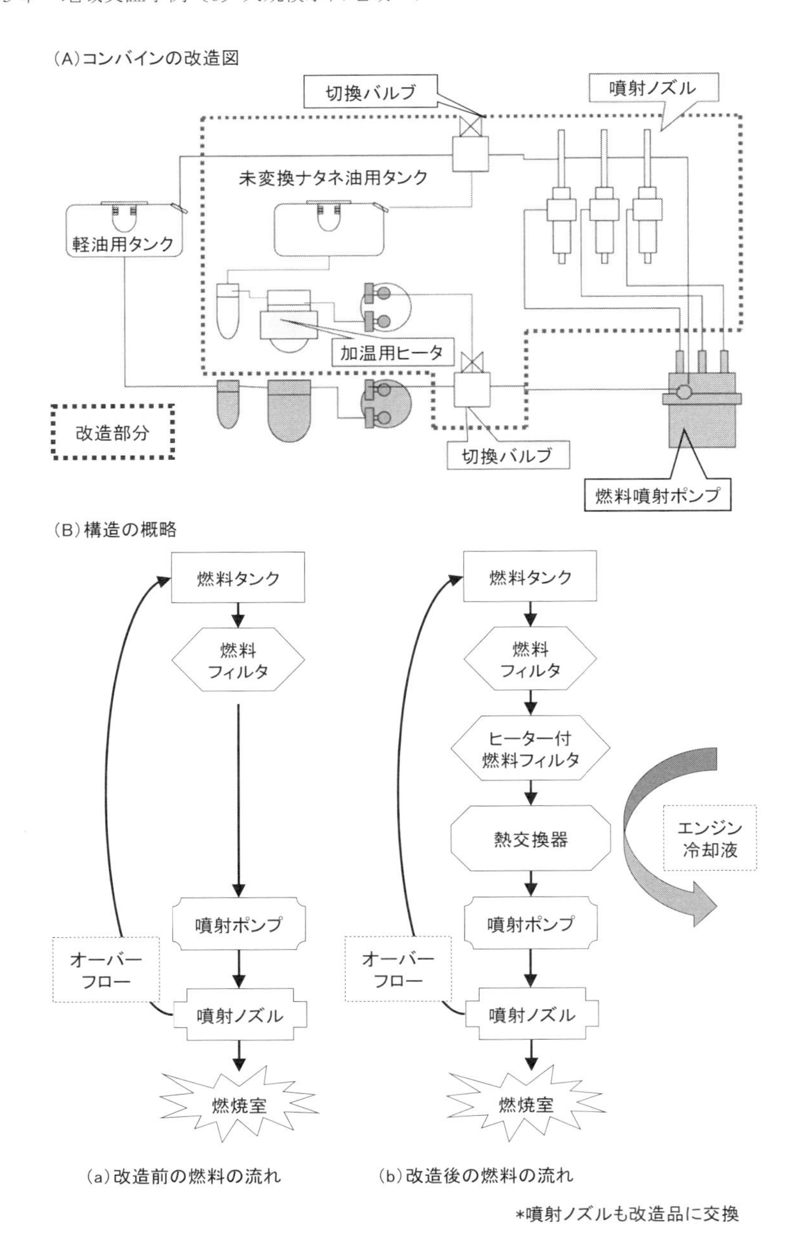

図 33-2　加熱によりナタネ油粘度を低下させるための改造図（A）と改造の概略（B）（改造前（a）と改造後（b）の燃料の流れ）[3,9)]

1）ナタネ油を燃料とする農作業の作業性能等

ナタネ油あるいは軽油を燃料に使用して，一般的な水田転換作物の小麦，ナタネ，ソバ，ダイズの収穫作業を比較した結果，作業能率（1 ヘクタール（ha）あたりの時間（h））と燃費（10 アール（a）当りに必要な燃料（単位：リットル（L））は圃場条件や作物条件で変動するが，軽油燃料での運転と概ね同等であることが確認できた（表 33-1）[5]．また，圧搾搾油後一年以上を経過したナタネ油を燃料に用いた場合でも，同様に上記作物の収穫を問題なく行うことができた．また，2009-10 年度の SVO 仕様コンバインの合計稼働時間は約 90 時間に達したが，エンジンに問題は生じなかった．一方，軽油とは特性が異なるが，DIN（ドイツ工業規格）燃料用ナタネ油規格との比較では基準をほぼ満たしており，燃料として利用可能と判断できた（表 33-2）．

2）ナタネ油を燃料とするディーゼル発電機の運用と排ガス特性

上記コンバインと同様の改造を施したナタネ油仕様ディーゼルエンジン発電機は，通常のフィルタ類のメンテナンスで特に問題なく 1,500 時間の運転を行い，エンジンオイル分析からも問題は検出されなかった[2,3]．その後，ノズル交換により積算 2,600 時間までの運転が可能であった[3,4]．このナタネ油運転時におけるエンジン出力（キロワットアワー：kWh）当りの排ガス特性は，軽油運転時よりも一酸化炭素（CO）と排気煙濃度は下回り，二酸化炭素（CO_2）はわずかに上回り，窒素酸化物（NO_x）は同程度であった（表 33-3）．

表 33-1　ナタネ油仕様コンバインによる転換作物の収穫試験結果[5]

	収穫対象作物	燃料	収量 (kg/10a)	能率 (h/ha)	作業面積 (ha)	燃費 (L/10a)
2009 年	ナタネ	軽油	158	4.0	0.60	2.1
		ナタネ油	158	4.0	0.30	2.4
2010 年	小麦	ナタネ油	382	3.9	0.25	2.3
	ナタネ	軽油	209	5.1	0.51	3.2
		ナタネ油	241	4.7	0.50	2.7
	ソバ	軽油	58	2.8	0.67	1.6
		ナタネ油	75	2.6	0.28	1.7
	大豆	軽油	169	-	1.15	1.6
		ナタネ油	232	4.5	0.24	2.4

表 33-2　ナタネ油の燃料としての性状[5)]

試験項目		単位	ナタネ油 整粒由来	DIN51605*1	軽油*2
密度（15℃）	JIS K2249	kg/m^3	0.9198	0.900-0.930	0.82
炭素分	JPI-5S-65-2004	%	77.5	-	86.7
水素分	JPI-5S-65-2004	%	11.7	-	13.1
酸素分	分解-TCD 法	%	10.8	-	0.14
真発熱量	JIS K2279	MJ/kg	37.91	min. 36	42.7
セタン価	JIS K2280		-	min. 39	58
引火点	JIS K2265-3	℃	275.0	min. 220	59
流動点	JIS K2269	℃	-25.0	-	-
曇り点	JIS K2269	℃	-16	-	-
目詰まり点	JIS K2288	℃	測定不可	-	-

*1：ドイツ燃料用ナタネ油規格（http://www.epoptavka.cz/files/soubor_d1a21da7.pdf）より抜粋.
*2：「バイオディーゼルのすべて」[8)] より抜粋.

表 33-3　燃料別の排出ガス特性[7)]

	CO (g/kWh) *1	CO_2 (g/kWh) *1	NO_X (g/kWh) *1	黒煙 (%) *2
軽油	0.66	1,201	9.11	2.95
ナタネ油	0.6	1,226	9.12	2.84

*1：排出ガス分析計（テストー社製 350XL）；単位はエンジン出力キロワットアワー当りの重量.
*2：光透過式黒煙測定器（イヤサカ社製 ALTAS-5100D）：光の黒煙による遮蔽度合い（%）.

3）ナタネのエネルギーポテンシャル

ここでは，食用油生産と競合しない低品質ナタネ種子や残渣物の発生状況とエネルギーポテンシャルを分析した結果を報告する．特にナタネ生産において，ベルト選別機を用いた精選別を行った際に発生する低品質ナタネ種子の発生割合とその搾油特性を分析した．ナタネ搾油残さと茎葉部の発熱量の分析結果を表 33-4 に示す．茎葉部総発熱量（高位発熱量）は生重 1kg 当り 17.8 メガジュール（MJ），潜熱を差引いた真発熱量（低位発熱量）は 17.4MJ で木材の数値とほぼ同じであるが，搾油残さの発熱量はそれより約 3 割大きく，搾油残さに残存する油分の影響と考えられる．

ナタネ植物体がもつエネルギーの内訳を分析するため，ナタネ品種「キラリボ

表 33-4　ナタネ搾油残渣および茎葉部の発熱量 5)

	総発熱量 (MJ/kg-wt)	灰分 (%)	水素 (%)	真発熱量 (計算値) (MJ/kg)
搾油残さ*1	24.12	5.46	0.67	23.96
茎葉部*2	17.80	6.15	6.10	17.43

*1：圧搾率 30%程度の整粒の搾油残さを分析した.
*2：茎葉部としてコンバイン排出残渣を分析した.

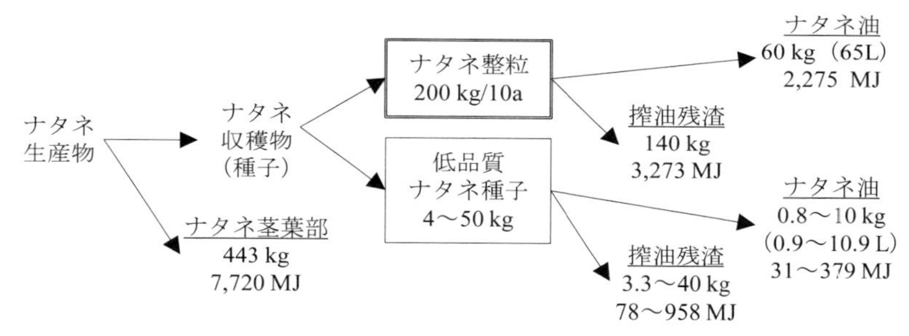

図 33-3　ナタネ生産物の熱量構成 5)
「キラリボシ」整粒収量 200kg/10a の場合の推計値で，総計 13,457～14,685 MJ/10a となる.

シ」について，石田ら 1) の報告記載のデータから，茎葉部重量（Ykg/a）は整粒収量（Xkg/a）の値を用いて関係式 Y = 1.33X + 25.5（R^2 = 0.82）から概算できることを導き出した．ここで,「キラリボシ」の整粒収量を 200 kg/10a と仮定し，この関係式と上記データを用いて計算した結果，ナタネ植物体として生産されるバイオマスエネルギー（発熱量）の総計は 13,457～14,685 MJ/10a であり，その熱量構成割合は茎葉部 53～57%，搾油残渣 26～29%，ナタネ油 17～18%と推算された（図 33-3）5)．また，ベルト選別機を用いたナタネ精選別工程で発生する低品質ナタネ種子（損傷粒等）量は，収穫物の 2～20%（穂発芽発生時）程度であることを実測で明らかにした．さらに，EGON KELLER 社の圧搾搾油機 KEK-P0101（http://www.keller-kek.de/en/kek-p0101.html）による搾油では，整粒の圧搾率（油/原料整粒の重量比）が約 30%となる吐出開度設定で低品質ナタネ粒（穂発芽粒を含む）を搾った場合，圧搾率は約 20%に低下することも実証した．これらの研究で得られたデータは，バイオマス利活用計画にナタネのエネルギー利用を組込む際の参考になると考えられる.

4. おわりに

以上，ナタネ油を燃料とするコンバインやディーゼルエンジン発電機は，農作業利用時にシーズン毎のメンテナンスを行うことを想定する場合，トラブル無く実用可能であると判断された．ナタネ収穫作業をナタネ油燃料のコンバインで行った場合，ナタネ生産における化石燃料消費を慣行より約20%削減できると算定した．また，同様に改造したディーゼルエンジン発電機は，実用上十分な時間の発電が可能であることを立証した．なお，実験に供したエンジンは両者とも副室式（渦流室式）であり，コモンレール式では無い．コモンレール式での SVO 利用については別途検討が必要である．

精選別工程で発生する低品質ナタネ種子（損傷粒等）量は，作物条件や収穫条件でも異なることが示された．また，同じ機械条件で搾油する場合，低品質ナタネ種子から得られるナタネ油量は整粒ナタネから得られる量より少なかった．さらに，整粒ナタネ単収からバイオマスとしてのナタネ作物体の熱量構成を推計する方法を提示した．ナタネは一般的にナタネ油や搾油残渣利用が注目されるが，ナタネ作物体の熱量構成をみると茎葉部の熱量が全体の 50%以上を占めることから，固形燃料化による直接燃焼利用を含め，茎葉の回収・利用技術の構築が今後の課題である．

以上の実証データは，今後，ナタネの農機燃料利用や作物残さの固形燃料化利用を計画する場合に有益なデータになると考えられる．ただし今後，ナタネ栽培面積が拡大し，それに伴うバイオマス利用促進を期待するためには，まず，ナタネの安定生産の確保が重要である．第3章で詳しく述べられているように，品種，栽培技術によりナタネを安定生産できる技術が確立されることで，安定的な利用が期待でき，初期投資が必要な乾燥，選別や搾油設備，およびバイオマス利用設備を整備することができる．つまり，農家や関連業種の安定的な収入，雇用に繋がる食用ナタネ油が安定的に生産されることで，低品質粒や低品質ナタネ油も定常的に発生し，それらバイオマス利用が可能となる．なお，我が国におけるナタネの生産・搾油から燃料利用までについては，書籍「国産ナタネの現状と展開方向」（野中章久編著）に詳述されている．

引用文献

1）石田正彦ら（2007）無エルシン酸・低グルコシノレートナタネ品種「キラリボシ」の特性．東北農研研報 107：53-62.
2）金井源太ら（2014）未変換ナタネ油を改造済ディーゼル発電機の燃料に使用して電源利用できる，2013 年度研究成果情報（http://www.naro.affrc.go.jp/org/tarc/seika/jyouhou/H25/kiban/H25kiban004.html）.
3）金井源太ら（2014）ナタネ油の燃料利用がディーゼルエンジンへ与える影響．農業施設 45（1）：14-24.
4）金井源太ら（2015）ナタネ油のディーゼルエンジン利用経過と燃料噴射ノズル汚損状況．農業施設 46（1）：9-17.
5）金井源太ら（2011）ナタネのカスケード利用計画・評価のための潜在エネルギーデータ．2010 年度研究成果情報（http://www.naro.affrc.go.jp/org/tarc/seika/jyouhou/H22/kyoutuu/H22kyoutuu003.html）.
6）松崎守夫ら（2013）バイオディーゼル原料用油糧作物の生産拡大に向けた育種・栽培研究．農業および園芸 88（3）：334-340.
7）農林水産技術会議事務局（2014）地域活性化のためのバイオマス利用技術の開発（バイオマス利用モデルの構築・実証・評価）．研究成果 500：241pp.
8）坂　志朗（2006）バイオディーゼルのすべて．アイピーシー出版部（IPC）：320pp.
9）澁谷幸憲ら（2010）FAME に変換しないナタネ油のコンバインへの燃料利用による化石燃料削減効果．2009 年度研究成果情報（http://www.naro.affrc.go.jp/org/tarc/seika/jyouhou/H21/hatasaku/H21hatasaku010.html）.
10）山岸賢治（2011）セルラーゼによる稲わらのホロセルロース糖化性を大幅に高める菌株の同定．2010 年度研究成果情報（http://www.naro.affrc.go.jp/org/tarc/seika/jyouhou/H22/kyoutuu/H22kyoutuu009.html）.
11）Yamagishi, K. et al. (2011) Treatment of rice straw with selected Cyathus stercoreus strains to improve enzymatic saccharification. Bioresour. Technol. 102: 6937-6943.
12）柚山義人ら（2015）地域バイオマス利活用システム［4］，農業および園芸 90（3）：350-362.

JCOPY <（社）出版者著作権管理機構 委託出版物>

2018

農林バイオマス資源と
地域利活用

著者との申
し合せによ
り検印省略

定価（本体5000円＋税）

2018年 3月16日 第1版第1刷発行

編著者 中川（なかがわ） 仁（ひとし）

発行者 株式会社 養賢堂
代表者 及川 清

印刷者 株式会社 三秀舎
責任者 山本静男

発行所 〒113-0033 東京都文京区本郷5丁目30番15号
株式会社 養賢堂
TEL 東京(03)3814-0911 振替00120
FAX 東京(03)3812-2615 7-25700
URL http://www.yokendo.com/

ISBN978-4-8425-0564-0 C3061

PRINTED IN JAPAN 製本所 株式会社三秀舎